机械行业职业技能鉴定培训教材

工业机器人装调维修工

（技师、高级技师）

机械工业职业技能鉴定指导中心　组织编写
主　编　刘怀兰　孙　颐
副主编　金　磊　黄学彬　尤炜焜
编　者　胡月霞　祝义松　鲍　勇　张　毅
张光耀　卢玉峰　董湘敏　李　涛
岳　鹏　杨家辉

机 械 工 业 出 版 社

本书依据《职业技能标准　工业机器人装调维修工》编写，并从职业能力培养的角度出发，力求体现职业培训的规律，满足职业技能培训与鉴定考核的需要。本书采用模块化的方式编写，在编写过程中贯彻"以职业标准为依据，以企业需求为导向，以职业能力为核心"的理念。全书按职业功能分为九个单元，主要内容包括工业机器人整机装配，工业机器人整机调试，工业机器人校准，工业机器人标定，工业机器人机械维修，工业机器人电气维修，工业机器人技术改进，传感型智能机器人维修，工业机器人智能视觉控制系统调试、维修与改进。每个单元的内容在涵盖国家职业技能鉴定考核基本要求的基础上，详细介绍了本职业岗位工作中要求掌握的最新实用知识和技术。为便于读者迅速抓住重点、提高学习效率，书中还精心设置了"培训目标"栏目，高级别培训目标涵盖低级别的培训目标。单元后附有练习题，供读者巩固、检验学习效果时参考使用。

本书可作为工业机器人装调维修工技师、高级技师职业技能培训与鉴定考核教材，也可供职业院校相关专业师生参考，或供相关从业人员参加在职培训、就业培训、岗位培训使用。

图书在版编目（CIP）数据

工业机器人装调维修工：技师、高级技师 / 刘怀兰，孙颐主编；机械工业职业技能鉴定指导中心组织编写 .—北京：机械工业出版社，2020.4

机械行业职业技能鉴定培训教材

ISBN 978-7-111-65866-5

Ⅰ.①工…　Ⅱ.①刘…②孙…③机…　Ⅲ.①工业机器人－安装－职业技能－鉴定－教材②工业机器人－调试方法－职业技能－鉴定－教材③工业机器人－维修－职业技能－鉴定－教材　Ⅳ.①TP242.2

中国版本图书馆 CIP 数据核字（2020）第 108627 号

机械工业出版社（北京市百万庄大街 22 号　邮政编码 100037）
策划编辑：陈玉芝　责任编辑：陈玉芝　章承林
责任校对：潘　蕊　封面设计：马精明
责任印制：常天培
北京盛通商印快线网络科技有限公司印刷
2020 年 9 月第 1 版第 1 次印刷
184mm × 260mm · 17.75 印张 · 441 千字
0 001—1 000 册
标准书号：ISBN 978-7-111-65866-5
定价：59.80 元

电话服务
客服电话：010-88361066
010-88379833
010-68326294

网络服务
机　工　官　网：www.cmpbook.com
机　工　官　博：weibo.com/cmp1952
金　书　网：www.golden-book.com
机工教育服务网：www.cmpedu.com

机械行业职业技能鉴定培训教材
编 审 委 员 会

（按姓氏笔画排序）

序

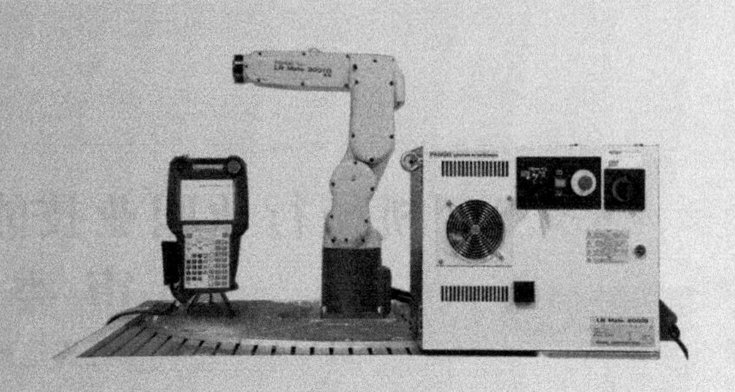

工业机器人被誉为“制造业皇冠顶端的明珠”，是衡量一个国家创新能力和产业竞争力的重要标志，已成为全球新一轮科技和产业革命的重要切入点。机器人作为技术集成度高、应用环境复杂、操作维护专业的高端装备，有着多层次的人才需求。近年来，国内企业和科研机构加大机器人技术研究与本体研制方向的人才引进与培养力度，在硬件基础与技术水平上取得了显著提升，但装配调试、操作维护等应用型人才的培养力度依然有所欠缺。

机械工业职业技能鉴定指导中心经前期广泛调研，于2015年组织国内龙头企业率先启动工业机器人新职业技能标准编制工作，并于2017年全面完成《工业机器人装调维修工》《工业机器人操作调整工》两项职业技能标准的编制工作。2019年T/CMIF 41—2019《工业机器人装调维修工职业评价规范》、T/CMIF 42—2019《工业机器人操作调整工职业评价规范》正式发布。职业技能标准是根据职业活动内容，对从业人员的理论知识和技能要求提出的综合性水平规定，是开展职业教育培训和员工能力水平评价的基本依据。

机械工业职业技能鉴定指导中心组织标准编审专家以职业技能标准为依据编写了这套教材，包括《工业机器人基础知识》《工业机器人装调维修工（中级、高级）》《工业机器人装调维修工（技师、高级技师）》《工业机器人操作调整工（中级、高级）》《工业机器人操作调整工（技师、高级技师）》5本教材。内容上涵盖了工业机器人装调维修工和工业机器人操作调整工需要掌握的基础理论知识和技能要求；结构上按照中级、高级、技师、高级技师纵向划分，满足不同能力水平培训的需要。这套教材相比其他培训类教材还有以下几个特点。

以职业能力为核心，以职业活动为导向。我们将标准编制的指导思想延续到教材编写过程中，坚持以客观反映工作现场对从业人员的理论和操作技能要求为前提对知识点进行详细介绍。工业机器人装调维修工系列教材对从事工业机器人系统及工业机器人生产线装配、调试、维修、标定和校准等工作的人员应知应会部分进行了阐释，工业机器人操作调整工系列教材对从事工业机器人系统及工业机器人生产线现场安装、编程、操作与控制、调试与维护的人员应知应会部分进行了阐释，内容贴合企业生产实际。

“整体性、规范性、实用性、可操作性、等级性原则”贯穿始终。这五项原则是标准编制的核心原则，在编写教材时也得到了充分运用。在整体性方面，这套教材以我国工业机器人领域从业人员的整体状况和水平为基准，兼顾不同领域或行业间可能存在的差异，突出主流技术；在规范性方面，技术术语和文字符号符合国家最新技术标准；在实用性和可操作性方面，内容深入浅出、循序渐进、重点突出、易于理解；在等级性方面，按照从业人员职业活动范围的宽窄、工作责任的大小、工作难度的高低或技术复杂程度来划分等级，便于读者准确定位。

编排合理、内容丰富、可读性强。教材内容编排与职业技能标准内容对应：每一章对应每一等级的职业功能；每一节对应每项工作内容。每章设计有“培训目标”，罗列重点技能要求，便于培训教师设计培训大纲、命制试题，也便于学员确定学习目标、对照自查。但教材内容不拘泥于操作指导，每项技能要求对应的相关知识也都有详细介绍，理实一体，可读性强，既适合企业开展晋级培训使用，也适合职业院校教学使用，同样适合工业机器人领域从业人员或工业机器人爱好者浏览阅读。

本套教材若有不足之处，欢迎广大读者提出宝贵意见。

机械行业职业技能鉴定培训教材编审委员会

前 言

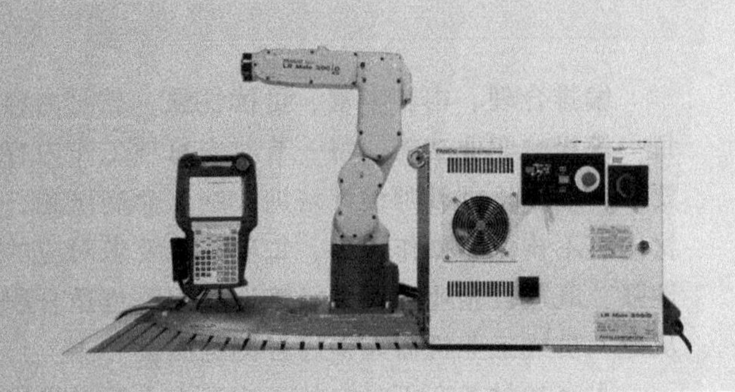

为深入实施《中国制造 2025》《机器人产业发展规划（2016—2020 年）》和《智能制造发展规划（2016—2020 年）》等强国战略规划，根据《制造业人才发展规划指南》，为实现制造强国的战略目标提供人才保证，机械工业职业技能鉴定指导中心组织国内工业机器人制造企业、应用企业和职业院校历经两年编制了《工业机器人装调维修工》和《工业机器人操作调整工》职业技能标准，并进行了这两项职业技能标准发布，同时启动了相关职业技能培训教材的编写工作。

《工业机器人装调维修工》和《工业机器人操作调整工》职业技能标准分为中级、高级、技师、高级技师四个等级，内容涵盖了工业机器人生产与服务中所涉及的工作内容和工作要求，适用于工业机器人系统及工业机器人生产线的装配、调试、维修、标定、操作及应用等技术岗位从业人员的职业技能水平考核与认定。

工业机器人职业技能标准的发布，填补了目前我国该产业技能人才培养评价标准的空白，具有重大意义和应用前景。相关标准正在迅速应用到工业机器人行业技能人才培养和职业能力等级评定工作中，对宣传贯彻工业机器人职业技能标准，弘扬工匠精神，助力中国智能制造发挥了重要作用。

为了使工业机器人职业技能标准符合现实的行业发展情况，并符合企业岗位要求和从业人员技能水平考核要求，机械工业职业技能鉴定指导中心召集了工业机器人制造企业和集成应用企业、高等院校及科研院所的行业专家参与配套培训教材的编写工作。

本书以《工业机器人装调维修工》职业技能标准为依据，介绍了技师、高级技师需掌握的知识和技能。作为与工业机器人职业技能鉴定配套的职业技能培训教材，本书侧重理论联系实际，对于相关知识的学习者和相关岗位的从业者具有指导意义。

本书带“*”的单元和节为高级技师应掌握的内容。

本书的编写得到了多所职业院校、企业及职业技能鉴定单位的支持。本书由刘怀兰、孙颐任主编，金磊、黄学彬、尤炜焜任副主编。参加编写的还有胡月霞、祝义松、鲍勇、张毅、张光耀、卢玉峰、董湘敏、李涛、岳鹏、杨家辉。

由于编者水平有限，书中难免有缺漏之处，恳请读者批评指正。

编　者

目　录

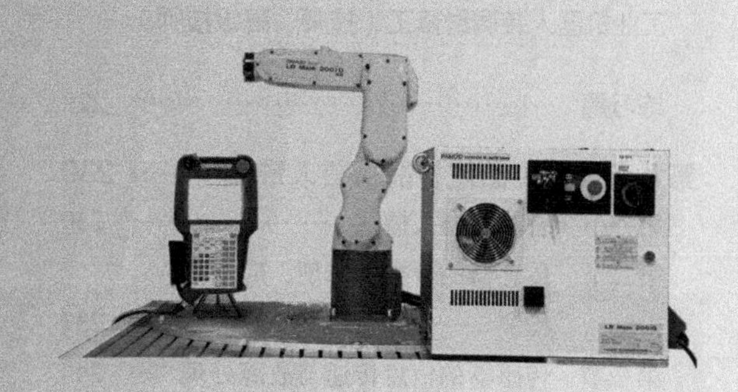

第一部分
工业机器人整机装配与调试

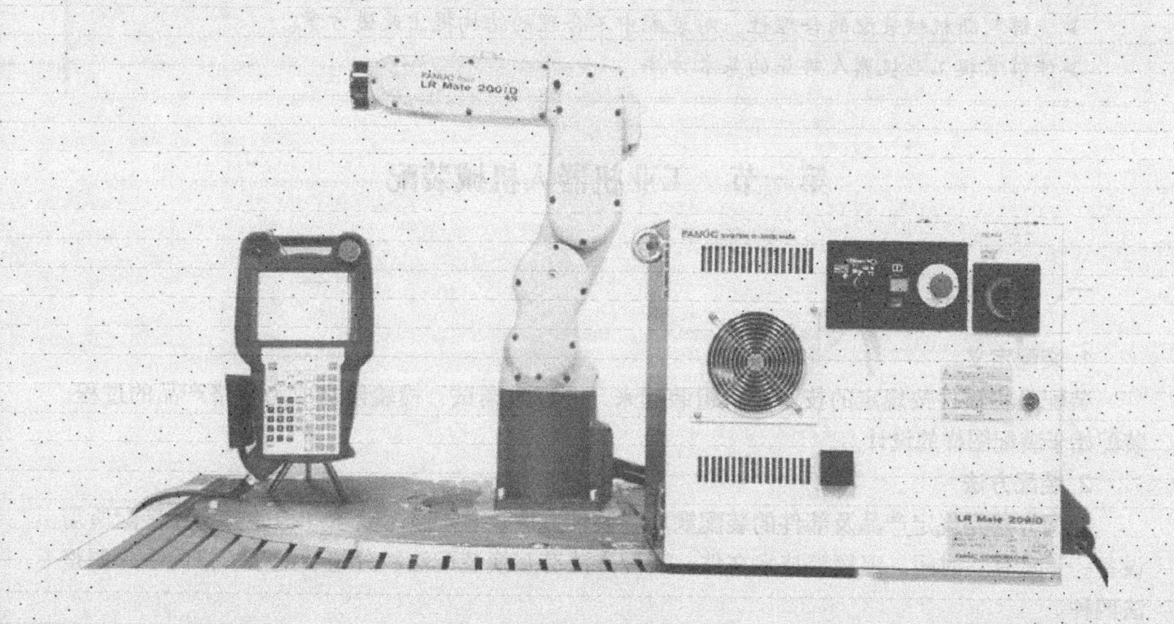

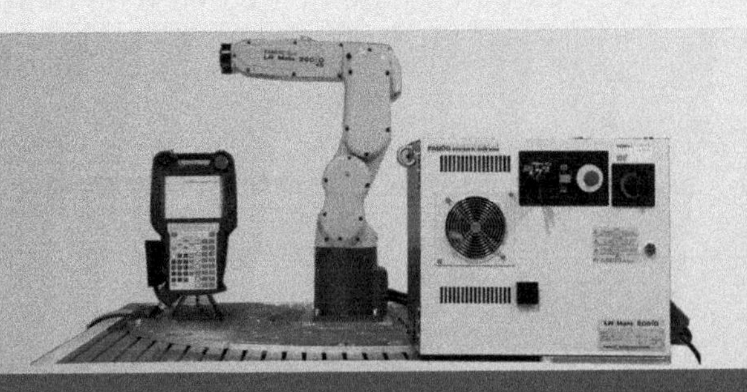

第一单元

工业机器人整机装配

引导语：

随着工业机器人应用领域的不断发展，我国对工业机器人的需求逐步增大，对工业机器人操作编程及应用维修人才需求也逐步增加。本单元主要内容为工业机器人整机装配。

培训目标：

- 能够准确认识各种装配工具，针对不同的工业机器人选取最佳的装配工具。
- 能够识读进口机器人和各种元器件标牌，以及产品的简要说明。
- 能够识别工业机器人装配图样，并根据装配图样制订相应的装配工艺流程。
- 能够完成新产品的试制装配。
- 能够判断机械装配的合理性，对装配中不合理的结构提出改进方案。
- 能够掌握工业机器人矫正的基本方法。

第一节　工业机器人机械装配

一、装配概述

1. 装配定义

装配是将零件按规定的技术要求组装起来，并经过调试、检验使之成为合格产品的过程。装配始于装配图样的设计。

2. 装配方法

装配方法是规定产品及部件的装配顺序、装配方法、装配技术要求和检验方法及装配所需设备、工夹具、时间、定额等技术文件。装配方法有互换装配法、分组装配法、修配法、调整法四种。

3. 装配工艺规程

装配工艺规程是规定产品或部件装配工艺规程和操作方法等的工艺文件，是制订装配计划和技术准备，指导装配工作和处理装配工作问题的重要依据。它对保证装配质量、提高装配生产率、降低成本和减轻工人劳动强度等都有积极的作用。

（1）制订装配线工艺的基本原则及原始资料　合理安排装配顺序，尽量减少钳工装配工作量，缩短装配线的装配周期，提高装配效率，保证装配线的产品质量这一系列要求是制订装配线工艺的基本原则。制订装配工艺的原始资料是产品的验收技术标准、产品的生产纲领和现有生产条件。

（2）装配线工艺规程的内容　分析装配线产品总装图，划分装配单元，确定各零部件的装配顺序及装配方法，确定装配线上各工序的装配技术要求、检验方法和检验工具，选择和设计在装配过程中所需的工具、夹具和专用设备，确定装配线装配时零部件的运输方法及运输工具，确定装配线装配的时间定额。

（3）制订装配线工艺规程的步骤　首先分析装配线上的产品原始资料，确定装配线的装配方法组织形式；接着划分装配单元，确定装配顺序；然后划分装配工序，编制装配工艺文件；最后制订产品检测与试验规范。

二、工业机器人装配图样的认识

装配图是表达机器或部件的图样，主要表达其工作原理和装配关系。在机器设计过程中，装配图的绘制位于零件图之前，装配图与零件图的表达内容不同，它主要用于机器或部件的装配、调试、安装、维修等场合，是生产中的一种重要技术文件。

1. 装配图的作用

在产品或部件的设计过程中，一般是先设计画出装配图，然后再根据装配图进行零件设计，画出零件图；在产品或部件的制造过程中，先根据零件图进行零件加工和检验，再按照装配图所制订的装配工艺规程将零件装配成机器或部件；在产品或部件的使用、维护及维修过程中，也经常要通过装配图来了解产品或部件的工作原理及构造。

2. 装配图的内容

（1）一组视图　正确、完整、清晰地表达产品或部件的工作原理、各组成零件间的相互位置和装配关系及主要零件的结构形状。

（2）必要的尺寸　标注出反映产品或部件的规格、外形、装配、安装所需的必要尺寸和一些重要尺寸。

（3）技术要求　在装配图中用文字或国家标准规定的符号注写出该装配体在装配、检验、使用等方面的要求。

（4）零部件序号、标题栏和明细栏　按国家标准规定的格式绘制标题栏和明细栏，并按一定格式将零部件进行编号，填写标题栏和明细栏 。

3. 装配图特殊画法

（1）拆卸画法　在装配图的某一视图中，为表达一些重要零件的内、外部形状，可假想拆去一个或几个零件后绘制该视图。

（2）假想画法　在装配图中，为了表达与本部件存在装配关系但又不属于本部件的相邻零部件时，可用双点画线画出相邻零部件的部分轮廓。在装配图中，当需要表达运动零件的运动范围或极限位置时，也可用双点画线画出该零件在极限位置处的轮廓。

（3）单独表达某个零件的画法　在装配图中，当某个零件的主要结构在其他视图中未能表示清楚，而该零件的形状对部件的工作原理和装配关系的理解起着十分重要的作用时，可单独画出该零件的某一视图。

（4）简化画法　在装配图中，若干相同的零部件组，可详细地画出一组，其余只需用点画线表示其位置即可；零件的工艺结构，如倒角、圆角、退刀槽、拔模斜度、滚花等均可不画。

（5）夸大画法　在装配体中常遇到一些很薄的薄片、细丝的弹簧、零件间很小的间隙和锥度较小的锥销、锥孔等，若按它们的实际尺寸画出来就很不明显，因此在装配图中允许它们夸大画出。

（6）展开画法　为了表示部件传动机构的传动路线及各轴之间的装配关系，可按传动顺序沿轴线剖开，将其展开画出。

三、工业机器人关键零部件的装配

1. RV 减速器

减速器（又称减速机、减速箱）是一种独立的传动装置。它由密闭的箱体、相互啮合的一对或几对齿轮（或蜗轮蜗杆）、传动轴及轴承等所组成。减速器常安装在电动机（或其他原动机）与工作机之间，起降低转速和相应增大转矩的作用。

减速器的特点是结构紧凑，传递功率范围大，工作可靠，寿命长，传动效率较高，使用和维护简单，应用非常广泛。它的主要参数已经标准化，并由专门工厂进行生产。一般情况下，按工作要求，根据传动比、输入轴功率和转速、载荷工况等，可选用标准减速器；必要时也可自行设计制造。

减速器的类别、品种、型式很多，目前已制定为行（国）标的减速器有四十余种。减速器的类别是根据所采用的齿轮齿形、齿廓曲线划分；减速器的型式是在基本结构的基础上根据齿面硬度、传动级数、输出轴型式、装配型式、安装型式、连接型式等因素而设计的。

减速器按传动原理可分为普通减速器和行星减速器两大类。普通减速器的类型很多，一般可分为圆柱齿轮减速器、锥齿轮减速器、蜗杆减速器以及齿轮－蜗杆减速器等。按照减速器的级数不同，又分为单级减速器、两级减速器和三级减速器。此外，减速器还有立式与卧式之分。本文主要介绍 RV 减速器。

RV 传动是在摆线针轮传动基础上发展起来的一种新型传动，它具有体积小、重量轻、传动比范围大、传动效率高等一系列的优点，比单纯的摆线针轮行星传动具有更小的体积和更大的过载能力，且输出轴刚度大，因而在国内外受到广泛重视。在机器人的传动机构中，RV 传动很大程度上将逐渐取代单纯的摆线针轮行星传动和谐波传动。

（1）RV 减速器的特点

1）RV 减速器的传动原理及机构特点。如图 1-1 所示，RV 减速器由渐开线圆柱齿轮行星减速机构和摆线针行星减速机构两部分组成。渐开线行星齿轮与曲柄轴连成一体，作为摆线针轮传动部分的输入。如果渐开线太阳轮顺时针方向旋转，那么渐开线行星齿轮在公转的同时还有逆时针方向自传，并通过曲柄轴带动摆线轮做偏心运动，此时，摆线轮在其轴线公转的同时，还将反方向自转，即顺时针转动。同时，它还通过曲柄轴推动钢架结构的输出机构顺时针方向转动。

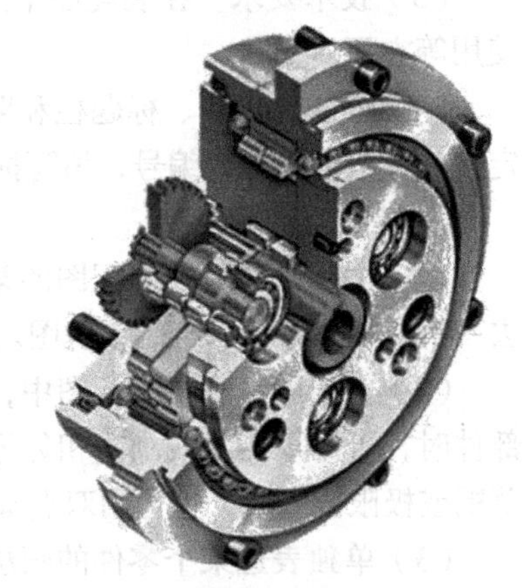

图1-1　RV减速器

2）传动特点。RV 减速器传动作为一种新型传动，从结构上看，其基本特点可以概括如下：

① 如果传动机构置于行星架的支撑主轴承内，那么这种传动的轴向尺寸可大大缩小。

② 采用二级减速机构，处于低速级的摆线针轮行星传动更加平稳，同时由于转臂轴承个数增多且内外环相对转速下降，其寿命也可大大提高。

③ 只要设计合理，就可以获得很高的运动精度和很小的回差。

④ RV 传动的输出机构是采用两端支撑的尽可能大的刚性圆盘输出结构，比一般摆线减速器的输出机构具有更大的刚度，且抗冲击性能也有很大提高。

⑤ 传动比范围大。因为即使摆线齿数不变，只改变渐开线齿数就可以得到很多的速度比。其传动比 $i=31\sim171$。

⑥ 传动效率高，其传动效率 $\eta=0.85\sim0.92$。

（2）RV 减速器的安装规程

1）RV 减速器安装尺寸。固定输出轴螺钉 M8（12.9 级），先按等边三角形方式带入螺钉，通过扭力扳手按等边三角形方式拧紧，扭矩值为（37.2 ± 1.86）N · m。

在安装上请务必使用液态密封剂，使用密封剂时注意密封剂的量。不要让太多密封剂流入减速机内部，也不要太少使得密封不良。

2）RV 减速器密封。固定安装座螺钉 M14（12.9 级），先按对角方式带入螺钉，通过扭力扳手按对角方式拧紧，扭矩值为（204.8 ± 10.2）N · m。

3）安装输入齿轮。装配 RV-40E 输入齿轮时要注意直齿轮是 2 个。装配输入齿轮时应特别注意，输入齿轮要径直插入。与直齿轮的相位不相吻合时，应沿圆周方向稍稍变换角度插入，并确认电动机法兰面是否不倾斜而紧密接触。此时严禁用螺钉等拧紧。法兰面倾斜时，有可能造成图 1-2 所示的状态。

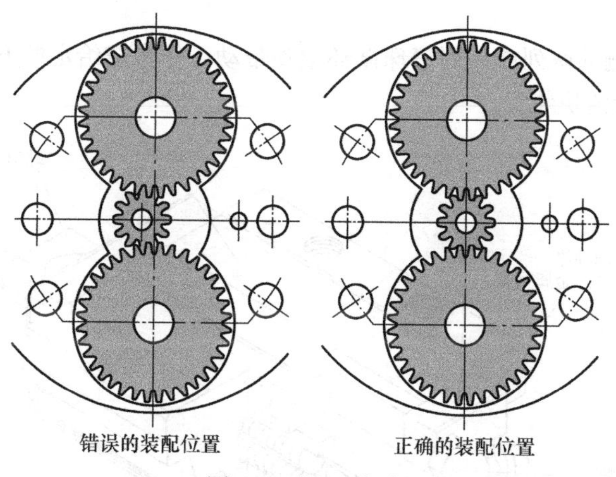

图1-2 法兰面倾斜

（3）RV 减速器的润滑　RV 减速器在出厂时未填充润滑脂，为了充分发挥 RV-E 型减速器的性能，对角配置需要加排脂孔，填充润滑脂时从下方开始填充。润滑脂流动不畅时，转动输入齿轮让润滑剂均匀流动，并逐步填充。减速器的润滑脂标准更换时间为 20000h。润滑脂更换时要注意步骤和初次一样。更换润滑脂时要填充与排出时同样的量，填充过多容易导致润滑脂泄漏，严禁异物混入，加入润滑脂时不要把灰尘和杂质灌入减速器内。

（4）减速器安装注意事项

1）输入直齿轮轴或电动机主轴与减速器的同轴度误差≤ 0.03mm。

2）在输入、输出轴端应正确使用油封（一般为适用的 O 形圈，O 形圈是一种双向作用密封元件。安装时径向或轴向方面的初始压缩赋予 O 形圈自身的初始密封能力）。

3）在输出端因结构原因不能使用 O 形圈的，应在接合平面之间使用指定的液体密封胶。

4）应注意每个螺钉都用规定的转矩拧紧，并建议在用内六角螺钉时用碟形弹簧垫圈。

5）RV 减速器在出厂时未填充润滑脂。应在安装时填充 RV 减速器专用润滑脂：Molywhite RE00。填充量约为安装腔体体积的 90%。一般每运行 2000h 后更换润滑脂。如果减速器超出额定条件下运行或在 40℃以上环境中长期运行，应及时检查润滑脂变质情况以确定更换时间。

6）RV 减速器应使用内六角螺钉，按紧固转矩进行紧固。另外，使用输出轴销并用紧固型时，应并用销（锥形销）。另外，为了防止内六角螺钉的松动以及螺钉座面的擦伤，建议使用内六角螺钉用碟形弹簧垫圈。

7）相连接部件为钢、铸铁时，需要按照说明书中的固定力数据使用。螺钉拧得不够紧会造成螺钉的松动以及损坏。螺钉拧得过紧会造成螺纹座的损伤。固定螺钉时要对所有螺钉均匀施力。如使用铝等较软的金属材质时，为防止螺纹座损伤，推荐加金属垫和螺纹套。

2. 导轨

导轨是指由金属或其他材料制成的槽或脊，可承受、固定、引导移动装置或设备并减少其摩擦的一种装置。导轨表面上的纵向槽或脊，用于导引、固定机器部件、专用设备、仪器等。导轨又称为直线导轨、滑轨、线性导轨、线性滑轨、精密滚动直线导轨副、滚动导轨、直线导引系统、线性轴承等。导轨用于需要精确控制工作台行走平行度的直线往复运动场合，拥有比直线轴承更高的额定负载，同时可以承担一定的力矩，可在高负载的情况下实现高精度的直线运动。

导轨依靠位于两侧的两列或四列滚珠循环滚动带动工作台按给定的方向平稳移动做往复直线运动。图 1-3 所示为滑块装置。

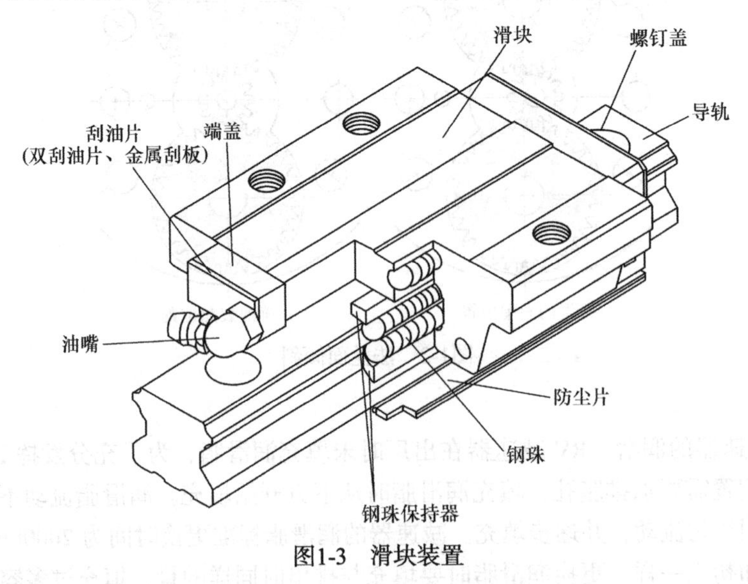

图1-3　滑块装置

（1）HIWIN 线性滑轨简介　HIWIN HG 系列线性滑轨为四列式单圆弧牙型接触线性滑轨，同时整合最佳化结构设计的超重负荷精密线性滑轨，比其他同类型的四列式线性滑轨提升 30% 以上的负荷和刚性能力；具备四方向等负载特色，以及自动调心功能，可吸收安装面的装配误差，得到高精度的诉求。

（2）HG 系列线性滑轨特点

1）自动调心能力。来自圆弧沟槽的 DF（45°）组合，在安装的时候，借助钢珠的弹性变形及接触点的转移，即使安装面有 −45° 的偏差，也能被线轨滑块内部吸收，产生自动调心能力的效果而得到高精度稳定的平滑运动。

2）具有互换性。由于对生产制造精度的严格管控，直线导轨尺寸能维持在一定的水准内，且滑块有保持器的设计以防止钢珠脱落，因此部分系列精度具可互换性，客户可依需要订购导轨或滑块，也可分开储存导轨及滑块，以减少储存空间。

3）所有方向皆具有高刚性。运用四列式圆弧沟槽，配合四列钢珠等 45° 的接触角度，让钢珠达到理想的两点接触构造，能承受来自上下和左右方向的负荷；在必要时更可施加预压以提高刚性。

4）润滑构造简单。当采用滑动导引时，若润滑不足，将会造成接触面金属直接摩擦损耗床身，而滑动导引要润滑充足并不容易，需要在床身适当的位置钻孔供油。直线导轨则已在滑块上装置油嘴，可直接以注油枪打入油脂，也可换上专用油管接头连接供油油管，以自动供油机润滑。

3. 滚珠丝杠

（1）滚珠丝杠简介　如图 1-4 所示，滚珠丝杠是将回转运动转化为直线运动，或将直线运动转化为回转运动的机构。

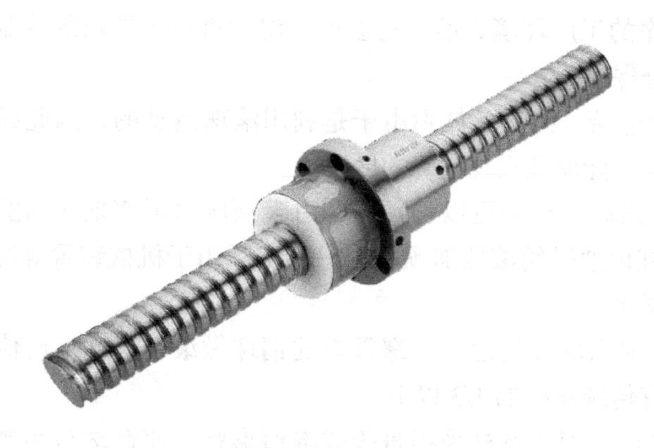

图1-4　滚珠丝杠

滚珠丝杠是工具机和精密机械上最常使用的传动元件，其主要功能是将旋转运动转换成线性运动，或将转矩转换成轴向反复作用力，同时兼具高精度、可逆性和高效率的特点。由于具有很小的摩擦阻力，滚珠丝杠被广泛应用于各种工业设备和精密仪器。

滚珠丝杠是由丝杠、螺母、循环系统及钢珠所构成的，可将旋转运动转换成线性运动，或将转矩转换为轴向反复作用力的低摩擦传动组件。因滚珠循环不同，可分为三种不同的循环方式：外循环式、内循环式和端盖式。

外循环式滚珠丝杠是由丝杠、螺母、钢珠、弯管、固定块及刮刷器组合而成的。钢珠位于丝杠与螺母之间，钢珠的循环是经由弯管的连接使其得以在螺母上回流，而弯管则安装在螺母的外部，故此种形态称之为外循环式。弯管为钢珠的回流道，使钢珠的运动路径成为一道封闭的循环管路，固定块用来固定弯管左右。刮刷器在螺母的两侧最外端，以达到密封的功能，防止粉尘及切屑切入钢珠的循环路径。

内循环式滚珠丝杠是由丝杠、螺母、钢珠、回流盖及刮刷器组合而成的。钢珠采用单圈循环以回流盖跨越钢珠两向连接槽，连接构成一个单一循环回流路径。由于回流盖组装在螺母内部，故此种形态称之为内循环式。弯管为钢珠的回流道，使钢珠的运动路径成为一道封闭的循环管路。

端盖式滚珠丝杠是由丝杠、螺母、钢珠及端盖组合而成的。钢珠位于丝杠与螺母之间，钢珠的循环经由端盖和螺母上所加工的管穿孔做回流，此设计可以使钢珠行经于螺母的前后两端。故此种形态称之为端盖式。

（2）滚珠丝杠的工作原理　按照GB/T 17587.3—2017及应用实例，滚珠丝杠是用来将旋转运动转化为直线运动或将直线运动转化为旋转运动的执行元件，并具有传动效率高、定位准确等特点。

当滚珠丝杠作为主动体时，螺母就会随丝杠的转动角度按照对应规格的导程转化成直线运动，从动工件可以通过螺母座和螺母连接，从而实现对应的直线运动。

（3）滚珠丝杠的特点

1）摩擦损失小、传动效率高。由于滚珠丝杠副的丝杠与螺母之间有很多滚珠在做滚动运动，因此能得到较高的传动效率。与过去的滑动丝杠副相比，其驱动力矩达到1/3以下，即达到同样运动结果所需的动力为使用滑动丝杠副的1/3，在节能方面很有帮助。

2）精度高。滚珠丝杠副一般是用世界最高水平的机械设备连贯生产出来的，特别是在研削、组装、检查各工序的工厂环境方面，对温度、湿度进行了严格的控制，由于完善的品质管理体制使精度得以充分保证。

3）高速进给和微进给。滚珠丝杠副由于是利用滚珠运动的，因此起动力矩极小，不会出现滑动那样的爬行现象，能保证实现精确的微进给。

4）轴向刚度高。滚珠丝杠副可以加预压，由于预压力可使轴向间隙达到负值，进而得到较高的刚性（滚珠丝杠内通过给滚珠加预压力，在实际用于机械装置等时，由于滚珠的斥力可使螺母部分的刚性增强）。

5）传动效率高。滚珠丝杆的运转靠螺母内的钢珠做滚动运动，比传统丝杠有更高的传动效率，所需的转矩只有传统丝杠的1/3以下。

6）无间隙与高刚性。滚珠丝杠采用哥德式沟槽形状，使钢珠与沟槽能有最佳接触以便轻易运转。若加入适当的预压力，消除轴向间隙，可使滚珠丝杠有更佳的刚性，减少滚珠和螺母、丝杠间的弹性变形，达到更高的精度。

7）不能自锁，具有传动的可逆性。

四、机器人本体模块化装配基本步骤方法

1. J1-J2轴模块装配基本步骤方法

（1）J1轴装配基本步骤方法

1）把J1轴减速器通过螺钉M8（12.9级）固定在转座上，先按等边三角形方式带入螺钉，

通过扭力扳手按等边三角形方式拧紧，扭矩值为（37.2 ± 1.86）N · m。图 1-5 所示为 J1 轴减速器装配示意图。

注意：

① 减速器上的密封圈请勿忘记套上。

② 拆装减速器的时候，使用专用一次性手套。将传动轴套入减速器中手动转动减速器，检查减速器是否转动。在阴影部分均匀地涂抹密封胶，如图 1-6 所示。

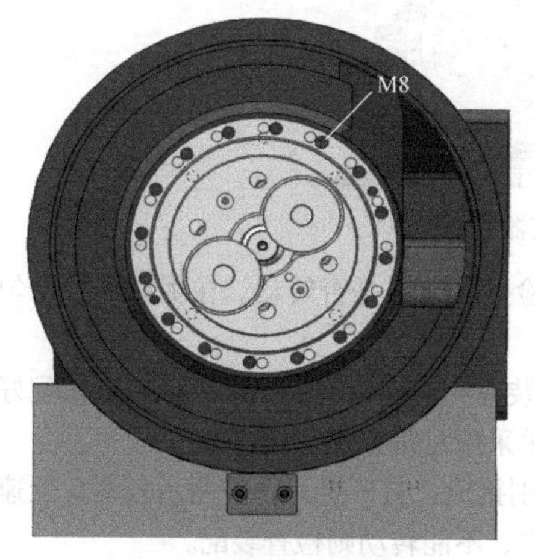

图1-5　J1轴减速器装配

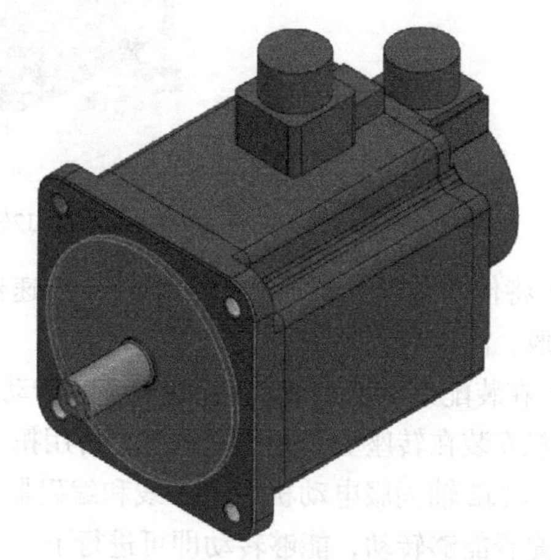

图1-6　电动机涂抹密封胶

2）把 J1 轴的减速器传动轴安装在相对应的伺服电动机上，把装配好的伺服电动机安装在转座上，先通过预紧螺钉，按对角方式用扭力扳手锁紧。

3）把 J1 轴伺服电动机的电源线和编码器线分别接通，打开电源，通过示教器先低速测试减速器是否能够转动。

注意：

① 转动应顺畅，无卡滞和抖动现象。

② 断电后连接编码器线和电源线。

4）通过听诊器检查减速器的声音是否带有“咔咔”的声音，若有明显的声音，请立即暂停减速器转动，关掉电源，检查装配过程的问题。

5）如果装配无问题，即可进行 J1 轴简单运动演示，至此完成 J1 轴电动机和减速器装配工作。

注意：

① 装配过程中注意安全。

② 装配过程中应保持零件干净，零件表面无杂质。

③ 严禁强力敲打及碰撞减速器。

④ 上密封圈时严禁强力拉扯及划伤密封圈。

（2）J2 轴装配基本步骤方法

1）把 J2 轴减速器输出轴通过螺钉 M8（12.9 级）固定在转座上，先按等边三角形方式带入螺钉，通过扭力扳手按等边三角形方式拧紧，扭矩值为（37.2 ± 1.86）N · m。图 1-7 所示为 J2 轴减速器装配示意图。

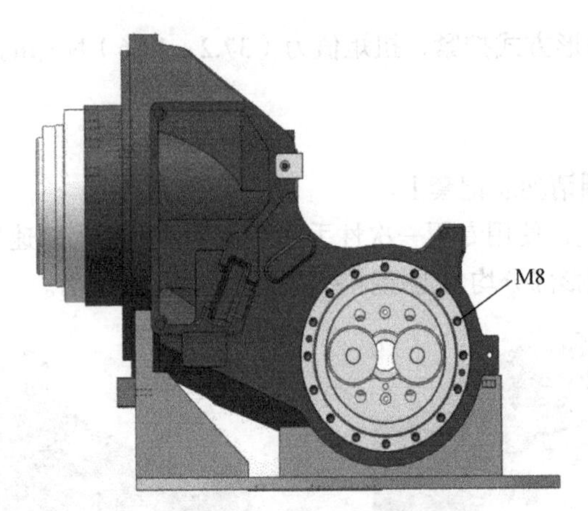

图1-7　J2轴减速器装配

2）将传动轴套入减速器中手动转动减速器，检查减速器是否转动。在阴影部分均匀地涂抹密封胶，涂抹位置同 J1 轴电动机。

3）在装配桌 A 上，把 J2 轴的减速器转动轴安装在相对应的伺服电动机上，把装配好的伺服电动机安装在转座上，先预紧螺钉，再用扭力扳手采用对角方式锁紧螺钉。

4）把 J2 轴伺服电动机的电源线和编码器线分别接通，打开电源，控制示教器先低速测试减速机是否能够转动，能够转动即可进行下一步工作，不能转动则检查装配。

5）通过听诊器检查减速器的声音是否带有“咔咔”的声音，若有明显的声音，请立即暂停减速器转动，关掉电源，检查装配过程的问题。

6）在减速器上按对角方式拧进定位销，把底座（图 1-8）放到微调机构上，调整好底座的位置，让底座的固定孔与减速器轴端安装孔同轴心。

图1-8　电动机底座

7）先按对角方式预紧螺钉，再通过扭力扳手拧紧，扭矩值为（204.8 ± 10.2）N · m。

8）把装好的组合体，通过悬臂吊调运到机器人的安装位置上，固定好螺钉。连接好编码器和电源线，通上电源，测试 J1 轴减速器与底座安装是否正确。吊装悬臂吊调运方式：从底座穿出调运带，用卸扣把调运带和调运环连接起来。

调运注意事项：

① 插销一定要拧紧。

② 调运带不能够套在工装上面，不能让工装从滑块上滑出。

9）通过听诊器检查减速器的声音是否带有“咔咔”的声音，若有明显的声音，请立即暂停减速器转动，关掉电源，检查装配过程中存在的问题。

注意事项：

① 装配过程中注意安全。

② 装配过程中应保持零件干净，零件表面无杂质。

③ 严禁强力敲打及碰撞减速器。

④ 上密封圈时严禁强力拉扯及划伤密封圈。

2. J3-J4 轴模块装配基本步骤方法

（1）J3 轴装配基本步骤方法

1）把 J3 轴电动机座放到装配桌 B 上的 J3-J4 轴装配台上，通过螺钉 M8 把转座固定在装配台上。

2）把 J3 轴减速器输出轴通过螺钉 M8（12.9 级）固定在电动机转座上，先带入螺钉，通过扭力扳手十字交叉拧紧，扭矩值为（37.2 ± 1.86）N · m。

3）手动转动 J3 轴减速器，检查减速器是否转动。

4）在装配桌 B 上，把 J3 轴的减速器转动轴安装在相对应的伺服电动机上，把装配好的伺服电动机安装在转座上，先预紧螺钉，再按对角方式锁紧。

5）把 J3 轴伺服电动机的电源线和编码器线分别接通，接通电源，打开示教器，控制示教器低速测试减速器是否能够转动。

6）通过听诊器检查减速器的声音是否带有“咔咔”的声音，若有明显的声音，请立即暂停减速器转动，关掉电源，检查装配过程中存在的问题。

若无减速器转动杂音，即完成 J3 轴的装配任务。图 1-9 所示为 J3 轴装配示意图。

（2）J4 轴装配基本步骤方法

1）取出 J4 轴减速器，把 J4 轴大带轮通过 M3 螺钉安装在 J4 轴减速器上，如图 1-10 所示。

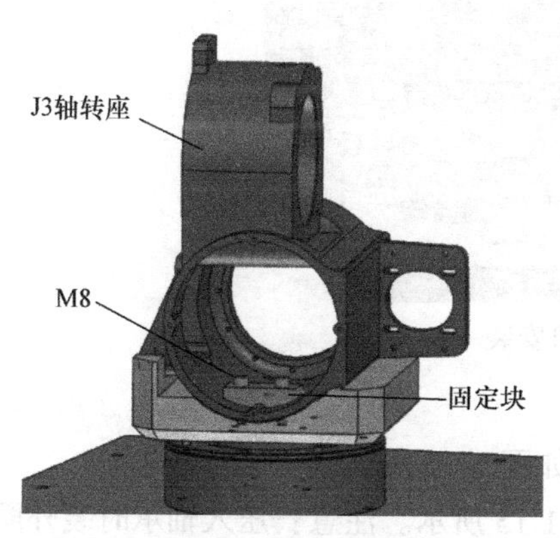

图1-9　J3轴装配

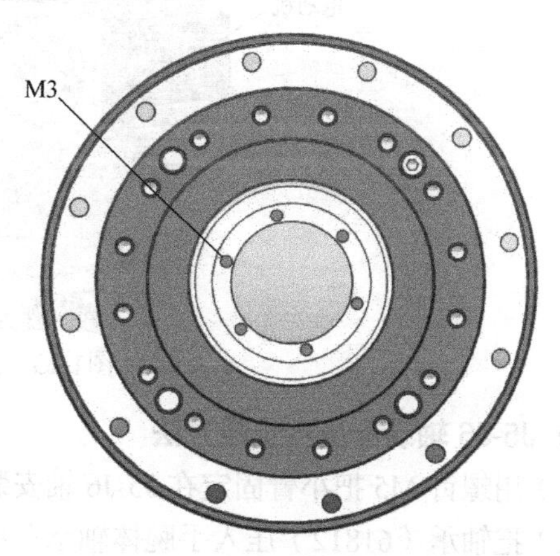

图1-10　J4轴减速器大带轮安装

2）把谐波减速器连接法兰通过 M5 螺钉（12.9 级）固定在转座上，先预紧螺钉，顺时针间隔拧紧，然后顺时针拧紧剩余螺钉（图 1-11），通过扭力扳手按等边三角形方式拧紧，扭矩值为 9N · m。图 1-12 所示为 J4 轴减速器安装示意图。

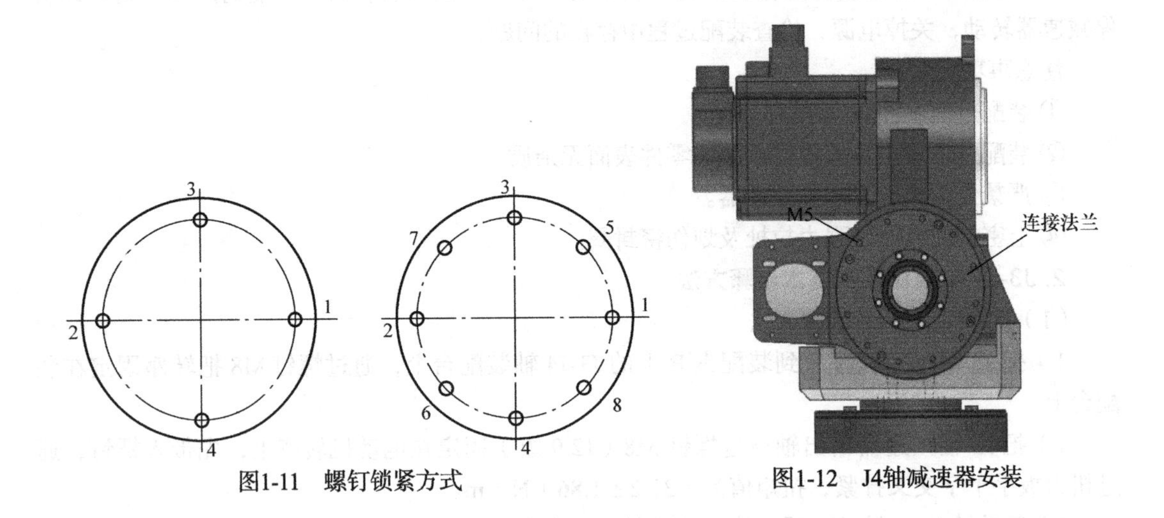

图1-11 螺钉锁紧方式

图1-12 J4轴减速器安装

3）预先给 J4 轴电动机装好传动带，把 J4 轴电动机板与电动机固定在 J4 轴转座上，预紧螺钉。在传动带静止状态下（安装在带轮上），用手压张紧侧，若传动带压下量在 20~30mm 范围内，说明传动带松紧度合适，最后拧紧螺钉。

4）J4 轴伺服电动机的电源线和编码器线分别接通，先低速测试减速器是否能够转动，如图 1-13 所示。

5）通过听诊器检查减速器的声音是否带有“咔咔”的声音，若有明显的声音，请立即暂停减速器，关掉电源，检查装配过程的问题；若无减速机转动杂音，即完成 J4 轴的装配任务。

图1-13 J4轴电动机安装

3. J5-J6 轴装配基本步骤方法

1）用螺钉 M5 把小臂固定在 J5-J6 轴安装盘中，如图 1-14 所示。

2）把轴承（61812）压入手腕体轴承孔中，如图 1-15 所示。注意：压入轴承时装外圈，严禁强力敲打内圈；装内圈轴时严禁强力敲打轴承外圈。

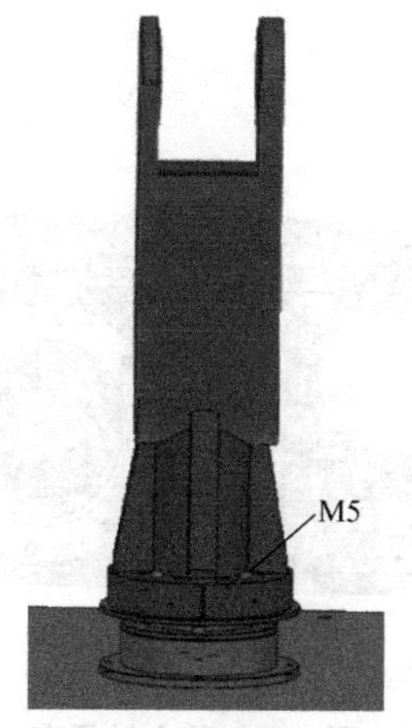

图1-14 小臂安装

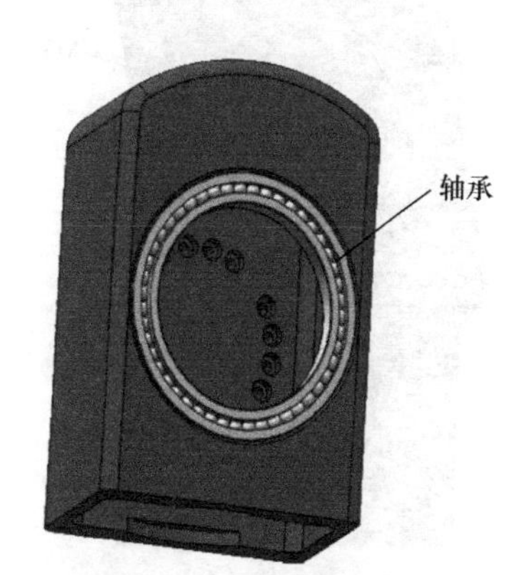

图1-15 手腕轴承安装

3）在 J5 轴减速器组合中，均匀涂抹密封胶（图 1-16），注意不要涂抹到波发生器的轴，以防掉入轴承中，容易损坏减速器。

4）把手腕放入小臂中，把减速器组合压入小臂的轴承孔里面，如图 1-17 所示。

图1-16 J5轴减速器涂抹密封胶

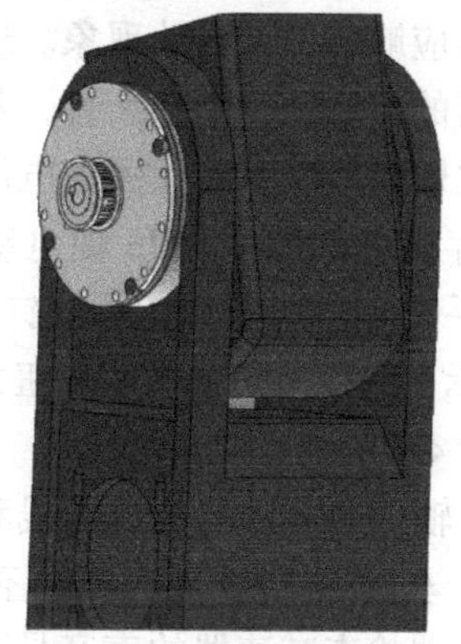

图1-17 手腕放入小臂

先预紧 M3 螺钉，再通过扭力扳手按对角方式拧紧，扭矩值为 2N · m，如图 1-18 所示。

压入 J5 轴支承套，预紧 M4 螺钉，用扭力扳手按对角方式拧紧，扭矩值为 4N · m。

5）轻轻扳动手腕体连接体，听减速器是否带有杂音。若有明显的声音，请立即暂停减速器，检查装配过程中存在的问题，如图 1-19 所示。

6）把 J5 轴电动机组合放到小臂的安装孔内，背面用 M4 螺钉预紧 J5 轴电动机板，在两带轮间安装传动带，如图 1-20 所示。传动带松紧方法：首先检查传动带的张力，这时可以用拇指强力地按压两个带轮中间的传动带。压力约为 100N，若传动带的压下量在 10mm 左右，则认为传动带张力合适；如果压下量过大，则认为传动带的张力不足；如果传动带几乎没有压下量，则认为传动带的张力过大。传动带安装不正确时，易发生各种传动故障，具体表现为：张力不足时，传动带很容易出现打滑；张力过大时，很容易损伤各种辅机的轴承。为此，应该把相关的调整螺母或螺钉拧松，把传动带的张力调整到最佳的状态。若是新传动带，可认为其压下量在 7~8mm 时，张力合适。

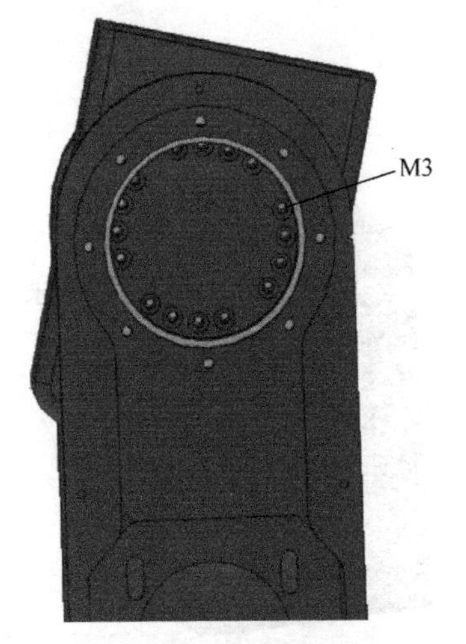

图1-18　手腕体拧紧

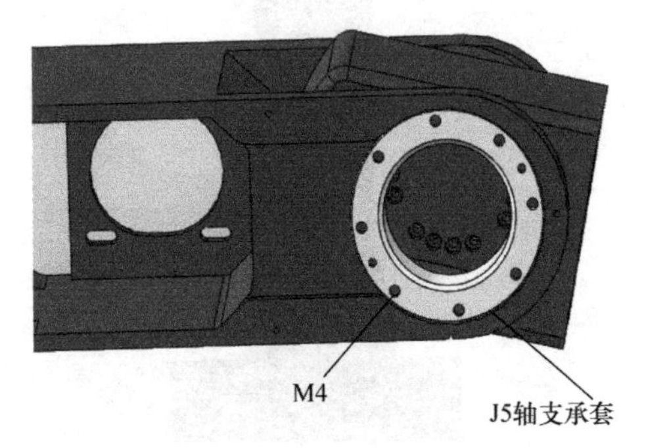

图1-19　装入轴承套

把 J5 轴伺服电动机的电源线和编码器线分别接通，低速测试减速器是否能够转动。注意：转动过程应顺畅、无振动现象。通过听诊器检查减速器的声音是否带有杂音，若有明显的声音，应立即暂停减速器，关掉电源，检查装配过程中存在的问题。取 J6 轴电动机组合体，安装在手腕体中，拧入 M4 螺钉且预紧，如图 1-21 所示。利用对角方式通过扭力扳手锁紧，扭矩值为 4N · m。

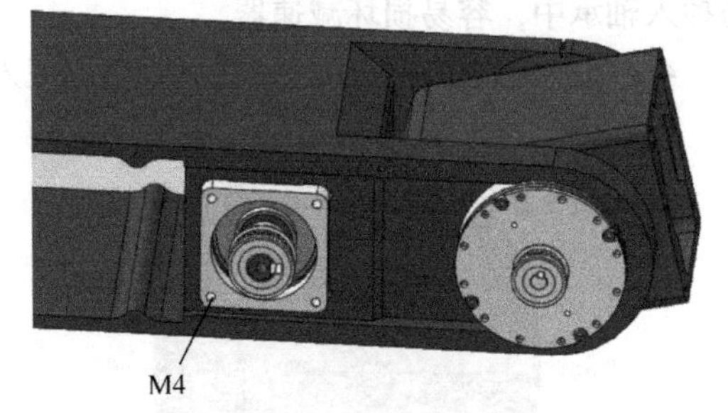

图1-20　J5轴电动机组合安装

7）把 J6 轴伺服电动机的电源线和编码器线分别接通，先低速测试减速器是否能够转动。通过听诊器检查减速器的声音是否带有杂音，若有明显的声音，请立即暂停减速器，关掉电源，检查装配过程中存在的问题。若无装配问题，则完成 J5-J6 轴装配体的装配任务。

4. 机器人本体整体装配基本步骤方法

整体装配的过程基本是整体拆卸的逆过程，装配的总体过程是从底座依次装配至末端。具体步骤方法如下：

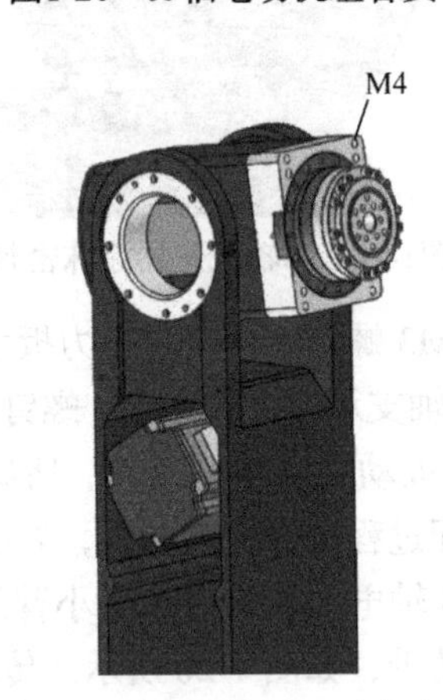

图1-21　J6轴电动机组合安装

1）首先在装配桌 A 上完成 J1-J2 轴装配，再用悬臂吊将 J1-J2 轴装配体吊至机器人的安装位置，预紧螺钉 M12，按对角方式用扭力扳手锁紧，扭矩值为 204.8N · m。至此完成 J1-J2 轴的装配，如图 1-22 所示。

2）接下来进行机器人大臂的安装工作。一人把大臂对准 J2 轴减速器的轴端安装孔位上，同时另一人先预紧减速器的螺钉，再按对角方式用扭力扳手锁紧，扭矩值为（128.4 ± 6.37）N · m。通过解除电源抱闸线，转动大臂，要求转动顺畅无卡滞现象，减速器声音正常，无异常声音。至此完成机器人大臂的装配工作，如图 1-23 所示。

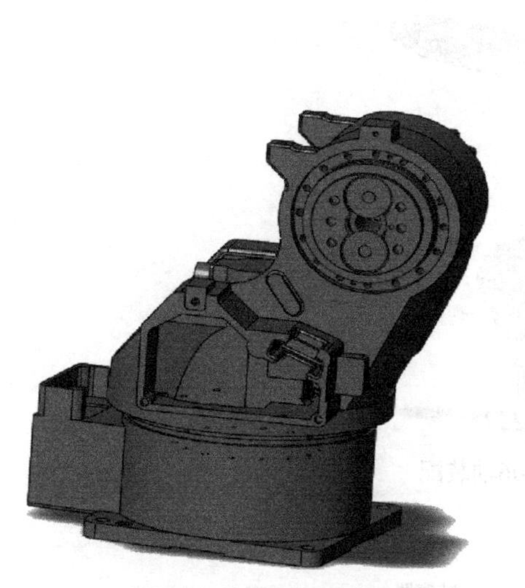

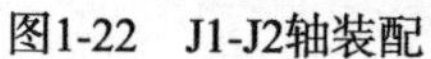

图1-22　J1-J2轴装配

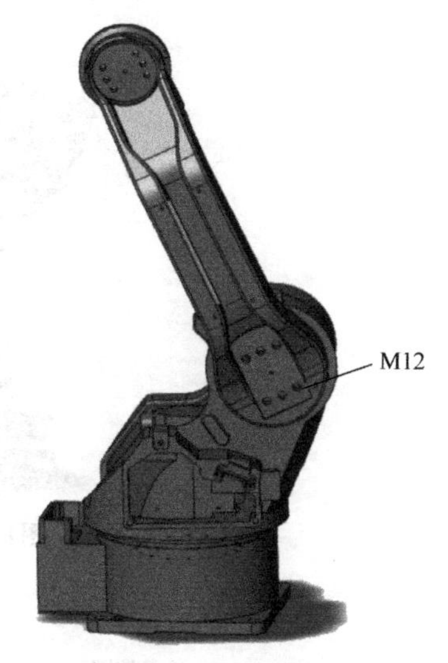

图1-23　大臂安装

3）把 J3 轴电动机、J3 轴减速器均安装在 J3 轴电动机座上。让 J3 轴减速器输出轴孔与大臂的连接法兰的轴孔对齐，拧入螺钉，先预紧，再按对角方式用扭力扳手拧紧，扭矩值为（37.2 ± 1.86）N · m。至此完成 J3-J4 轴电动机座初步的装配工作，如图 1-24 所示。

4）J4 轴减速器、J4 轴电动机组合。在 J5-J6 轴装配好后，将 J5-J6 轴装配体平放在装配桌 B 上，随后把 J4 轴减速器内套固定在 J5-J6 轴装配体上。在装配桌 B 上完成 J5-J6 轴单体的装配任务，如图 1-25 所示。

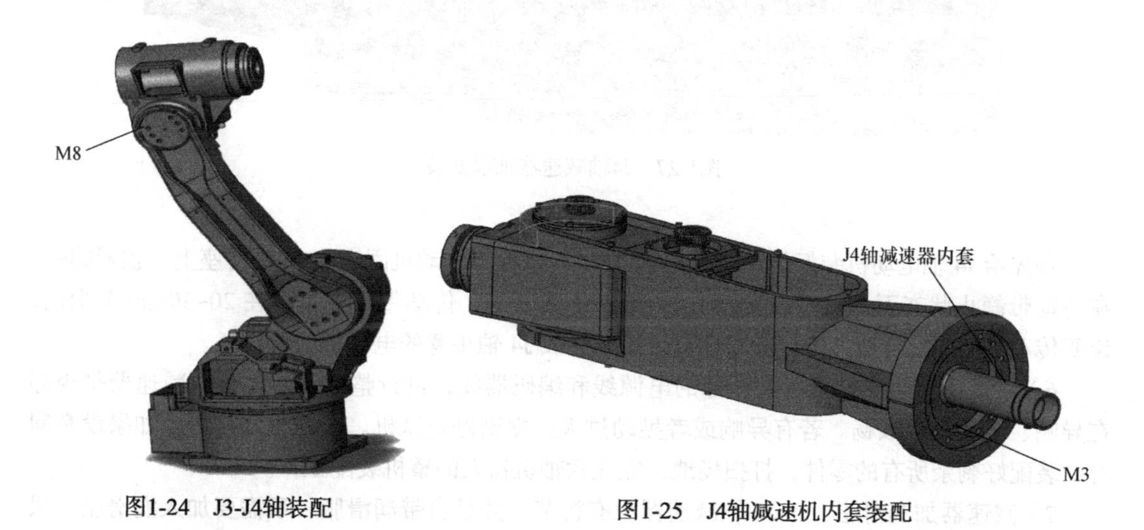

图1-24　J3-J4轴装配　　图1-25　J4轴减速机内套装配

把 J4 轴减速器外套套在 J4 轴减速器上，随后把装配好的 J5-J6 轴装配体安装在 J4 轴减速器轴孔中，预紧螺钉 M5，再按对角方式用扭力扳手拧紧，扭矩值为（9.01 ± 0.49）N · m。至此完成 J5-J6 轴装配体安装在整机上的工作任务，如图 1-26 所示。

5）压入 61807 轴承到 J4 轴减速器内套中，用卡簧钳将挡圈卡入槽内，如图 1-27 所示。

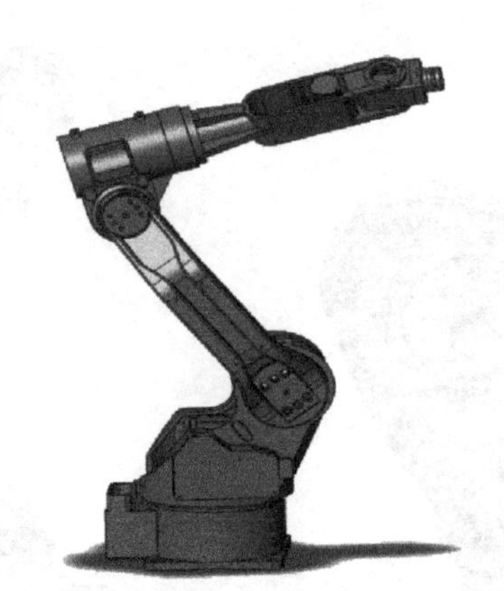

图1-26　J5-J6轴装配

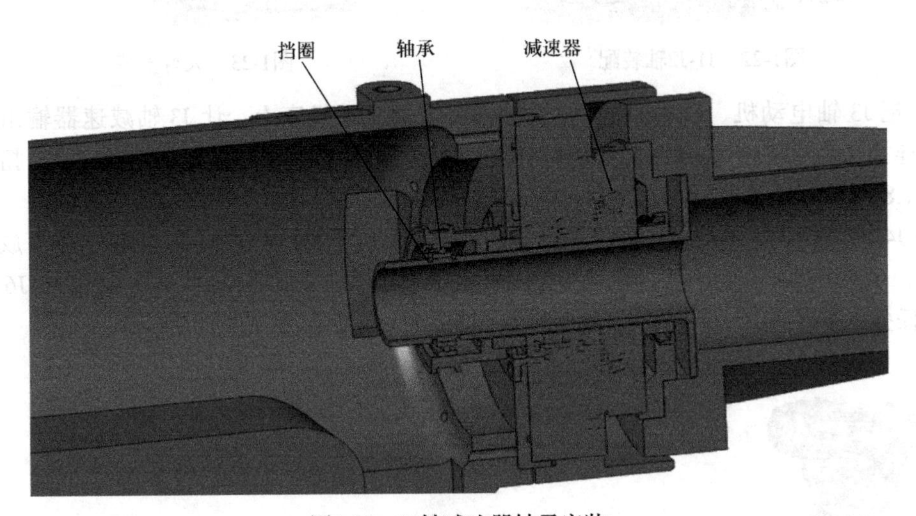

图1-27　J4轴减速器轴承安装

预先给 J4 轴电动机装好传动带，把 J4 轴电动机板与电动机固定在 J4 轴转座上，预紧螺钉。在传动带静止状态下（安装在带轮上），用手压张紧侧，传动带压下量若在 20~30mm 范围内，说明传动带松紧度合适，然后拧紧螺钉。至此完成 J4 轴小臂的电动机安装任务。

6）联机测试。连接机器人全部的电源线和编码器线，进行整机试验，检查减速器是否存在异响、转动是否顺畅。若有异响或者晃动过大，立刻停止试机。在联机测试中，如果没有问题，装配好剩余所有的零件，打扫场地，完成六轴机器人的整机装配工作。

7）减速器加润滑脂。J5-J6 轴减速器没有拆装，并且自带润滑脂，不需要加入润滑脂，只需要在 RV 减速器中加入足够的润滑脂。在世达黄油枪中加入减速器专用润滑脂 Nabtesco，打开 J1 轴注油口和出油口，在 J1 轴注油孔中注入 400mL 润滑脂后，按顺时针在紧定螺钉上缠绕合适的生料带，拧入螺钉，清理机器人上滴落的润滑脂。同理为 J2 轴减速器、J3 轴减速器加入润滑脂，加入量：J2 轴为 400mL，J3 轴为 360mL。

五、工装夹具设计基础

夹具是指机械制造过程中用来固定加工对象，使之占有正确的位置，以接受加工或检测的装置。从广义上说，在工艺过程中的任何工序，用来迅速、方便、安全地安装工件的装置，都可称为夹具。

夹具通常由定位元件（确定工件在夹具中的正确位置）、夹紧装置 、对刀引导元件（确定刀具与工件的相对位置或导引刀具方向）、分度装置（使工件在一次安装中能完成数个工位的加工，有回转分度装置和直线移动分度装置两类）、连接元件以及夹具体（夹具底座）等组成。

1. 工装夹具设计的基本原则

1）满足使用过程中工件定位的稳定性和可靠性。

2）有足够的承载或夹持力度以保证工件在工装夹具上进行的加工过程。

3）满足装夹过程中的简单与快速操作。

4）易损零件必须是可以快速更换的结构，条件充分时最好不需要使用其他工具进行更换。

5）满足夹具在调整或更换过程中重复定位的可靠性。

6）尽可能地避免结构复杂、成本昂贵。

7）尽可能选用市场上质量可靠的标准品作为组成零件。

8）满足夹具使用国家或地区的安全法规。

9）设计方案遵循手动、气动、液压、伺服的依次优先选用原则。

10）形成公司内部产品的系列化和标准化。

2. 工装夹具设计基本知识

（1）夹具设计的基本要求

1）工装夹具应具备足够的强度和刚度。

2）夹紧的可靠性。

3）焊接操作的灵活性。

4）便于焊件的装卸。

5）良好的工艺性。

（2）工装夹具设计的基本方法与步骤

1）设计前的准备。

① 夹具设计的原始资料包括以下内容：夹具设计任务单；工件图样及技术条件；工件的装配工艺规程；夹具设计的技术条件。

② 夹具的标准化和规格化资料，包括国家标准、工厂标准和规格化结构图册等。

2）设计的步骤。

① 确定夹具结构方案。

② 绘制夹具工作总图阶段。

③ 绘制装配焊接夹具零件图阶段。

④ 编写装配焊接夹具设计说明书。

⑤ 必要时，还需要编写装配焊接夹具使用说明书，包括机具的性能、使用注意事项等内容。

3. 工装夹具元件的分类

根据夹具元件的功用及装配要求不同，可将夹具元件分为以下四类：

1）第一类是直接与工件接触，并严格确定工件的位置和形状的，主要包括接头定位件、V形块、定位销等定位元件。

2）第二类是各种导向件，此类元件虽不与定位工件直接接触，但它确定第一类元件的位置。

3）第三类属于夹具内部结构零件相互配合的夹具元件。

4）第四类是不影响工件位置，也不与其他元件相配合的元件，如夹具的主体骨架等。

4. 夹具结构工艺性

（1）对夹具良好工艺性的基本要求

1）整体夹具结构的组成，应尽量采用各种标准件和通用件，制造专用件的比例应尽量少，以减少制造劳动量和降低费用。

2）各种专用零件和部件结构形状应容易制造和测量，方便装配和调试。

3）便于夹具的维护和修理。

（2）合理选择装配基准

1）装配基准应该是夹具上一个独立的基准表面或线，其他元件的位置只对此表面或线进行调整和修配。

2）装配基准一经加工完毕，其位置和尺寸就不应再变动。因此，那些在装配过程中自身的位置和尺寸尚须调整或修配的表面或线不能作为装配基准。

（3）结构的可调性　经常采用的是依靠螺钉紧固、销钉定位的方式，调整和装配夹具时，可对某一元件尺寸较方便地修磨。还可采用在元件与部件之间设置调整垫圈、调整垫片或调整套等来控制装配尺寸，补偿其他元件的误差，提高夹具精度。

（4）维修工艺性　进行夹具设计时，应考虑维修方便的问题。

（5）制造工装夹具的材料　此部分内容请参考其他文献资料。

第二节　工业机器人电气装配

工业机器人是典型的机电一体化系统，机器人系统包括硬件系统和软件系统，硬件系统除了机械本体之外，还有电气控制系统。工业机器人电气装配是工业机器人整机装配的重要内容之一。工业机器人的电气装配应按照《电气装配技术规范》《电气装配操作流程》《电气装配工艺规范》等技术文件要求，并结合工业机器人机械结构特点和机器人使用环境等要素进行电气装配，以保证工业机器人稳定可靠地工作。

一、工业机器人电气元器件认知

机器人电气控制系统如图 1-28 和图 1-29 所示，主要分两大类：一类是常用低压电气控制元件，如低压断路器、变压器、熔断器、开关电源、急停开关、转换开关、复位按钮、使能按钮、指示灯、接触器、继电器、接线端子排、连接线缆等；另一类是机器人的功能电气器件，如控制器、示教器、伺服驱动器、伺服电动机、编码器、传感器、I/O 单元、通信模块等。下面主要以华数 HSR-JR612 型机器人为例介绍工业机器人各低压电气元器件的结构、原理和应用。

图1-28　华数HSR-JR612机器人控制柜

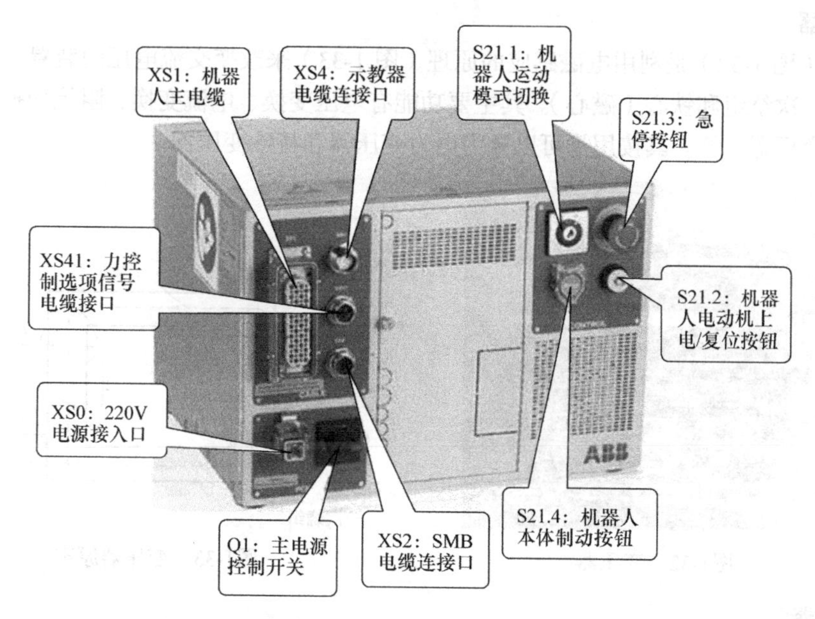

图1-29　ABB120机器人控制柜

1. 低压断路器

如图 1-30 所示，低压断路器简称断路器。它是一种既有手动开关作用，又能自动进行失电压、欠电压、过载和短路保护的电器。它可用来分配电能，不频繁地起动异步电动机，对电源线路及电动机等实行保护，当它们发生严重的过载或者短路及欠电压等故障时，能自动切断电路。其功能相当于熔断器式开关与过 / 欠电压热继电器等组合。低压断路器结构原理如图 1-31 所示。

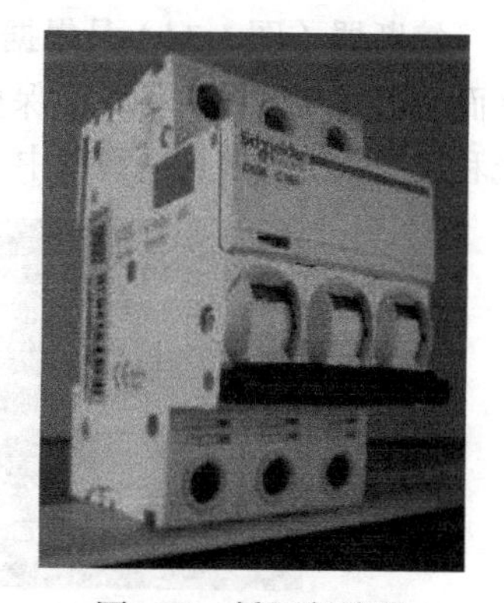

图1-30　低压断路器

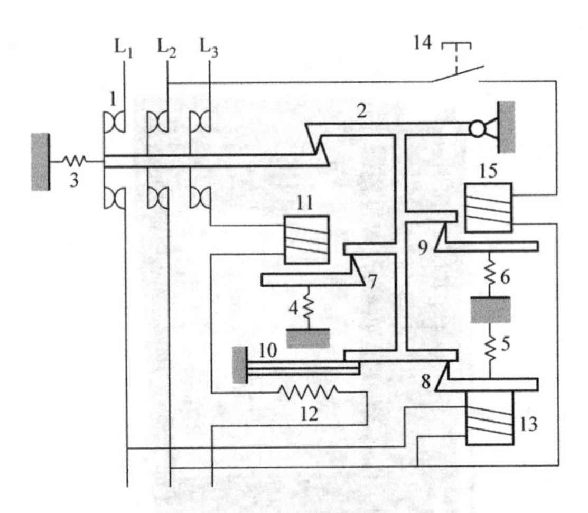

图1-31　低压断路器结构原理

1—触头　2—搭钩　3、4、5、6—弹簧　7、8、9—衔铁　10—双金属片　11—过电流脱扣线圈　12—加热电阻丝　13—失电压脱扣线圈　14—按钮　15—分励线圈

2. 变压器

变压器（图 1-32）是利用电磁感应的原理（图 1-33）来改变交流电压的装置，主要构件是一次绕组、二次绕组和铁心（磁心）。其主要功能有电压变换、电流变换、阻抗变换、隔离、稳压（磁饱和变压器）等。其按用途可以分为电力变压器和特殊变压器。

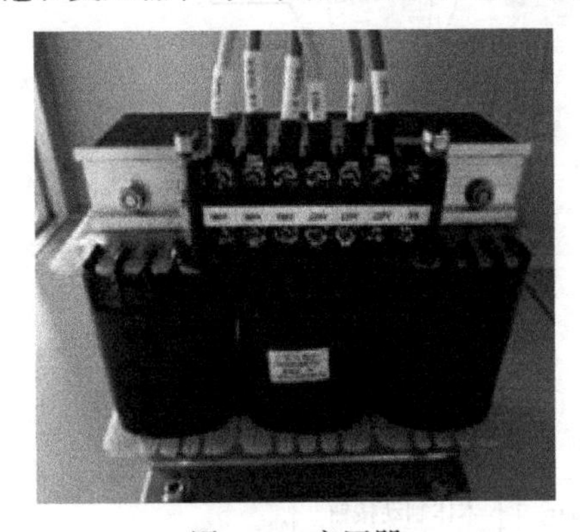

图1-32　变压器

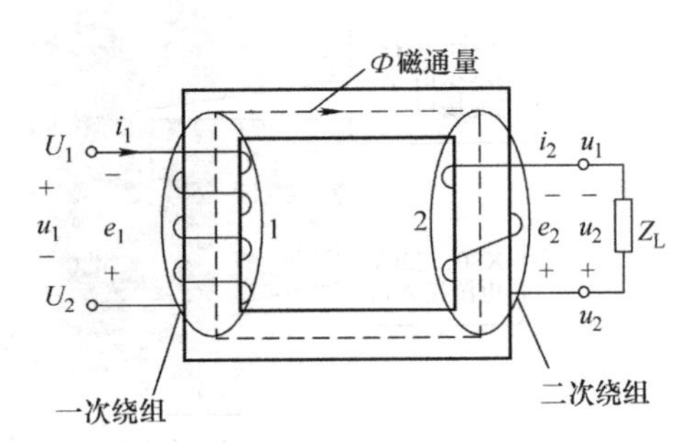

图1-33　变压器原理

3. 熔断器

熔断器（图 1-34）是根据电流超过规定值一段时间后，以其自身产生的热量使熔体熔化，从而使电路断开的一种电流保护器，其接线图如图 1-35 所示。熔断器广泛应用于高低压配电系统和控制系统以及用电设备中，作为短路和过电流的保护器，是应用最普遍的保护器件之一。

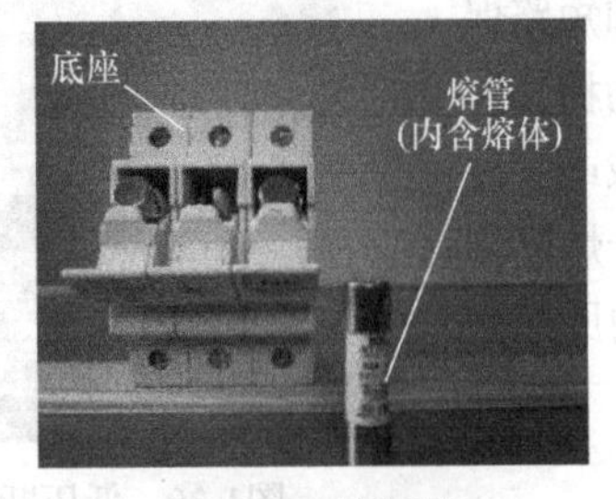

图1-34　熔断器

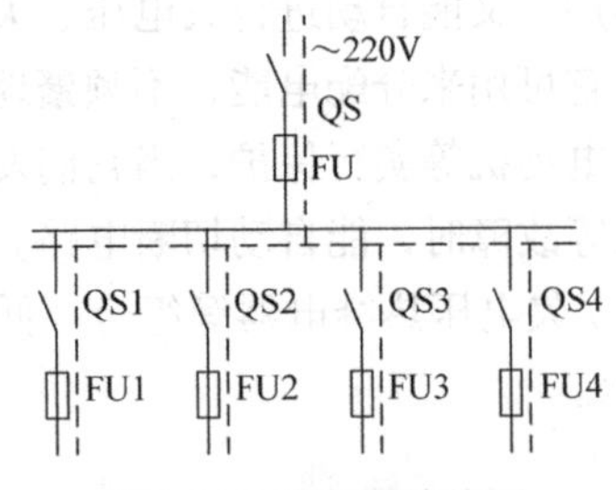

图1-35　熔断器接线图

4. 开关电源

开关电源（图 1-36）是利用现代电力电子技术，控制开关管开通和关断的时间比率，维持稳定输出电压的一种电源，其典型接线图如图 1-37 所示。随着电力电子技术的发展和创新，开关电源技术也在不断地创新。目前，开关电源以小型、轻量和高效率的特点被广泛应用于几乎所有的电子设备。

图1-36　开关电源

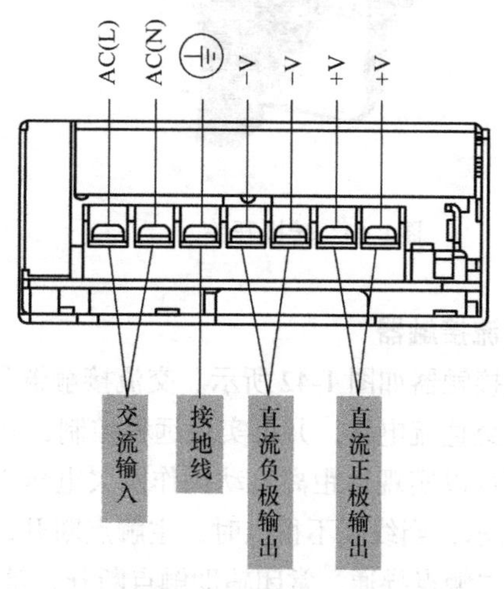

图1-37　开关电源接线图

5. 急停开关

急停开关（图 1-38）用于紧急情况下的停机操作。急停开关通常是红色的，灵敏性高，要求安装在醒目位置，以方便操作。接线时必须确保主电路的控制回路接线端串联在急停开关常闭触点的两端，这样一旦按下急停开关就能切断控制回路的电流，使设备停止运转，如图 1-39 所示。急停开关只在紧急状态下使用，如果在非紧急状态下使用，会使运转中的设备因为急停而产生巨大电弧烧蚀触点，并且可能对机械传动系统造成损伤。因此，有必要在急停开关旁边标示警示语，防止误操作。

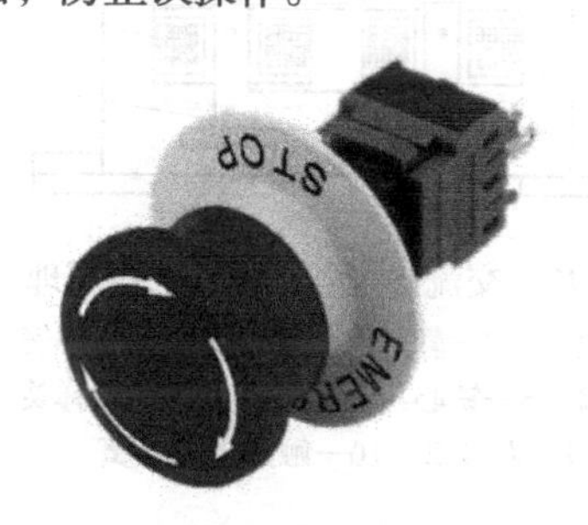

图1-38　急停开关

图1-39　急停开关接线图

6. 转换开关

转换开关（图 1-40）是刀开关的一种发展，其区别是刀开关操作时上下平面动作，转换开关则是左右旋转平面动作，具有多触点、多位置、体积小、性能可靠、操作方便、安装灵活等优点，多用作机床电气控制电路中电源的引入开关，起着隔离电源作用，还可作为直接控制小功率异步电动机不频繁起动和停止的控制开关。转换开关同样也有单极、双极和三极，其典型接线图如图 1-41 所示。

图1-40　转换开关

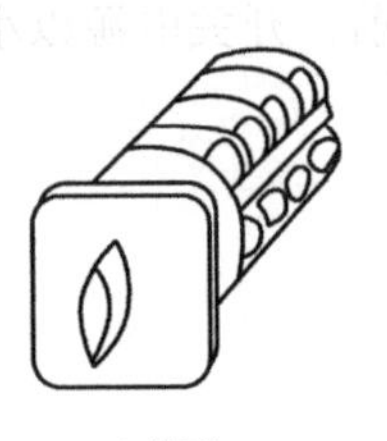
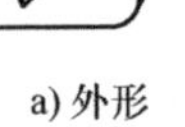

a) 外形

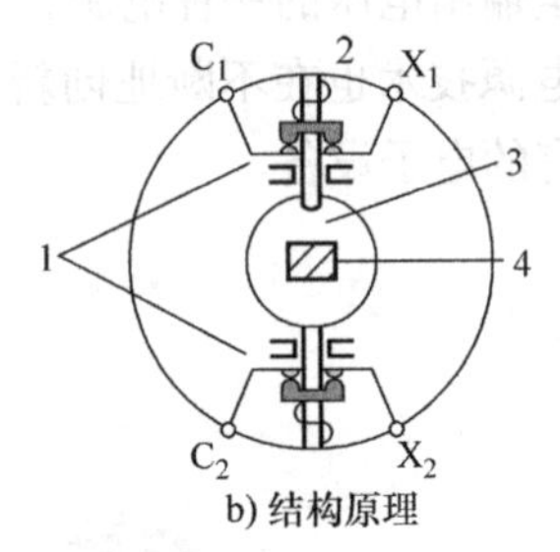

b) 结构原理

图1-41　转换开关接线图

1—触点　2—触点弹簧　3—凸轮　4—转轴

7. 交流接触器

交流接触器如图 1-42 所示。交流接触器是机电设备电气控制中的重要电器，可以频繁地接通和分断交直流电路，并可实现远程控制，其主要控制对象是电动机，也可用于其他负载。交流接触器可以实现远距离自动操作及欠电压 / 失电压保护功能。交流接触器结构与工作原理如图 1-43 所示，当线圈不得电时，主触点断开，常闭辅助触点导通，常开辅助触点断开；当线圈得电时，主触点导通，常闭辅助触点断开，常开辅助触点导通。

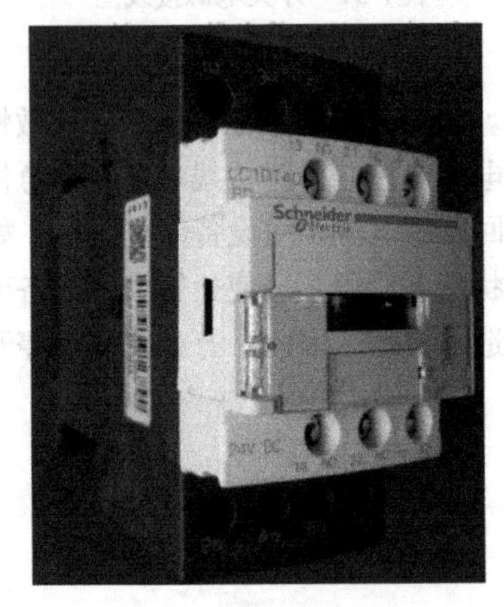

图1-42　交流接触器

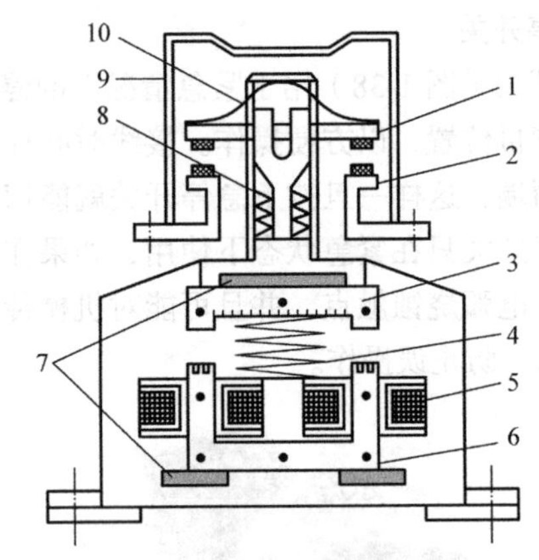

图1-43　交流接触器结构与工作原理

1—动触点　2—静触点　3—衔铁　4—弹簧
5—线圈　6—铁心　7—垫毡　8—触点弹簧
9—灭弧罩　10—触点压力弹簧

8. 中间继电器

电磁式中间继电器如图 1-44 所示。中间继电器多用于继电保护与自动控制系统中，在控制电路中，传递中间信号，可以看作一种断路器。

中间继电器属于电磁式继电器，电磁继电器结构与工作原理如图 1-45 所示，触点 A、C 是静触点，触点 B 是动触点，触点 D、E 是线圈触点；当线圈不得电时，常闭触点 A、B 导通，常开触点 C、B 断开；当线圈得电时，常闭触点 A、B 断开，常开触点 C、B 导通。

图1-44　中间继电器

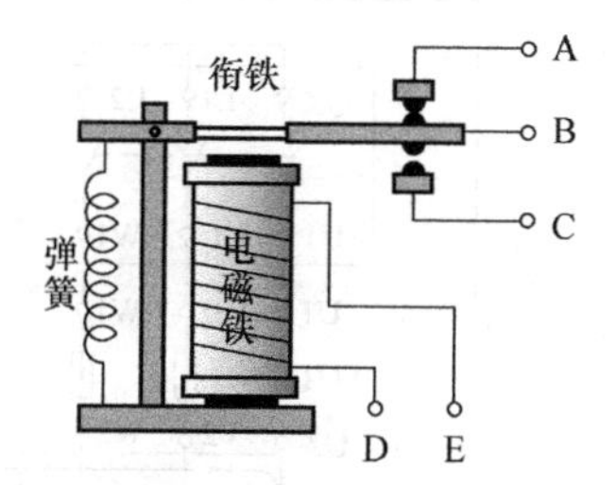

图1-45　电磁继电器结构与工作原理

二、工业机器人电气图的识读与绘制

1. 电气控制系统图的分类

（1）电气元器件布置图（图 1-46）

1）根据电气元器件在安装底板上的实际安装位置绘制。

2）采用简化外形符号。

3）不表达电气结构、接线情况和工作原理。

4）仅用于元器件的安装和布置，元器件标注与电气原理图保持一致。

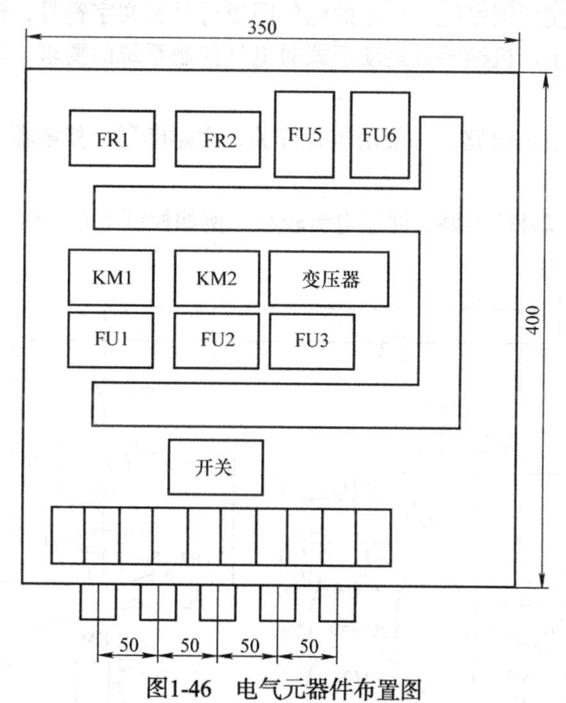

图1-46　电气元器件布置图

（2）电气安装接线图（图 1-47）

1）根据电气设备和电气元器件实际相对位置和安装情况绘制。

2）表示电气设备和电气元器件位置、配线方式、接线方式。

3）元器件的端子号、导线类型、导线截面面积。

4）同一个电气元器件的各部件要画在一起。

5）不明显表示电气动作原理。

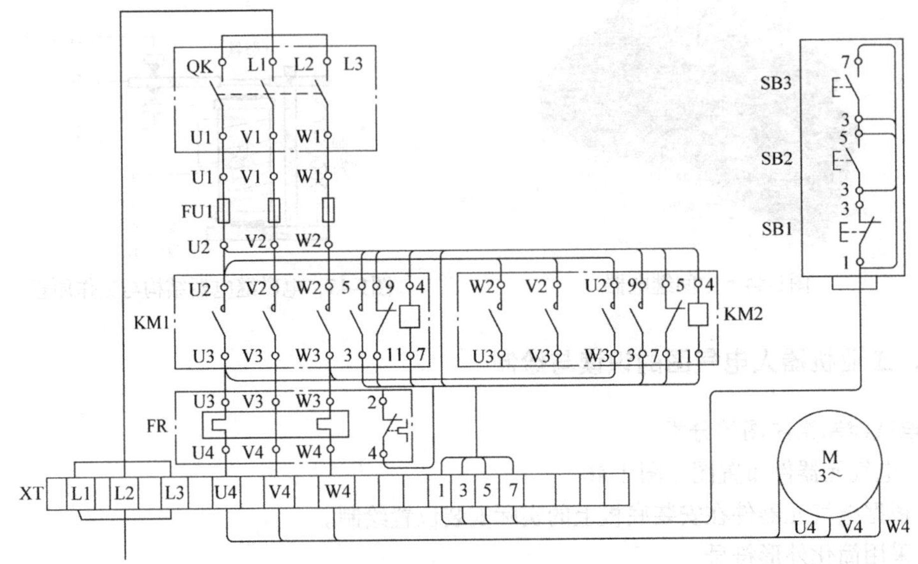

图1-47　电气安装接线图

（3）电气原理图（图 1-48）　电气原理图表示电路、设备或成套装置的基本组成和连接关系，不考虑实际位置，使用国家统一规定的电气图形符号和文字符号，遵循电气设备和电气元器件的工作顺序，满足生产机械装置运动形式对电气控制系统的要求。电气原理图由主电路和辅助电路组成。

主电路：大电流通过的电路，一般由组合开关、主熔断器、接触器主触点、热元件或电动机等组成。

辅助电路：主电路以外的电路，通过电流较小，例如控制电路、信号电路、保护电路等。

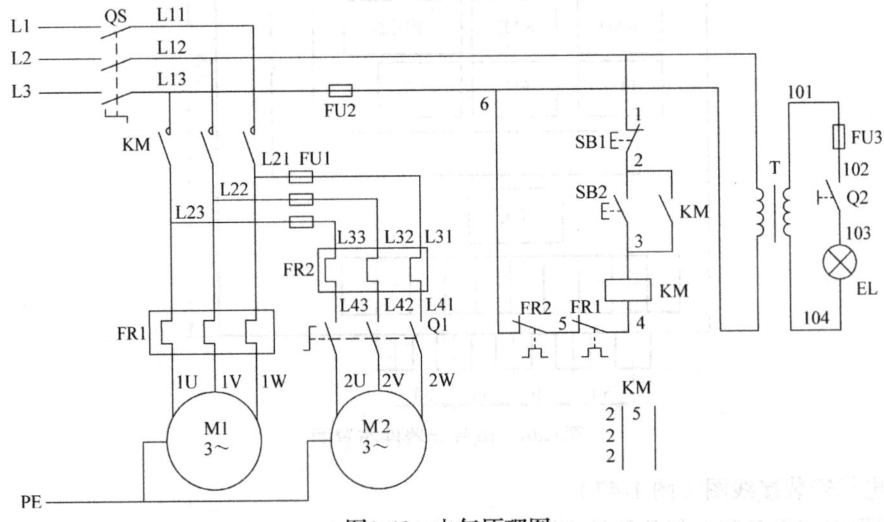

图1-48　电气原理图

2. 电气原理图的识读要求

（1）识读主电路

1）识别用电设备。

2）识别用电设备的电气控制元件。

3）了解控制元器件和保护元器件。

4）识别主电路电源。

（2）识读辅助电路。

1）识别辅助电路电源。

2）了解继电器、接触器等控制元件。

3）理解控制电路对主电路的控制原理。

4）研究辅助电路元器件相互作用关系。

5）识别其他辅助元器件，如照明、散热元件。

三、工业机器人电气装配工艺规程

电气装配工艺规程涉及的技术标准很多，很难全部包括电气装配工艺所涉及的众多技术标准，事实上也没有这个必要，工业机器人电气装配工艺规程可参照《电气装配技术规范》《电气成套控制柜的安装规范》《电气安装与维修工艺规范》等。

1）电气设备应有足够的电气间隙及爬电距离以保证设备安全可靠地工作。

2）系统或不同工作电压电路的熔断器应分开布置。

3）熔断器安装位置及相互间距离应便于熔体的更换。

4）低压断路器与熔断器配合使用时，熔断器应安装在电源侧。

5）电气元器件的金属外壳应妥善与箱体接地排可靠连接，零线应该与零线排连接。引入线中的零线或地线进箱需直接接零线排或地线排，并排列整齐、连接牢固。

6）接零系统与接地系统应严格分开，各自成体系。

7）端子应有序号，端子排应便于更换且接线方便；离地高度宜大于350mm。

8）线槽应平整、无扭曲变形，内壁应光滑、无毛刺。

9）线槽的连接应连续无间断。每节线槽的固定点不应少于两个。在转角、分支处和端部均应有固定点，并紧贴墙面固定。

10）线槽接口应平直、严密，槽盖应齐全、平整、无翘角。

11）固定或连接线槽的螺钉或其他紧固件，紧固后其端部应与线槽内表面光滑相接。

12）线槽敷设应平直整齐，水平或垂直允许偏差为其长度的2‰，全长允许偏差为20mm。并列安装时，槽盖应便于开启。

13）线槽的出线口应位置正确、光滑、无毛刺。

14）接触器和热继电器的接线端子与线槽直线距离为30mm。

15）其他载流元件与线槽直线距离为30mm。

16）控制端子与线槽直线距离为20mm。

17）动力端子与线槽直线距离为30mm。

18）低压电器根据其不同的结构，可采用支架、金属板、绝缘板固定在墙、柱或其他建筑构件上。金属板、绝缘板应平整。当采用卡轨支撑安装时，卡轨应与低压电器匹配，并用固定夹或固定螺钉与壁板紧密固定，严禁使用变形或不合格的卡轨。

19）电气元器件的紧固应设有防松装置，一般应放置弹簧垫圈及平垫圈。弹簧垫圈应放置于螺母一侧，平垫圈应放于紧固螺钉的两侧。若采用双螺母锁紧或其他锁紧装置，可不设弹簧垫圈。

20）面板上安装按钮时，为了提高效率和减少错误，应先用铅笔直接在门后写出代号，再在相应位置贴上标签，最后安装器件并贴上标签。

21）按钮之间的距离宜为50~80mm；按钮箱之间的距离宜为50~100mm；当倾斜安装时，其与水平线的倾角不宜小于30°。

22）按钮操作应灵活、可靠、无卡阻。

23）集中在一起安装的按钮应有编号或不同的识别标志，“紧急”按钮应有明显标志，并设保护罩。

四、工业机器人电气装配要点

1）必须按照电气设计、工艺要求及电气相关规定和有关标准进行装配。

2）装配环境必须清洁，高精度仪器的装配环境必须符合有关规定。

3）电气元器件在装配前应进行测试、检查，不合格的元件不能进行装配。

4）仪表、指示器显示的数码、信号应清晰准确，开关工作可靠。

5）应严格按照电气装配图样要求进行布线和连接。

6）所有导线的绝缘层必须完好无损，导线剥头处的细铜丝必须拧紧，需要时搪锡。

7）焊点必须牢固，不得有脱焊或虚焊现象。焊点应光滑、均匀。

五、工业机器人线束的装配

机器人本体上的线缆分为动力线缆（包含抱闸线缆）和编码器线缆，一端从电柜后部接出，另一端接在机器人底座后部，两端都通过重载插头连接，线缆接到本体后分为六组，分别连接到六个关节的电动机，如图1-49所示。

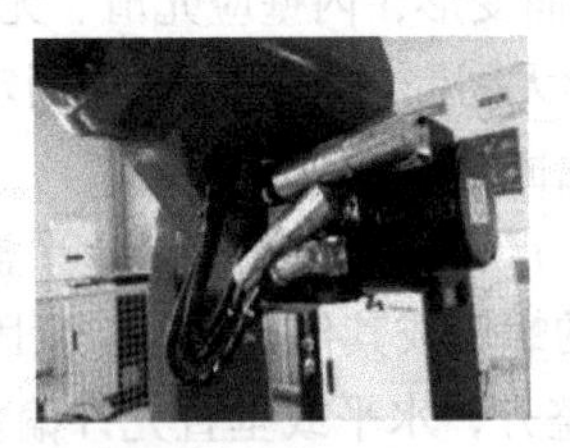
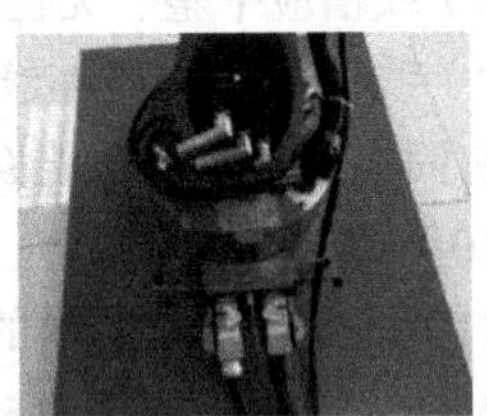

图1-49　工业机器人线束装配

重载连接器，又称重载连接件，俗称重载插头、航空插，广泛应用于建筑机械、纺织机械、包装印刷机械、烟草机械、机器人、轨道交通、电力、自动化等需要进行电气和信号连接的设备中，如图1-50所示。

图1-50　重载连接器

练　习　题

一、选择题

1.RV 摆线针轮减速器特别适用于工业机器人（　　）轴的传动。

A. S 轴　　B. L 轴　　C. U 轴

D. R 轴　　E. B 轴　　F. T 轴

2. 装配机器人的特点有（　　）。

A. 精度高　　B. 柔性好

C. 工作范围大　　D. 能与其他系统配套使用

二、填空题

输入直齿轮轴或电动机主轴与减速器的同轴度误差≤________。

三、简答题

1. 请简述装配的定义。

2. 试述保证零件装配精度的装配方法。

3. 工业机器人机械装配包括哪些关键工艺过程？

4. 工业机器人整机装配完成后，从机械、电气等方面如何进行整机装配工作有效性判断？

第二单元

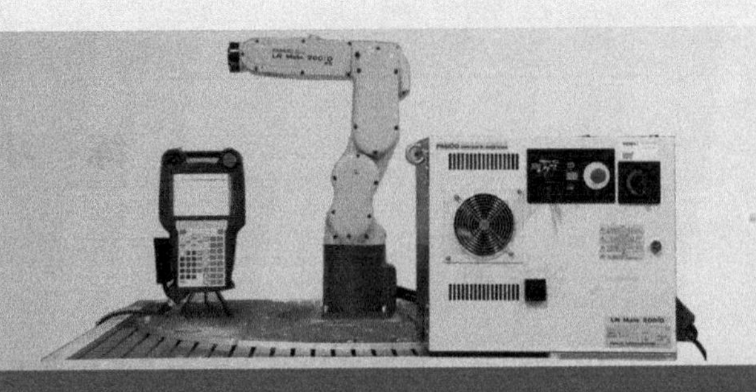

工业机器人整机调试

引导语：

随着工业机器人应用领域的不断发展，我国对工业机器人的需求逐步增大，对工业机器人操作编程及应用维修人才的需求也逐步增加。工业机器人在出厂时必须要对其进行全面的性能调试，本单元以HSR612机器人为例，讲解工业机器人测试程序的规范、相应配置软件的使用说明、调试异常原因分析等。

培训目标：

➢能够掌握工业机器人调试流程。
➢能够掌握工业机器人测试程序编写规范。
➢能够了解工业机器人配置软件的主要功能并掌握其使用方法。
➢能够掌握常见性能调试异常现象的主要产生原因。
➢能够了解工业机器人的运动特性。
➢能够掌握工业机器人的通信方式。
➢能够掌握工业机器人常见传感器的分类以及应用。

第一节　工业机器人性能调试

一、机器人测试程序规范

工业机器人在出产前，一般需要：①对设备硬件进行检查；②将机器人本体、示教器、电柜等连接起来，导入相关参数，为机器人系统安装必需的控制软件，并设置机器人的机械零点设定；③空载运行单轴运动，多轴整体联动程序；④在空载运行时测试设备相应的按钮，同时检测机器人本体是否漏油；⑤搭载相应负载进行联机测试；⑥对机器人进行校准；⑦出厂检查。其中，机器人测试程序是整机性能调试中非常重要的一环，该程序必须要能够保证机器人在运行此程序时，能够尽量大地到达机器人的运行范围。以下给出了通常机器人测试程序的一般要求：

1）机器人变换姿态，实现单轴运动，分别运动到各轴的正负极限位置。

2）J1 轴至 J6 轴各关节分别依次运动两次后切换到下一轴。

3）J6 轴运动完成后，实现多轴联动跑机测试，首先达到机器人各关节的正极限，等待 1s 后，所有关节运动到机器人负极限。

4）满载跑机 168h，无故障后即可出厂。

典型机器人部分运行程序及点位如下：

机器人调试运行程序：

```
WHILE TRUE
CALL SETTOOLNUM（0）
BLENDINGMETHOD=1
' ////////////////////////////////
' A1
MOVE ROBOT  P9
MOVE ROBOT  P10
MOVE ROBOT  P11
' ////////////////////////////////
' A2
MOVE ROBOT  P12
MOVE ROBOT  P13 VCRUISE=70
MOVE ROBOT  P14 VCRUISE=80
' ////////////////////////////////
' A3
MOVE ROBOT  P15
MOVE ROBOT  P16
MOVE ROBOT  P17
' ////////////////////////////////
' A4
MOVE ROBOT  P18
MOVE ROBOT  P19
MOVE ROBOT  P20
' ////////////////////////////////
' A5
MOVE ROBOT  P21
MOVE ROBOT  P22
MOVE ROBOT  P23
' ////////////////////////////////
' A6
MOVE ROBOT  P24
MOVE ROBOT  P25
MOVE ROBOT  P26
' ////////////////////////////////
' MULTIAIXS
MOVE ROBOT  P1
MOVE ROBOT  P2
MOVE ROBOT  P3
MOVE ROBOT  P1
MOVES ROBOT  P4
MOVES ROBOT  P5
MOVES ROBOT  P1
CIRCLE ROBOT  CIRCLEPOINT=P6
TARGETPOINT=P7 CP=100
CIRCLE ROBOT  CIRCLEPOINT=P8
TARGETPOINT=P1 CP=100
SLEEP 100
END WHILE
```

机器人测试点位见表 2-1。

表 2-1　机器人测试程序点位

点位名称	点位类型	点位数据
P1	JOINT OF XYZYPR	{0.000000，−90.000000，180.000000，−0.000106，90.000000，0.000000}
P10	JOINT OF XYZYPR	{167.000000，−89.999800，180.000000，0.000374，89.999800，−0.000058}
P11	JOINT OF XYZYPR	{−167.000000，−89.999800，180.000000，0.000374，89.999800，−0.000058}

（续）

点位名称	点位类型	点位数据
P12	JOINT OF XYZYPR	{0.000387，−145.005000，145.000000，−0.000861，89.999300，−0.001102}
P13	JOINT OF XYZYPR	{0.000387，−145.005000，145.000000，−0.000861，89.999300，−0.001102}
P14	JOINT OF XYZYPR	{0.000637，−20.000000，89.998900，0.000374，90.000100，−0.000274}
P15	JOINT OF XYZYPR	{0.000411，−89.999900，180.000000，0.000374，89.999800，−0.000166}
P16	JOINT OF XYZYPR	{0.000592，−89.999800，247.833000，0.000431，89.999700，−0.000274}
P17	JOINT OF XYZYPR	{0.000661，−90.000800，58.861300，0.000480，89.999700，−0.000274}
P18	JOINT OF XYZYPR	{0.000432，−89.998900，180.000000，0.000374，89.999800，−0.000223}
P19	JOINT OF XYZYPR	{0.000432，−89.998800，180.000000，175.000000，89.999800，−0.000223}
P2	JOINT OF XYZYPR	{156.773000，−162.362000，257.539000，170.000000，105.000000，350.000000}
P20	JOINT OF XYZYPR	{0.000432，−89.998800，180.000000，−175.000000，89.999800，−0.000223}
P21	JOINT OF XYZYPR	{0.000432，−89.998800，180.000000，0.000374，89.999800，−0.000223}
P22	JOINT OF XYZYPR	{0.000432，−89.998800，180.000000，0.000431，105.000000，−0.000223}
P23	JOINT OF XYZYPR	{0.000432，−89.998800，180.000000，0.000431，−105.000000，−0.000223}
P24	JOINT OF XYZYPR	{0.000432，−89.998800，180.000000，0.000374，0.000000，−0.000223}
P25	JOINT OF XYZYPR	{0.000432，−89.998800，180.000000，0.000374，0.000000，360.000000}
P26	JOINT OF XYZYPR	{0.000432，−89.998800，180.000000，0.000374，0.000000，−360.000000}
P3	JOINT OF XYZYPR	{−154.999000，−43.532600，68.222500，−169.997000，−105.000000，−350.000000}
P4	JOINT OF XYZYPR	{−26.865400，−42.908700，182.141000，0.000000，40.767900，−26.865000}

（续）

点位名称	点位类型	点位数据
P5	LOCATION OF XYZYPR	#{867.64，408.416，549.234，0，179.999，0.001758}
P6	LOCATION OF XYZYPR	#{1063.501，−150.012435，635.799，0，180，0.00056}
P7	LOCATION OF XYZYPR	#{1213.501，−0.012435，635.799，0，180，0.00056}
P8	LOCATION OF XYZYPR	#{1063.501，150.012435，635.799，0，180，0.00056}
P9	JOINT OF XYZYPR	{0.000411，−89.999800，180.000000，0.000374，89.999800，−0.000058}

二、机器人配置软件

华数Ⅱ型机器人控制器配置软件能够和控制器通信，配置机器人参数，监控机器人状态，升级控制器程序等功能。该软件操作简单，方便用户使用。配置软件界面布局如图 2-1 所示。

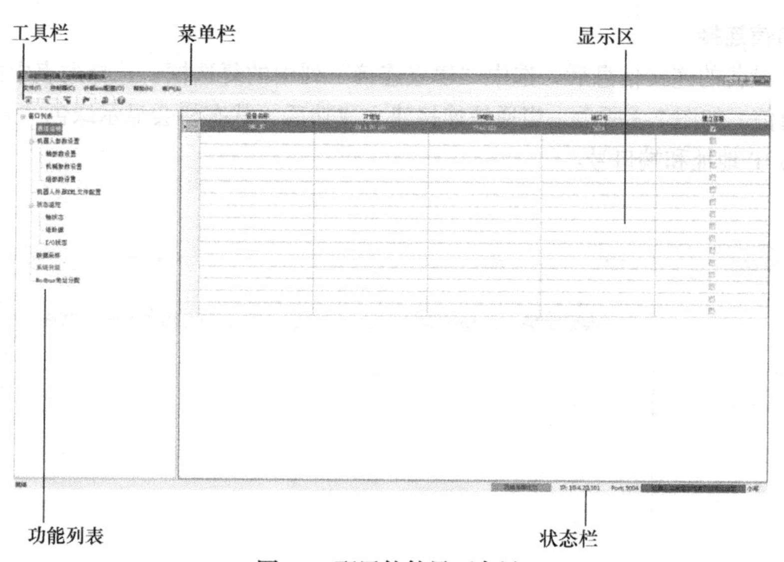

图2-1　配置软件界面布局

在窗口列表菜单中单击“通信连接”按钮，在右边显示区即可进入通信连接界面。通信连接有三个功能，分别是获取设备信息、建立通信连接以及修改控制器的 IP 地址。

1. 获取设备信息

当总线网络拓扑结构中有一台或多台机器人时，单击“通信连接”按钮时即可扫描当前网络中所有控制器的信息，如控制器名称、IP 地址、SN 地址；端口号是固定的，只有开发人员才有修改权限。通信连接界面如图 2-2 所示。

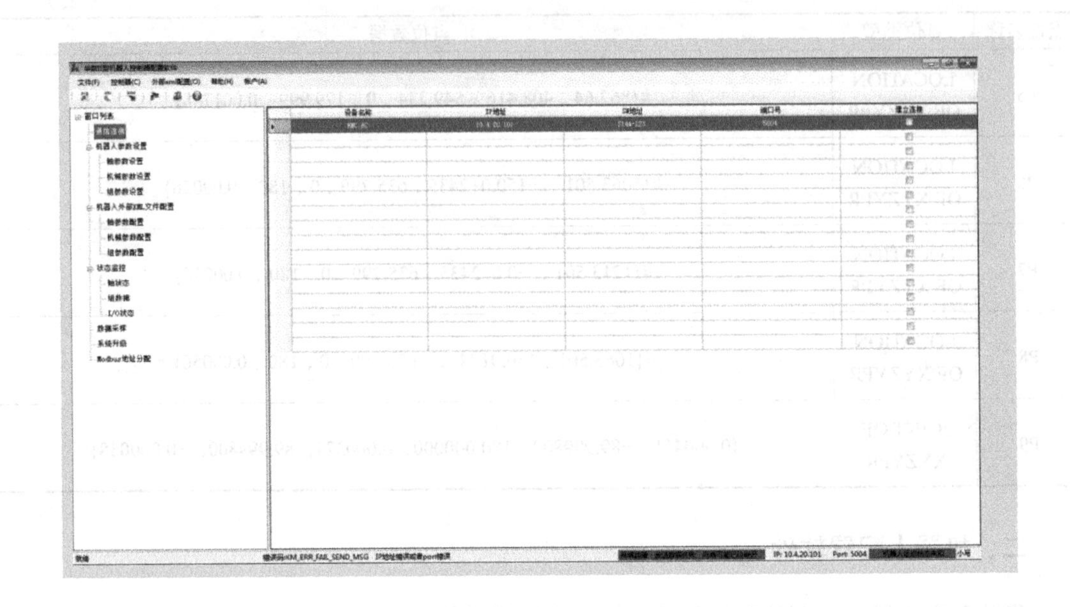

图2-2　通信连接界面

2. 建立通信连接

当扫描到设备的连接信息后，选中“建立连接”列中的复选框，选择列表中的其中一台在线设备进行通信，如图 2-3 所示。当通信连接建立成功后，状态栏会显示绿色“通信连接成功”字样、通信的 IP 地址和端口号。

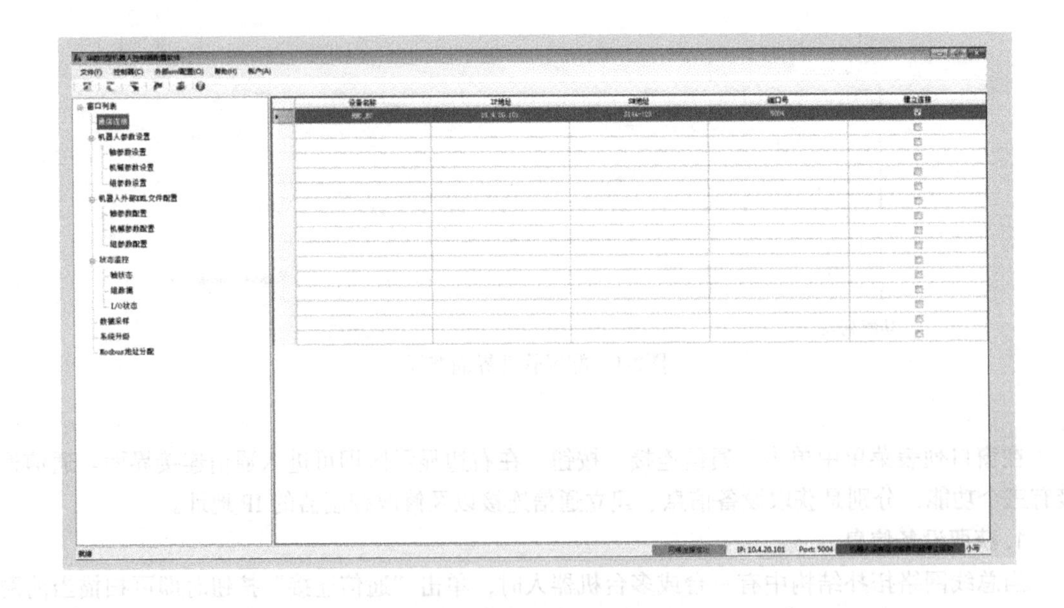

图2-3　建立通信连接界面

3. 修改控制器的 IP 地址

当单击右边显示区的“IP 地址”列下的 IP 地址时，会弹出“修改控制器 IP 地址”对话框，如图 2-4 所示。对话框中的文本框内只能输入数字和小数点，当输入完成之后，单击“确认”按钮确认修改 IP，重启生效；单击“取消”按钮放弃修改 IP 地址。

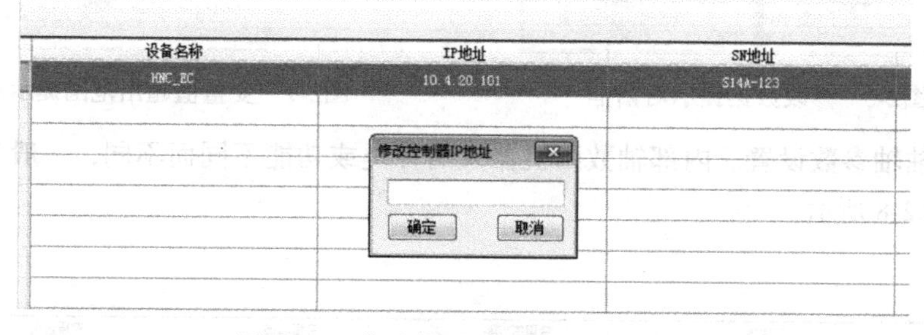

图2-4 “修改控制器IP地址”对话框

4. 机器人参数设置

只有开发人员和调试人员才有权限使用机器人参数设置功能，用户没有权限使用机器人参数设置功能。机器人参数设置主要是对机器人的轴参数、机械参数和组参数的在线设置，包括速度、加速度、减速度、加加速度、限位、原点等设置。

（1）轴参数设置　轴参数设置是对机器人的内部轴和外部轴参数的设置，参数设置中轴的数量由机器人实际轴的数量决定。如图 2-5 所示，内部轴数量是 6，外部轴数量是 2。

从图 2-5 中可以看出，机器人参数设置分为五列：变量名称，变量值，变量值范围，变量类型，变量含义。其中，只有“变量值”列可以进行编辑，当输入完成之后，按“回车”键，会弹出对话框提示“修改数据成功”或者“修改数据失败”，如图 2-6 所示；当输入的值超出“变量值范围”列中的数值时，“变量值”列会弹出对话框提示“输入的值超出范围”，如图 2-7 所示。

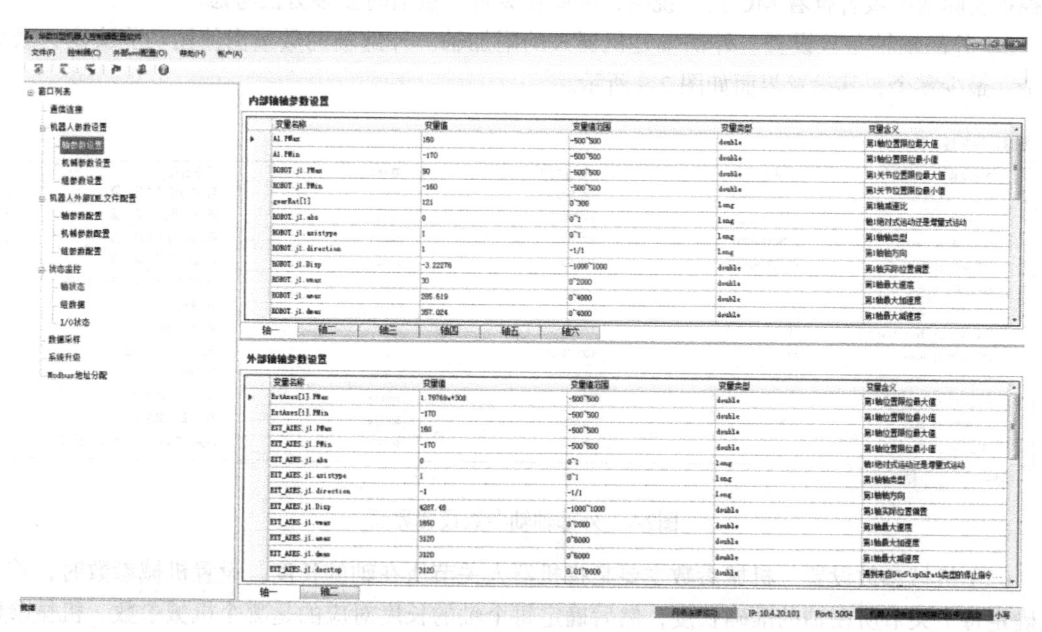

图2-5 轴参数设置界面

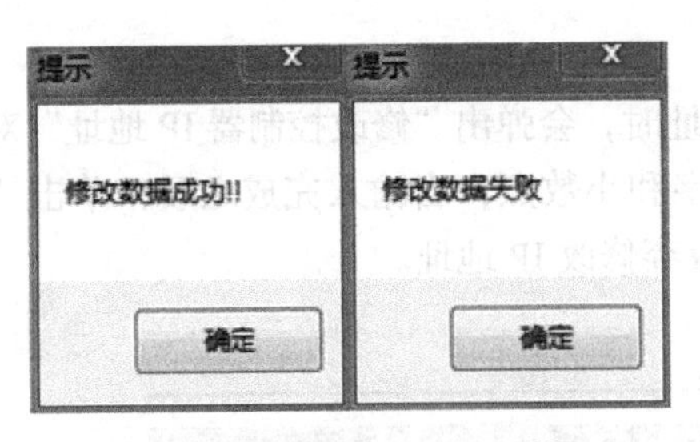

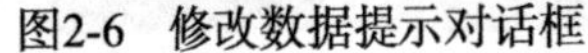
图2-6 修改数据提示对话框

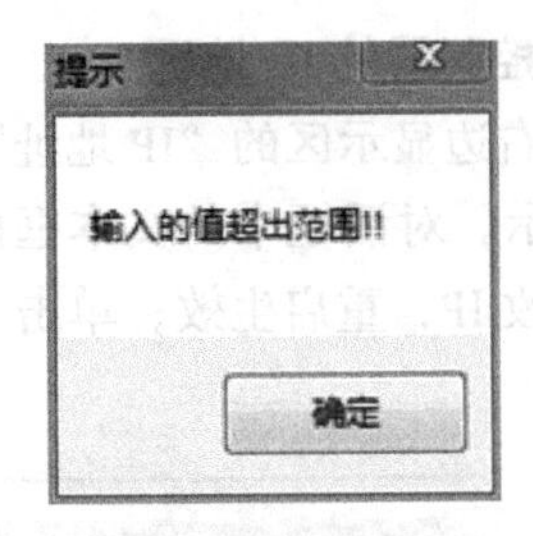

图2-7 变量值超出范围提示对话框

1）内部轴轴参数设置。内部轴数因机器人的种类或功能不同而不同，一般为四轴、五轴或六轴，如图 2-8 所示。

内部轴轴参数设置

变量名称	变量值	变量值范围	变量类型	变量含义
A1.PMax	160	-500~500	double	第1轴位置限位最大值
A1.PMin	-160	-500~500	double	第1轴位置限位最小值
ROBOT.j1.PMax	160	-500~500	double	第1关节位置限位最大值
ROBOT.j1.PMin	-160	-500~500	double	第1关节位置限位最小值
gearRat[1]	121	0~300	long	第1轴减速比
ROBOT.j1.abs	0	0~1	long	轴1绝对式运动还是增量式运动
ROBOT.j1.axistype	1	0~1	long	第1轴轴类型
ROBOT.j1.direction	1	-1/1	long	第1轴轴方向
ROBOT.j1.Disp	2.56787	-1000~1000	double	第1轴实际位置偏置
ROBOT.j1.vmax	29.752	0~2000	double	第1轴最大速度
ROBOT.j1.amax	285.619	0~4000	double	第1轴最大加速度
ROBOT.j1.dmax	285.619	0~4000	double	第1轴最大减速度
ROBOT.j1.decstop	357.024	0.01~4000	double	遇到来自DecStopOnPath类型的停...
ROBOT.j1.positionerrorsettle	0.1	0~1	double	第1轴定位误差

轴一 轴二 轴三 轴四 轴五 轴六

图2-8 内部轴轴参数设置界面

特别说明：设置内部轴参数时，变量值范围内的值不一定都可设置，具体的变量值范围需要根据实际情况或者查看 MC 指令说明，因此在设置变量值时要多方面考虑。

2）外部轴轴参数设置。外部轴是机器人的附加轴。外部轴的数量由使用功能决定，最多四个，最少零个，其设置界面如图 2-9 所示。

外部轴轴参数设置

变量名称	变量值	变量值范围	变量类型	变量含义
ExtAxes[1].PMax	1.79769e+308	-500~500	double	第1轴位置限位最大值
ExtAxes[1].PMin	-1.79769e+308	-500~500	double	第1轴位置限位最小值
EXT_AXES.j1.PMax	1.79769e+308	-500~500	double	第1轴位置限位最大值
EXT_AXES.j1.PMin	-1.79769e+308	-500~500	double	第1轴位置限位最小值
EXT_AXES.j1.abs	0	0~1	long	轴1绝对式运动还是增量式运动
EXT_AXES.j1.axistype	1	0~1	long	第1轴轴类型
EXT_AXES.j1.direction	-1	-1/1	long	第1轴轴方向
EXT_AXES.j1.Disp	4287.48	-1000~1000	double	第1轴实际位置偏置
EXT_AXES.j1.vmax	1300	0~2000	double	第1轴最大速度
EXT_AXES.j1.amax	3120	0~6000	double	第1轴最大加速度
EXT_AXES.j1.dmax	3120	0~6000	double	第1轴最大减速度
EXT_AXES.j1.decstop	3120	0.01~6000	double	遇到来自DecStopOnPath类型的停...

轴一 轴二

图2-9 外部轴轴参数设置界面

（2）机械参数设置　机械参数主要是指机器人关节所在轴的长度。设置机械参数时，首先要确定每个关节所在轴的准确长度，然后确定每个轴的长度对应的是哪个机械参数。机械参数设置界面如图 2-10 所示。

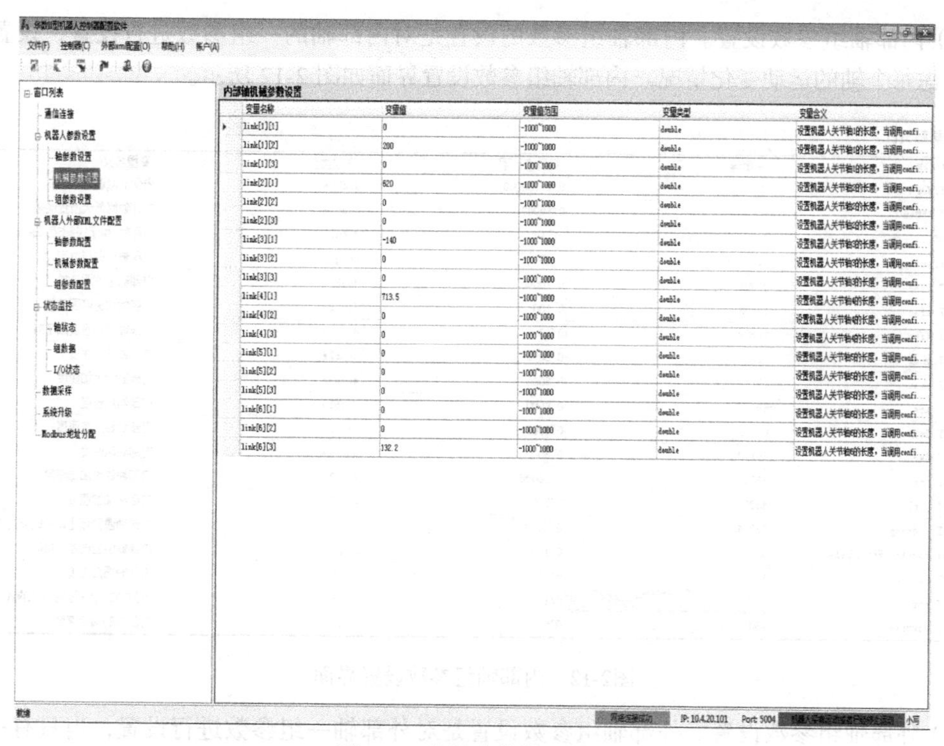

图2-10　机械参数设置界面

（3）组参数设置　组参数是对控制器中属于同一个组的参数进行统一设置。一般一个组内有多根轴。组参数设置界面如图 2-11 所示。

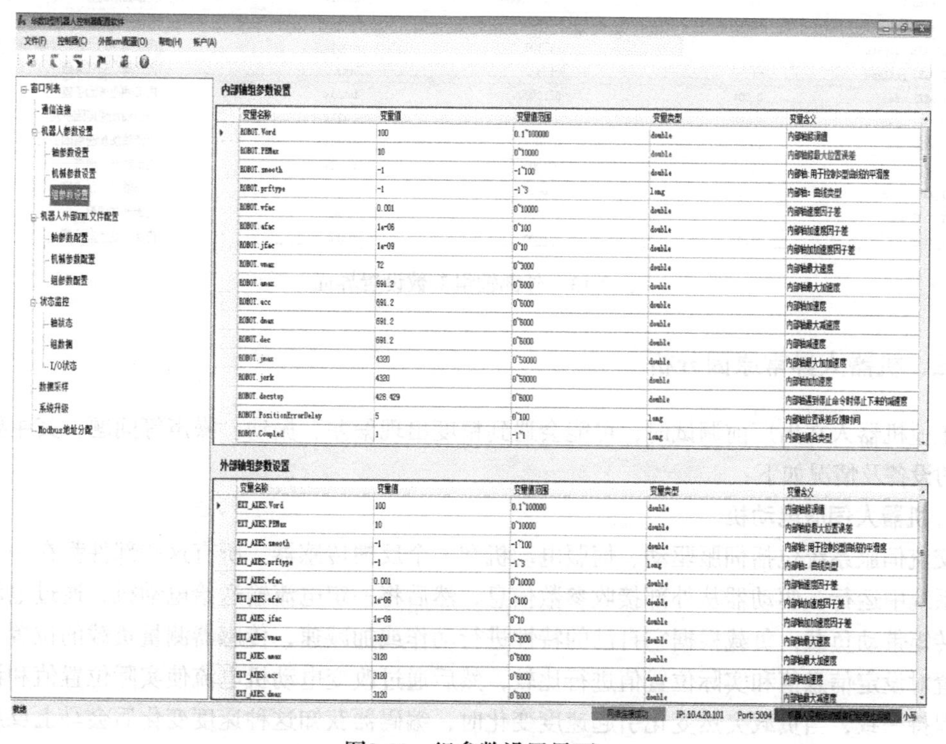

图2-11　组参数设置界面

1）内部轴组参数设置。内部轴组参数的设置是对内部轴的一组参数进行设置，设置组参数要考虑每个轴的运动变化情况。内部轴组参数设置界面如图 2-12 所示。

内部轴组参数设置

变量名称	变量值	变量值范围	变量类型	变量含义
ROBOT.Vord	100	0.1~100000	double	内部轴修调值
ROBOT.PEMax	10	0~10000	double	内部轴修最大位置误差
RROBOT.smooth	0	-1~100	dobule	内部轴：用于控制S型曲线的平滑度
ROBOT.prftype	-1	-1~3	long	内部轴：曲线类型
ROBOT.vfac	0.001	0~10000	double	内部轴速度因子差
ROBOT.afac	1e-06	0~100	double	内部轴加速度因子差
ROBOT.jfac	1e-09	0~10	double	内部轴加加速度因子差
ROBOT.vmax	72	0~3000	double	内部轴最大速度
ROBOT.amax	691.2	0~6000	double	内部轴最大加速度
ROBOT.acc	691.2	0~6000	double	内部轴加速度
ROBOT.dmax	691.2	0~6000	double	内部轴最大减速度
ROBOT.dec	691.2	0~6000	double	内部轴减速度
ROBOT.jmax	4320	0~50000	double	内部轴最大加加速度
ROBOT.jerk	4320	0~50000	double	内部轴加加速度
ROBOT.decstop	428.429	0~6000	double	内部轴遇到停止命令时停止下来...
ROBOT.PositionErrorDelay	5	0~100	long	内部轴位置误差反馈时间
ROBOT.Coupled	1	-1~1	long	内部轴耦合类型
ROBOT.abs	1	0/1	long	内部轴的命令是绝对式的还是相...
ROBOT.vcruise	180	0~500	double	内部轴的指令速度

图2-12　内部轴组参数设置界面

2）外部轴组参数设置。外部轴组参数设置是对外部轴一组参数进行设置，当只有一个外部轴时组参数设置的效果等同于外部轴参数设置。外部轴组参数设置界面如图 2-13 所示。

外部轴组参数设置

变量名称	变量值	变量值范围	变量类型	变量含义
EXT_AXES.Vord	100	0.1~100000	double	内部轴修调值
EXT_AXES.PEMax	10	0~10000	double	内部轴修最大位置误差
REXT_AXES.smooth	0	-1~100	dobule	内部轴：用于控制S型曲线的平滑度
EXT_AXES.prftype	-1	-1~3	long	内部轴：曲线类型
EXT_AXES.vfac	0.001	0~10000	double	内部轴速度因子差
EXT_AXES.afac	1e-06	0~100	double	内部轴加速度因子差
EXT_AXES.jfac	1e-09	0~10	double	内部轴加加速度因子差
EXT_AXES.vmax	1300	0~3000	double	内部轴最大速度
EXT_AXES.amax	3120	0~6000	double	内部轴最大加速度
EXT_AXES.acc	3120	0~6000	double	内部轴加速度
EXT_AXES.dmax	3120	0~6000	double	内部轴最大减速度

图2-13　外部轴组参数设置界面

三、机器人异常原因分析

工业机器人在出厂前调试时，可能会遇到精度出现偏差、振动、噪声等问题，其主要产生异常的设备及情况如下：

1. 机器人伺服电动机

交流伺服系统包括伺服驱动、伺服电动机和一个反馈传感器。所有这些部件都在一个控制闭环系统中运行：驱动器从外部接收参数信息，然后将一定电流输送给电动机，通过电动机转换成转矩带动负载，负载根据它自己的特性进行动作或加减速，传感器测量负载的位置，使驱动装置对设定信息值和实际位置值进行比较，然后通过改变电动机电流使实际位置值和设定信息值保持一致，当负载突然变化引起速度变化时，编码器获知这种速度变化后会马上反应给伺服驱动器，驱动器又通过改变提供给伺服电动机的电流值来满足负载的变化，并重新返回到设定的速度。交流伺服系统是一个响应非常高的全闭环系统，负载波动和速度较正之间的时间滞后响应是非常快的，此时，真正限制了系统响应效果的是机械连接装置的传递时间。

当驱动器将电流送到电动机时，电动机立即产生转矩；一开始，由于V带会有弹性，负载不会加速到像电动机那样快；伺服电动机会比负载提前到达设定的速度，此时装在电动机上的编码器会削弱电流，继而削弱转矩；随着V带张力的不断增加会使电动机速度变慢，此时驱动器又会去增加电流，周而复始。

上述现象中，由于系统是振荡的，电动机转矩是波动的，负载速度也随之波动。此时会导致噪声、磨损等异常现象。这些异常现象不是由伺服电动机引起的，而是来源于机械传动装置，是由于伺服系统反应速度（过高）与机械传递或者反应时间（较长）不相匹配而引起的，即伺服电动机响应快于系统调整新的转矩所需的时间。此外，伺服电动机出现共振也可能导致只振动以及机器人不稳定情况出现。

针对以上问题，可采取以下措施：

1）增加机械刚性和降低系统的惯性，减少机械传动部位的响应时间，如把V带传动更换成直接丝杠传动或用齿轮传动代替V带传动。

2）降低伺服系统的响应速度，减少伺服系统的控制带宽，如降低伺服系统的增益参数值。

3）针对由机械共振引起的噪声，在伺服方面可采取共振抑制、低通滤波等方法。

2. 机器人减速器

在机器人性能调试时，出现异常现象可能是由于减速器出现了装配问题或故障，其导致机器人性能调试异常的主要原因如下：

1）减速器安装位置不正确，导致机身与基础支撑及连接件之间发生共振产生噪声。机器人减速器内部常常会发生一个或几个齿轮在某些速度范围内产生共振，除设计原因外还与安装时未经空试测出共振位置有关。针对此问题可在安装时采取减振和阻断措施。

2）由于安装时几何精度未达到标准规定的要求，导致机器人减速器零部件发生共振从而产生噪声，此时需要调整零件几何精度。

3）零部件松动。零部件在安装时由于个别零部件的松动和轴承预紧机构、轴系定位机构等导致系统定位不准，非正常位置啮合系统轴系从而产生振动和噪声。

4）传动部件损坏。在安装时由于不当操作损坏传动部件导致系统运动不准确或失稳，高速运动部件由于受损，导致油膜振动，人为造成运动件不平衡，于是产生振动和噪声。

3. 其他装配原因

除了伺服电动机以及减速器以外，一些在装配时候的不规范操作也可能导致机器人性能测试异常，主要如下所示：

1）各轴零点标块刻度线未相互对齐，未安装牢固，各轴软限位块未安装牢固。

2）各轴关键螺钉、线缆接头未安装到位。

3）转座、大臂的波纹管座未安装牢固，弧度未保持一致。

4）电柜柜内某元器件未安装到位。

5）减速器漏油或生锈。

6）机器人本体线缆和接头连接出现问题（磨损、裸露松脱）。

7）本体传动带张紧过紧或过松，或与带轮挡边产生摩擦。

8）未对机器人设置机械零点。

9）机器人校准异常，其工具中心点位置（TCP）精度 >1mm。

第二节　工业机器人控制系统调试

一、工业机器人动力学与轨迹生成

1. 工业机器人动力学简述

机器人的控制系统在对机器人进行控制时，离不开机器人的运动学以及动力学。机器人动力学是一个广泛的研究领域，主要研究机器人的运动时如何产生运动所需的驱动力。为了使操作臂从静止开始加速，使末端执行器以恒定的速度运动，最后减速停止，关节驱动器必须产生一组复杂的转矩函数来实现以上过程。

机器人动力学主要解决两个问题：其一是已知一个轨迹点的位置矢量 $\boldsymbol{\Theta}$、速度矢量 $\dot{\boldsymbol{\Theta}}$、加速度矢量 $\ddot{\boldsymbol{\Theta}}$，求出期望的关节力矩矢量 $\boldsymbol{\tau}$；其二是是计算在施加一组关节力矩下机构如何运动，即已知一个力矩矢量 $\boldsymbol{\tau}$，计算出操作臂的运动结果 $\boldsymbol{\Theta}$、$\dot{\boldsymbol{\Theta}}$、$\ddot{\boldsymbol{\Theta}}$，这对操作臂的仿真十分有用。

当使用牛顿 - 欧拉方程对操作臂进行分析时，动力学方程可以写成如下形式：

$$\boldsymbol{\tau}=\boldsymbol{M}(\Theta)\ddot{\boldsymbol{\Theta}}+\boldsymbol{V}(\Theta,\dot{\boldsymbol{\Theta}})+\boldsymbol{G}(\Theta) \tag{2-1}$$

式中　$\boldsymbol{M}(\boldsymbol{\Theta})$——操作臂的 $n\times n$ 质量矩阵；

$\boldsymbol{V}(\boldsymbol{\Theta},\dot{\boldsymbol{\Theta}})$——$n\times 1$ 的离心力和哥氏力矢量；

$\boldsymbol{G}(\boldsymbol{\Theta})$——$n\times 1$ 重力矢量。

注意到式中 $\boldsymbol{V}(\boldsymbol{\Theta},\dot{\boldsymbol{\Theta}})$ 取决于位置和速度，因此该式也称为状态空间方程。

2. 工业机器人轨迹生成简述

一般为了平稳地控制操作臂从空间中的一点运动到另一点，使用的方法是让每个关节依据指定的时间连续函数进行运动。实际中，操作臂各关节开始运动和停止都是同时进行的，以使得操作臂的运动显得协调。轨迹生成就是解决如何准确计算出各个关节的运动函数。通常，一条路径的描述不仅需要确定期望目标点，而且还需要确定一些中间点或路径点，操作臂必须通过这条路径点到达目标点。为了使得末端执行器在空间中走出一条直线（或其他几何形状），必须将末端执行器的期望运动转化为一系列等效的关节运动。

（1）关节空间的规划方法　机器人的每个路径点通常是用工具坐标系 $\{T\}$ 和相对于固定坐标系 $\{S\}$ 的期望位姿来确定的。应用机器人的逆运动理论，求解出轨迹中每点对应的期望关节角。这样，就得到了经过各个中间点并终止于目标点的 n 个关节中各个关节的平滑函数。对于每个关节而言，由于各路径段所需要的时间是相同的，因此所有的关节将同时到达各中间点，从而得到 $\{T\}$ 在每个中间点上的期望的笛卡儿位置。并非对每个关节制订了相同的时间间隔，对于某个特定的关节而言，其期望的关节角函数与其他关节角函数无关。

因此，应用关节空间规划方法可以获得各中间点的期望位置和姿态。尽管各中间点之间的路径在关节空间中的描述非常简单，但在直角坐标空间中的描述却非常复杂。关节空间的规划方法非常便于计算，并且由于关节空间与直角坐标空间之间并不存在连续的对应关系，因此不会发生机构的奇异性问题。

（2）笛卡儿空间规划方法　虽然在关节空间中计算出来的路径可保证操作臂能够到达中间点和终止点，即使这些路径点是用笛卡儿坐标系来规定的。不过，末端执行器在空间中的路径不是直线；而且，其路径的复杂程度取决于操作臂特定的运动学特性。因此，需要考虑用笛卡儿位置和姿态关于时间的函数来描述路径形状从而来生成空间路径形状，如指向、圆、正弦或其他图形。

每个路径点是由工具坐标系相对于固定坐标系的期望位置和姿态来确定的。在基于笛卡儿空间的路径规划中，组合成轨迹的函数都是描述笛卡儿变量的时间的函数。这些路径可直接根据用户指定的路径点进行规划，这些路径点是由 $\{T\}$ 相对于 $\{S\}$ 来描述的，无需时间进行逆运动学求解。然而，执行笛卡儿规划的计算量很大，因此在运行时必须以实时更新路径的速度求出运动学逆解，即在笛卡儿空间生成路径后，作为最后一步，通过求解逆运动学来计算出期望的关节角度。

在机器人的实时运行时，机器人的路径生成器会不断产生用位置矢量 $\boldsymbol{\Theta}$、速度矢量 $\dot{\boldsymbol{\Theta}}$、加速度矢量 $\ddot{\boldsymbol{\Theta}}$ 构造的轨迹，并且将这些信息输送至操作臂的控制系统。

二、工业机器人驱动

1. 工业机器人驱动方法

工业机器人动态性能和控制品质往往是由机械本体和控制系统共同决定的。工业机器人控制系统的核心为运动控制器和驱动器，驱动单元为电动机和减速器。机器人的动力学特性按控制器设计方法分为两类。其一是不考虑机器人的动力学特性，仅依据机器人实际轨迹与期望轨迹之间的偏差进行线性反馈控制。这也是现在大多数工业机器人采用的控制方法和结构。在精度和动态性能要求不高的应用领域，该控制结构可以满足工业现场的要求。其二是基于机器人动力学模型的机器人控制方法。当对工业机器人轨迹跟踪精度和高速运动等动态性能提出更高要求时，由于机器人复杂的多变量强耦合非线性系统，仅依靠简单的线性反馈控制方法往往不能达到期望性能，因此这种控制方法越来越受到重视。本文主要阐述机器人的线性控制方法原理。

机器人的每个关节处都会安装一个编码器（主要用来测量关节角）和一个驱动器（主要用来对相邻连杆施加转矩）。有时在关节处还安装有速度传感器（测速计）。虽然各种驱动方式和传动方式普遍应用在工业机器人中，但是对于机器人的建模大部分都可以视为每个关节一个驱动器的叠加，理想情况下操作臂关节应该能够沿着指定的位置轨迹运动，此时驱动器按照转矩发送指令，因此必须应用某种控制系统计算出适当的驱动器指令去实现这个期望运动。而这些期望的转矩主要是由关节传感器的反馈计算得来的。

图 2-14 表示轨迹生成器和机器人的联系。机器人从控制系统接收到一个关节转矩矢量 $\boldsymbol{\tau}$，操作臂传感器允许读取关节位置矢量 $\boldsymbol{\Theta}$ 和关节速度矢量 $\dot{\boldsymbol{\Theta}}$。

其中，控制系统的算法有多种可能。理想情况下，应当能够使用机器人的动力学方程去计算一条特定轨迹所需的转矩。由轨迹生成器给定 $\boldsymbol{\Theta}$、$\dot{\boldsymbol{\Theta}}$、$\ddot{\boldsymbol{\Theta}}$，于是可以利用式（2-1）计算。

式（2-1）可以按照指定的模型计算出所需的转矩以实现期望轨迹。若动力学模型是完整和精确的，且没有“噪声”或其他干扰存在，沿着期望轨迹连续应用式（2-1）即可实现期望的轨迹。然而在实际情况下，由于动力学模型的不理想以及不可避免的干扰使得这个方案并不适用。这种控制技术为开环控制方式，因为此控制方式没有利用关节传感器的反馈，即式（2-1）是期

望轨迹 $\boldsymbol{\Theta}_d$，而不是实际轨迹 $\boldsymbol{\Theta}$ 的函数。

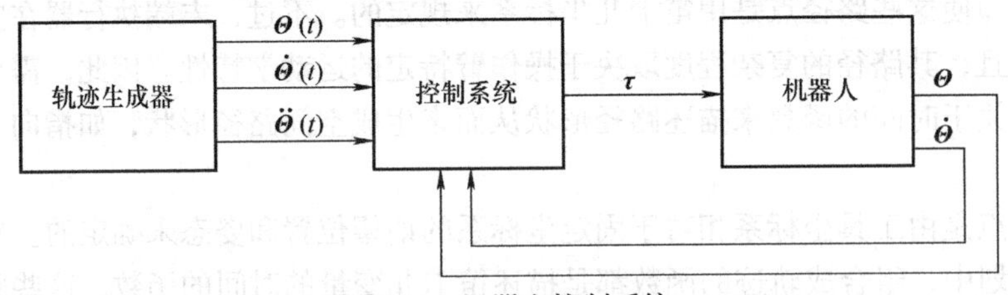

图2-14　机器人控制系统

实际情况下，建立一个高性能的控制系统的唯一方法就是利用关节传感器的反馈，如图 2-14 所示。这个反馈一般是通过比较期望位置和实际位置之差以及期望速度和实际速度之差来计算伺服误差 $\boldsymbol{E}$ 和 $\dot{\boldsymbol{E}}$：

$$\boldsymbol{E}=\boldsymbol{\Theta}_d-\boldsymbol{\Theta} \tag{2-2}$$

$$\dot{\boldsymbol{E}}=\dot{\boldsymbol{\Theta}}_d-\dot{\boldsymbol{\Theta}} \tag{2-3}$$

这样控制系统就能够根据伺服误差函数计算驱动器需要的转矩。显然，这个基本思想是通过计算驱动器的转矩来减少伺服误差。这种利用反馈的控制系统称为闭环控制系统。

操作臂的问题是一个多输入多输出的控制问题，通常大部分工业机器人供应商所采用的设计方式为将每个关节作为一个独立系统进行控制，因此，对于 N 个关节的操作臂来说，通常需要 N 个独立的单输入输出控制系统。这种独立关节控制方法是一种近似方法。

2. 工业机器人控制器结构

工业机器人的控制系统可以简单地用两级结构来表示，顶层 CPU 作为控制系统的主机。主计算机向每个伺服驱动器发送相关控制数据，一般每个伺服驱动器对应一个关节。每个伺服驱动器控制一个关节伺服电动机，上面运行比例积分微分（PID）控制规律。每个关节都安装了光学编码器作为位置反馈。机器人上一般很少用到速度计或者其他速度传感器；速度信号是由关节控制器做数值微分得到的。机器人控制系统分级体系如图 2-15 所示。

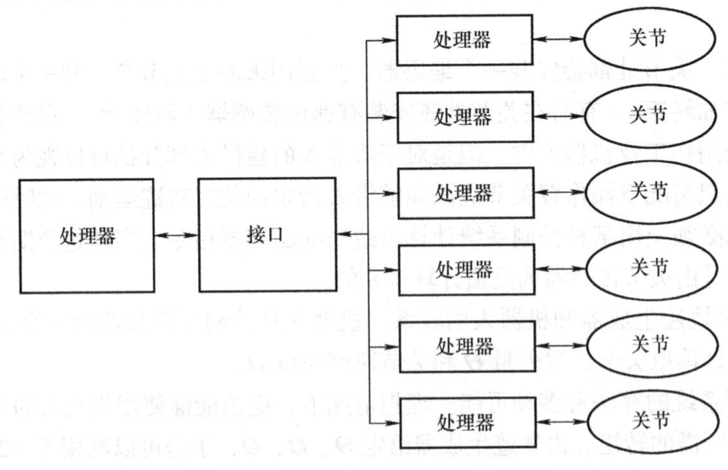

图2-15　机器人控制系统分级体系

三、典型工业机器人控制系统

本书将以华数 HSR612 机器人为例，讲解典型机器人控制系统原理。

1. HSR-JR612-C20 六轴机器人系统构成

HSR-JR612 机器人主要由机器人本体、控制柜、HSpad 示教器组成，如图 2-16 所示

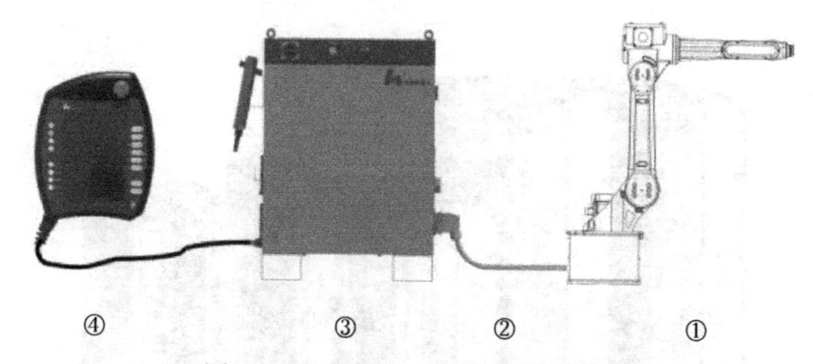

图2-16　HSR-JR612机器人系统构成

①—机器人本体　②—本体 - 控制柜连接线缆　③—控制柜　④—HSpad 示教器（含连接线）

2. HSR-JR612-C20 电控系统构成

电控系统主要部件包括控制器、伺服驱动器、I/O 单元、隔离变压器、开关电源、示教器、动力 / 抱闸线缆、编码器线缆和伺服电动机（装载多摩川绝对式编码器）等。其中，控制器、伺服驱动器、I/O 单元、隔离变压器和开关电源安装于控制柜内；动力 / 抱闸线缆和编码器线缆共同组成本体 - 控制柜连接线缆；6 台伺服电动机分别装载于机器人本体的六个关节处。

（1）控制器介绍

1）概述。HPC-102 控制器（图 2-17）主要适用于 PUMA、DELTA、SCARA 等标准结构的机器人以及 Traverse、Scissors 等非标准机器人的控制。HPC-102 控制器接口丰富，包含 NCUC 总线接口、EtherCAT 总线接口、标准以太网接口、RS232 接口、VGA 接口、USB 接口等，方便用户扩展。

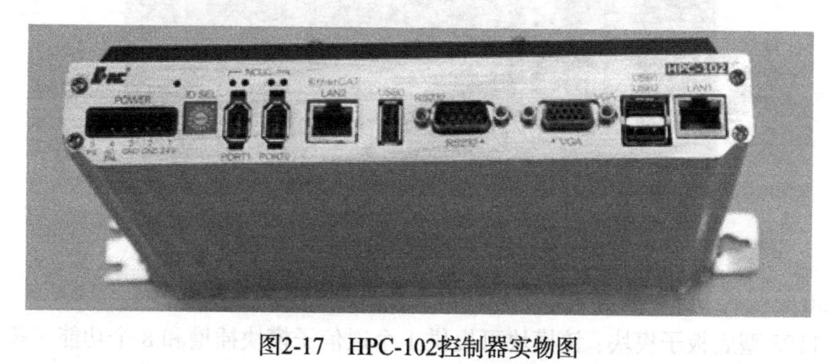

图2-17　HPC-102控制器实物图

2）HPC-102 控制器接口。HPC-102 控制器各接口名称与描述见表 2-2。

表 2-2　HPC-102 控制器各接口名称与描述

接口名称	描述	接口名称	描述
POWER	DC24V 电源接口	RS232	内部使用的串口
ID SEL	设备号选择开关	VGA	内部使用的视频信号口
PORT0&PORT1	NCUC 总线接口	USB1&USB2	内部使用的 USB 接口
LAN2	EtherCAT 总线接口	LAN1	标准以太网接口
USBO	外部使用的 USB 接口		

3）伺服驱动器。采用开放式现场总线 EtherCAT 协议，实现和数控装置高速的数据交换；具有高分辨率绝对式编码器接口，可以适配多种信号类型的编码器。伺服驱动器实物图如图 2-18 所示。

图2-18　伺服驱动器实物图

4）I/O 单元。IO-1100 总线式 I/O 单元（图 2-19）具有高稳定性、高可靠性的特点。该 I/O 单元符合 EtherCAT 总线规范，扩展模块可任意配置数字量输入 / 输出，支持模拟量输入 / 输出。

图2-19　IO-1100总线式I/O单元实物图

HIO-1100 总线式 I/O 单元可由以下模块配置组成：

① HIO-1108 型底板子模块：该模块可提供 1 个通信子模块插槽和 8 个功能子模块插槽（最后 1 个插槽为调试用，不能配置 I/O 模块）。

② HIO-1161 通信子模块：该通信子模块上集成有为整个 I/O 单元供电的电源接口（DC 24V）、EtherCAT 总线 IN（X2A）接口和 EtherCAT 总线 OUT（X2B）接口。

③ HIO-1111 开关量输入子模块：该模块提供 16 路开关量输入，输入子模块为 NPN 接口。

④ HIO-1121 开关量输出子模块：该模块提供 16 路开关量输出，输出子模块为 NPN 接口。

⑤ HIO-1173 模拟量输入 / 输出子模块：该模块提供 4 通道 A/D 信号和 4 通道的 D/A 信号。HIO-1100 总线式 I/O 单元标准配置见表 2-3，具体可根据用户实际需求进行配置，默认以实际出厂为准。

表 2-3　I/O 单元标准配置

类型	子模块名称	子模块型号	数量
底板	9 槽底板子模块	HIO-1108	1 块
通信	EtherCAT 协议通信子模块	HIO-1161	1 块
开关量	NPN 型开关量输入子模块	HIO-1111	2 块
	NPN 型开关量输出子模块	HIO-1121	2 块

I/O 单元中 HIO-1111 开关量输入子模块（NPN 型）各输入点接低电平（0V）有效，外部输入信号连接示例如图 2-20 所示。

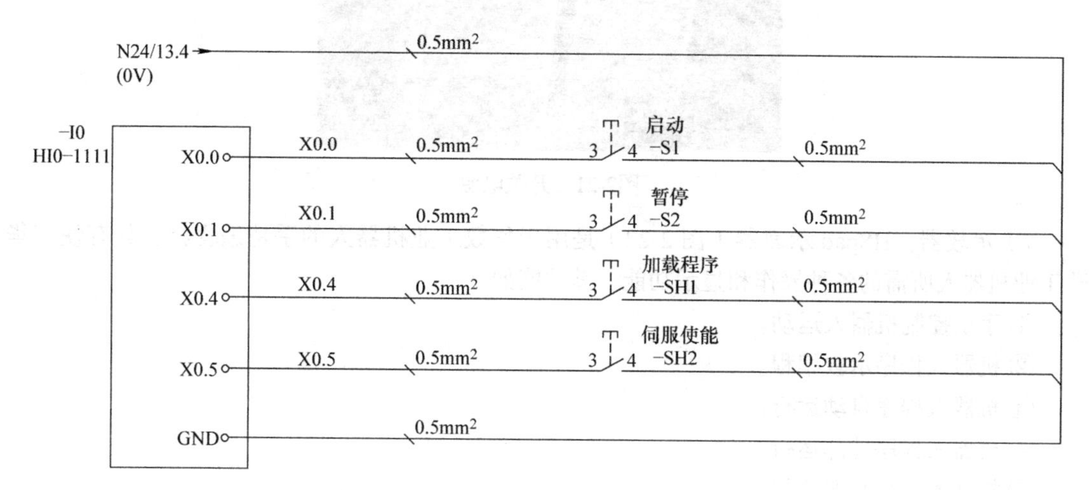

图2-20　HIO-1111外部输入信号连接示例

5）控制柜操作指示面板。控制柜指示面板主要包括以下部分：① 电源指示灯，一次回路和二次回路供电指示；②报警指示灯，系统及驱动器故障报警指示；③急停按钮，紧急情况下压下此按钮，抱闸抱住电动机轴，同时断掉伺服使能信号；④电源开关，控制控制柜与外部 380V 电源通断，打开时控制柜内器件得电。

6）控制柜内器件。控制柜采用两台明纬（EDR-150-24）开关电源 V1 和 V2，把交流的 220V 转变为直流的 24V 电源。电源 V1 给控制器、I/O 模块、示教器及继电器等元器件供电，电源 V2 给 6 个轴的电动机抱闸线圈供电。用户外部设备原则上是不能使用控制柜内动力电和 24V 电源，因为外部设备会引起变压器输出过载，同时会受外部电路干扰引起控制柜电路短路，造成机器人停机或者损坏。

注意：

① 用户确需使用控制柜内的 DC 24V 电源，仅能使用 V1 电源（外部负载功耗 2A 以内），严禁使用 V2 电源给外部负载供电。

② 柜内的三孔插座（单相 AC 220V）仅用于安装调试时使用（外部负载功耗 2.5A 以内），严禁在机器人生产时使用此三孔插座给外部负载供电。

③ 电控柜中共有 8 只中间继电器（自带续流二极管及发光二极管），继电器 KA1~KA6 分别控制 J1-J6 轴电动机抱闸线圈，继电器 KA7 和 KA8 预留给用户使用，带外部负载（DC 24V 有源输出，常开），如图 2-21 所示。

图2-21　开关电源

7）示教器。HSpad 示教器（图 2-22）是用于华数工业机器人的手持编程器，具有使用华数工业机器人所需的各种操作和显示功能。其功能如下：

① 手动控制机器人运动。

② 机器人程序示教编程。

③ 机器人程序自动运行。

④ 机器人程序外部运行。

⑤ 机器人运行状态监视。

⑥ 机器人控制参数查看。

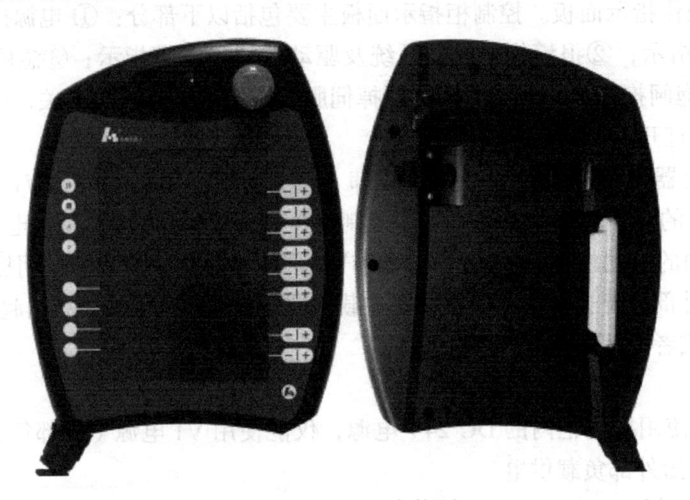

图2-22　示教器实物图

HSpad 示教器采用高性能触摸屏（8in 彩色 LCD 触摸屏）+ 周边按键的操作方式，具有多组按键，进行机器人的参数设置、运动控制及状态监视；示教器设有模式选择旋钮，可以实现 T1/T2 示教编程模式、自动运行模式和外部运行模式；设置有急停按钮和三段式安全开关，确保机器人操作的安全性；具有 USB 接口，可以进行示教程序的外部存储；示教器至控制柜的连接线缆标配长度为 8m，确保操作员处于机器人的安全范围。

示教器与控制柜采用接插件进行对应连接，可快速完成两者的电气连接。通过将示教器对插插头（公头）与控制柜对插插座（母头）进行对应连接，便可快速实现示教器 DC 24V 供电，示教器急停信号接入控制柜内伺服驱动器 I/O 接口，以及实现示教器与控制柜内控制器的以太网通信，如图 2-23 所示。

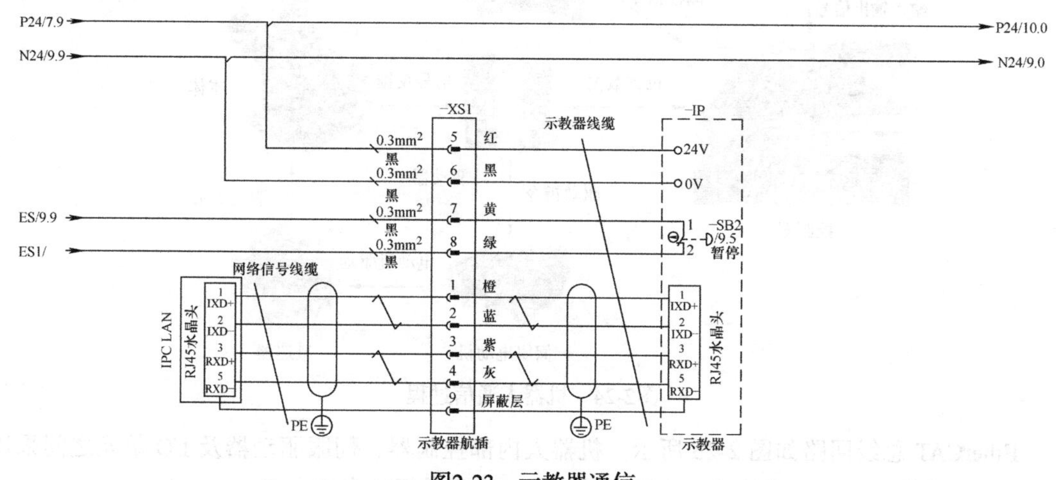

图2-23　示教器通信

8）本体 - 柜体连接线缆。本体 - 控制柜连接线缆是由动力 / 抱闸线缆和编码器线缆共同组成（标配 6m）。其各引脚定义见表 2-4 和表 2-5。

表 2-4　动力 / 抱闸线缆重载引脚定义

序号	线号	序号	线号	序号	线号	序号	线号	序号	线号	序号	线号
01	U1	02	U2	03	U3	04	U4	05	U5	06	U6
08	V1	09	V2	10	V3	11	V4	12	V5	13	V6
15	W1	16	W2	17	W3	18	W4	19	W5	20	W6
22	PE1	23	PE2	24	PE2	25	PE4	26	PE5	27	PE6
29	BK1+	30	BK2+	31	BK3+	32	BK4+	33	BK5+	34	BK6+
36	BK1−	37	BK2−	38	BK3−	39	BK4−	40	BK5−	41	BK6−

表 2-5　编码器线缆重载引脚定义

序号	线号	序号	线号	序号	线号	序号	线号	序号	线号	序号	线号
01	SD1+	02	SD2+	03	SD3+	04	SD4+	05	SD5+	06	SD6+
08	SD1−	09	SD2−	10	SD3−	11	SD4−	12	SD5−	13	SD6−
15	VCC1	16	VCC2	17	VCC3	18	VCC4	19	VCC5	20	VCC6
22	GND1	23	GND2	24	GND3	25	GND4	26	GND5	27	GND6

9）机器人通信原理。机器人通信过程如图 2-24 所示。

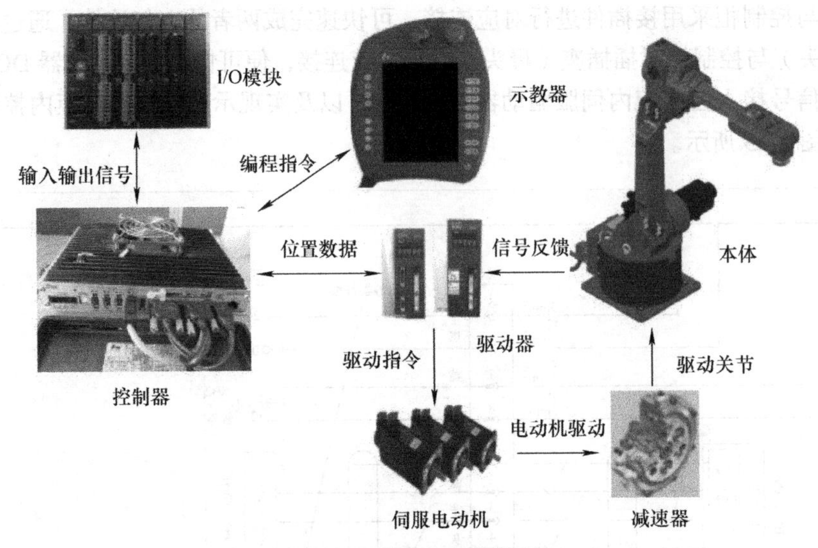

图2-24 机器人通信过程

EtherCAT 总线回路如图 2-25 所示。机器人内部控制器、伺服驱动器及 I/O 单元之间采用高速工业以太网 EtherCat 总线接口进行网络通讯，实现数据的高速交互。

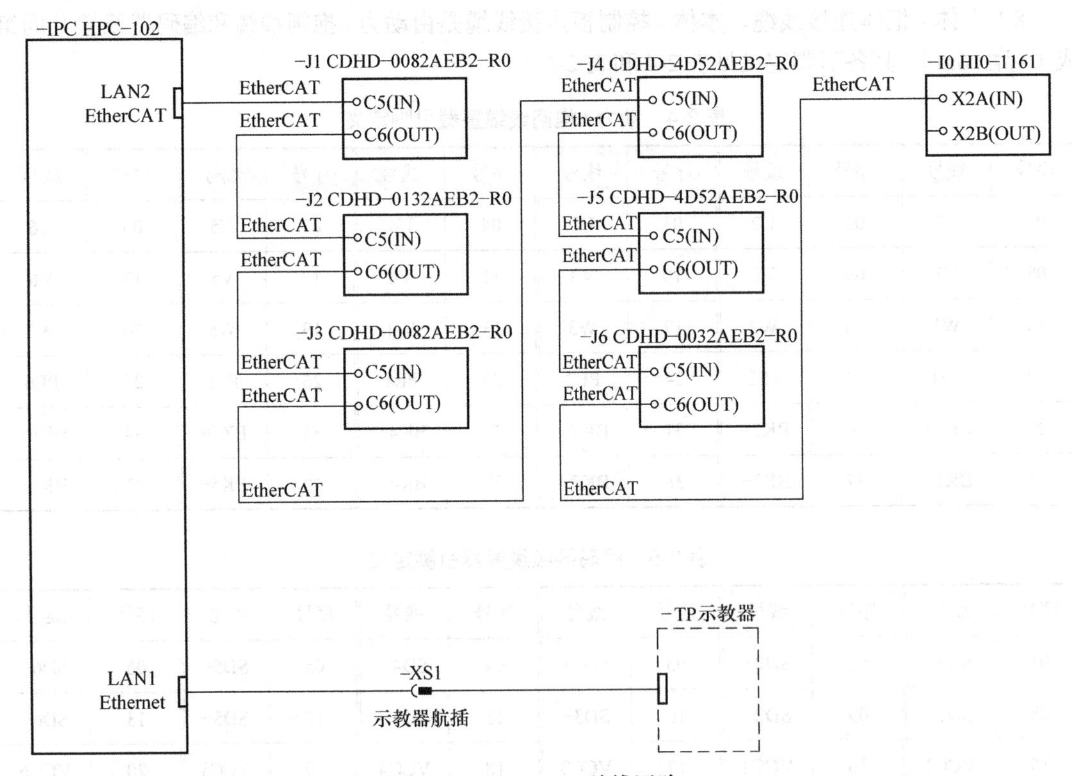

图2-25 EtherCAT总线回路

四、工业机器人传感器工作原理、选型与调试

传感器是指能感受规定的被测量并按照一定的规律转换成可用信号的器件或装置，通常由

敏感元件和转换元件组成。传感器是一种检测装置，能感受到被测量的信息，并能将检测感受到的信息按一定规律变换成电信号或其他所需形式的信息输出，以满足信息的传输、处理、存储、显示、记录和控制等要求。它是实现自动检测和自动控制的首要环节。工业机器人的传感器主要有内部传感器和外部传感器两大类。

1. 内部传感器

（1）编码器　编码器是将信号（如比特流）或数据进行编制，转换为可用以通信、传输和存储的信号形式的设备。编码器把角位移或直线位移转换成电信号，前者称为码盘，后者称为码尺。按照读数方式编码器可以分为接触式和非接触式两种；按照工作原理编码器可分为增量式和绝对式两类。增量式编码器是将位移转换成周期性的电信号，再把这个电信号转变成计数脉冲，用脉冲的个数表示位移的大小。绝对式编码器的每一个位置对应一个确定的数字码，因此它的示值只与测量的起始和终止位置有关，而与测量的中间过程无关。

（2）旋转式速度传感器　旋转式速度传感器按安装形式分为接触式速度传感器和非接触式速度传感器两类。

1）接触式速度传感器。接触式旋转式速度传感器与运动物体直接接触。当运动物体与旋转式速度传感器接触时，摩擦力带动传感器的滚轮转动。装在滚轮上的转动脉冲传感器发送出一连串的脉冲。每个脉冲代表着一定的距离值，从而就能测出线速度。

接触式旋转速度传感器结构简单，使用方便。但是接触滚轮的直径与运动物体始终接触着，滚轮的外周将磨损，从而影响滚轮的周长。而脉冲数对每个传感器又是固定的，影响传感器的测量精度。要提高测量精度必须在二次仪表中增加补偿电路。另外接触式难免产生滑差，滑差的存在也将影响测量的正确性。

2）非接触式速度传感器。

① 光电流速传感器。通常在待检测设备上的边缘贴有反射膜，当待检测设备旋转时，其每转动一周光纤传输反光一次，产生一个电脉冲信号，可由检测到的脉冲数，计算出流速。

② 光电风速传感器。风带动风速计旋转，经齿轮传动后带动凸轮成比例旋转。光纤被凸轮轮盘遮断形成一串光脉冲，经光电管转换成定信号，经计算可检测出风速。

非接触式旋转速度传感器寿命长，无需增加补偿电路。但脉冲当量不是距离整数倍，因此速度运算相对比较复杂。

旋转式速度传感器的性能可归纳如下：

① 传感器的输出信号为脉冲信号，其稳定性比较好，不易受外部噪声干扰，对测量电路无特殊要求。

② 结构比较简单，成本低，性能稳定可靠。功能齐全的微机芯片，使运算变换系数易于获得，故速度传感器应用极为普遍。

2. 外部传感器

外部传感器主要指机器人集成应用涉及的传感器，例如磁性开关、电感式传感器、电容式传感器、光电式传感器等。

（1）磁性开关　磁性开关的原理是当有磁性物质接近时，磁性开关动作并输出信号。在气缸的活塞上装有一个磁环，这样就可以用两个磁性开关检测气缸运动的两个极限位置。磁性开关通过机械触点的动作进行开关的通（ON）和断（OFF）。其外形和原理分别如图 2-26 和图 2-27 所示。

图2-26　磁性开关外形

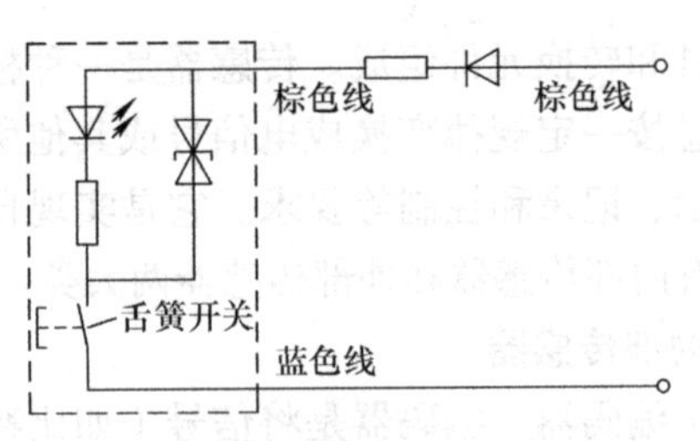

图2-27　磁性开关原理

（2）电感式传感器　电感式传感器是利用电涡流效应制造的传感器。电涡流效应是指，当金属物体处于一个交变的磁场中，在金属内部会产生交变的电涡流，该涡流又会反作用于产生它的磁场这样一种物理效应。如果这个交变的磁场是由一个电感线圈产生的，则这个电感线圈中的电流就会发生变化，用于平衡涡流产生的磁场。其外形如图 2-28 所示。利用这一原理，以高频振荡器（LC 振荡器）中的电感线圈作为检测元件，当被测金属物体接近电感线圈时产生了涡流效应，引起振荡器振幅或频率的变化，由传感器的信号调理电路（包括检波、放大、整形、输出等电路）将该变化转换成开关量输出，从而达到检测目的。电感式传感器原理如图 2-29 所示。

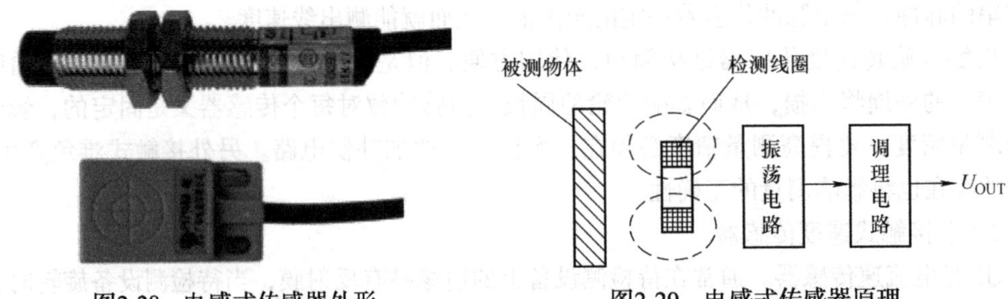

图2-28　电感式传感器外形　　图2-29　电感式传感器原理

（3）电容式传感器　电容式传感器是一种具有开关量输出，与被测试目标面构成一个电容器接在振荡回路内，参与振荡回路工作，当被检测物体靠近传感器工作面时，回路的电容量发生变化，由此产生开与关的作用，从而检测物体的有或无。其原理如图 2-30 所示。因此，电容式传感器不仅能检测金属，而且能对非金属物质如塑料、玻璃、水、油等物质进行相应的检测，在检测非金属物体时，相应的检测距离因受检测体的电导率、介电常数、体积、吸水率等参数影响有所不同，对接地的金属导体有最大的检测距离。

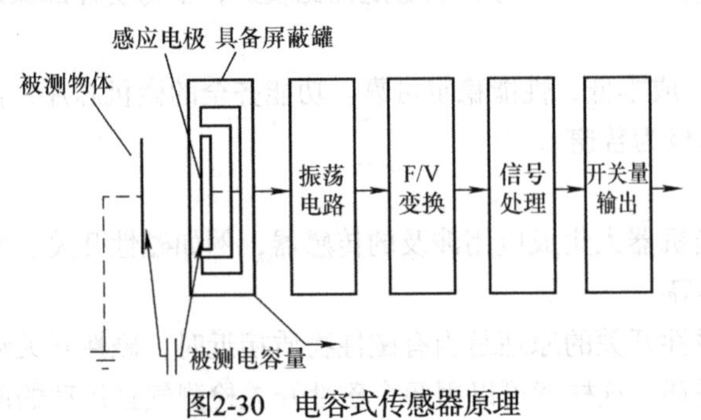

图2-30　电容式传感器原理

（4）光电式传感器　光电传感器是利用光的各种性质，检测物体的有无和表面状态的变化等的传感器。其中输出形式为开关量的传感器为光电式传感器。

光电式传感器主要由光发射器和光接收器构成。如果光发射器发射的光线因检测物体不同而被遮掩或反射，到达光接收器的量将会发生变化。光接收器的敏感元件将检测出这种变化，并转换为电气信号，进行输出。大多使用可视光（主要为红色，也用绿色、蓝色来判断）和红外光。

按照接收器接收光的方式不同，光电式传感器可分为对射式光电式传感器、反射式光电式传感器和漫射式光电式传感器三种，如图 2-31 所示。

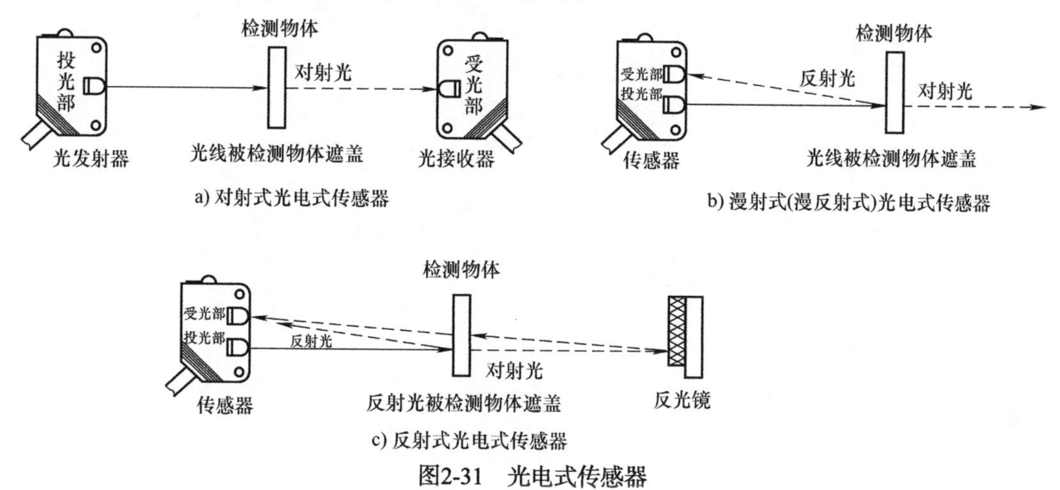

图2-31　光电式传感器

练　习　题

一、判断题

1. 工业机器人中运动学算法以及轨迹生成算法主要是通过示教器实现。（　　）

2. 为了保证轨迹生成的正确性，对工业机器人各关节驱动力矩的控制必须要遵循机器人动力学。（　　）

3. 机器人控制体系中，其 IPC 会与一个主要的驱动器进行通信，进而通过这一个驱动器控制多个驱动电动机。（　　）

二、填空题

1. 机器人的动力学主要解决两个问题，第一个是已知________，求解________；第二个是已知________，求解________。在通常情况下，主要通过________控制规律来对机器人各关节的驱动力矩进行控制。

2. 工业机器人控制系统，主要由________________________组成。

三、问答题

1. 请简述工业机器人出厂前主要调试流程。

2. 请简述工业机器人轨迹生成的主要原理，以及其对与关节驱动力的控制有何影响。

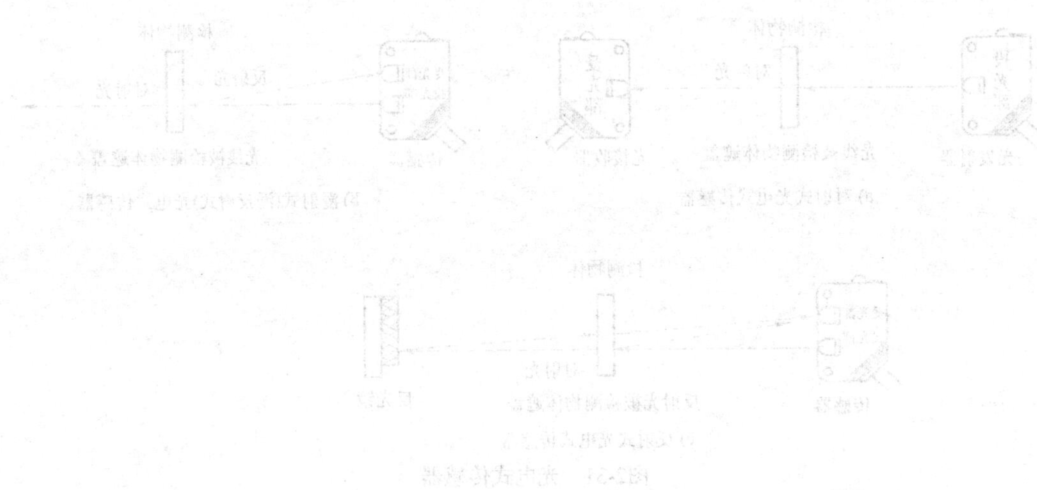

第二部分
工业机器人校准与标定

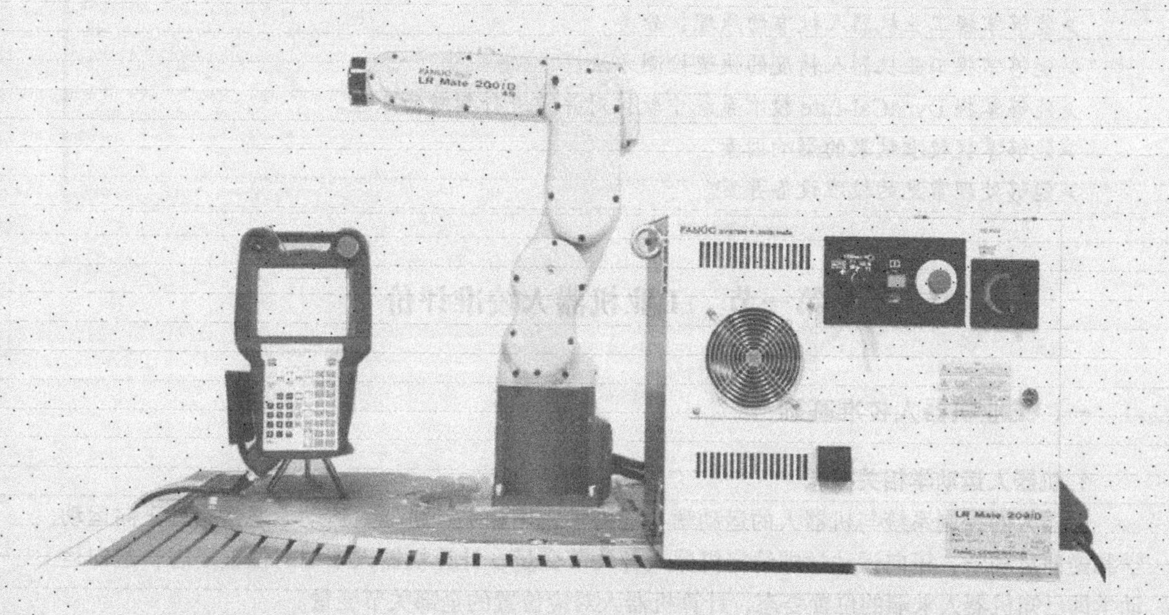

第三单元

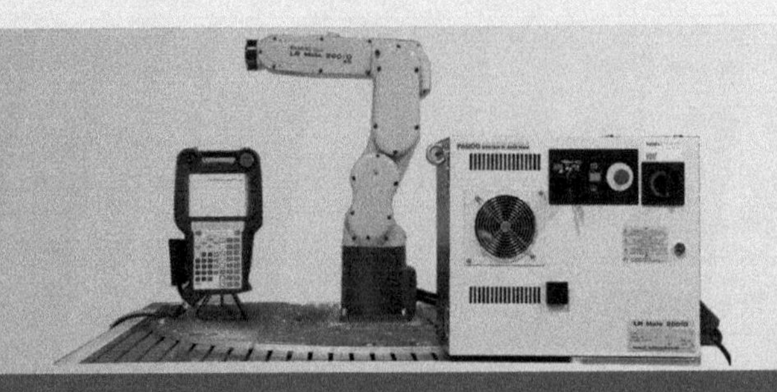

工业机器人校准

引导语：

机器人校准是机器人研发生产的重要内容，工业机器人校准是一个集建模、测量、机器人实际参数辨识、误差补偿、性能优化实现于一体的过程。在机器人产业化的背景下有重要的理论和实际意义。经过几十年的发展，机器人的校准技术也日趋商业化。商业化的机器人校准在工业机器人的应用中发挥了越来越重要的作用。如今已有很多专业化的公司来为工业机器人校准提供产品和服务。本单元主要以DynaCal-Lite校准系统为例讲解方机器人校准设备的校准结果的评价法、校准结果的异常应对以及校准设备的异常处理。

培训目标：

➢能够了解工业机器人运动学基础的概念。
➢能够掌握工业机器人校准的原理、分类。
➢能够掌握工业机器人精度的快速检测方法。
➢能够掌握DynaCal-Lite校准系统中软件对异常进行判断的原理。
➢能够掌握校准结果的影响因素。
➢能够处理常见的校准设备异常。

第一节　工业机器人校准评价

一、工业机器人校准基础

1. 机器人运动学相关概念

机器人的控制系统与机器人的运动学与动力学密切相关，机器人运动学通常指其正向运动学和逆向运动学，正向运动学即给定机器人各关节变量，计算机器人末端的位置姿态；逆向运动学即已知机器人末端的位置姿态，计算机器人对应位置的全部关节变量。

（1）工业机器人连杆参数及齐次变换矩阵　机器人运动学的重点是研究末端执行器的位姿和运动，而手部位姿是与机器人各杆件的尺寸、运动副类型及杆间的相互关系直接相关联的。因此，在研究手部相对于机座的几何关系时，首先必须分析两相邻杆件的相互关系，即建立杆件坐标系。

1）连杆参数及连杆坐标系的建立。工业机器人是在不断运动的状态下进行作业的，机器人的各个连杆以及连接连杆的关节决定了机器人的各种运动方式。在串联机构机器人中，每个连杆的运动都会对与该连杆相邻的其他连杆的运动产生影响。为了准确地描述这种机器人的运动，1955 年两位科学家 Denavit 与 Hartenberg 提出了描述机器人运动的 D-H 参数建模法。

在 D-H 参数建模法中（图 3-1），用连杆长度 a_i、连杆扭角 α_i 来描述两关节之间的位姿关系。连杆 $i-1$ 的长度 a_{i-1} 即关节轴 $i-1$ 和关节轴 i 之间公垂线的长度。连杆 $i-1$ 的扭角是指图中所示的角度 α_{i-1}，即关节 $i-1$ 轴线与关节 i 轴线的夹角。相邻的两个连杆通过公共的关节轴进行连接，通常使用连杆偏距 d_i 来描述沿两个相邻连杆公共轴线方向的距离、用关节角 θ_i 来描述两相邻连杆绕公共关节轴轴线旋转的夹角。在六轴机器人中，通过电动机改变角度 θ_i 能够使得机器人各个操作臂转动。

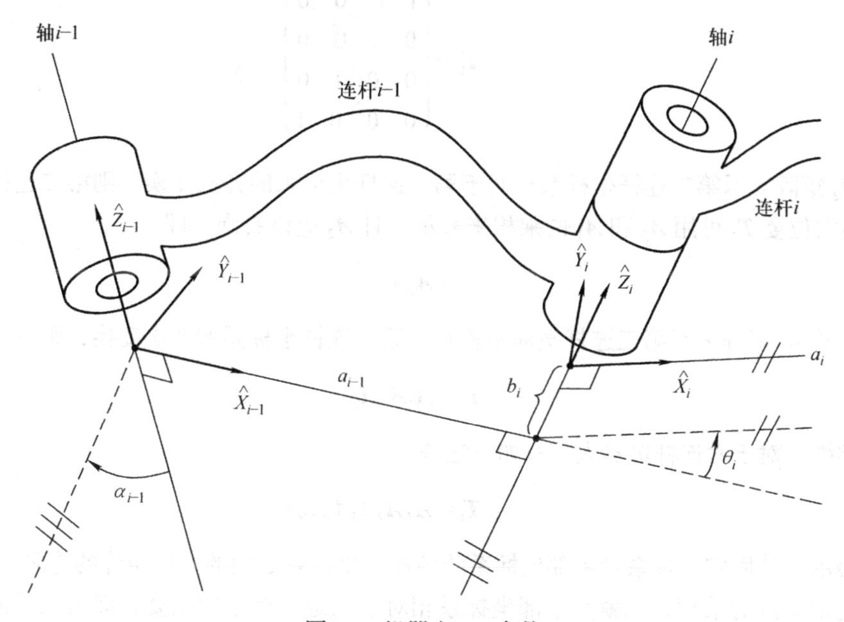

图3-1　机器人D-H参数

机器人连杆坐标系是一个为了描述每个连杆与其相邻连杆之间的相对位置关系而固连在连杆上的坐标系，通常都将其建立在连杆的关节（关节轴）上。连杆坐标系的建立规则如下：

连杆 n 坐标系的坐标原点：关节 n 的轴线和关节 $n+1$ 的轴线的公垂线与关节 $n+1$ 的轴线相交之处。

连杆 n 坐标系的 Z 轴：与关节 $n+1$ 的轴线重合。

连杆 n 坐标系的 X 轴：与上述公垂线重合，方向从关节 n 指向关节 $n+1$。

2）连杆坐标系之间的变换矩阵。连杆 $n-1$ 坐标系与连杆 n 坐标系的变换关系，可以用坐标系的平移、旋转来实现。连杆 $n-1$ 坐标系与连杆 n 坐标系的变换关系：

① 令连杆 $n-1$ 坐标系绕 Z_{n-1} 轴旋转 θ_n 角。

② 沿 Z_{n-1} 轴平移 d_n。

③ 沿 X_n 轴平移 a_n。

④ 绕 X_n 轴旋转 α_n。

此时，连杆 n−1 坐标系与连杆 n 坐标系重合。连杆 n 的齐次变换矩阵为

$$A_n = \mathrm{Rot}(Z, \theta_n)\,\mathrm{Trans}(0, 0, d_n)\,\mathrm{Trans}(a_n, 0, 0)\,\mathrm{Rot}(x, \alpha_n) \tag{3-1}$$

式中，Rot 代表旋转矩阵；Trans 代表平移矩阵。

（2）机器人运动学方程及机器人运动学简述

1）机器人运动学方程。为机器人的每个连杆建立一个坐标系，并用齐次变换来描述这些坐标系间的相对关系，也叫相对位姿。通常把描述一个连杆坐标系与下一个连杆坐标系间相互关系的齐次变换矩阵称为 $\boldsymbol{A}$ 变换矩阵或 $\boldsymbol{A}$ 矩阵。如果 $\boldsymbol{A}_1$ 矩阵表示第一连杆坐标系相对于固定坐标系的齐次变换，则第一连杆坐标系相对于固定坐标系的位姿 $\boldsymbol{T}_1$ 为

$$\boldsymbol{T}_1 = \boldsymbol{A}_1\boldsymbol{T}_0 = \boldsymbol{A}_1 \tag{3-2}$$

式中，$\boldsymbol{T}_0$ 为固定坐标系的齐次矩阵表达式，即

$$\boldsymbol{T}_0 = \begin{pmatrix} 1 & 0 & 0 & 0 \\ 0 & 1 & 0 & 0 \\ 0 & 0 & 1 & 0 \\ 0 & 0 & 0 & 1 \end{pmatrix} \tag{3-3}$$

如果 $\boldsymbol{A}_2$ 矩阵表示第二连杆坐标系相对于第一连杆坐标系的齐次变换，则第二连杆坐标系在固定坐标系的位姿 $\boldsymbol{T}_2$ 可用 $\boldsymbol{A}_2$ 和 $\boldsymbol{A}_1$ 的乘积来表示，且 $\boldsymbol{A}_2$ 应该右乘。即

$$\boldsymbol{T}_2 = \boldsymbol{A}_1\boldsymbol{A}_2 \tag{3-4}$$

同理，若 $\boldsymbol{A}_3$ 矩阵表示第三连杆坐标系相对于第二连杆坐标系的齐次变换，则有

$$\boldsymbol{T}_3 = \boldsymbol{A}_1\boldsymbol{A}_2\boldsymbol{A}_3 \tag{3-5}$$

如此类推，对于六连杆机器人，有如下矩阵

$$\boldsymbol{T}_6 = \boldsymbol{A}_1\boldsymbol{A}_2\boldsymbol{A}_3\boldsymbol{A}_4\boldsymbol{A}_5\boldsymbol{A}_6 \tag{3-6}$$

右边表示：从固定坐标系到手部坐标系的各连杆坐标系之间的变换矩阵的连乘。左边 $\boldsymbol{T}_6$ 表示：这些变换矩阵的乘积，也就是手部坐标系相对于固定坐标系的位姿，即为机器人运动学方程：

$$\boldsymbol{T}_6 = \begin{bmatrix} n_x & o_x & a_x & p_x \\ n_y & o_y & a_y & p_y \\ n_z & o_z & a_z & p_z \\ 0 & 0 & 0 & 1 \end{bmatrix} \tag{3-7}$$

其中，前三列表示手部的姿态；第四列表示手部的位置。

2）机器人正逆运动学。机器人运动学包括正向运动学和逆向运动学，正向运动学即给定机器人各关节变量，计算机器人末端的位置姿态；逆向运动学即已知机器人末端的位置姿态，计算机器人对应位置的全部关节变量。一般正向运动学的解是唯一和容易获得的，而逆向运动学往往有多个解而且分析更为复杂。机器人逆运动分析是运动规划及控制中的重要问题，但由于机器人逆运动问题的复杂性和多样性，无法建立通用的解析算法。逆运动学问题实际上是一个非线性超越方程组的求解问题，其中包括解的存在性、唯一性及求解的方法等一系列复杂问题。

2. 工业机器人校准概述

（1）工业机器人校准原理 工业机器人的运动精度对于它在生产中的应用可靠性起着至关重要的作用。影响机器人末端执行器绝对定位精度的误差源有很多，包括外部环境引起的外部误差和内部机构参数引起的内部误差。外部误差主要包括周围环境的温度、邻近设备的振动、电网电压波动、操作的干预等；内部误差主要包括几何参数误差、受力变形、热变形、摩擦力、振动等。其中，几何参数误差占工业机器人所有误差的 80% 以上。所谓几何参数误差，即表示在运动学模型中，几何参数的名义值与真实值间的偏差，通常用 Δa_i、Δd_i、$\Delta \alpha_i$、$\Delta \theta_i$ 分别表示连杆长度偏差、连杆偏置、扭角偏差和关节角偏差。其中，Δa_i 和 Δd_i 是由于加工精度及机器人装配时产生的连杆长度误差；$\Delta \alpha_i$ 是相邻轴线之间的平行度和垂直度而引起的角度误差；$\Delta \theta_i$ 是由于在机器人装配过程中，角度光学编码器的零位与名义模型中关节旋转零位不重合而产生的零位偏置误差。这些几何参数误差对机器人末端执行器的定位精度有很大的影响，同时校准机器人的这些运动学几何误差参数，可以很好地提高机器人绝对定位精度。机器人校准过程是通过修正机器人中的运动学参数来完成的，即是确定从关节变量到末端执行器在工作空间内真实位置的更为精确的函数关系，并利用这种已确定的变换关系更新机器人的软件，从而不需改变机器人的设计机构或控制系统。机器人是一种开环的运动学结构，可以通过角度测量装置（通常是增量式码盘）得到关节转动的角度值。如果机器人的末端执行器被驱动到一个位置，通过码盘值和机器人运动学模型，可以得到当前机器人末端执行器的空间位姿。此时，机器人运动学模型的误差就造成了位姿的不准确。对于一个给定的机器人，关节值 $\boldsymbol{Q}=[q_1, q_2, \cdots, q_n]^{\mathrm{T}}$ 与末端执行器位置 $\boldsymbol{S}$ 的关系可以用机器人运动学正解 $\boldsymbol{F}$（ ）和反解 $\boldsymbol{I}$（ ）来表示：

$$\boldsymbol{S}=\boldsymbol{F}(\boldsymbol{Q}, \boldsymbol{\Phi}) \tag{3-8}$$

$$\boldsymbol{Q}=\boldsymbol{I}(\boldsymbol{S}, \boldsymbol{\Phi}) \tag{3-9}$$

式中，矢量 $\boldsymbol{\Phi}$ 是造成机器人误差的所有几何参数。假设式中的 $\boldsymbol{Q}$、$\boldsymbol{S}$、$\boldsymbol{F}$ 的实际值分别为 $\boldsymbol{Q}_{\mathrm{a}}$、$\boldsymbol{S}_{\mathrm{a}}$、$\boldsymbol{F}_{\mathrm{a}}$。并有

$$\boldsymbol{S}_{\mathrm{a}}=\boldsymbol{F}(\boldsymbol{Q}_{\mathrm{a}}, \boldsymbol{\Phi}_{\mathrm{a}}) \tag{3-10}$$

因此存在以下关系：

$$\boldsymbol{S}-\boldsymbol{S}_{\mathrm{a}}=\frac{\partial \boldsymbol{F}}{\partial \boldsymbol{\Phi}}(\boldsymbol{\Phi}-\boldsymbol{\Phi}_{\mathrm{a}})+\frac{\partial \boldsymbol{F}}{\partial \boldsymbol{Q}}(\boldsymbol{Q}-\boldsymbol{Q}_{\mathrm{a}}) \tag{3-11}$$

也可以写成

$$\Delta \boldsymbol{S}=\frac{\partial \boldsymbol{F}}{\partial \boldsymbol{\Phi}}\Delta \boldsymbol{\Phi}+\frac{\partial \boldsymbol{F}}{\partial \boldsymbol{Q}}\Delta \boldsymbol{Q} \tag{3-12}$$

大部分机器人校准的原理都是基于式（3-12）的形式。校准的过程也可以认为是确定 $\Delta\boldsymbol{\Phi}$ 和 $\Delta\boldsymbol{Q}$ 的过程。机器人运动学校准通常分为以下四步：

① 建模：建立描述机器人几何特性和运动学性能的数学模型。

② 测量：测量机器人各关节位置或者末端执行器在世界坐标系下的多点位姿坐标。

③ 参数辨识：辨识机器人关节角度以及末端执行器位置之间的函数关系，即确定机器人运动学模型中的参数值。

④ 误差补偿：修改软件中控制器参数使理论值与实际值之间的误差最小。

下面对这四个步骤进行具体阐述。

1）建模。运动学模型的选择是决定机器人绝对定位精度的最基础因素。最经典的是 Denavit-Hartenberg（D-H）模型，它是按照一定的规则把关节坐标系固定在机器人的每个连杆

上，每个连杆和相邻连杆通过齐次变换矩阵联系起来。该模型的不足之处在于模型参数不易直接辨识，相邻两轴平行或接近平行时模型具有奇异性。因此，许多研究者提出修正的 D-H 模型或其他模型来克服奇异问题。Hayati 和 Judd 针对转动关节提出 MDH 模型，对平行轴引入一个围绕 y 轴的旋转参数 β，但当相邻两轴垂直或者近似垂直时，该模型也会出现奇异性；Stone 提出的 S 模型（S-model）是在 D-H 模型的基础上允许每个坐标系沿关节轴线做任意的平移和旋转，S 模型的方法可以完整地描述机器人关节的空间位置，但是计算量过大。CPC 运动学模型（Complete and Parametrically Continuous Kinematic Model）是由 Zhuang 以及 Schroer 等人提出的，这种建模方法强调参数的完整与连续，实际参数的微小变化能引起位姿的微小变化，而不会引起突变。不同的机器人生产厂家采用的运动学模型会有所不同，但是由于计算复杂度的问题，目前工业采用的主要建模方法依然是 D-H 模型。当进行机器人校准的过程中，要先确定机器人采用的是哪种运动学模型。另外，还有一些工业机器人使用动力学控制的方法，这样就要使用动力学模型。

2）测量。在校准的过程中，测量手段是一个极其重要的因素。测量过程的目的是已知一系列工业机器人关节位移值的情况下准确地确定末端执行器的位姿，或者位姿的一些子集，具体分直接测量和间接测量。直接测量就是采用测量仪器直接测量机器人末端执行器中心位置坐标，要求测量仪器的测量精度远远高于机器人的定位精度，常用的测量系统包括自动经纬仪、拉线式位移传感器、坐标测量机和激光跟踪仪等，具体阐述如下：

① 自动经纬仪（图 3-2）。自动经纬仪测试精度高，但存在一些缺点，如要求特殊的设备和训练有素的技术人员，测量结果与环境变化及测量者的水平有很大关系，安装时间长，成本高。

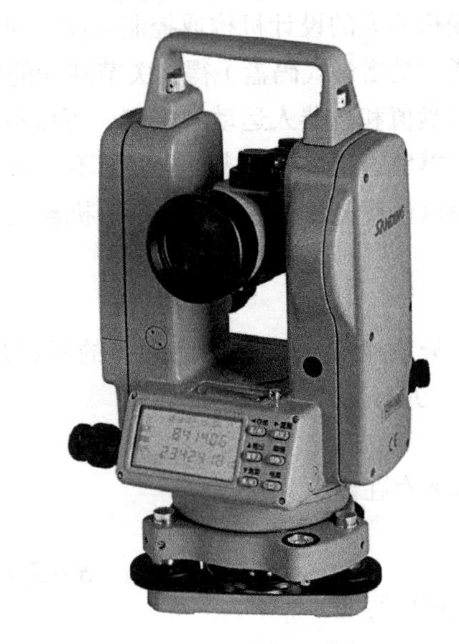

图3-2　自动经纬仪

② 拉线式位移传感器。拉线传感器是利用高柔韧性的复合钢丝绳将位移信号转化为编码器电信号的接触式测量传感器，如图 3-3 所示。拉线式位移传感器由复合钢丝绳、锁扣、轮毂、弹簧和感应器组成。高韧性的复合钢丝绳绕在一个有螺纹的轮毂上，轮毂一边与恒拉力弹簧连接，另一端与一个精密旋转感应器相连。感应器实际上可以是编码器、旋转电位计等旋转位移传感器。当钢丝绳拉伸和收缩时，测量和记录输出信号就可以得出运动物体的位移。拉线式位移传感器由于安装方便，测量距离大，抗干扰能力强，价格低廉而广泛使用，当利用高精度编码器的时候也可以实现更高分辨力和重复性测量。

图3-3　拉线式位移传感器

③ 坐标测量机。三坐标测量机（图 3-4）是以精密机械为基础的高效率高精度的测量设备，可用于机器人的位姿测量，这种设备可靠性好，精度高，但占用空间大，成本高。

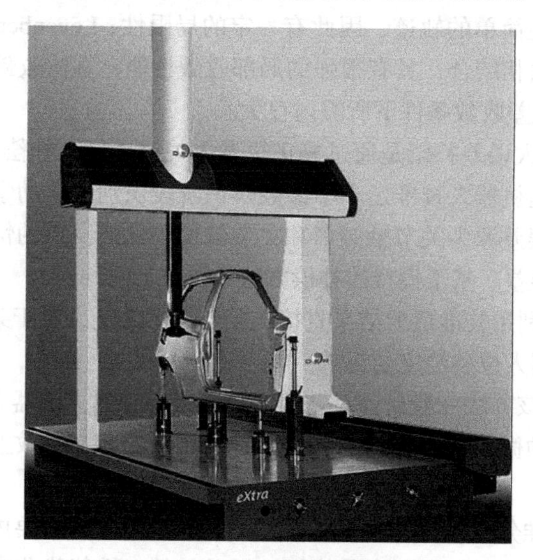

图3-4　三坐标测量仪

④ 激光跟踪仪（图 3-5）。这种测量方法具有高分辨力，工作空间大，无接触式测量等优点，适用于工业机器人目标跟踪的动静态位姿测量。其缺点在于反射光束自始至终必须连续可见，若反射中断，测量必须重新开始，且成本高。直接测量对设备和人员的要求都较高，因此间接测量法成了一种较经济的途径。间接测量就是用一些标准块或标准孔来代替测量仪器，避开直接测量。例如，使用标准孔来进行机器人校准：首先，用高精度机床加工一个具有标准孔的量具，然后在机器人末端安装一个圆棒，并引导圆棒插入量具中一些特定的孔，记录此时的码盘值，经过运动学正解得到机器人末端位姿的名义解，并与空间已知的孔的位置相比较得到误差，从而对机器人经行校准。对不同的工业机器人，测量过程有不同的特点。在测量过程中有两个方面需要仔细考虑：一方面应该使用什么测量系统，另一方面是如何规划观察策略。通常，测量过程耗时、劳动量大，而且易于出现错误。因此，在不牺牲校准结果的情况下，最小化测量次数是非常有意义的。

图3-5　激光跟踪仪

3）参数辨识。参数辨识是根据工业机器人末端执行器位姿测量值以及相应关节位置测量值对运动学模型中的参数进行确定的过程，是一个标准的非线性优化过程。直接用测得数据从运动学模型中求出运动学参数通常很困难，因为末端执行器位姿矢量的元素一般是机器人连杆参数的非线性函数。当机器人的模型应和实际情况足够接近时，即几何参数偏差较小时，有些研究者使用线性化方法构建运动学误差模型去建立机器人位姿误差与运动学参数误差间的关系，用迭代方法求解运动学参数误差的最小二乘解。该方法因所需测量位姿相对较少且有效；但是要做大量的离线仿真来确定优化的测量位形，以便于计算雅可比矩阵。常用的优化算法有：最小二乘法，这种方法无须考虑系统或扰动的任何先验信息，但计算量大，且需优化轨迹，而机器人控制器一般只能产生简单的轨迹，因此有一定的局限性；Levenberg-Marquardt 算法，该方法把牛顿法和最陡下降法相结合，具有很强的局部收敛性能，算法收敛速度快，鲁棒性强，但与其他方法相比，相同误差收敛条件下所需内存大。

4）误差补偿。机器人误差补偿是通过修正机器人关节变量来补偿机器人位姿误差的过程，而关节变量的修正依据是机器人校准运动学参数辨识阶段识别的运动学参数误差。基于模型的补偿方法是在假设主要误差源为关节轴倾斜和关节偏移等几何误差的情况下，用机器人运动学模型来描述机器人位姿误差。基于模型的补偿方法主要分为两种：

① 关节空间补偿：利用校准后的结果直接在关节空间修正，对于某可达位姿，重新计算其关节值，来达到提高机器人位姿精度的目的。

② 微分误差补偿：该方法一般是针对基于微分变换思想建立机器人误差模型，识别几何参数名义值与真实值之间的微小偏差，并把其补偿到控制器的名义参数上，达到提高机器人精度的目的。

（2）工业机器人校准分类　机器人校准是机器人研发生产的重要内容，工业机器人测试校准是一个集建模、测量、机器人实际参数辨识、误差补偿、性能优化实现于一体的过程。在机器人产业化的背景下有重要的理论和实际意义。

实际生产出来的机器人跟理论设计时的机器人存在差异，具体原因表现在：机器人零部件加工制造误差、机器人组装误差、传动机构误差、减速器齿轮间隙、机器人减速比误差及耦合比误差、连杆长度误差、转角角度、轴平行度、设备损坏、配件老化、环境温度影响等。根据经验，这些因素往往会导致机器人实际的精度存在 5~10mm 的偏差。

如果不能对机器人进行全面的测试校准，机器人性能就很不稳定。机器人就只能完成一些简单的、低端的、粗放型的作业。

在学术上根据校准的需求以及校准的复杂程度，一般把机器人校准分为三级。其中，每一级的校准都包含建模、测量、参数识别和补偿四个步骤。第一级的校准应该被定义为“关节级”校准。这一级的目标是在关节位置传感器输出和真实的关节位置之间确定一个正确的关系。第二级校准被定义为整个机器人运动学模型的校准。在这一级，校准的目的是定义机器人基本的运动学几何关系以及正确的关节角关系。第三级校准被定义为“非运动学”（非几何量）校准。一个机器人末端位姿的非运动学误差主要是由诸如关节屈服、摩擦和空隙，以及连杆屈服等造成的。而且，如果一个机器人是使用动力学（而不是运动学）控制，则在动力学模型上的变量修正也都包含在第三级校准中。由于第三级校准在工业上并不常用，下面仅对第一和第二级校准做进一步阐述。

1）第一级校准。这一级别校准的目的是确保从关节传感器（编码器）中读出正确的关节位置。在这一级别默认机器人的其他几何参量是准确的，不需要对工业机器人整体结构进行建模，只要有关节位置传感器的线性模型即可。在高精度的要求下，设计一个更加精准的模型来描述传感器信号和关节位置之间的关系就变得很有必要。对于第一级校准，测量过程一般有两种，要么使用其他测量设备去确定实际的关节角，要么移动关节到已知的位姿。在线性模型的情况下，第一级校准的参数识别过程是没有意义的。在目前的工业水平下，关节传感器的增益一般都被设定得很准确。第一级校准的补偿也很简单，通常为线性补偿。第一级校准仅仅是确定关节位置的准确性，在工业机器人校准中是最简单的校准过程，也是最基础最常用的一种。在很多情况下，这个步骤是作为机器人生产过程中的一部分，同时也是用户自己可以完成的校准工作，一般的工业机器人本体上每个关节都有相应的校准线，当损坏发生或者关节被拆开等情况发生时，用户只需重复校准即可。

2）第二级校准。第二级校准的目标是提高机器人运动学模型的准确性，以及关节传感器和实际关节位置之间的关系。第二级校准的目的是决定关节和连杆之间的空间运动学关系，这也是一般工业界对机器人校准所需达到的目的。第二级校准必须考虑机器人运动学建模问题。第二级校准在建模中的主要问题是表达的充分性和稳定性。表达的充分性是根据有限的参数来建立模型描述运动学变化的能力。表达的稳定性是指机器人运动学中的小变化将导致机器人模型的小变化。模型表达得越充分越稳定，则工业机器人控制的准确性越高。第二级校准的测量是测量工业机器人末端执行器在工作空间的位姿。一般来说，要确定某刚体的位姿，那么其6个参数是必需的。足够的需要与指定的唯一性相关，而且取决于指定位置的六个条件的准确性。

（3）常见机器人校准系统

1）机器人生产商。KUKA 校准机器人零点校准借助千分表（图 3-6）或检测探头（图 3-7）和 ROCAL 软件。K 系列三坐标测量机主要基于三个 CCD 照相机测量高达 256 个红外发光二极管的空间坐标，因此这种设备可以提供 6 维测量。它的测量精度高于 0.09mm，与激光跟踪仪的精度差不多。但是该设备昂贵，售价在 80000 美元左右。ROCAL 软件跟 Dynalog 的 DynaCal 软件差不多，都是用来校准机器人的。两者不同的是 ROCAL 能与一些机器人品牌更好地融合，例如 KUKA，但是该软件只能用于 K 系列三坐标测量机的测量，与其他测量设备的兼容性不好。

图3-6　千分表

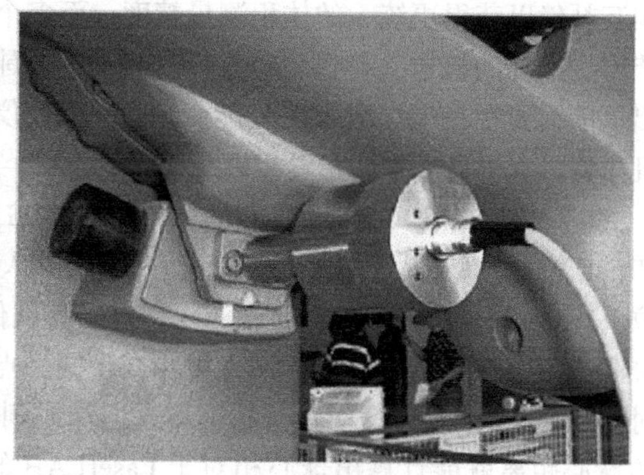

图3-7　检测探头

2）Leica。从 1991 年 Leica 推出世界上第一台激光跟踪仪至今，激光跟踪仪已广泛应用于工业测量，目前已有多个公司提供类似设备及软件，例如 Faro 和 API。传统的激光跟踪仪主要用于三维位置测量，也就是用反射镜测量靶标球心的位置。Leica 的 T 系列激光跟踪仪通过在原来的基础上增加了 T-Cam 相机，用以监控目标的位置和三个方向的旋转姿态，成为 6 维测量产品。激光跟踪仪的测量空间点的精度可达到 10μm/m，产品售价为 80 万元。

3）DynaCal。Dynalog 是位于底特律的一家私人公司，是由 Pierre De Smet 博士 1990 年在韦恩州立大学创立的。该公司目前在机器人校准测试领域享有盛名。Dynalog 公司提供了几种提高机器人精度的产品，其中以 CompuGauge 系统和 DynaCal-Lite 系统（图 3-8）最为出色。DynaCal-Lite 系统能够提供机器人本体、加工工具（或 TCP）和固定装置的初始校准解决方案，而且 DynaCal 的软件系统和激光跟踪仪和视觉测量设备等是兼容的。Dynalog 工程师还开发了为 DynaCal 系统和 FARO 激光跟踪系统和联合测量界面，使得激光测量更加便捷。DynaCal 软件可以接收 CompuGauge 硬件或其他测量设备的数据，并用这些数据来校准机器人。并且 DynaCal 软件和三个球状反射器联合使用可以完全校准机器人末端执行器的位姿。

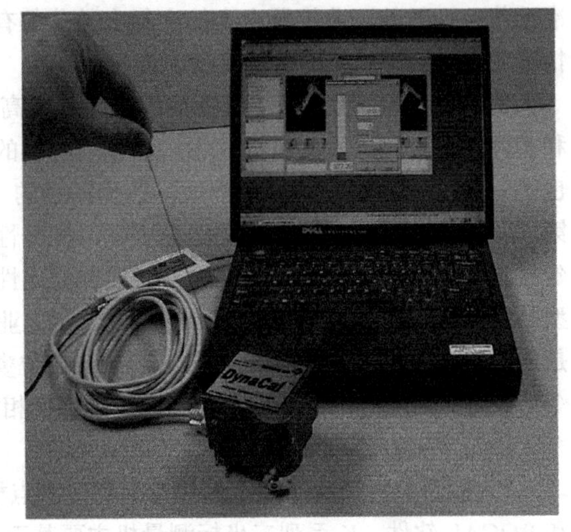

图3-8　DynaCal-Lite系统

4）Nikon Metrology。2009 年尼康收购了比利时 Metris 公司（Metris NV），并由此创立了 Nikon Metrology。在 2005 年 Metris 收购了同位于比利时的 Krypton 公司，而后者从 1989 年以来专业从事机器人校准服务。Nikon Metrology 为机器人校准提供 K 系列激光三坐标测量机和 ROCAL 软件。

5）TeconsultTeconsult。TeconsultTeconsult 是由德国教授 Lukas Beyer 在 1999 年创立的，目前提供的机器人校准产品有 3D 光学测量仪器 ROSY 和相配套的校准软件。ROSY 包括两个安装在机器人末端上的立体 CCD 相机和多个相对于机器人基座固定的白色的陶瓷小球。相对于其他种类的校准仪器来说，测量仪器和测试目标的安装位置是相反的。两个相机的目的是可以相互补偿以获得更统一的体积测量精度，而多个观测目标则允许机器人在更大的范围内运动以获得更准确的机器人参数。在 ±2m 的球形范围内，ROSY 测量的体积精度为 $\pm 0.020\text{mm}^3$。在出厂前需要在三坐标测量机上校准。这种测量仪器显得体积很大，测量时需要去掉末端执行器且需要沿着机器人本体布置相机线缆。

6）Wiest AGWiest AG。Wiest AGWiest AG 也是一家德国公司，由 Ulrich Wiest 博士创立。Ulrich Wiest 博士从 1996 年以来一直从事机器人校准领域的工作，并且在 2001 年获得了博士学位。Wiest 的校准产品有 LaserLAB 及其配套软件。LaserLAB 有五个安装在同一框架的小型一维激光距离传感器，它们的激光束相交于同一点。另有一个安装在机器人末端的球体。当测量时，LaserLAB 保持不动，控制机器人把球放到接近激光束交点的位置，根据五个传感器测量的球心距离就能计算出球心相对于 LaserLAB 的坐标。在 39.5mm ×38.5mm×36.5mm 的范围内，LaserLAB 可以实现 ±0.020mm 的重复定位精度，同时体积精度优于 $\pm 0.100\text{mm}^3$（通常是 $\pm 0.035\text{mm}^3$）。但是 LaserLAB 有个缺点，即当机器人运动时球体可能和测量仪器发生碰撞。

二、工业机器人校准效果评价方法

衡量工业机器人工作性能的重要指标是绝对定位精度和重复定位精度，随着工业机器人作业任务及应用范围越来越广泛和复杂，对机器人定位精度也提出了很高的要求。目前工业机器人的重复定位精度普遍很高（0.1mm 以下），但是绝对定位精度却很差（1mm 以上）。机器人的重复定位精度很高，说明机器人在做重复性工作时可以很精确地到达之前到达过的位置，而绝对定位精度很低说明机器人到达理想位置的能力很差，这严重限制了工业机器人的使用。机器人的校准系统最终目的是提高机器人的精度，因此评价机器人的校准效果也即对校准后的机器人进行精度测试。

在实际中，机器人的精度往往通过特殊的标定系统按照性能规划及相关试验方法进行确定，同时校准与标定在实际中通常由不同的部门进行完成，因此校准人员需要掌握在不使用标定系统的情况下如何快速地对机器人精度进行初步测试的方法。

图3-9　华数HSR612机器人

本文选用华数 HSR612 机器人（图 3-9）以及 DynaCal 机器人为例来讲解机器人精度快速检测方法。华数 HSR-JR612 机器人是一款高性能通用小负载关节机器人，依托华中数控多年伺服控制的技术积累，使用自主研发的控制技术及高性能伺服电动机，实现同级别机器人中的大臂展及大负载。该机器人采用高刚性手臂、先进伺服，运动速度快，重复定位精度高达 ±0.06mm、运动半径可达 1555mm。该机器人充分适用于打磨、搬运、焊接等行业。

DynaCal 校准系统由 Dynalog 公司开发，在其一次校准过程中可以完成机械零点、TCP 参数、加减速比、连杆参数的校准，并减少人为运算和误差，一般情况下，只需 20min 左右就能完成机器人的校准。当利用 DynaCal 软件对机器人进行校准后，机器人的几何误差得到补偿，此时将软件计算得到的理论 TCP 参数输入机器人示教器内。在理想情况下，机器人补偿后的 D-H 模型应与机器人实际的连杆参数保持一致，也即机器人的实际控制点为理论 TCP。但在实际情况下，校准软件对 D-H 参数的校准总有微小的误差，此时机器人的控制点与理论 TCP 不一致。机器人的精度快速检测方法即识别补偿后的机器人运行在理论 TCP 时的稳定程度（TCP 精度），从而初步判断 DynaCal 软件对机器人的 D-H 参数补偿是否达到了可接受的标准。精度快速检测方法如下（用户已完成机器人的参数补偿）：

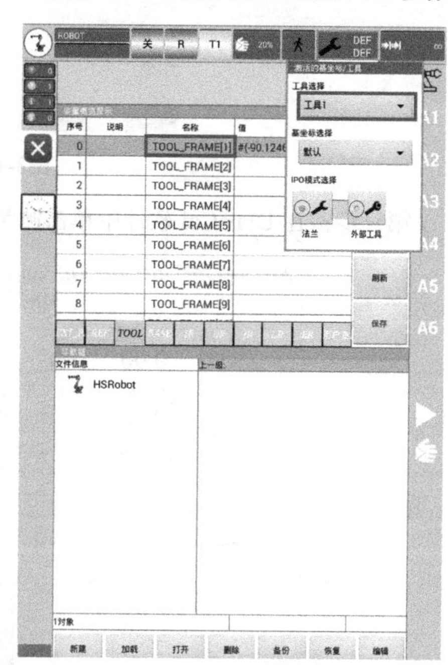

图3-10　激活工具坐标系

第一步：在示教器中将激活的工具坐标系选择为利用 DynaCal 软件得到的工具坐标系（本例中，TOOL_FRAME[1] 中存有利用 DynaCal 软件校准得到的工具坐标系），如图 3-10 所示。

第二步：选择运行坐标系为工具坐标系，如图 3-11 所示。

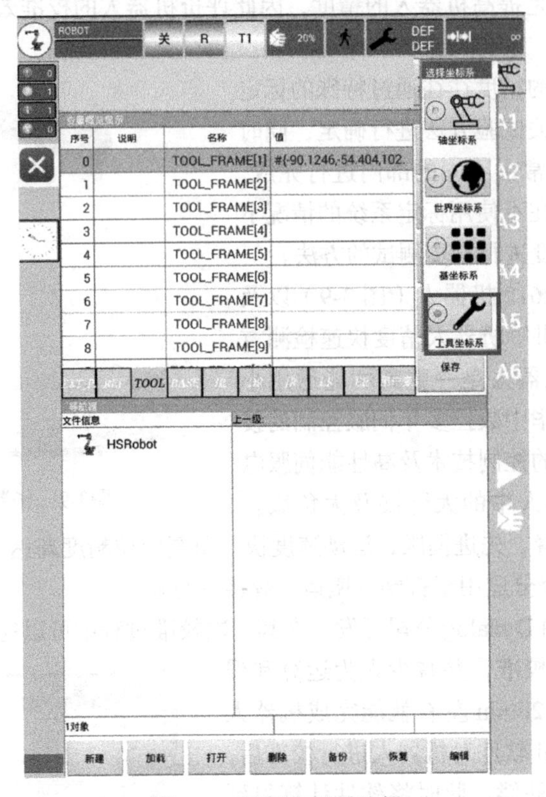

图3-11　运行坐标系选择

第三步：在 DynaCal 软件中单击测量按钮，并展开零点点位数值，如图 3-12 所示。

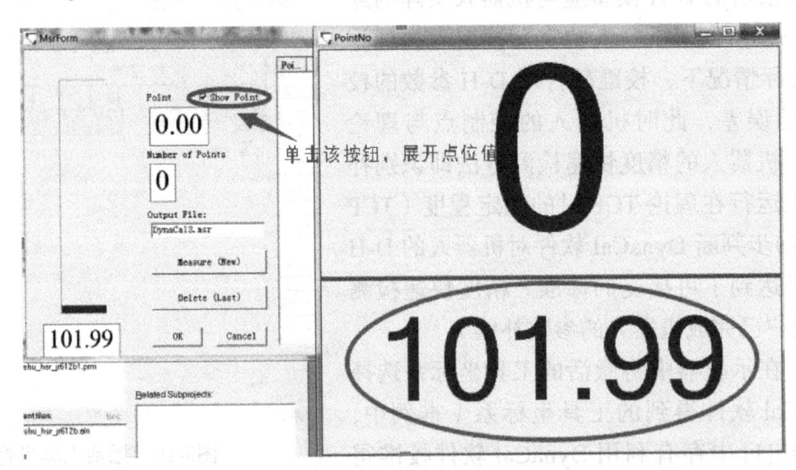

图3-12　DynaCal测量

第四步：手动移动 A、B、C 三个方向，观察每个方向的零点数值变化的最大值与最小值之差，最后计算三个方向的差值的平均值，即为该产品的 TCP 精度，如图 3-13 所示。

图3-13　TCP精度初步测试

第二节　工业机器人异常应对

一、校准异常判断

DynaCal 对机器人进行校准的过程包括识别以及补偿阶段。“识别”是确定机器人单元（即机器人、末端执行器、夹具或定位器）的实际参数的过程，而“补偿”是利用这些实际的参数对整个机器人单元的相关误差进行校正的过程。

识别阶段（图 3-14）主要包括两个过程：测量过程与计算过程。在测量过程中，用户通过常见的测量设备对机器人的各种位置以及配置进行测量，这些测量数据被用来计算机器人的实际参数。在计算过程中，软件基于机器人所计算的理论位姿和实际测量所得的位姿差异从而计算得到一系列表示被校准机器人运动学模型的参数。软件算法使用了“最小二乘最小化”（或“最佳拟合”）方法完成该计算，即 DynaCal 软件找到了一组与测量数据“最佳拟合”的运动学参数。

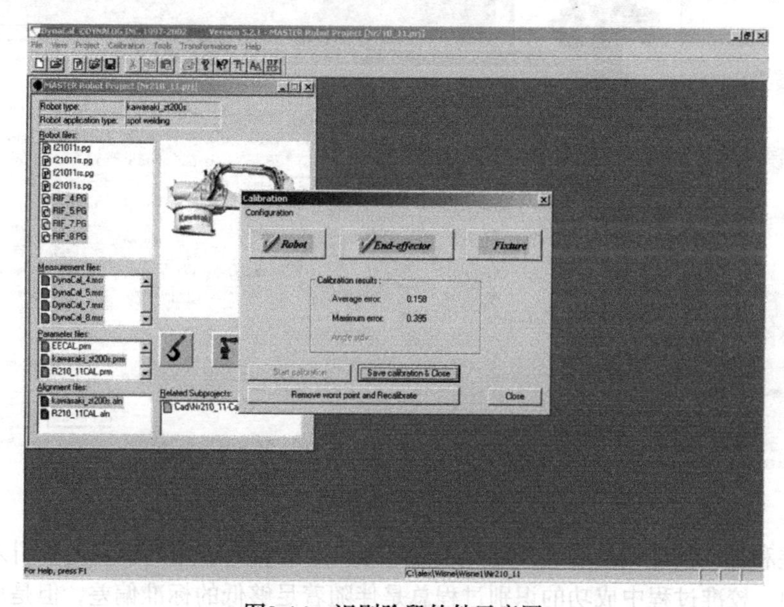

图3-14　识别阶段软件示意图

该计算方法仍会产生“残差”，即计算得到最接近理想情况下的运动学参数的残差。在DynaCal中这一残差以“平均值”和“最大值”的形式提供（图3-15），表示测量位置与用新确定的运动学参数所得到的理论位置之间的校准点的偏差。理想情况下，残差应该为零，但实际上总会有“一些”误差，这主要是由于：

① 校准了一组不完整的运动学参数。

② 测量系统中的误差对测量结果的微小影响。

每个测量系统都会出现较小的误差（例如，DynaCal硬件大约为0.1mm），但影响残差最大的是被校准的运动学参数。但在某些实际情况下，当对机器人的期望性能水平无过高的需求同时需要最小化测量时间时，可以校准较少的参数，但这会导致更高的残差，因为那些没有校准的参数仍然影响机器人的精度。因此，较高的残差并不一定表明校准不成功。相反，虽然它会降低校准后的机器人的性能，但它可能仍将提供一组可靠的运动学参数，这些参数对于不太严格的机器人应用（例如点焊）很有价值。

“标准偏差”同样是识别过程成功与否的指标。DynaCal软件作为识别过程的一部分，将会计算每个被校准的运动学参数的特定标准偏差值。标准差不受实际测量值的影响，其具体含义为被校准的参数在数学意义上是否足够“兴奋”。在这方面，标准偏差在某种程度上类似于统计中使用的术语（注意非相同）：当特定参数计算的标准偏差越低，对该特定参数计算的“实际”结果的“信心”就越高。例如，对于一组机器人几乎不动的测量校准点，残差很可能非常低（非常接近于零），但大多数校准参数的标准偏差将非常高，此时校准结果较差。

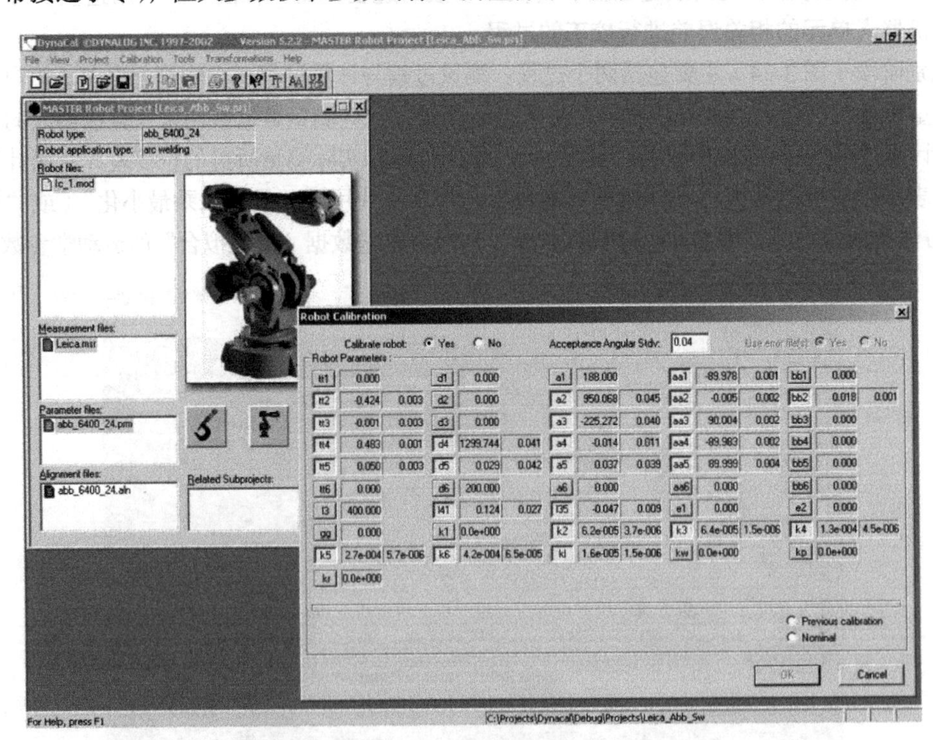

图3-15　校准示意图

基于残差和标准偏差的组合，DynaCal软件为典型机器人应用的识别过程引入了一系列默认的接受准则。校准过程中成功的识别过程总是伴随着足够低的标准偏差，但是可接受的残差水平会随着被校准的运动学参数的数量和种类以及预期的测量“噪声”而变化。因此，DynaCal软件将自动告诉用户识别结果是否能够接受，若否，则说明问题是由于测量数据不正确或校准点选择不当。

二、校准结果影响因素

校准后的机器人的精度水平即校准的结果主要取决于以下几个因素：

1. 校准点位选择

使用一组“好”的“校准点”（即为识别目的而在机器人上测量的点）对于获得良好的校准结果（即校准后整个机器人细胞的准确定位）非常重要。一般来说，在选择校正点时需要考虑以下因素：

1）机器人的姿态和构型应该有足够的变化，以便在数学上“激发”尽可能多的待标定的运动学参数。例如，如果用户希望校准轴5的关节偏移量，可以从不同的角度移动轴5。

2）应有足够多的校准点，以确定所需的参数量。一般来说，需要校准的测量方程至少是运动学参数的3倍。因此，需要校准的参数越多，需要的校准点位就越多。根据一般的精度，至少需要30个校准点。对于非常高精度的应用程序，可能需要多达50个校准点。对于点焊应用，建议使用40个校准点。

3）校准点需要使得DynaCal测量电缆不触及任何障碍，或激光跟踪器的光束无法被打断。

4）校准点应使得其每次测量电缆之间变化角度较大（90°以上）。

2. 校准参数数量

一般来说，校准参数越多，校准过程的整体精度就会越高。同样地，这也意味着需要测量更多的校准点，因此，实际上需要在执行校准所需的时间与期望性能水平之间进行平衡。

3. 机器人的类型

某些机器人参数不能（或很难）纠正，例如机械间隙有时表现得相当“随机”（因为它也由非静态参数如机器人速度或传动系统上的非线性因素决定）。一些特定的机器人模型和品牌比其他品牌表现出更多的负面问题。

4. 末端执行器的类型

一般而言，由于角传播效应，当末端执行器的TCP（即从末端执行器控制点到机器人法兰的距离）增大时，所获得的标定性能降低。此外，刚性末端执行器（即具有最小的机械柔度）通常会提供更好的精度。

5. 机器人程序类型

对于给定的校准后的机器人精度，某些机器人程序将产生比其他程序更好的结果。例如，一个特殊的程序，它在较小范围内移动机器人（例如，边长约为300mm），并且机器人的方向几乎是恒定的。该程序下，末端执行器（例如，总是指向地板）将获得比一个程序更好的准确性。

6. 机器人运动范围

在一般机器人校准程序中，其点位应选取数学上尽可能“激发”待校正的运动学参数的校准点（即“全局”校正）。然而，在某些情况下这种校准点位的选取不总是可能的（因为缺少可供机器人移动的可用空间），也不可取。实际上，更好的“局部”精度通常可以通过只在有限的范围内移动要校准的参数来实现（例如不移动机器人关节轴3），只要最终使用的机器人程序也在相同的范围内移动（超出该范围实际上会降低性能）。

第三节　校准设备异常处理

一、DynaCal-Lite 校准设备的结构

DynaCal-Lite 机器人单元校准系统是一个完整的系统，它能够对整个机器人单元（机器人 + 末端执行器 + 夹具）进行校准，其整个校准过程包括了识别和补偿阶段。

标准 DynaCal-Lite 系统由硬件与软件组成，如图 3-16 所示。其硬件部分为 DynaCal 测量装置（必要的外围硬件，如电缆、接头等），其软件部分为作为数据采集和机器人本体校准的 DynaCal-Lite 软件（包括识别和补偿模块）。

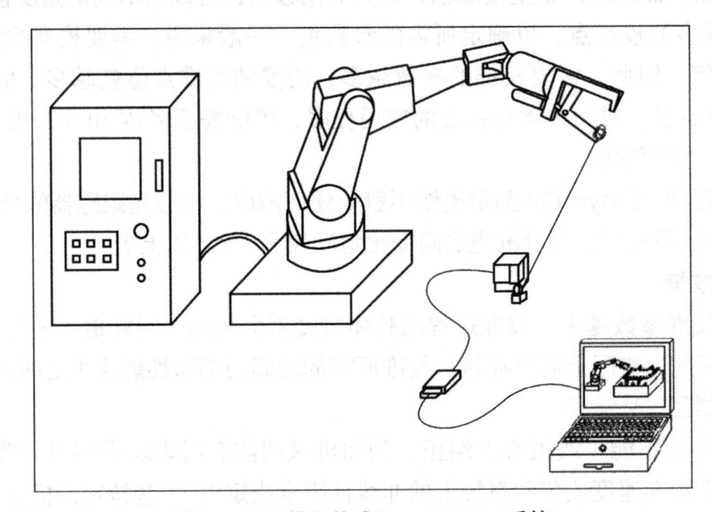

图3-16　机器人校准DynaCal-Lite系统

DynaCal 测量装置为拉线式位移传感器。

DynaCal 的测量装置中还包括了绕线器，绕线器所选用的材料使用了一种膨胀系数大约是铝的 10 倍、钢的 20 倍的特殊材料，从而保证了绕线器即使工作在较宽的温度变化区间内也有较高的精度。拉线在绕线器的连接方式能够保证在失控的测量范围内绕线器会自动释放拉线，而不会将其拉断，同时也易于重新连接。

当对机器人进行校准时，主要需要使用以下设备和软件：

1. DynaCal-Lite 软件

在 Windows 操作系统下，该应用程序能够快速采集测量数据，完成校准计算，得出参数文件。

2. DynaCal™ 测量硬件

DynaCal-Lite 校准系统采用一维 DynaCal™ 测量设备，如图 3-17 所示。其精密测量电缆从 DynaCal 设备的基座伸出，另一端连接到被测机器人上的点（通常是末端执行器的 TCP）。机器人和它的末端执行器几乎可以在空间的任何位置和任何方向上自由移动，同时不断准确地记录测量电缆的长度变化。

图3-17 测量设备

3. 带通信电缆的串行数据采集箱

DynaCal-Lite 测量系统的数据采集只需通过数据采集箱将测量硬件连接到个人计算机。该数据采集箱的一端直接连接到 DynaCal 测量设备上的专用端口，另一端通过标准通信电缆连接到个人计算机的串口，如图 3-18 所示。

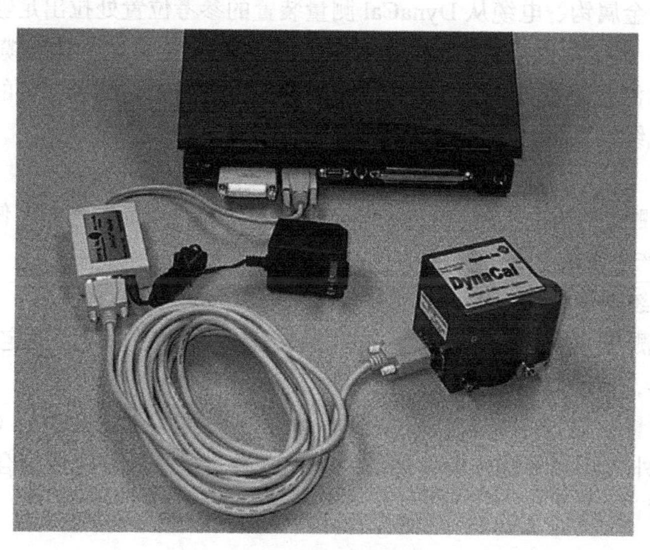

图3-18 数据采集箱

4. 底座和测量适配器

DynaCal 测量装置的底座通过“底座适配器”（图 3-19）连接到夹具（或定位器），而测量电缆的另一端通过合适的“测量适配器”（图 3-20）连接到末端执行器（通常位于预期 TCP 的位置）。根据夹具的特定特性（如精密孔或数控块等），DynaCal 测量装置需要搭配不同类型的基础适配器。同样，根据末端执行器的特性（例如点焊头或喷水喷嘴等），DynaCal 测量装置也需要不同类型的测量适配器。

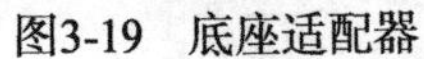

图3-19　底座适配器

图3-20　测量适配器

二、测量系统硬件使用规范

对测量系统的不正确使用可能会导致校准设备产生异常，用户在安装测量硬件时，应遵守以下规范。

1. 线缆

用户应当避免从同一方向上多次翻转测量电缆周围的金属钩，否则可能会导致该测量电缆扭曲，导致测量精度受到危害。当测量电缆可能已经扭曲时（通常在连接测量适配器处断开），用户可以进行如下操作对其进行修正：

1）尽可能保持金属钩、电缆从 DynaCal 测量装置的参考位置处拉出足够远。

2）在挂钩的另一侧抓住测量线缆本身（即在测量筒靠近旋转轮）让线缆钩自由地悬挂。

3）把 DynaCal 测量装置提高，金属钩自由旋转，直到达到它的无缠绕的位置。

4）仔细抓住线缆钩并将其复位在参考位置，使其回到测量绕线器上。

2. 运行温度

利用 DynaCal 测量系统进行测量时，室温要求为 21℃。注意，当温度偏差超过 3℃将会对测量数据的准确性产生影响。

3. DynaCal 系统硬件维护

每个 DynaCal 测量装置由五个基本部件：旋转传感器，测量筒，固定（内）滑轮和旋转（外）滑轮，张紧器，带金属钩的测量线缆。

张紧器位于测量装置内不应被击打或损坏。此外，当其在正常运行（光滑的拉索张拉）时，不要对其施加外力；张紧器产生晃动是完全正常的，在某种方式或场合下，张紧器可能破裂，此时应对其进行更换。

练　习　题

一、判断题

1. 工业机器人校准就是通过校准设备获得机器人性能参数的过程。　（　　）

2. 机器人正运动学能够将机器人的空间点位姿转换成机器人的各个轴关节角度。　（　　）

3. 所有机器人校准设备的测量系统都使用拉线式位移传感器。（　　）

二、填空题

1. 工业机器人的校准主要分为三级，第一级校准的主要目的是使得机器人的________读出正确的关节位置。第二级校准的主要目的是提高机器人________的稳定性。

2. 工业机器人校准主要分为________、________、________、________四个步骤。

3. 机器人校准结果主要由________、________、________、________、________、________等因素决定。

三、问答题

1. 请简述机器人校准系统的主要工作原理。

2. 简述机器人校准系统的组成。

第四单元

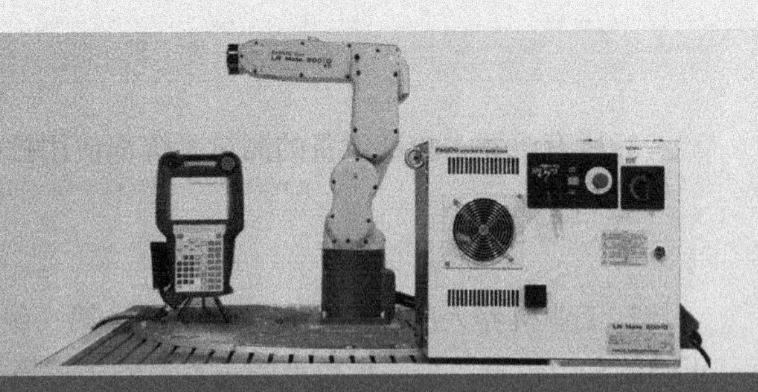

工业机器人标定

引导语：

随着工业机器人应用领域的不断扩大，对其定位精度和运动学性能的要求也大大提高，在大量理论研究的基础上，迫切需要对实际机器人末端执行器的位置精度进行测量。目前，国内外可用于描述工业机器人标定的方法有很多种，主要包括试验探头法、轨迹比较法、三边测量法、单激光跟踪干涉仪法、三角测量法、惯性测量法等。

培训目标：

- 能够规划机器人的标定空间、待机位姿及运动轨迹。
- 能够了解采样数据处理过程并能够根据数据结果分析机器人在不同工况下的性能表现。
- 能够使用标定软件逐点分析机器人运动状况。
- 能够处理标定中预见的软硬件问题。
- 能够对专业机器人标定空间进行调整与优化。
- 能够分析出现标定结果异常现象的原因并确定故障所在。

第一节　工业机器人标定系统概述

一、常用工业机器人标定方法

1. 试验探头法

本方法使用有足够数量的位移或接近传感器的探头来测量实到位姿特性，探头由机器人放置，以便缓慢地接触位于规定位置的精密样标来测量位姿特性或在其附近来测量可能的超调。图 4-1 所示为试验探头法的典型配置。图 4-2 所示为该方法的某些其他应用。根据所需的位姿参数的数目，有数种形式的样标和探头相互配合。

2. 轨迹比较法

（1）机械量具比较法　本方法把实到的轨迹与指令轨迹相比较，该指令轨迹可能由直线段或圆形段组合而成。所述轨迹用精密的机械量具或其他位置参照构件来确定。图 4-3 所示为该方法的设备布置，接近传感器安装在角形探头上，而量具的直棱表示指令轨迹。完成该轨迹过程中产生的偏差由适当数量的传感器感知，并用于确定实到轨迹的特性参数（准确度和重复性）。当使用足够的传感器时，还可确定位姿（位置和姿态）偏差。

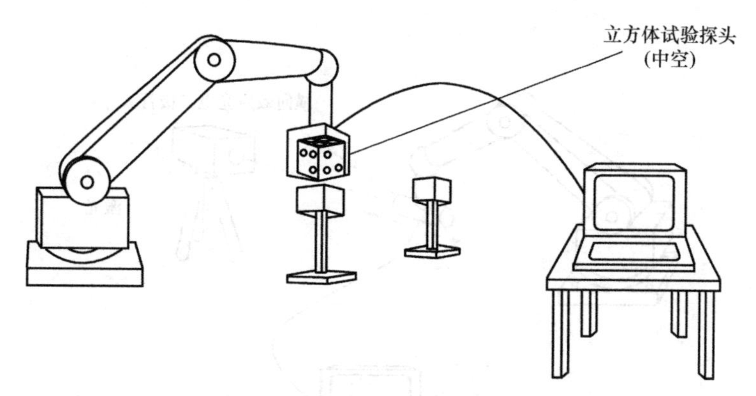

图4-1　试验探头法的典型配置

测量方法	接触测量 (测量x、y、z坐标)		非接触测量 (测量x、y、z、a、b、c坐标)
样标		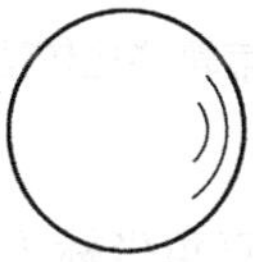	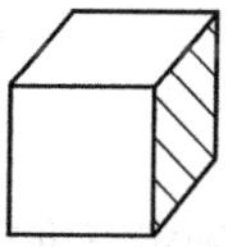
探头		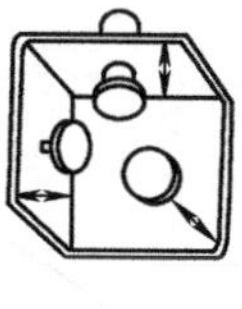	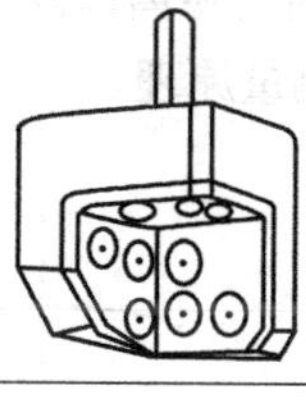
	装于机器人上		

图4-2　试验探头法的某些其他应用

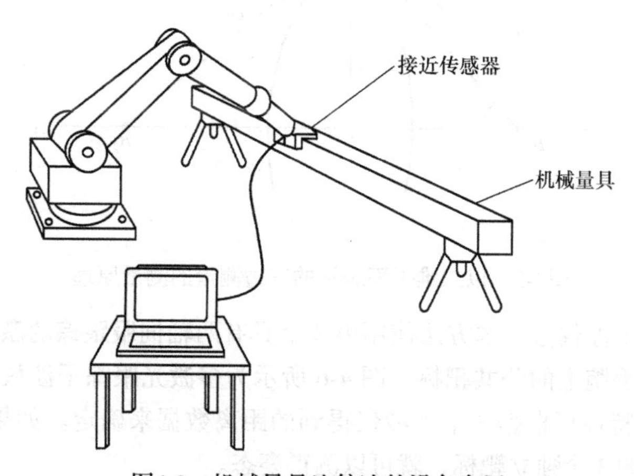

图4-3　机械量具比较法的设备布置

（2）激光束轨迹比较法　本方法使用光电传感器测量沿激光束的轨迹准确度 / 重复性，该光电传感器能检测入射光束对传感器中心的位置误差。图 4-4 所示为该方法的设备布置。如果用激光干涉仪代替激光源且光电传感器具有光反射能力，则沿光束的机器人位姿可作为时间函数计算出来。

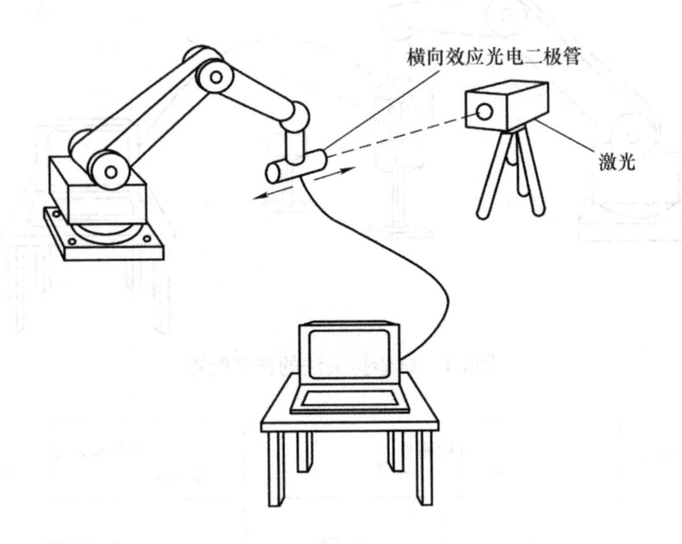

图4-4　激光束轨迹比较法的设备布置

3. 三边测量法

三边测量方法是确定三维空间中 P 点直角坐标（x，y，z）的一种方法，该方法应用的是 P 点与 3 个观察点之间的距离以及 3 个固定观察点之间的基线长度。图 4-5 所示为以二维平面表示的三边测量法的测量原理。

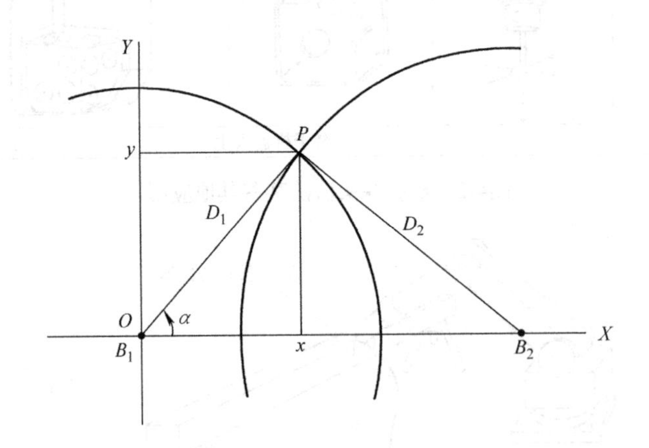

图4-5　以二维平面表示的三边测量的测量原理

（1）多激光跟踪干涉仪法　本方法使用由 3 个具有两轴伺服跟踪的激光干涉仪产生的 3 束激光瞄准装在机器人手腕上的公共靶标。图 4-6 所示为多激光跟踪干涉仪法的设备布置。三维空间中的机器人位置特性可根据 3 个干涉仪得到的距离数据来确定。如果使用 6 个干涉仪，6 束光束瞄准机器人上的 3 个独立靶标，就可以测得姿态。

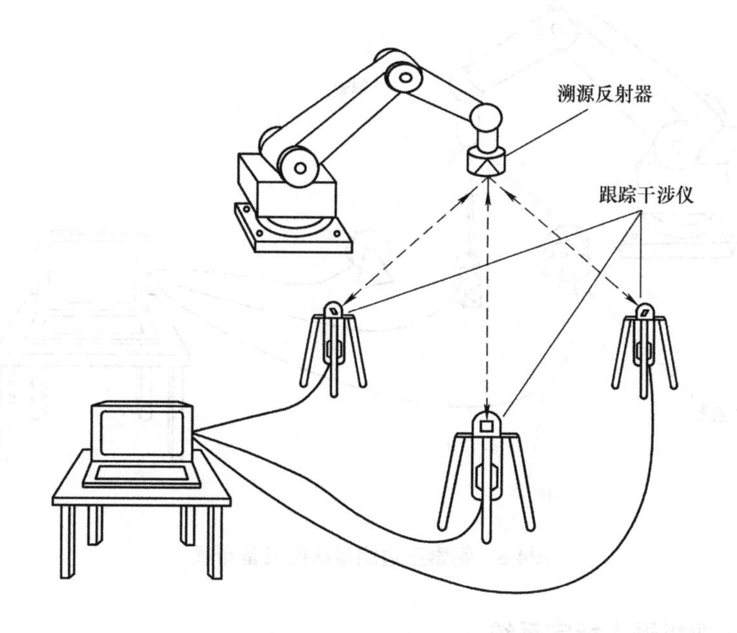

图4-6　多激光跟踪干涉仪法的设备布置

（2）超声三边测量法　机器人在三维空间中的位置可用3个固定的超声传声器得到的距离数据计算出来，超声传声器接收装在机器人上的声源发出的超声脉冲串。图4-7所示为超声三边测量法的设备布置。

如果机器人有3个独立的声源，并且每个传声器能检测来自3个声源的脉冲串，就能测出机器人的姿态。

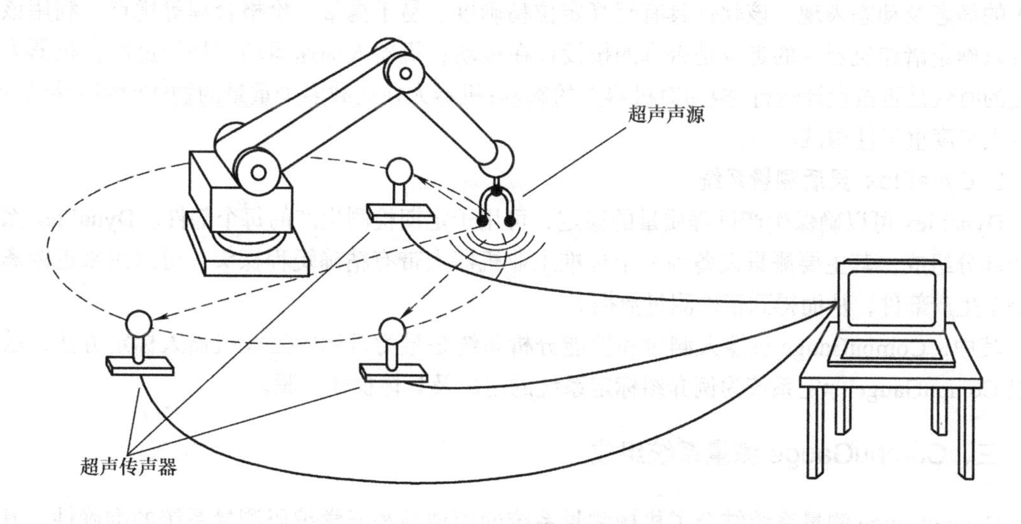

图4-7　超声三边测量法的设备布置

（3）钢索三边测量法　本方法把从3个固定供索器拉出的3根钢索连接于机器人的末端，其设备布置如图4-8所示。用装有张紧装置的供索器上的电位计或编码器计算每根钢索的长度，就可以确定机器人末端的位置。

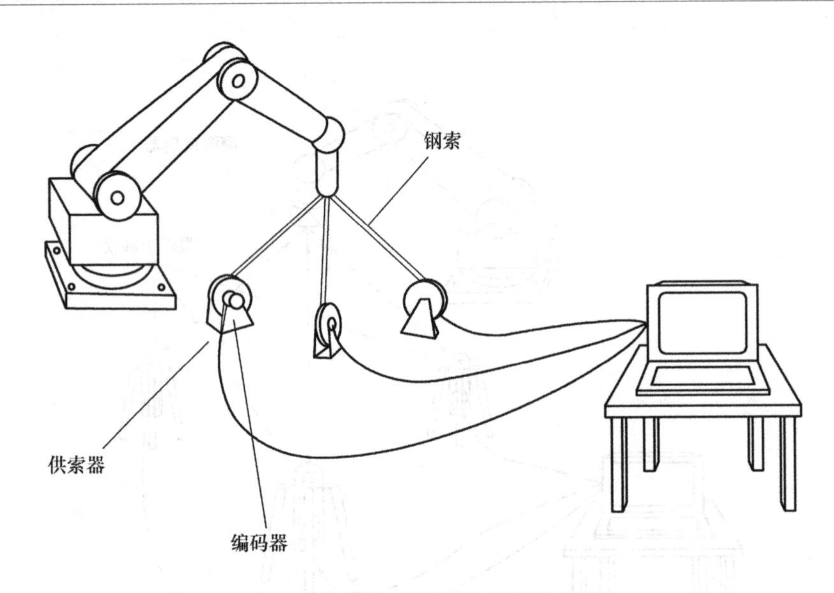

图4-8　钢索三边测量法的设备布置

二、常见工业机器人标定系统

1. CompuGauge 机器人测量和性能分析系统

3D CompuGauge 测量系统能够支持空间位置坐标测量，可以满足工业机器人的现场标定以及状态监测，其分辨力能够达到 0.01mm，重复定位精度为 0.02mm，有效测量区域为 1500mm × 1500mm × 1500mm。该系统不仅能够完成静态测量，同时能够实现被测物体的动态空间位置测量。机器人生产商和它们的用户可以用 CompuGauge 软件来测量、形象化和分析机器人的静态及动态表现。该软件具有超高定位精确度、易于携带、价格合理等优点。利用该软件可以确定诸如机器人的走位是否真的按设计在运动；机器人加速运动时是否过冲；机器人走角度的时候是否按设计运行；振动对机器人的影响；机器人在运载多少重量的物体时各分析数据；机器人精度重复性测试……。

2. DynaFlex 灵活测量系统

DynaFlex 可以确保生产过程质量的稳定，可用于定期检测生产的每个部件。DynaFlex 系统由四部分组成，其主要测量设备为一个标准工业机器人带有精确短程探头，可以用来近距离检测每个生产部件，从而得到精确测量数据。

其中，CompuGauge 机器人测量和性能分析系统是最为常用的工业机器人标定方法，故本文以 CompuGauge 标定系统为例介绍标定系统的组成及具体操作步骤。

三、CompuGauge 测量系统组成

CompuGauge 测量系统结合了机械测量系统的简洁性和光学编码测量系统的准确性。其高度复杂的组件共同保证了 CompuGauge 的性能。其高分辨力、低惯性的光学编码器被用来不断地测量电缆的延伸，其高质量的电缆在工作时的工作压力比一个千分表还低，同时还可以自动纠正下垂和拉伸。基于 Windows 的配套软件可以快速、方便地测量机器人的姿态（静态）和路径（动态）运动，并在线实时地显示机器人的运动及其瞬时笛卡儿坐标。如果用户需要在微米

级别对运动数据进行分析，还可以对保存在相应文件的位置数据进行放大。同时用户还可以在个人计算机上模拟机器人控制器上所编程的运动，以满足比较所获得的运动和所控制的运动的需求。此外，CompuGauge 的测量坐标系可以与机器人坐标系进行数学对齐。

如图 4-9 所示，CompuGauge 测量系统主要包括以下几个部分：

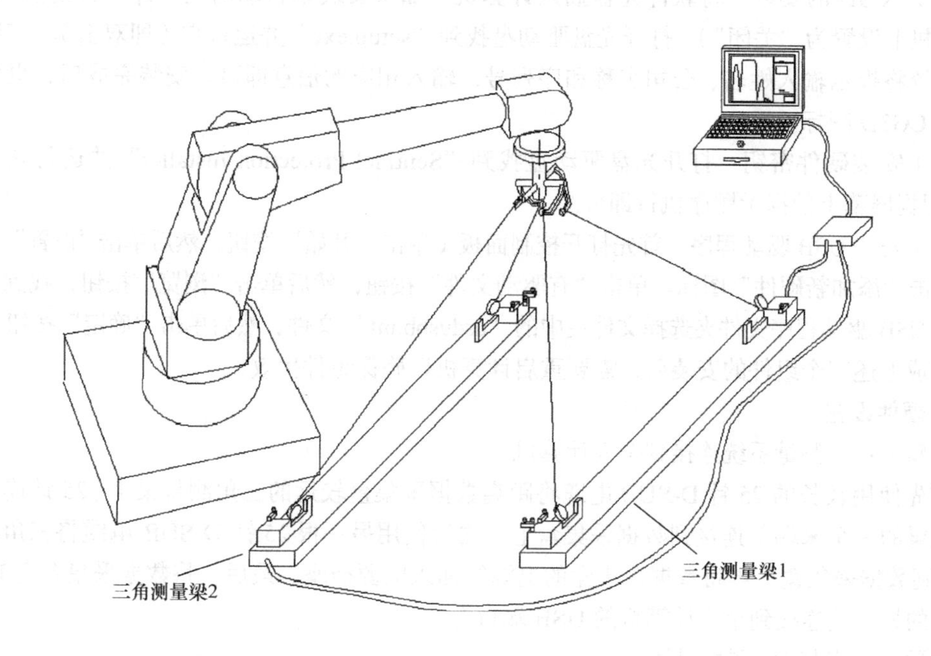

图4-9　CompuGauge测量系统

三角测量梁：两个机械“测量单元”位于大约 1.75m 长的梁的两端。每个以唯一参数文件为特征（分别为“<序列号 1> .CLB”和“<序列号 2> .CLB”）的三角测量梁都可以通过其自身铭刻在光束端部的序列号来识别。

测量电缆：在每根三角测量梁的两端，都有一根长度不等的尼龙包覆钢缆，称为“测量电缆”。测量电缆是系统中最脆弱的部分，用户在操作时要格外小心，以免对电缆造成损坏，否则可能危及系统的整体精度。

测量附件：该部件固定在机器人上，用户通过该部件将两个三角测量梁上的四条测量电缆连接到机器人测试点上。该测量附件是仪器的精密部件，每次使用之后都要将其妥善保管，否则如果其损坏之后会对系统的整体准确性造成损坏。

数据采集盒：该部件用于将三角测量梁产生的数据采集至计算机上。该数据采集盒包括电缆以及连接两个测量光缆的连接器。

电源：电源为数据采集盒、光学编码器和三角测量梁供电，其在 AC 110V 或 220V 下运行。

25 针 D-SUB 10ft 电缆：数据采集盒和三角测量梁通过该电缆进行连接（两条），该电缆能够从三角测量梁发送数据到数据采集盒，同时为编码器供电以使其正常工作。

USB 电缆：USB 电缆将数据采集盒与 IBM 兼容的个人计算机通过 USB 端口进行连接。

软件：该软件基于 Windows 操作系统运行，它能够在测量机器人位置时方便、快速地获取数据，并可以通过几个对机器人的测试来评估所测试机器人的性能。

四、CompuGauge 测量系统使用步骤

1. 软件安装

在安装软件前请确保已登录作为具有管理权限的用户（“管理员”）。

（1）CG3D 的安装　将软件光盘插入计算机，如果安装未自动启动（即“自动插入通知”在计算机上设置为“关闭”），打开光盘驱动盘找到“setup.exe”并运行它（即双击）。安装开始后，系统将提示输入姓名、公司名称和序列号，输入相应的信息即可。安装完成后，桌面会出现一个 CG3D 图标。

（2）安装硬件密钥　打开光盘驱动盘找到“Sentinel Protection Installer”并运行它（即双击），根据屏幕上的提示顺序执行即可。

（3）安装 USB 驱动程序　首先打开控制面板（单击“开始”按钮，然后单击“设置”按钮），然后单击“添加新硬件”图标。单击“有驱动文件”按钮，然后单击“浏览”按钮，找到光盘驱动盘中 USB 驱动程序文件夹选择文件夹中的“usdusbb.inf”文件，然后单击“确定”按钮。

完成上述三个组件的安装后，需要重启计算机以确保组件生效。

2. 硬件设置

步骤 1：将测量系统连接到个人计算机。

首先使用较长的 25 针 D-SUB 电缆将距离数据采集盒较远的三角测量梁 1（25 针连接母头位于该梁的一个末端）连接到数据采集盒上。之后使用另一根 25 针 D-SUB 电缆将三角测量梁 2 连接到数据采集盒。再将数据采集盒的电源线插入电源插座。最后，将数据采集盒上 USB 接口电缆的另一端连接到个人计算机的 USB 端口上。

步骤 2：安装 3D 测量附件。

3D 测量附件需要安装在 CompuGauge 测量系统提供的特制安装板上，安装板可以安装在机器人欲测量的任意位置。该 3D 测量附件需要用两个 M3 螺钉固定，为了方便安装其设有两个定位销孔（图 4-10 中给出了相关尺寸）。另外，请注意在测量附件与测量电缆连接中，测量电缆不可缠绕或紧贴于附加轴。

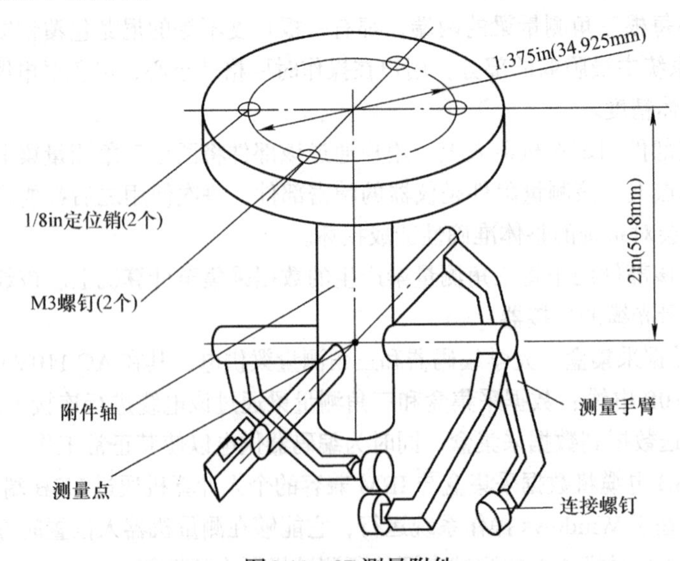

图4-10　3D测量附件

步骤 3：设置机器人和测量系统（图 4-11）。

为了保证测量的准确性，用户需要保证测量系统的两个三角测量梁互相平行，另外机器人上测量附件轴应垂直于三角测量梁所在平面。因此，首先将机器人定位至测量附件轴垂直于三角测量梁所在平面（通过示教器手动调整位置），之后将三角测量梁以机器人为对称轴相互平行地放在相互距离 1500mm 处的平面上（注意三角测量梁挂钩的开口侧应始终面向测量内部如图 4-12 所示）。在测量过程中三角测量梁有任何错位都会对测量结果产生较大影响，因此为了更好地稳定三角测量梁的位置，通常使用夹子或配重来保证两三角测量梁在测量中不会产生滑动。在设置好三角测量梁位置和机器人位置后，将三角测量梁 1 上两个测量电缆挂钩放在 3D 测量附件上，并确保每个挂钩都正确固定在适当的连接螺钉上。三角形测量梁 2 的设置同上。

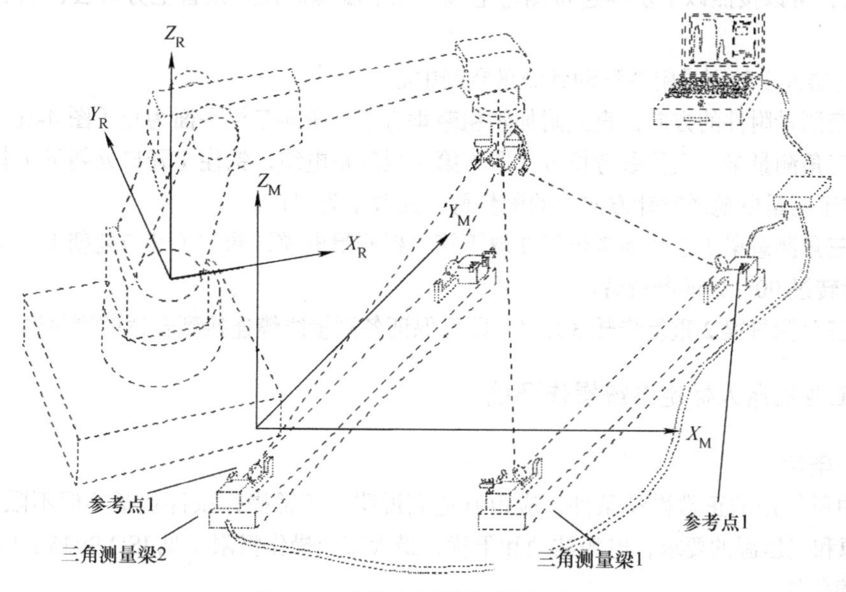

图4-11　机器人和测量系统的设置

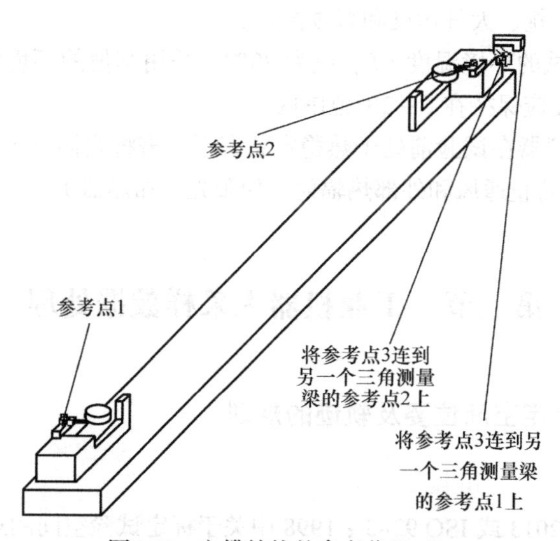

图4-12　电缆挂钩的参考位置1和2

3. 注意事项

（1）电缆扭曲　电缆扭曲会使电缆产生弹性变形，使测量精度下降并产生误差。通常在多次连接和断开测量附件之后可能出现此问题，此时可以用以下步骤进行纠正：

1）握住挂钩，将电缆从测量鼓中拉出，但不要将其和测量鼓分离。

2）握住测量鼓让电缆（带挂钩端）自由下垂（不要接触地面）。

3）等到吊钩停止旋转达到其静止的位置，将测量电缆收回测量鼓中。

（2）测量附件　测量附件的四个测量臂相交并围绕于附加轴上。在测量中需要将三角测量梁上测量电缆钩放到测量附件的测量臂上，每条测量电缆只有一个适合连接的测量臂，只有接合在适当的测量臂上，电缆才不会在测量过程中出现相互干扰。当无法确定测量电缆对应的适当测量臂时，可以按照以下步骤连接测量电缆（以下步骤假设从设备上方看去，然后按顺时针进行）：

1）将机器人上的测量附件移动到测量空间中心。

2）改变测量附件的方向，直到附加轴粗略垂直于三角测量梁平面为止（图 4-10）。

3）在三角测量梁 1 上从参考位置 1 取下第一根测量电缆，钩住（开口处朝下）其中在连接后测量臂位于测量电缆逆时针方向上的测量臂，此臂记为“1”。

4）在三角测量梁 1 上从参考位置 2 取下第二根测量电缆，钩住（开口处朝下）位于测量臂“1”顺时针转过 90° 处的测量臂。

5）对三角测量梁 2 重复步骤 3）、4）即可保证各测量线缆连接到合适的测量臂。

五、工业机器人标定系统操作环境

1. 操作条件

试验中所使用的正常操作条件，应由制造商说明。正常操作条件包括（但不限于)：对电源、液压源和气压源的要求，电源波动和干扰，最大安全操作极限（见 ISO 9946：1999）等。

2. 环境条件

（1）一般条件　试验所用的环境条件应由制造商说明。环境条件包括：温度、相对湿度、电磁场和静电场、射频干扰、大气污染和海拔极限。

（2）测试温度　测试的环境温度（θ）应为 20℃。采用其他的环境温度应在试验报告中指明并加以解释。试验温度应保持在 $\theta\pm2$℃范围内。

为使机器人和测量仪器在试验前处于热稳定状态下，需将它们置于试验环境中足够长的时间（最好一昼夜)。还需防止通风和外部热辐射（如阳光、加热器)。

第二节　工业机器人采样数据处理

一、工业机器人标定空间位姿及轨迹的规划

1. 标定空间规划

根据 GB/T 12642—2013 或 ISO 9283：1998 中关于标定试验空间的规定。

位于工作空间中的单个立方体，其顶点用 $C_1\sim C_8$ 表示（图 4-13)，应满足以下要求：

1）立方体应位于工作空间中预期应用最多的那一部分。

2）立方体应具有最大的体积，且其棱边平行于机座坐标系。

在试验报告中应以图形说明工作空间中所用立方体的位置。

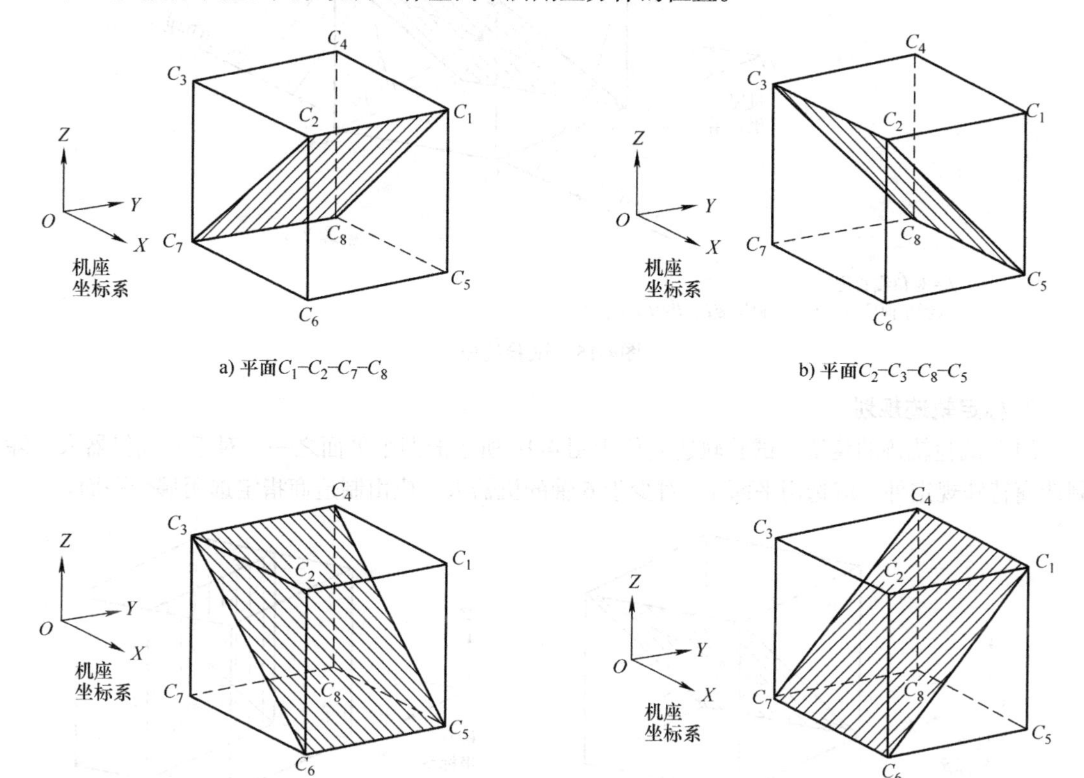

a) 平面C_1–C_2–C_7–C_8　　b) 平面C_2–C_3–C_8–C_5

c) 平面C_3–C_4–C_5–C_6　　d) 平面C_4–C_1–C_6–C_7

图4-13　工作空间中的立方体

2. 标定位姿规划

五个要测量的点位于测量平面的对角线上，并对应于选用平面上的P_1~P_5。加上轴向（X_{MP}）和径向（Z_{MP}）测量点偏移，点P_1~P_5是机器人手腕参考点的位置。

测量平面平行于选用平面，如图4-14所示。

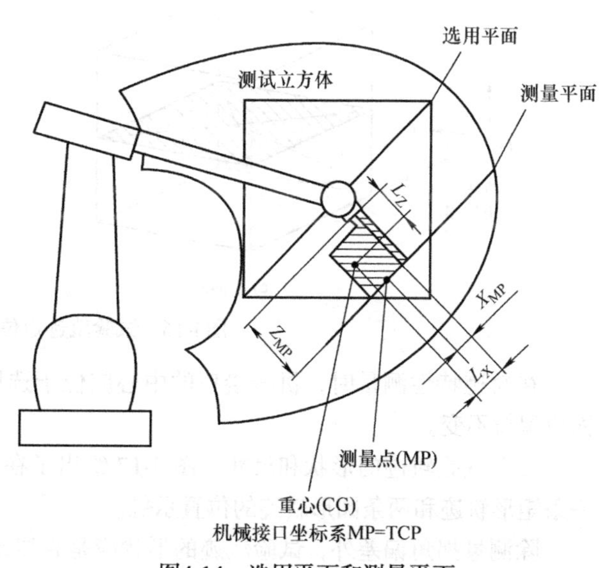

图4-14　选用平面和测量平面

制造商可规定试验位姿应以机座坐标系（最佳）和/或关节坐标系来确定。

P_1是对角线的交点，也是立方体的中心。P_2到P_5离对角线端点的距离等于对角线长度的（10±2）%（图4-15）。若不可能，则在报告中说明在对角线上所选择的点。

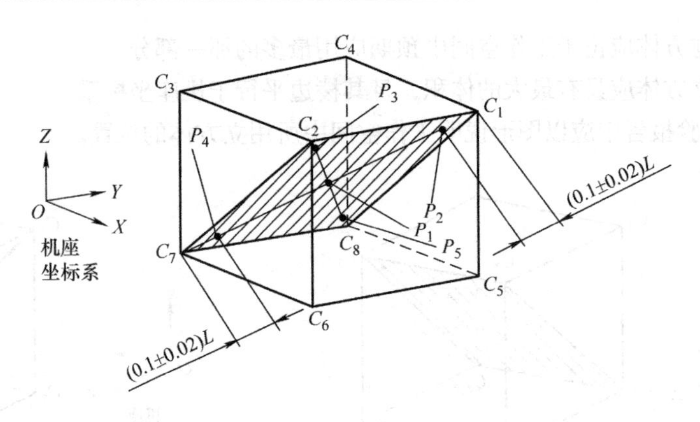

图4-15　试验位姿

3. 标定轨迹规划

（1）试验轨迹的位置　试验轨迹应位于图 4-16 所示的四个平面之一。对于 6 轴机器人，除制造商特殊规定外，应选用平面 1。对少于 6 轴的机器人，应由制造商指定选用哪个平面。

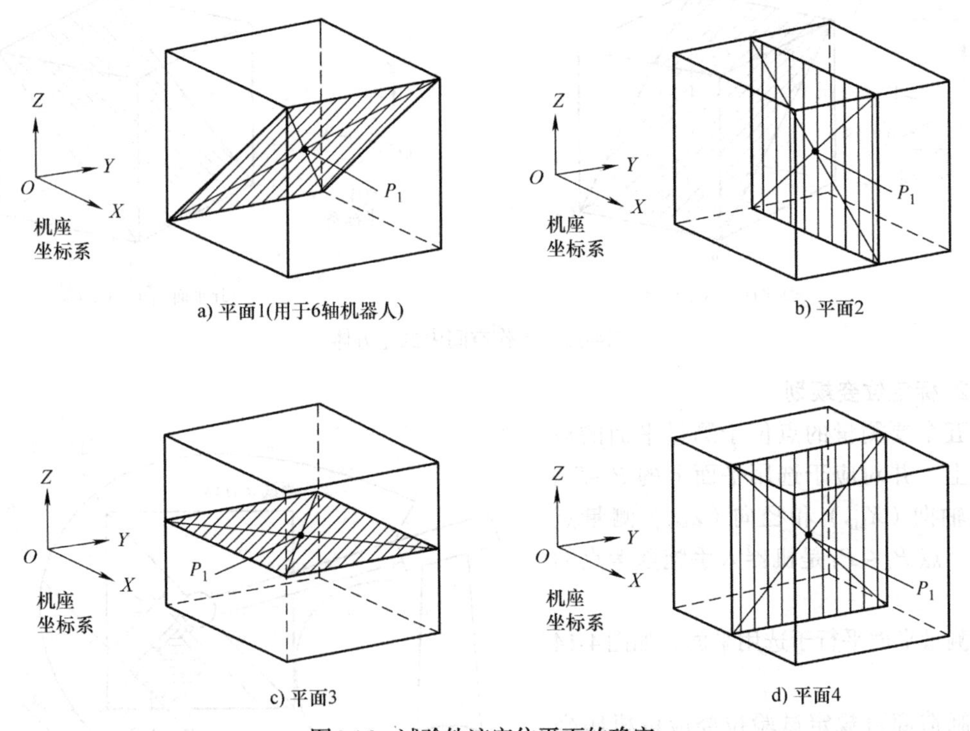

图4-16　试验轨迹定位平面的确定

在轨迹特性测量时，机械接口的中心应位于选用平面上（图 4-14），且其姿态相对于该平面应保持不变。

（2）试验轨迹的形状和尺寸　图 4-17 给出了在四个可用试验平面之一上的一条直线轨迹、一条矩形轨迹和两条圆形轨迹的位置示例。

除测量拐角偏差外，试验轨迹的形状应是直线或圆。若采用其他形状的轨迹，制造商应说明并附于试验报告中。

在立方体对角线上的直线轨迹，轨迹长度应是所选平面相对顶点间距离的 80%，如图 4-17 中 P_2 到 P_5 的距离是一实例。

另一直线轨迹 P_6 到 P_9 可用于重复定向试验。

对圆形轨迹试验，需测试两个不同的圆，如图 4-17 所示。大圆的直径应为立方体边长的 80%，圆心为 P_1。小圆的直径应是同一平面中大圆直径的 10%，圆心为 P_1，如图 4-17 所示。

应使用最少的数目的指令位姿。在试验报告中应说明指令位姿的数目、位置和编程方法（示教编程、人工输入数字数据或离线编程）。

对于矩形轨迹，拐角记为 E_1、E_2、E_3 和 E_4，每个拐角离平面各顶点的距离为该平面对角线长度的（10 ± 2）%。在图 4-17 所示的实例中，P_2、P_3、P_4 和 P_5 分别与 E_1、E_2、E_3 和 E_4 重合。

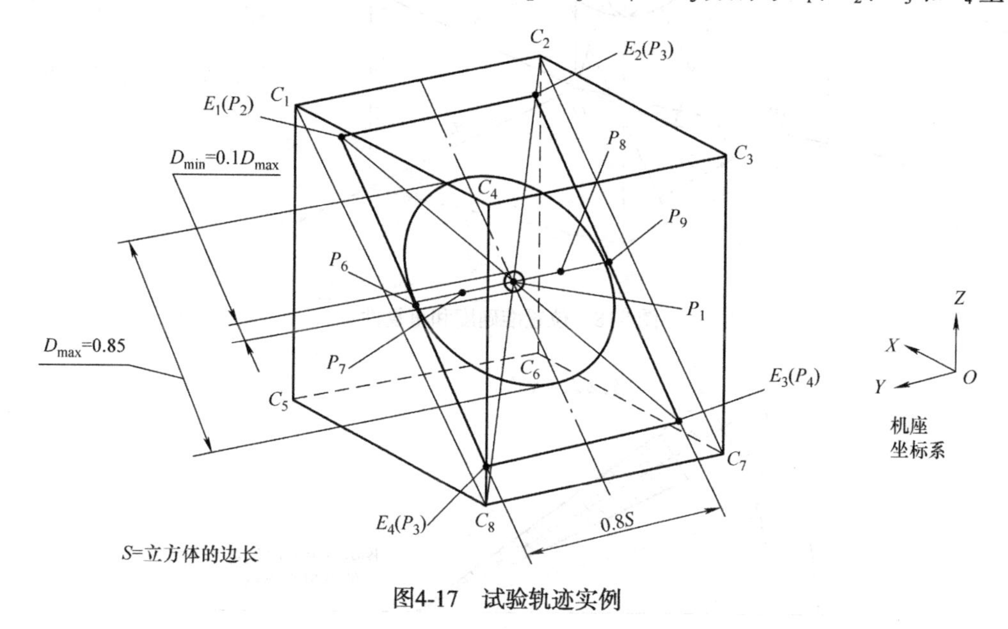

图4-17　试验轨迹实例

二、标定数据处理

GB/T 12642—2013《工业机器人性能规范及其试验方法》规定了操作型机器人的性能指标，主要包括：位姿准确度和位姿重复性、多方向位姿准确度变动、距离准确度和距离重复性、位置稳定时间、位置超调量、位姿特性漂移、互换性、轨迹准确度和轨迹重复性、重复定向轨迹准确度、拐角偏差、轨迹速度特性、最小定位时间、静态柔顺性、摆动偏差等。本文应用单激光跟踪干涉仪法对机器人进行位置准确度和位置重复性的评估。

1. 位姿准确度和位姿重复性

（1）位姿准确度（*AP*）　位姿准确度表示指令位姿和从同一方向接近该指令位姿时的实到位姿平均值之间的偏差。

位姿准确度分为：

1）位置准确度：指令位姿的位置与实到位置集群重心之差（图 4-18）。

2）姿态准确度：指令位姿的姿态与实到姿态平均值之差（图 4-19）。

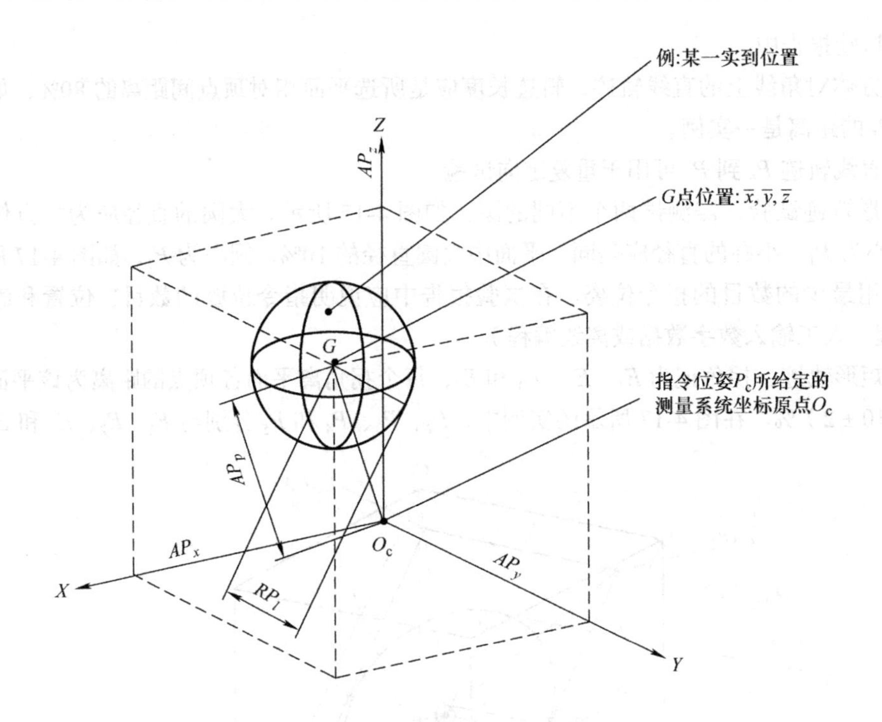

图4-18　位置准确度和重复性

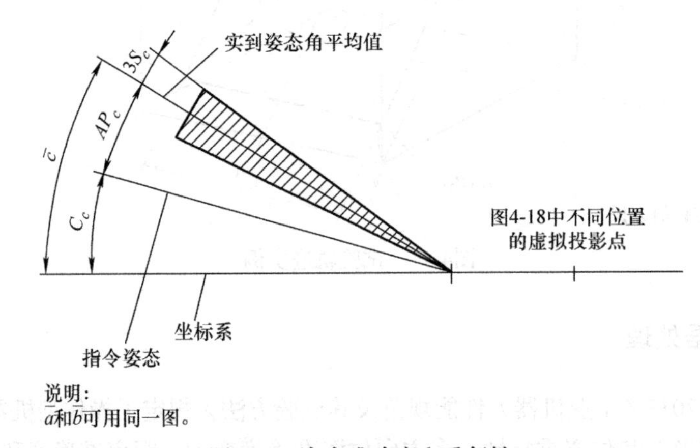

图4-19　姿态准确度和重复性

位姿准确度计算如下：

位置准确度

$$AP_p=\sqrt{(\overline{x}-x_c)^2+(\overline{y}-y_c)^2+(\overline{z}-z_c)^2}$$

$$AP_x=(\overline{x}-x_c),\ AP_y=(\overline{y}-y_c),\ AP_z=(\overline{z}-z_c)$$

$$\overline{x}=\frac{1}{n}\sum_{j=1}^{n}x_j,\ \overline{y}=\frac{1}{n}\sum_{j=1}^{n}y_j,\ \overline{z}=\frac{1}{n}\sum_{j=1}^{n}z_j$$

式中　$\bar{x}$、$\bar{y}$、$\bar{z}$——对同一位姿重复响应 n 次后所得各点集群中心的坐标；

x_c、y_c、z_c——指令位姿坐标；

x_j、y_j、z_j——第 j 次实到位姿的坐标。

姿态准确度

$$AP_a=(\bar{a}-a_a),\ AP_b=(\bar{b}-b_b),\ AP_c=(\bar{c}-c_c)$$

$$\bar{a}=\frac{1}{n}\sum_{j=1}^{n}a_j,\ \bar{b}=\frac{1}{n}\sum_{j=1}^{n}b_j,\ \bar{c}=\frac{1}{n}\sum_{j=1}^{n}c_j$$

式中　$\bar{a}$、$\bar{b}$、$\bar{c}$——对同一位姿重复响应 n 次所得的姿态角的平均值；

a_c、b_c、c_c——指令位姿的姿态角；

a_j、b_j、c_j——第 j 次实到位姿的姿态角。

（2）位姿重复性（RP）　位姿重复性表示对同一指令位姿从同一方向重复响应 n 次后实到位姿的一致程度。

对某一位姿重复性可表示为：

1）以下式计算且以位置集群中心为球心的球半径 RP_l 之值（图 4-18）。

2）围绕平均值 $\bar{a}$、$\bar{b}$、$\bar{c}$ 的角度散布是 $\pm3S_a$、$\pm3S_b$、$\pm3S_c$，其中 S_a、S_b、S_c 为标准偏差（见图 4-19）。

位置重复性

$$RP_i=\bar{l}+3S_i$$

式中

$$\bar{l}=\frac{1}{n}\sum_{j=1}^{n}l_j$$

$$l_j=\sqrt{(x_j-\bar{x})^2+(y_j-\bar{y})^2+(z_j-\bar{z})^2}$$

$$S_i=\sqrt{\frac{\sum_{j=1}^{n}(l_j-\bar{l})^2}{n-1}}$$

姿态重复性

$$RP_a=\pm3S_a=\pm3\sqrt{\frac{\sum_{j=1}^{n}(a_j-\bar{a})^2}{n-1}}$$

$$RP_b=\pm3S_b=\pm3\sqrt{\frac{\sum_{j=1}^{n}(b_j-\bar{b})^2}{n-1}}$$

$$RP_c = \pm 3S_c = \pm 3\sqrt{\frac{\sum_{j=1}^{n}(c_j - \bar{c})^2}{n-1}}$$

（3）多方向位姿准确度变动（vAP_p） 多方向位姿准确度变动表示从三个相互垂直方向对相同指令位姿响应 n 次时，各平均实到位姿间的偏差（图 4-20）。

1）vAP_p 是不同轨迹终点得到的实到位置集群中心间的最大距离。

2）vAP_a、vAP_b、vAP_c 是不同轨迹终点得到的实到姿态平均值间的最大偏差。

多方向位姿准确度变动的计算公式如下：

$$vAP_p = \max\sqrt{(\bar{x}_h - \bar{x}_k)^2 + (\bar{y}_h - \bar{y}_k)^2 + (\bar{z}_h - \bar{z}_k)^2}$$

$$h,\ k = 1,\ 2,\ 3$$

式中，1，2，3 是接近轨迹的编号。

$$vAP_a = \max|(\bar{a}_h - \bar{a}_k)| \qquad h,\ k = 1,\ 2,\ 3$$

$$vAP_b = \max|(\bar{b}_h - \bar{b}_k)| \qquad h,\ k = 1,\ 2,\ 3$$

$$vAP_c = \max|(\bar{c}_h - \bar{c}_k)| \qquad h,\ k = 1,\ 2,\ 3$$

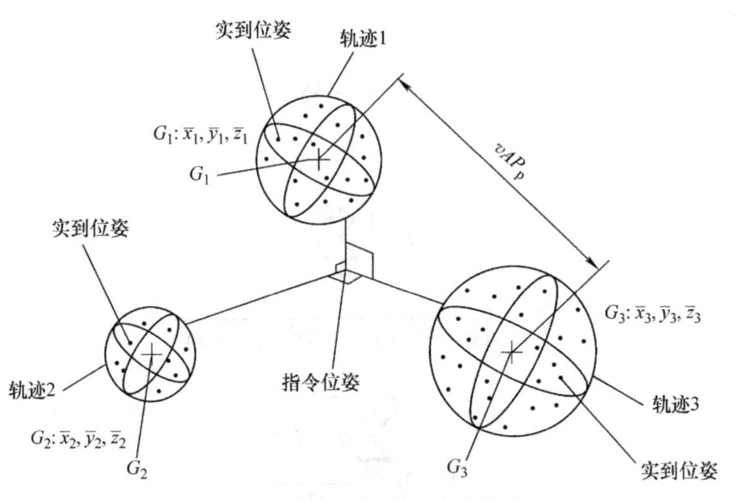

图4-20　多方向位姿准确度变动

2. 距离准确度和距离重复性

本特性仅用于离线编程或人工数据输入的机器人。

（1）一般说明　本文所定义的距离准确度和距离重复性由两个指令位姿与两组实到位姿均值之间的距离偏差和在这两个位姿间一系列重复移动的距离波动来确定。

对位姿用下列两种方法之一控制，可测量距离准确度和距离重复性。

1）使用离线编程控制两个位姿。

2）用示教编程控制一个位姿，并通过人工数据输入对距离编程。

应在报告中说明所使用的方法。

（2）距离准确度（AD）　距离准确度表示在指令距离和实到距离平均值之间位置和姿态的偏差。

设 P_{c1}、P_{c2} 是指令位姿，P_{1j}、P_{2j} 是实到位姿，位置距离准确度是 P_{c1}、P_{c2} 和 P_{1j}、P_{2j} 间距离之差（图 4-21），且该距离被重复 n 次。

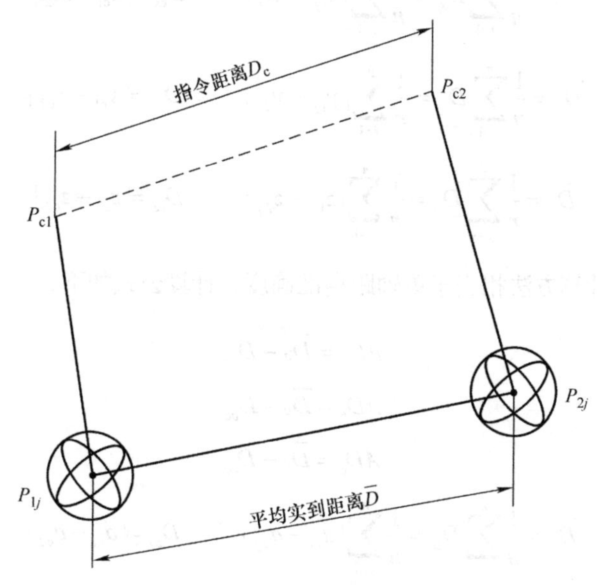

图4-21　距离准确度

距离准确度由位置距离准确度和姿态距离准确度两个因素决定。

位置距离准确度 AD_p 计算公式如下：

$$AD_p = \overline{D} - D_c$$

$$D = \frac{1}{n}\sum_{j=1}^{n} D_j$$

$$D_j = |P_{1j} - P_{2j}| = \sqrt{(x_{1j} - x_{2j})^2 + (y_{1j} - y_{2j})^2 + (z_{1j} - z_{2j})^2}$$

$$D_c = |P_{c1} - P_{c2}| = \sqrt{(x_{c1} - x_{c2})^2 + (y_{c1} - y_{c2})^2 + (z_{c1} - z_{c2})^2}$$

式中　x_{c1}、y_{c1}、z_{c1}——在机器人控制中可用的 P_{c1} 的坐标；

x_{c2}、y_{c2}、z_{c2}——在机器人控制中可用的 P_{c2} 的坐标；

x_{1j}、y_{1j}、z_{1j}——P_{1j} 的坐标；

x_{2j}、y_{2j}、z_{2j}——P_{2j} 的坐标；

n——重复次数。

位置距离准确度也可用坐标系各轴分量来表示，计算公式如下：

$$AD_x = \overline{D}_x - D_{cx}$$

$$AD_x = \overline{D}_x - D_{cx}$$

$$AD_x = \overline{D}_x - D_{cx}$$

式中

$$\overline{D}_x = \frac{1}{n}\sum_{j=1}^{n} D_{xj} = \frac{1}{n}\sum_{j=1}^{n} |x_{1j} - x_{2j}| \qquad D_{cx} = |x_{c1} - x_{c2}|$$

$$\overline{D}_y = \frac{1}{n}\sum_{j=1}^{n} D_{yj} = \frac{1}{n}\sum_{j=1}^{n} |y_{1j} - y_{2j}| \qquad D_{cy} = |y_{c1} - y_{c2}|$$

$$\overline{D}_z = \frac{1}{n}\sum_{j=1}^{n} D_{zj} = \frac{1}{n}\sum_{j=1}^{n} |z_{1j} - z_{2j}| \qquad D_{cz} = |z_{c1} - z_{c2}|$$

姿态距离准确度计算方法相当于单轴距离准确度，计算公式如下：

$$AD_a = \overline{D}_a - D_{ac}$$

$$AD_b = \overline{D}_b - D_{bc}$$

$$AD_c = \overline{D}_c - D_{cc}$$

$$\overline{D}_a = \frac{1}{n}\sum_{j=1}^{n} D_{aj} = \frac{1}{n}\sum_{j=1}^{n} |a_{1j} - a_{2j}| \qquad D_{ca} = |a_{c1} - a_{c2}|$$

$$\overline{D}_b = \frac{1}{n}\sum_{j=1}^{n} D_{bj} = \frac{1}{n}\sum_{j=1}^{n} |b_{1j} - b_{2j}| \qquad D_{cb} = |b_{c1} - b_{c2}|$$

$$\overline{D}_c = \frac{1}{n}\sum_{j=1}^{n} D_{cj} = \frac{1}{n}\sum_{j=1}^{n} |c_{1j} - c_{2j}| \qquad D_{cc} = |c_{c1} - c_{c2}|$$

式中 a_{c1}、b_{c1}、c_{c1}——在机器人控制中可用的 P_{c1} 的姿态；

a_{c2}、b_{c2}、c_{c2}——在机器人控制中可用的 P_{c2} 的姿态；

a_{1j}、b_{1j}、c_{1j}——P_{1j} 的姿态；

a_{2j}、b_{2j}、c_{2j}——P_{2j} 的姿态；

n——重复次数。

（3）距离重复性（RD） 距离重复性表示在同一方向对相同指令距离重复运动 n 次后实到距离的一致程度。

距离重复性包括位置距离重复性和姿态距离重复性。对于给定的指令距离，位置距离重复性计算公式如下：

$$RD = \pm 3\sqrt{\frac{\sum_{j=1}^{n}(D_j - \overline{D})^2}{n-1}}$$

$$RD_x = \pm 3\sqrt{\frac{\sum_{j=1}^{n}(D_{xj} - \overline{D}_x)^2}{n-1}}$$

$$RD_y = \pm 3\sqrt{\frac{\sum_{j=1}^{n}(D_{yj}-\overline{D}_y)^2}{n-1}}$$

$$RD_z = \pm 3\sqrt{\frac{\sum_{j=1}^{n}(D_{zj}-\overline{D}_z)^2}{n-1}}$$

姿态距离重复性计算公式如下：

$$RD_a = \pm 3\sqrt{\frac{\sum_{j=1}^{n}(D_{aj}-\overline{D}_a)^2}{n-1}}$$

$$RD_b = \pm 3\sqrt{\frac{\sum_{j=1}^{n}(D_{bj}-\overline{D}_b)^2}{n-1}}$$

$$RD_c = \pm 3\sqrt{\frac{\sum_{j=1}^{n}(D_{cj}-\overline{D}_c)^2}{n-1}}$$

三、特定动作工业机器人的标定空间规划

由于工业机器人的作用不同，对于专用型机器人在标定过程中所需要去进行标定的标定内容不同，故对于这样有特殊要求的工业机器人应该对其标定空间位姿与轨迹进行针对性的规划，例如对于激光焊接工业机器人其在工作中对定位相对位置的要求很高，故在标定中要保证标定过程能最大程度补偿其相对位置精度误差。对于这种特殊应用机器人的标定规划最重要的是考虑机器人的奇异点、位置稳定时间和拐点偏差等重要影响因素。

1. 位置稳定时间

位置稳定时间是用于衡量机器人停止在实到位姿快慢程度的性能。图 4-22 所示的实例是接近实到位姿的三维图示。同时应知道位置稳定时间与超调量及机器人的其他性能参数有关。

位置稳定时间是从机器人第一次进入门限带的瞬间到不再超出门限带的瞬间所

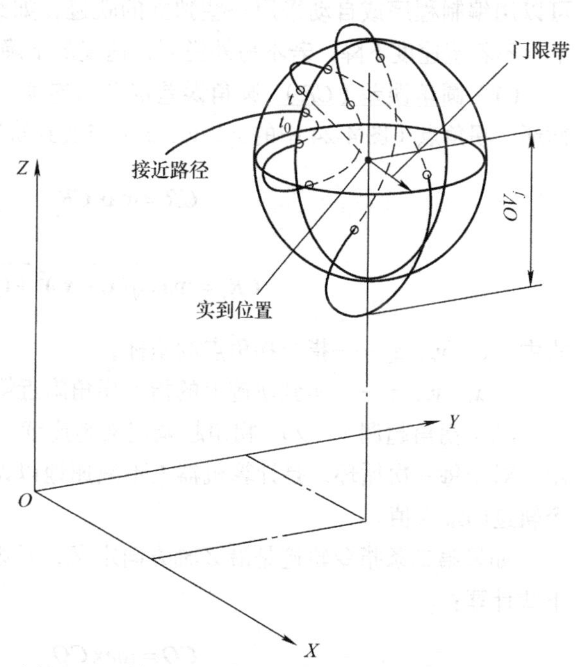

图4-22　三维表示的位置稳定时间和位置超调量（OV）

经历的时间。

这一测量步骤需重复 3 次，对于每个位姿计算 3 次测量平均值（图 4-23）。

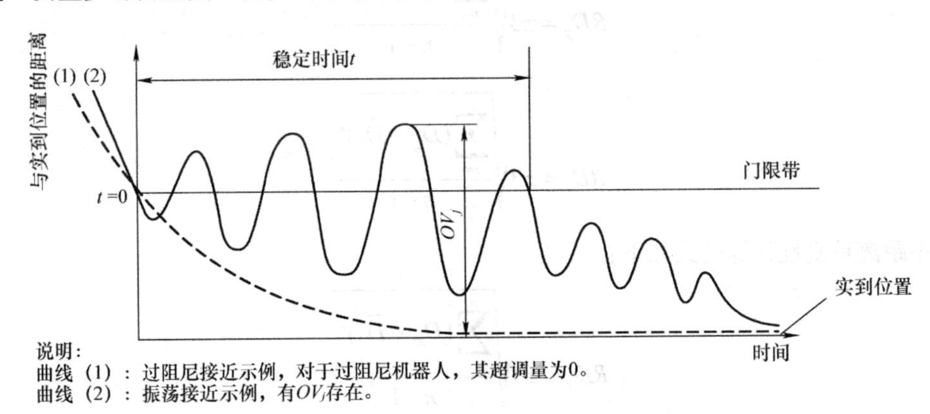
与实到位置的距离
(1) (2)
稳定时间t
门限带
t =0
OV_j
实到位置
时间
说明：
曲线（1）：过阻尼接近示例，对于过阻尼机器人，其超调量为0。
曲线（2）：振荡接近示例，有OV_j存在。

图4-23　位置稳定时间和位置超调量

2. 拐角偏差

拐角偏差通常可分成尖锐拐角和圆滑拐角两类。

为了得到尖锐拐角，必须允许改变速度，以保持对轨迹的精确控制。一般来说，这样会导致较大的速度变动。因此，为了维持稳定的速度，就需要圆滑拐角。

当机器人按程序设定的恒定轨迹速度无延时地从第一条轨迹转到与之垂直的第二条轨迹时，便会出现尖锐拐角偏差。

拐角附近的速度变化取决于控制系统的类型，应予记录（在某种情况下，速度的下降可达到所用试验速度的 100%）。

为防止过大的超调并使机构的变形保持在一定的限度内，可用圆滑拐角。不同的控制系统可以用编制程序或自动采用一些独立的轨迹，如给定半径或样条函数（平滑方法）。在此情况下，不希望速度下降，若不另外说明，速度的下降应控制在所用试验速度的 5% 以内。

（1）圆角误差（CR）　圆角误差定义为连续三次测量循环计算所得的最大值。对于每一次循环，拐角点（图 4-24 中的 x_c、y_c、z_c）与实到轨迹间的最小距离按以下公式计算：

$$CR = \max CR_j \qquad j=1,\ 2,\ 3$$

$$CR_j = \max\sqrt{(x_i - x_c)^2 + (y_i - y_c)^2 + (z_i - z_c)^2}$$

式中　x_c、y_c、z_c——指令拐角点的坐标；

x_i、y_i、z_i——实到轨迹上的指令拐角附近第 i 个点的坐标。

（2）拐角超调（CO）　拐角超调定义为连续三次测量循环计算所得的最大值，如图 4-24 所示。对于每一次循环，是计算机器人不减速地以设定的恒定轨迹速度进入第二条轨迹后偏离指令轨迹的最大值。

如果第二条指令轨迹是沿 Z 轴方向定义，且第一条指令轨迹在负 Y 轴方向，则拐角超调由下式计算：

$$CO = \max CO_j \qquad j=1,\ 2,\ 3$$

$$CO_j = \max\sqrt{(x_i - x_{ci})^2 + (y_i - y_{ci})^2} \qquad i = 1,\ \cdots,\ m$$

式中　x_{ci}、y_{ci}——指令轨迹上对应于 z_{ci} 的点的坐标；

x_i、y_i——实到轨迹上对应于 z_i 的点的坐标。

此公式仅当（$y_i - y_{ci}$）为正时才是正确的，若（$y_i - y_{ci}$）为负，则不存在拐角超调。

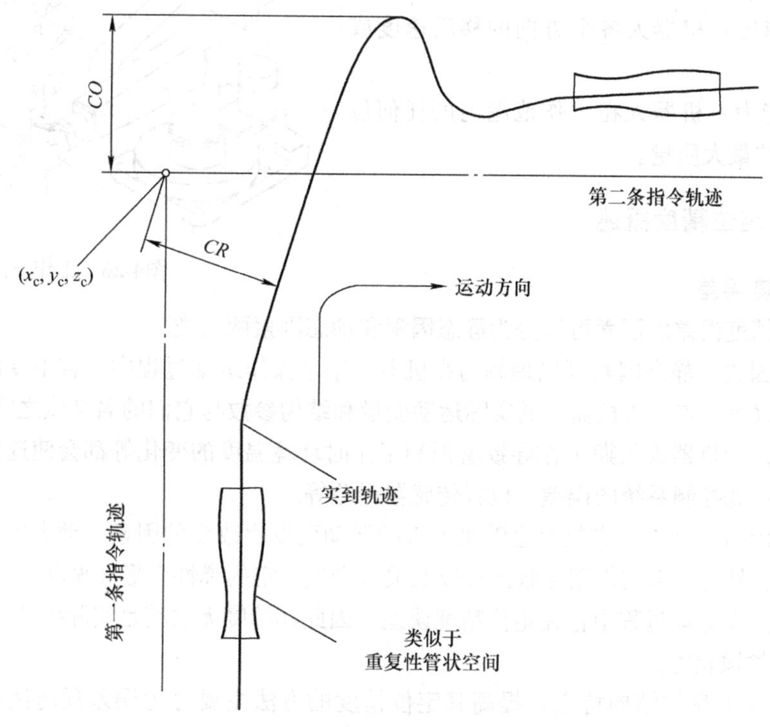

图4-24　尖锐拐角处的超调（CO）和圆角误差（CR）

第三节　工业机器人标定性能指标及精度*

一、工业机器人的主要性能指标

机器人的技术指标反映机器人的适用范围和工作性能，一般都有：

1）自由度：冗余自由度可以增加机器人的灵活性、躲避障碍物和改善动力性能。人的手臂（大臂、小臂、手腕）共有 7 个自由度，因此工作起来很灵巧，手部可回避障碍而从不同方向到达同一个目的点。

2）定位精度：指机器人末端参考点实际到达的位置与所需要到达的理想位置之间的差距，如图 4-25 所示。

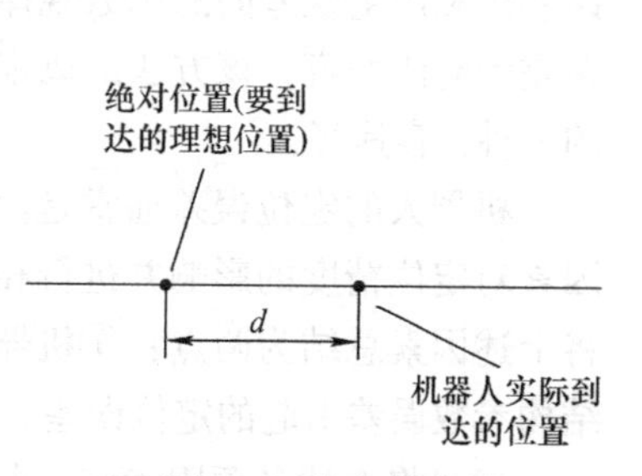

图4-25　定位精度

3）重复性或重复精度：指机器人重复到达某一目标位置的差异程度；或在相同的位置指令下，机器人连续重复若干次其位置的分散情况。它是衡量一列误差值的密集程度，即重复度。

4）工作空间：机器人手腕参考点或末端操作器安装点（不包括末端操作器）所能到达的所有空间区域，一般不包括末端操作器本身所能到达的区域，如图 4-26 所示。

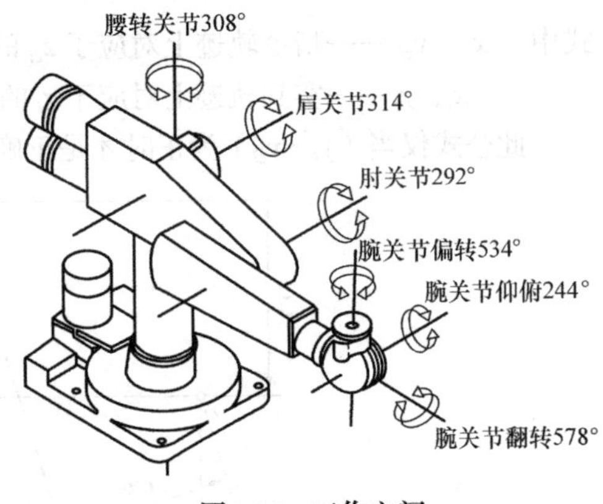

图4-26　工作空间

5）工作速度：机器人各个方向的移动速度或转动速度。

6）承载能力：机器人在工作范围内的任何位姿上所能承受的最大质量。

二、工作定位精度概述

1. 定位精度误差

产生定位精度误差的因素可以分为静态因素和动态因素两大类。

（1）静态因素　静态因素可以理解为在机器人整个操作运动过程中一直不变的因素。静态因素可以总结以下三点：①机器人的实际运动变量和结构参数与它们的名义值之间产生的误差；②环境的因素，如机器人长期工作导致磨损和工作时环境温度的变化等都会使连杆的长度尺寸产生一定误差；③控制系统的误差、位置传感器误差等。

（2）动态因素　动态因素就是会随机器人的运动而发生改变的因素。动态因素主要是由于自重、惯性力、外力等力的作用导致连杆以及关节产生一定的弹性变形和振动。

由于机器人在运动过程中存在定位精度误差，因此其精度无法满足实际生产应用要求。

2. 降低定位误差方法

结合机器人本身的结构特点，提高其定位精度的方法主要分为误差预防法和误差补偿法两种。

（1）误差预防法　误差预防法主要是通过提高机器人设计和加工精度，并且尽可能提高其装配精度以及控制精度以减少误差源，从而提高机器人的定位精度。但是，该方法需各项因素要在机器人的生产加工过程中确保很高的精度，导致生产成本过高。此外，一些由于机械磨损、机器人本身的运动特性等导致的定位误差无法避免。因此，该方法不具有普遍适用性。

（2）误差补偿法　误差补偿法也可以称之为运动学标定。该方法通过使用先进的测量技术并且成功辨识出所建机器人模型中各项参数的准确值，然后通过修改机器人控制器中的参数或者增加一定的控制算法以达到提高定位精度的目的。运动学标定是一种软补偿，因为机器人的误差源和产生误差间的函数规律比较复杂，该方法也无法将所有误差完全补偿。然而，相对于误差预防法而言，该方法的成本较低并且误差补偿的效果明显，因此它是提高机器人定位精度的一种优良途径。

机器人的定位误差通常是由静态因素和动态因素共同作用的结果。如果分别单独考虑各个因素对定位精度的影响并进行相应的补偿，就会使精度分析和提高变得十分复杂。因此，可以将上述因素总结为两点：①机器人各连杆的运动变量误差导致的定位误差；②机器人各连杆的结构参数误差引起的定位误差。

通过将上述各项因素统一归纳为机器人各连杆的运动变量以及结构参数误差后，就能够较简单地建立机器人的定位误差模型，从而完成机器人的运动学标定。

3. 工业机器人典型行业应用的工作定位精度

工业机器人典型行业应用的工作定位精度见表 4-1。

表 4-1　工业机器人典型行业应用的工作定位精度

作业任务	额定负载 /kg	重复定位精度 /mm
搬运	5 ~ 200	± 0.2 ~ ± 0.5
码垛	50 ~ 800	± 0.5
点焊	50 ~ 350	± 0.2 ~ ± 0.3
弧焊	3 ~ 20	± 0.08 ~ ± 0.1
喷涂	5 ~ 20	± 0.2 ~ ± 0.5
装配	2 ~ 5	± 0.02 ~ ± 0.03
	6 ~ 10	± 0.06 ~ ± 0.08
	10 ~ 20	± 0.06 ~ ± 0.1

三、排除标定设备故障

每个三角测量梁由两个测量装置，组成测量装置包括：一个“测量鼓”；一个“弹簧电动机”；一根“带钩测量电缆”。

当测量电缆和 / 或弹簧电动机损坏时，这些部件必须更换。此外，如果由于任何原因电缆脱离测量筒，遵循相同的程序更换测量电缆。

1. 更换“弹簧电动机”

为了更换弹簧电动机，先缩回测量电缆。如果用户计划同时更换弹簧电动机和测量电缆，从逻辑上讲，应该首先按照以下步骤进行弹簧电动机的更换（图 4-27）。

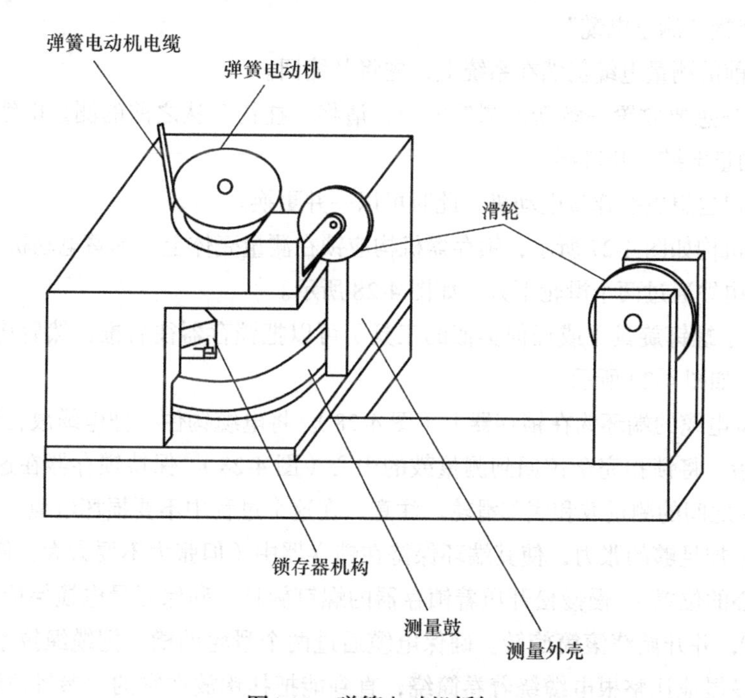

图4-27　弹簧电动机拆卸

（1）拆除原“弹簧电动机”

1）收回测量电缆。

2）在分离弹簧时，保持弹簧电动机不动松开弹簧电动机电缆的固定螺钉。

3）轻轻松开弹簧电动机，使弹簧电动机慢慢完全展开。

4）在保持测量滚筒不动的情况下，用内六角扳手将弹簧电动机中心顶部的螺钉完全拧松。

（2）新弹簧电动机的安装

1）按照上述步骤拆卸前一个弹簧电动机。

2）确保“锁存器机构”被锁定。这将保持测量鼓静止的同时将新的弹簧电动机旋入测量鼓。

3）锁紧机构仍处于锁定状态，手动上发条（顺时针方向，即与前一弹簧电动机退绕方向相反），直到它变紧（大约 21 圈）。

4）将弹簧电动机发条稍微放松，使弹簧电动机电缆能够固定在其螺钉上。

5）按照更换“测量电缆”的步骤重新连接测量电缆。

2. 更换“测量电缆”

（1）收回“测量电缆” 每当需要更换测量电缆或弹簧电动机时，必须将现有的测量电缆从测量单元（即将测量筒绕好）取下。这个过程简单地包括手动拉测量电缆，直到它自己从测量筒上解锁。要使锁存器机构工作，需要在电缆上施加一定的张力。电缆一旦缩回，测量单元即锁存器机构锁在“测量外壳”上。这个锁存器机构很方便，它有两个用途：第一，由于锁存器机制可以很容易地替换测量电缆；第二也是最主要的，它可以防止用户在测量时无意中超出 CompuGauge 系统的测量空间时断开电缆。

（2）重新连接“测量电缆”

1）如果之前的测量电缆仍然在系统上，先将其缩回。

2）如果用户想要放置一条新的测量电缆，请将“挂钩”从之前的测量电缆上断开，并将其连接到新的测量电缆的开口端。

3）如果用户也想更换弹簧电动机，此时可以一并更换。

4）锁存器机构如图 4-27 所示，锁存器机构应锁在测量壳体上（弹簧电动机完全缠绕）。

5）将测量电缆通过两个滑轮下方，如图 4-28 所示。

6）用一个小螺钉旋具（或任何类似的工具）可以把锁存器往后推，然后将锁存器推回到测量鼓的中心，如图 4-29 所示。

现在将测量电缆的端环钩在锁存器上（图 4-28）。将电缆钩住，把电缆放在锁存器的下面。使用工具或手指，将锁扣完全拉回到测量鼓的中心（图 4-28）。保持锁存器在这个位置，小心地抓住测量电缆之间的测量鼓和底部滑轮。注意，在这个过程中不要损坏电缆。

当对电缆施加足够的张力，使其端环保持在锁存器中（但张力不要太大，使锁存器保持在接近测量筒中心的位置），慢慢松开压着锁存器的螺钉旋具。确保测量电缆保持在“测量滚筒”下方（图 4-29），并开始绕滚筒旋转。确保电缆通过两个滑轮的槽。把缆绳拉紧，但现在要抓住它的钩子，慢慢地让整根电缆绕着卷筒绕，直到能把挂钩放在它的“参考位置”。如图 4-30 所示，测量电缆绕测量筒绕线，注意绕线不能重叠。

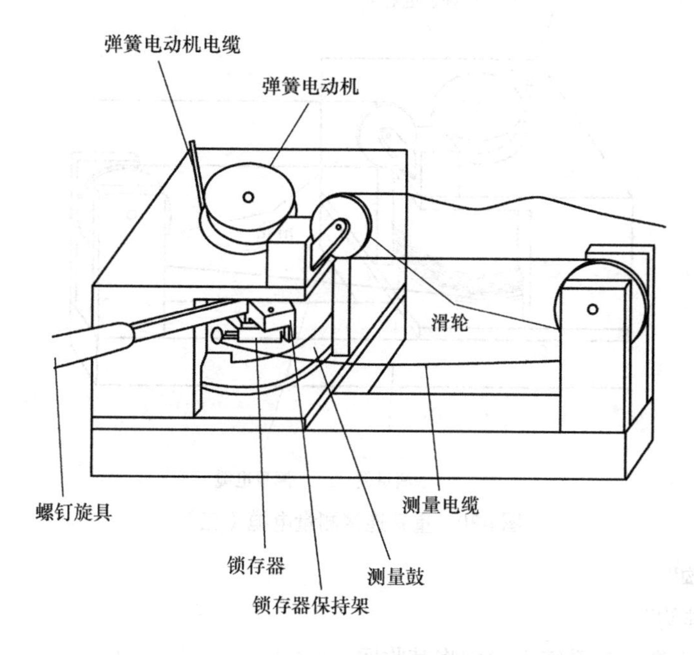

图4-28　重新连接测量电缆（一）

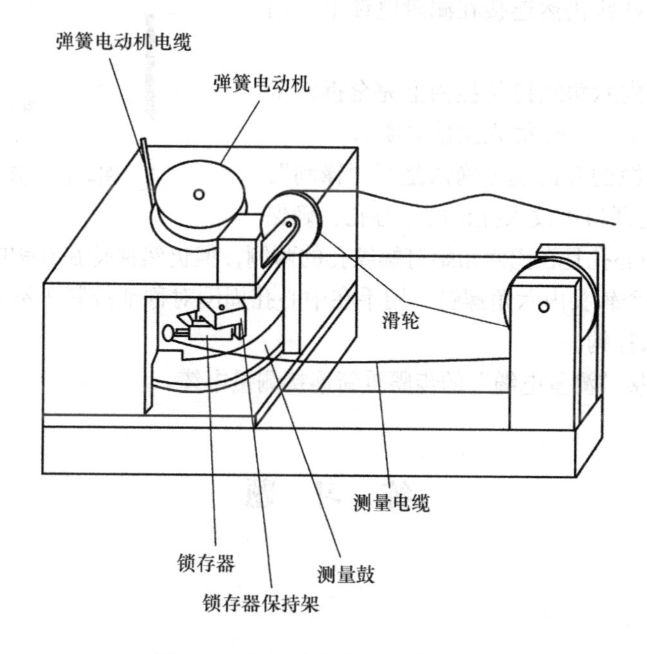

图4-29　重新连接测量电缆（二）

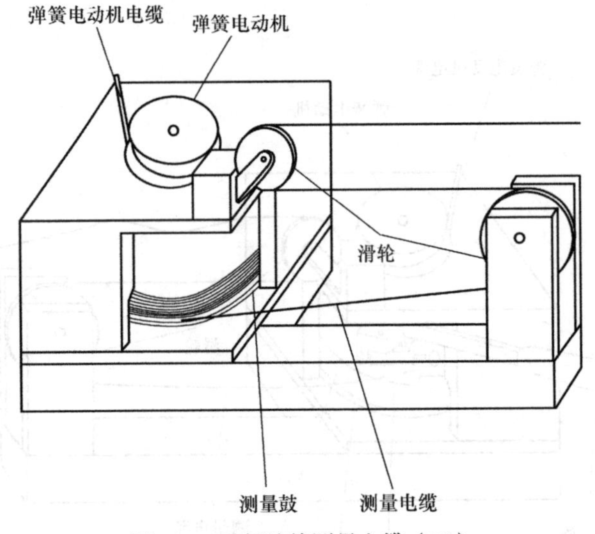

图4-30　重新连接测量电缆（三）

3. 更换“挂钩”

（1）拆卸“挂钩”

1）如果测量电缆仍在系统上，则将其收回。

2）松开固定测量电缆的挂钩上的一个或两个软头内六角螺钉（图4-31），把测量电缆拔下来。

（2）固定“挂钩”

1）如果前一个挂钩仍然连接在测量电缆上，则将其拆卸。

2）将两个软头内六角螺钉从挂钩上完全拆卸下来（这将有助于用户在下一步插入测量电缆）。

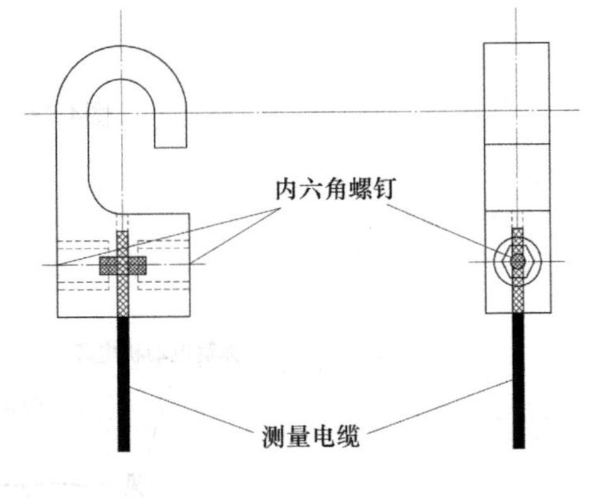

图4-31　拆卸“挂钩”

3）插入测量电缆的开口端（确认是否“锋利”，否则切一小块干净的开口）放入挂钩的中心孔，确保电缆完全通过这个中心孔且在内六角螺钉螺纹孔的两侧，但仍然保持在挂钩的内表面以下。

4）重新插入两个软头内六角螺钉，用手在中心孔周围对称地拧紧（不要太紧），两个螺钉应该以同样深度旋入挂钩。

5）按照重新连接“测量电缆”的步骤重新连接测量电缆。

练　习　题

一、选择题

常用工业机器人标定系统种类有（　　）。

A. CompuGauge　　B. AutoCal

C. DynaCal　　D. DynaFlex

二、填空题

1. 国内外可用于描述工业机器人标定的方法有很多种，主要包括:______、______、______、______、______、______。

2. CompuGauge 标定系统组成______、______、______、______、______、______、______、______、______、______。

三、简答题

1. 请简述 CompuGauge 标定系统使用步骤。
2. 请简述工业机器人标定系统操作环境。
3. 产生定位精度误差的因素有哪些？降低定位误差的方法有哪些？
4. 请简述 CompuGauge 标定系统更换弹簧电动机步骤。

第三部分
工业机器人维修

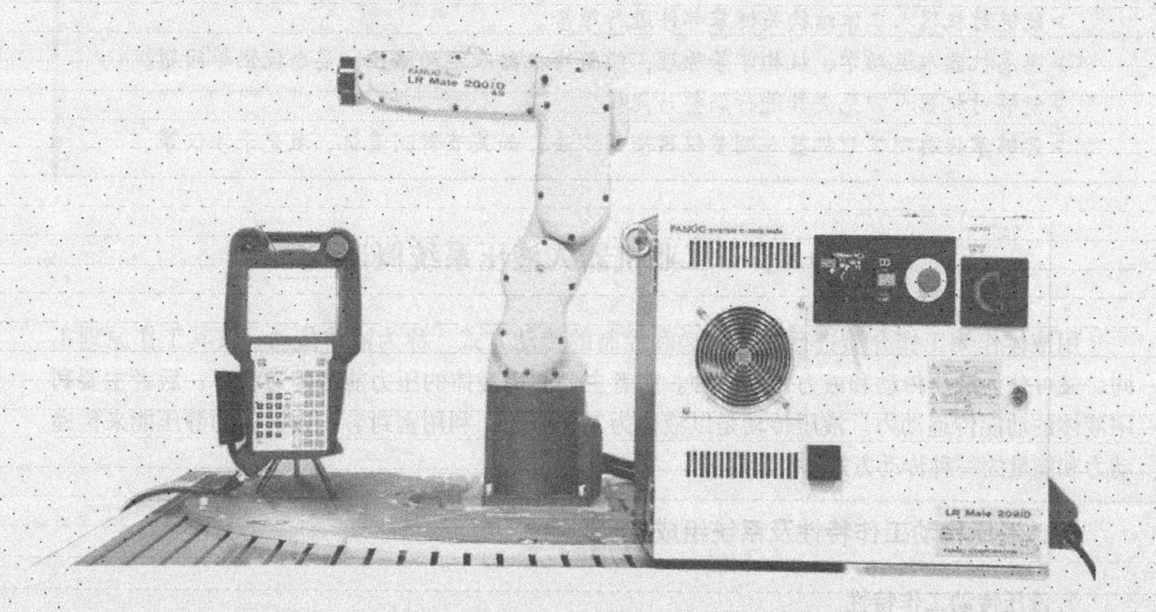

第五单元

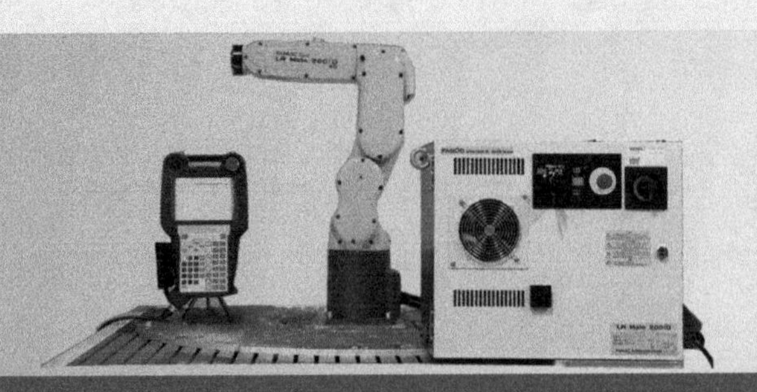

工业机器人机械维修

引导语：

工业机器人在日常使用过程中，常出现机械设备故障，能正确进行工业机器人维修是工业机器人装调工和维修工的基本技能之一。工业机器人的型号较多，不同型号的工业机器人的故障不同，但不同型号的机械本体基本相同，可通过借鉴典型工业机器人的维修，掌握不同型号工业机器人的故障诊断和维修。

培训目标：

- 能够排除机器人液压与气压系统故障。
- 能够排除机器人机械本体常见系统故障。
- 能够对机器人本体结构关键零部件进行维修。
- 熟悉机器人运动学、机构学等原理，能解决机器人运动路径、姿态优化等问题。
- 能够对机器人常见夹具进行调整与优化。
- 能够掌握典型工业机器人测量仪器使用方法，如关节臂测量机、激光干涉仪等。

第一节　工业机器人液压系统概述

用液体作为工作介质进行能量传递和控制的传动方式，称为液体传动。按其工作原理不同，又可分为液压传动和液力传动两种。前者主要利用液体的压力能来传递动力；后者主要利用液体的动能传递动力。液压传动是以液体为工作介质，利用密封容积内液体的静压能来传递动力和能量的一种传动方式。

一、液压传动工作特性及系统组成

1. 液压传动工作特性

液压传动主要具有以下两点传动工作特性。

1）液压传动中的液体压力大小取决于负载，即压力只随负载的变化而变化，与流量无关。

2）执行机构的运动速度的大小取决于输入的流量，而与压力无关。

2. 液压传动系统的组成

无论液压设备规模大小、系统复杂与否，任何一个液压系统都是由图 5-1 所示几部分组成的。

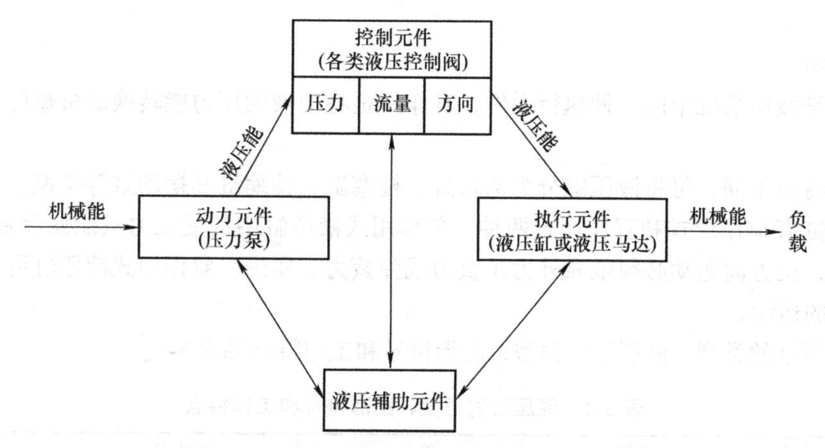

图5-1　液压系统组成示意图

从图 5-1 中可以看出，在液压传动中有两次能量转换过程，即液压泵将机械能转换为液压能，而液压缸或液压马达又将液压能转换为机械能。

（1）动力元件　动力元件主要是各种液压泵。它把机械能转变为液压能，向液压系统提供压力油，是液压系统的能源装置。

（2）执行元件　执行元件的作用是把液压能转变为机械能，输出到工作机构进行做功。执行元件包括液压缸和液压马达。液压缸是一种实现直线运动的液动机，它输出力和速度。液压马达是实现旋转运动的液动机，它输出力矩和转速。

（3）控制元件　控制元件是液压系统中的各种控制阀，其中有改变液流方向的方向控制阀、调节运动速度的流量控制阀和调节压力的压力控制阀三大类。这些阀在液压系统中占有很重要的地位，系统的各种功能都是借助于这些阀而获得的。

（4）辅助元件　辅助元件是指为保证系统正常工作所需的上述三类元件以外的其他元件或装置，在系统中起到输送、储存、加热、冷却、过滤及测量等作用。辅助元件包括油箱、管件、蓄能器、过滤器、换热器以及各种控制仪表等。虽然称之为辅助元件，但在系统中却是必不可少的。

（5）工作介质　工作介质主要包括各种液压油、乳化液和合成液压液。液压系统利用工作介质进行能量和信号的传递。

二、常用液压元件

1. 液压泵

液压泵是液压系统中的能量转换元件，它将原动机的机械能转换成工作液体的压力能。在液压系统中，液压泵作为动力源，提供液压传动系统所需要的流量和压力。

（1）液压泵的基本工作原理　液压泵是通过密封容积的变化来完成吸油和压油的，其输出流量的大小取决于密封容积的变化量，故称其为容积式液压泵。

容积式液压泵基本工作原理：必须能形成密封的工作空间，其容积能做周期性变化，必须有与容积变化相协调的配流方式。

（2）液压泵的类型　液压泵按其结构形式不同可分为齿轮泵、叶片泵、柱塞泵和螺杆泵等类型。按输出流量能否变化可分为定量泵和变量泵。按液压泵输油方向能否改变可分为单向泵和双向泵。

2. 液压缸

液压缸是液压系统中的一种执行元件，其作用是将油液的压力能转换成机械能，输出的是力和速度。

按结构特点不同，可将液压缸分为活塞缸、柱塞缸、伸缩缸和摆动缸等类型。按作用方式来分，液压缸有单作用式和双作用式两种。单作用式液压缸中的液压力只能使活塞（或柱塞）单方向运动，反方向运动必须依靠外力（重力或弹簧力）实现。双作用式液压缸可由液压力实现两个方向的运动。

（1）液压缸的类型　液压缸的类型、图形符号和工作特点见表 5-1。

表 5-1　液压缸的类型、图形符号和工作特点

分类	名称	图形符号	工作特点
单作用液压缸	活塞缸	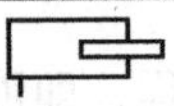	柱塞仅单向运动，返回行程是利用自重或负荷将柱塞推回
	柱塞缸	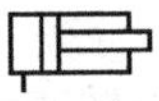	活塞仅单向运动，返回行程是利用自重或负荷将活塞推回
	伸缩式缸	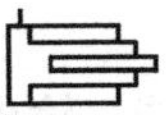	它以短缸获得长行程。用液压油由大到小逐节推出，靠外力由小到大逐节缩回
双作用液压缸	单活塞杆液压缸	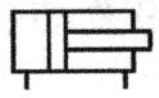	单边有杆，两向液压驱动，两向推力和速度不等
	双活塞杆液压缸	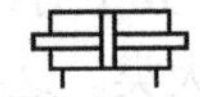	双向有杆，双向液压驱动，可实现等速往复运动
	伸缩液压缸	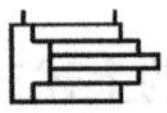	双向液压驱动，伸出由大到小逐节推出，由小到大逐节缩回
组合液压缸	弹簧复位液压缸	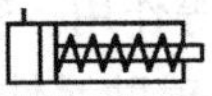	单向液压驱动，由弹簧力复位
	串联液压缸	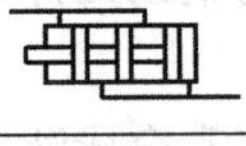	用于缸的直径受限制，而长度不受限制处，获得大的推力
	增压缸（增压器）	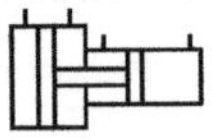	由低压力室 A 缸驱动，使 B 室获得高压油源
	齿条传动液压缸	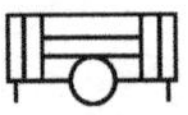	活塞往复运动经装在一起的齿条驱动齿轮获得往复回转运动

（2）液压缸的组成

1）缸体组件。缸体组件由液压缸、缸筒与端盖组成，缸筒与端盖有多种连接形式。

2）活塞组件。活塞组件由活塞与活塞杆构成，活塞和活塞杆除常用的螺纹连接外，也可采用“非螺纹式”连接。

3）密封装置。在活塞和活塞杆的运动部分、端盖和缸筒间的静止部分等处都需要设置可靠的密封。密封是提高系统性能与效率的有效措施。

4）缓冲装置。大型、高速及高精度的液压缸应设有缓冲装置，常见的液压缸缓冲装置有环状间隙式、节流口可调式和节流口可变式等几种。

5）排气装置。液压缸中存在空气将使其运动不平稳，当压力增大时会产生绝热压缩而造成局部高温，因此应在液压缸的最高部位上设置排气装置。排气装置通常有柱形阀式排气阀和锥形阀式排气阀两种形式。

3. 液压马达

液压马达和液压泵同样是能量能换装置，它是液压系统中的执行元件。液压泵是在原动机驱动下旋转，输入转矩和转速即机械能，输出一定流量的压力油即液压能。液压马达则相反，是在一定流量的压力油推动下旋转，而输出转矩和转速，即将液压能转换成机械能。

液压马达按其转速的大小可分为高速和低速液压马达两类。一般认为，额定转速高于500r/min的属于高速液压马达；额定转速低于500r/min的属于低速液压马达。液压马达按其结构形式分有齿轮式、叶片式、螺杆式和柱塞式。柱塞式分为径向柱塞式和轴向柱塞式。高速液压马达的基本型式有齿轮式、螺杆式、叶片式和轴向柱塞式等。它们的主要特点是转速高、转动惯量小，便于起动和制动，调速和转向灵敏。通常输出的转矩不大，因此又称为高速小转矩液压马达。

低速液压马达的基本形式是径向柱塞式，它又可分为单作用曲轴连杆式、静力平衡式和多作用内曲线式等。低速液压马达的主要特点是排量大、体积大、转速低，因此可以直接与工作机构连接，不需减速装置。通常低速液压马达的输出转矩较大，因此又称为低速大转矩液压马达。

4. 液压控制阀

液压控制阀简称液压阀，是液压系统的控制元件。其功用是用来控制液压系统中工作油液的流动方向、压力和流量，从而满足液压执行元件对运动方向、力、运动速度、动作顺序等方面的要求。

液压阀包括方向控制阀、压力控制阀和流量控制阀。从结构上讲，液压阀由阀体、阀芯和操纵机构三部分组成；从原理上讲，液压阀是利用阀芯在阀体内的相对运动来控制阀口的通断及开口大小来工作的。液压控制阀在系统中不做功，也不进行能量转换，只是对液压系统起控制作用。

（1）方向控制阀 方向控制阀是用来改变液压系统中各油路之间液流通断关系的阀类。

1）普通单向阀。普通单向阀的作用是使液体只能沿一个方向流动，不许反向倒流。对单向阀的要求主要有：通过液流时压力损失要小，而反向截止时密封性要好；动作灵敏，工作时无撞击和噪声。

2）液控单向阀。当控制口无压力油通入时，它和普通单向阀一样，不能反向倒流。当控制口接通控制油压时，即可推动控制活塞，顶开单向阀的阀芯，使反向截止作用得到解除，液体即可在两个方向自由通流。

3）换向阀。换向阀是借助于阀芯与阀体之间的相对运动，使与阀体相连的各油路实现接通、切断，或改变液流方向的阀类。

（2）压力控制阀 液压系统中控制油液压力高低的液压阀，统称为压力控制阀。它是利用阀芯上的液压力和弹簧力相平衡的原理进行工作的。常用的压力控制阀有溢流阀、减压阀等。

1）溢流阀。溢流阀的主要作用是维持液压系统中的压力基本恒定，其结构有直动式和先导式两种。直动式溢流阀是利用作用于阀芯有效面积上的液压力直接与弹簧力平衡来工作的。先导式溢流阀由主阀和先导阀组成。先导阀起调压作用，主阀起溢流作用。其远程控制口如果与另一个远程调压阀连接，调节远程调压阀的弹簧力，即可调节主阀阀芯上端的液压力，从而对溢流阀的溢流压力实现远程调压，但远程调压阀所能调节的最高压力不得超过溢流阀本身先导阀的调整压力。另外，当远控口接通油箱时，主阀阀芯上腔的油压便降得很低，又由于主阀平衡弹簧很软，故溢流阀入口油液能以很低的压力顶开主阀流回油箱，使主油路卸荷。

2）减压阀。减压阀是将阀的进口压力（一次压力）经过减压后使出口压力（二次压力）降低并稳定的一种阀，又叫定值输出减压阀。减压阀有直动式和先导式两种，先导式减压阀最为常用。

先导式减压阀由主阀和先导阀两大部分组成。减压阀的作用是调节与稳定出口压力，因此它是由出口压力油与弹簧力相平衡来工作的；减压阀不工作时阀口是常开的，由于其进、出油口都有压力，因此它的泄油口须单独从外部接回油箱。减压阀主要用于降低和稳定某支路的压力。由于其调压稳定，也可用来限制工作部件的作用力以及减小压力波动，改善系统性能等。

（3）流量控制阀　液压系统中执行元件运动速度的大小，由输入执行元件的油液流量的大小来确定。流量控制阀就是依靠改变阀口通流面积（节流口局部阻力）的大小或通流通道的长短来控制流量的液压阀类。

1）节流阀。节流阀可通过调节手柄使阀芯做轴向移动，改变节流口的通流截面面积来调节流量。

2）调速阀。调速阀是在节流阀前面串接一个定差减压阀组合而成的。无论调速阀的进口油液压力或出口油液压力发生变化时，由于定差减压阀的自动调节作用，节流阀口前、后压力差总能保持不变，从而保持流量稳定。但是，当压力差很小时，由于减压阀阀芯被弹簧推至最下端，减压阀阀口全开，不起稳定节流阀前后压力差的作用，故这时调速阀的性能与节流阀相同，因此调速阀正常工作时，至少要求有 0.4MPa 以上的压力差。

5. 液压辅助元件

液压辅助元件是液压系统的重要组成部分，主要包括管件、密封件、过滤器、蓄能器、油箱、换热器和压力表开关等。液压辅助元件的正确选择和合理使用对保证液压系统的工作可靠性和稳定性具有非常重要的作用。

（1）蓄能器　蓄能器是液压系统中的储能元件，其主要功用有：辅助动力源；应急动力源；系统保压；吸收冲击压力或脉动压力。蓄能器主要有重锤式、弹簧式和充气式三类。常用的是充气式蓄能器，它又可分为气瓶式、活塞式和气囊式三种。充气式蓄能器应垂直安装，使油口向下；吸收冲击压力和脉动压力的蓄能器应尽可能安装在振源附近；蓄能器与管路系统之间应安装截止阀，供充气、检修时使用。

（2）密封装置　密封装置的功用在于防止液压元件和液压系统中油液的内泄漏和外泄漏，以保证建立起必要的工作压力，并防止外泄漏的油液污染环境，以及避免工作油液的浪费。密封装置的密封方式有间隙密封、密封件密封和组合密封。

（3）过滤器　过滤器的功用是过滤油液中的各种杂质，以保持工作油液的清洁，保证液压系统的正常工作。过滤器按过滤精度不同，分为粗过滤器和精过滤器两种；按滤芯材料和结构形式的不同，可分为网式过滤器、线隙式过滤器、纸芯式过滤器、烧结式过滤器和磁性式过滤器等；按过滤方式不同可分为表面型过滤器、深度型过滤器和中间型过滤器三类。

（4）油箱 油箱在液压系统中的功用是储存油液，散发油液中的热量，分离油液中的气体和沉淀油液中的杂质等。油箱通常需要自行设计，其结构有开式和闭式两种，开式油箱又包括总体式和分离式，其中分离式油箱应用广泛。

（5）换热器 换热器是为了有效地控制油液温度配置的冷却器和加热器。冷却器和加热器统称为换热器。常用的冷却器有水冷式和风冷式两种；液压系统中油液的加热有蒸汽加热和电加热等方式，一般都采用电加热器进行加热。

三、工业机器人液压系统异常分析

1. 液压泵

液压泵异常分析见表 5-2。

表 5-2 液压泵异常分析

序号	异常现象	故障诊断
1	泵不出油	首先检查齿轮泵的旋转方向是否正确，其次检查齿轮泵进油口端的过滤器是否堵塞
2	油封被冲出	齿轮泵旋向不对；齿轮泵轴承受到轴向力；齿轮泵承受过大的径向力
3	建立不起压力或压力不够	与液压油的清洁度有关，如油液选用不正确或油液的清洁度达不到标准要求，均会加速泵内部的磨损，导致内泄。应选用含有添加剂的矿物液压油，防止油液氧化和产生气泡。过滤精度：输入油路小于 60μm，回油路为 10～25μm
4	流量达不到标准	进油滤芯太脏，吸油不足；泵的安装高度高于泵的自吸高度；齿轮泵的吸油管过细造成吸油阻力大。一般最大的吸油流速为 0.5～1.5 m/s；吸油口接头漏气造成泵吸油不足。通过观察油箱里是否有气泡即可判断系统是否漏气
5	齿轮泵炸裂	铝合金材料齿轮泵的耐压能力为 38～45MPa，在其无制造缺陷的前提下，齿轮泵炸裂肯定是受到了瞬间高压所致，如出油管道有异物堵住，造成压力无限上升；安全阀压力调整过高，或者安全阀的启闭特性差，反应滞后，使齿轮泵得不到保护；系统如使用多路换向阀控制方向，有的多路阀可能为负开口，这样将遇到因死点升压而憋坏齿轮泵
6	发热	系统超载，主要表现在压力或转速过高；油液清洁度差，内部磨损加剧，使容积效率下降，油从内部间隙泄漏节流而产生热量；出油管过细，油流速过高，一般出油流速为 3～8m/s
7	噪声严重及压力波动	过滤器污物阻塞不能起过滤作用；或油位不足，吸油位置太高，吸油管露出油面；泵体与泵盖的两侧没有装上纸垫产生硬物冲撞，泵体与泵盖不垂直密封，旋转时吸入空气；泵的主动轴与电动机联轴器不同心，有扭曲摩擦；或泵齿轮啮合精度不够

2. 单向阀

单向阀常见故障现象、故障原因及排除方法见表 5-3。

表 5-3 单向阀常见故障现象、故障原因及排除方法

故障现象	故障原因	排除方法
单向阀反向截止时，阀芯不能将液流严格封闭而产生泄漏	阀芯与阀座接触不紧密，阀体孔与阀芯的不同轴度过大，阀座压入阀体孔有歪斜等	重新验配阀芯与阀座或拆下阀座重新压装，直至与阀芯严密接触为止
单向阀启闭不灵，阀芯卡阻	阀体孔与阀芯的加工几何精度低，两者的配合间隙不当；弹簧断裂或过分弯曲	修整或更换

3. 液控单向阀

液控单向阀常见故障现象、故障原因及排除方法见表 5-4。

表 5-4　液控单向阀常见故障现象、故障原因及排除方法

故障现象	故障原因	排除方法
单向阀反向截止时（即控制口不起作用时），阀芯不能将液流严格封闭而产生泄漏	阀芯与阀座接触不紧密，阀体孔与阀芯的不同轴度过大，阀座压入阀体孔有歪斜等	重新验配阀芯与阀座或拆下阀座重新压装，直至与阀芯严密接触为止
复式液控单元不能反向卸载	阀芯孔与控制活塞孔的同轴度超标，控制活塞端部弯曲，导致控制活塞顶杆顶不到卸载阀芯，使卸载阀芯不能开启	修整或更换
液控单向阀关闭时不能恢复到初始封油位置	阀体孔与阀芯的加工几何精度低，两者的配合间隙不当；弹簧断裂或过分弯曲	修整或更换

4. 换向阀

（1）换向阀结构类型　电磁换向阀、电液换向阀、电磁球阀和手动换向阀的结构分别如图5-2、图5-3、图5-4和图5-5所示。

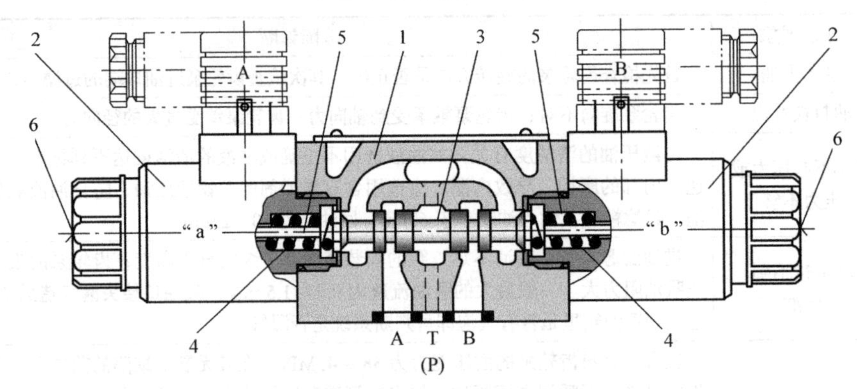

图5-2　电磁换向阀结构

1—阀体　2—电磁铁　3—阀芯　4—弹簧　5—推杆　6—手轮

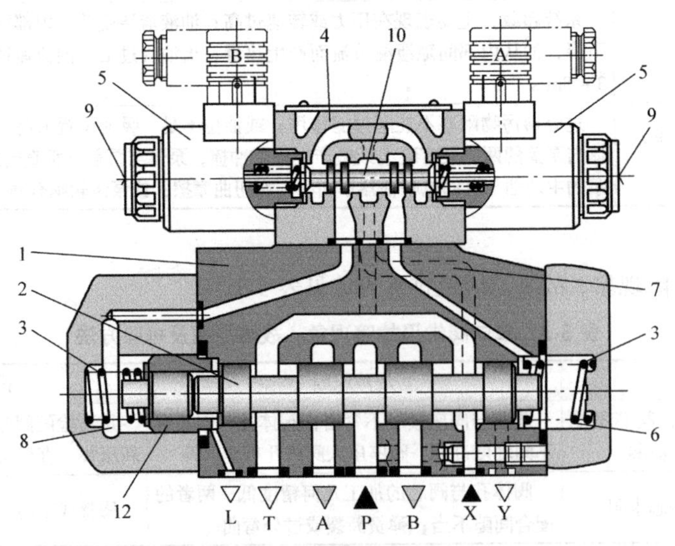

图5-3　电液换向阀结构

1—主阀阀体　2—主阀阀芯　3—主阀弹簧　4—先导阀阀体　5—电磁铁　6—控制腔　7—控制油通道　8—控制腔　9—手轮　10—先导阀阀芯

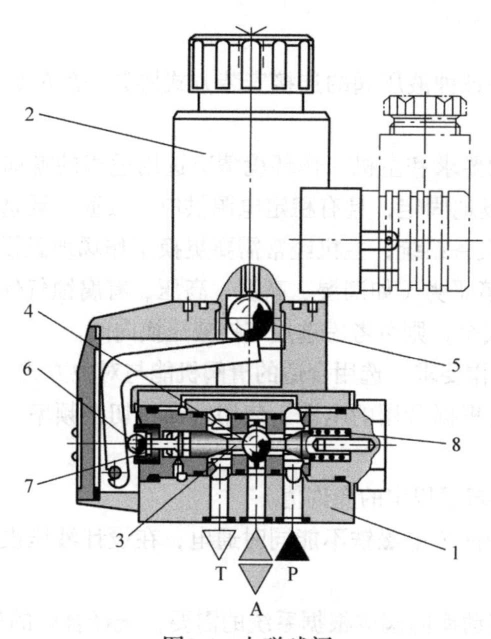

图5-4　电磁球阀

1—阀体　2—电磁铁　3—推杆　4、5、6—钢球　7—定位球套　8—弹簧

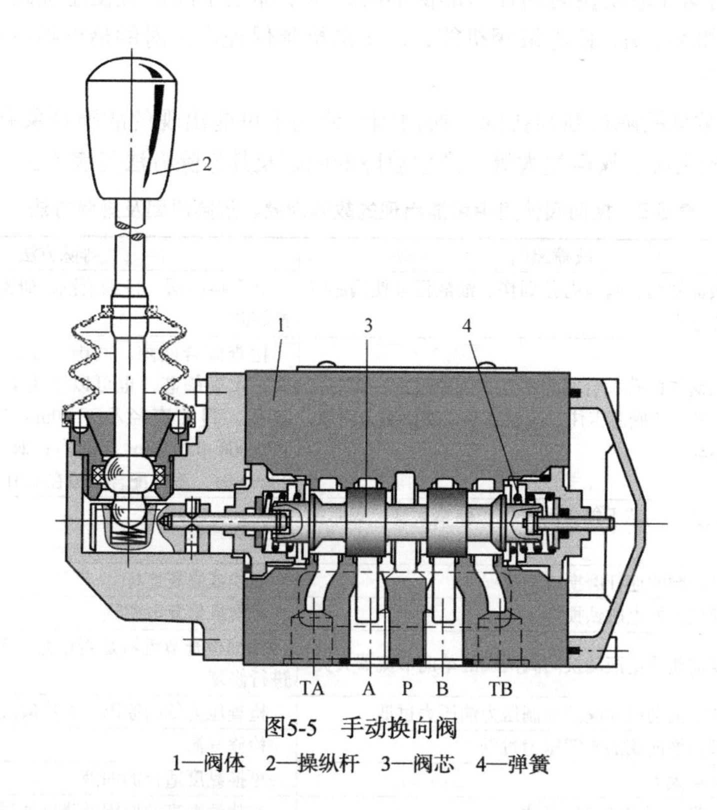

图5-5　手动换向阀

1—阀体　2—操纵杆　3—阀芯　4—弹簧

（2）换向阀使用维修注意事项

1）应根据所需控制的流量选择合适的换向阀通径。如果阀的通径大于10mm，则应选用液动换向阀或电液动换向阀。使用时不能超过制造厂样本中所规定的额定压力以及流量极限，以

免造成动作不良。

2）根据整个液压系统各种液压阀的连接安装方式协调一致的原则，选用合适的安装连接方式。

3）根据自动化程度的要求和主机工作环境情况选用适当的换向阀操纵控制方式。如工业设备液压系统，由于工作场地固定，且有稳定电源供应，故通常要选用电磁换向阀或电液动换向阀；而野外工作的液压设备系统，主机经常需要更换工作场地且没有电力供应，故需考虑选用手动换向阀；再如在环境恶劣（如潮湿、高温、高压、有腐蚀气体等）下工作的液压设备系统，为了保证人身设备的安全，则可考虑选用气控液压换向阀。

4）根据液压系统的工作要求，选用合适的滑阀机能与对中方式。

5）对电磁换向阀，要根据所用的电源、使用寿命、切换频率、安全特性等选用合适的电磁铁。

6）回油口的压力不能超过规定的允许值。

7）双电磁铁电磁阀的两个电磁铁不能同时通电，在设计液压设备的电控系统时应使两个电磁铁的动作互锁。

8）液动换向阀和电液动换向阀应根据系统的需要，选择合适的先导控制供油和排油方式，并根据主机与液压系统的工作性能要求决定所选择的阀是否带有阻尼调节器或行程调节装置等。

9）电液换向阀和液动换向阀在内部供油时，对于那些中间位置使主油路卸荷的三位四通电液动换向阀，如M、H、K等滑阀机能，应采取措施保证中位时的最低控制压力，如在回油口上加装背压阀等。

（3）换向阀常见故障诊断与排除　换向阀在使用中可能出现的故障现象有阀芯不能移动、外泄漏、操纵机构失灵、噪声过大等，产生故障的原因及其排除方法见表5-5。

表5-5　换向阀使用中可能出现的故障现象、故障原因及排除方法

故障现象	故障原因	排除方法
阀芯不能移动	阀芯表面划伤、阀体内孔划伤、油液污染使阀芯卡阻、阀芯弯曲	卸开换向阀，仔细清洗，研磨修复内存油脂或更换阀芯
	阀芯与阀体内孔配合间隙不当，间隙过大，阀芯在阀体内歪斜，使阀芯卡住；间隙过小，摩擦阻力增加，阀芯移不动	检查配合间隙。间隙太小，研磨阀芯，间隙太大，重配阀芯，也可以采用电镀工艺，增大阀芯直径。阀芯直径小于20mm时，正常配合间隙在0.008~0.015mm范围内；阀芯直径大于或等于20mm时，正常配合间隙在0.015 ~ 0.025mm范围内
	弹簧太软，阀芯不能自动复位；弹簧太硬，阀芯推不到位	更换弹簧
	手动换向阀的连杆磨损或失灵	更换或修复连杆
	电磁换向阀的电磁铁损坏	更换或修复电磁铁
	液动换向阀或电液动换向阀两端的单向节流器失灵	仔细检查节流器是否堵塞、单向阀是否泄漏，并进行修复
	液动或电液动换向阀的控制压力油压力过低	检查压力低的原因，对症解决
	气控液压换向阀的气源压力过低	检修气源
	油液黏度太大	更换黏度适合的油液
	油温太高，阀芯热变形卡住	查找油温高的原因并降低油温
	连接螺钉有的过松，有的过紧，致使阀体变形，阀芯不能移动。另外，安装基面平面度超差，紧固后阀体也会变形	松开全部螺钉，重新均匀拧紧。如果因安装基面平面度超差阀芯不能移动，则重磨安装基面，使基面平面度达到规定要求

（续）

故障现象	故障原因	排除方法
电磁铁线圈烧坏	线圈绝缘不良	更换电磁铁线圈
	电磁铁铁心轴线与阀芯轴线同轴度不良	拆卸电磁铁重新装配
	供电电压太高	按规定电压值来纠正供电电压
	阀芯被卡住，电磁力推不动阀芯	拆开换向阀，仔细检查弹簧是否太硬、阀芯是否被脏物卡住以及其他推不动阀芯的原因，进行修复并更换电磁铁线圈
	回油口背压过高	检查背压过高的原因，对症来解决
外泄漏	泄油腔压力过高或O形密封圈失效造成电磁阀推杆处外渗漏	检查泄油腔压力，如果多个换向阀泄油腔串接在一起，则将它们分别接口油箱；更换密封圈
	安装面粗糙、安装螺钉松动、漏装O形密封圈或密封圈失效	磨削安装面使其表面粗糙度符合产品要求（通常阀的安装面的表面粗糙度 *Ra* 值不大于 0.8μm）；拧紧螺钉，补装或更换O形密封圈
噪声大	电磁铁推杆过长或过短	修整或更换推杆
	电磁铁铁心的吸合面不平或接触不良	拆开电磁铁，修整吸合面，清除污物

5. 溢流阀

先导式溢流阀如图 5-6 所示。

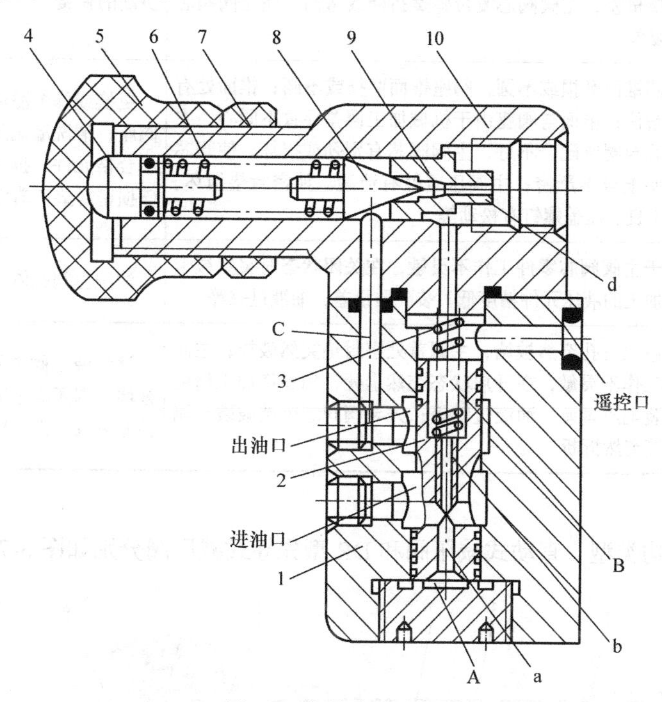

图5-6　先导式溢流阀

1—阀体　2—滑阀　3—弱弹簧　4—调节杆　5—调节螺母　6—调压弹簧　7—螺母　8—锥阀　9—锥阀座　10—上盖

（1）溢流阀的拆卸分解与检查　拆卸分解溢流阀，可检查阀的下列方面：主阀阀芯是否卡死，它与压力调节无效有关；主阀阀芯与阀座之间的密封是否正常，是否有异物，它与系统无压力有关；主阀阀芯阻尼孔是否堵死，它与系统无压力有关；主阀阀芯上部与阀盖孔之间的配合面的磨损情况，它与压力调不高有关；主阀阀芯与阀孔配合面是否有拉毛、卡滞现象，它与压力波动、压力上升滞后等症状有关，也与内泄漏有关；主弹簧是否疲软或折断，它与阀的振动、噪声及压力调不高有关；先导阀及阀座是否磨损，它与阀的振动、噪声及压力调不高有关；调压弹簧是否疲软，它与阀的振动及噪声有关。

（2）溢流阀的故障分析　溢流阀的常见故障与解决方法见表5-6。

表5-6　溢流阀的常见故障与解决方法

故障	原因	解决方法
引起压力波动	调节压力的螺钉由于振动而使锁紧螺母松动造成压力波动；液压油不清洁，有微小灰尘存在，使主阀阀芯滑动不灵活，因而产生不规则的压力变化，有时还会将阀卡住；主阀阀芯滑动不畅造成阻尼孔时堵时通；主阀阀芯圆锥面与阀座的锥面接触不良，没有经过良好磨合；主阀阀芯的阻尼孔太大，没有起到阻尼作用；先导阀调正弹簧弯曲，造成阀芯与锥阀座接触不好，磨损不均	定时清理油箱、管路，对进入油箱、管路系统的液压油要过滤；如管路中已有过滤器，则应增加二次过滤元件，或更换二次元件的过滤精度；并对阀类元件拆卸清洗，更换清洁的液压油；修配或更换不合格的零件；适当缩小阻尼孔径
系统压力完全加不上去	主阀阀芯阻尼孔被堵死，如装配时主阀阀芯未清洗干净，油液过脏或装配时带入杂物；装配质量差，在装配时装配精度差，阀间间隙调整不好，主阀阀芯在开启位置时卡住，装配质量差；主阀阀芯复位弹簧折断或弯曲，使主阀阀芯不能复位	拆开主阀清洗阻尼孔并重新装配；过滤或更换油液；拧紧阀盖紧固螺钉更换折断的弹簧
系统压力升不高	阀芯锥面磨损或不圆，阀座锥面磨损或不圆；锥面处有脏物粘住；锥面与阀座由于机械加工误差导致不同心；主阀阀芯与阀座配合不好，主阀阀芯有别劲或损坏，使阀芯与阀座配合不严密；主阀压盖处有泄漏，如密封垫损坏、装配不良、压盖螺钉有松动等	更换或修配溢流阀阀体或主阀阀芯及阀座；清洗溢流阀使之配合良好或更换不合格元件；拆卸主阀调正阀芯，更换破损密封垫，消除泄漏使密封良好
压力突然升高	由于主阀阀芯零件工作不灵敏，在关闭状态时突然被卡死；加工的液压元件精度低，装配质量差，油液过脏等	清洗主阀阀体，修配更换失效零件
压力突然下降	阀芯阻尼孔突然被堵；主阀盖处密封垫突然破损；主阀阀芯工作不灵敏，在开启状态突然卡死，如零件加工精度低，装配质量差，油液过脏等；先导阀阀芯突然破裂；调正弹簧突然折断	清洗液压阀类元件，如果是阀类元件被堵，则还应过滤油液；更换破损元件，检修失效零件，检查消除电气故障

6. 减压阀

（1）减压阀结构类型　直动式减压阀和DR型先导式减压阀分别如图5-7和图5-8所示。

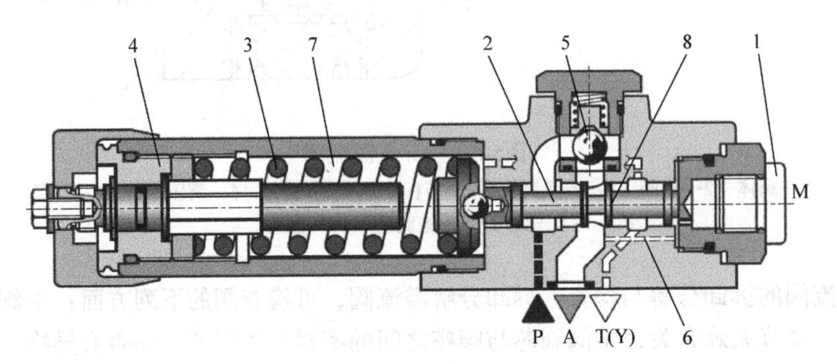

图5-7　直动式减压阀

1—压力表接头　2—控制滑阀　3—弹簧　4—调压件　5—单向阀　6—测压通道　7—弹簧腔　8—控制凸肩

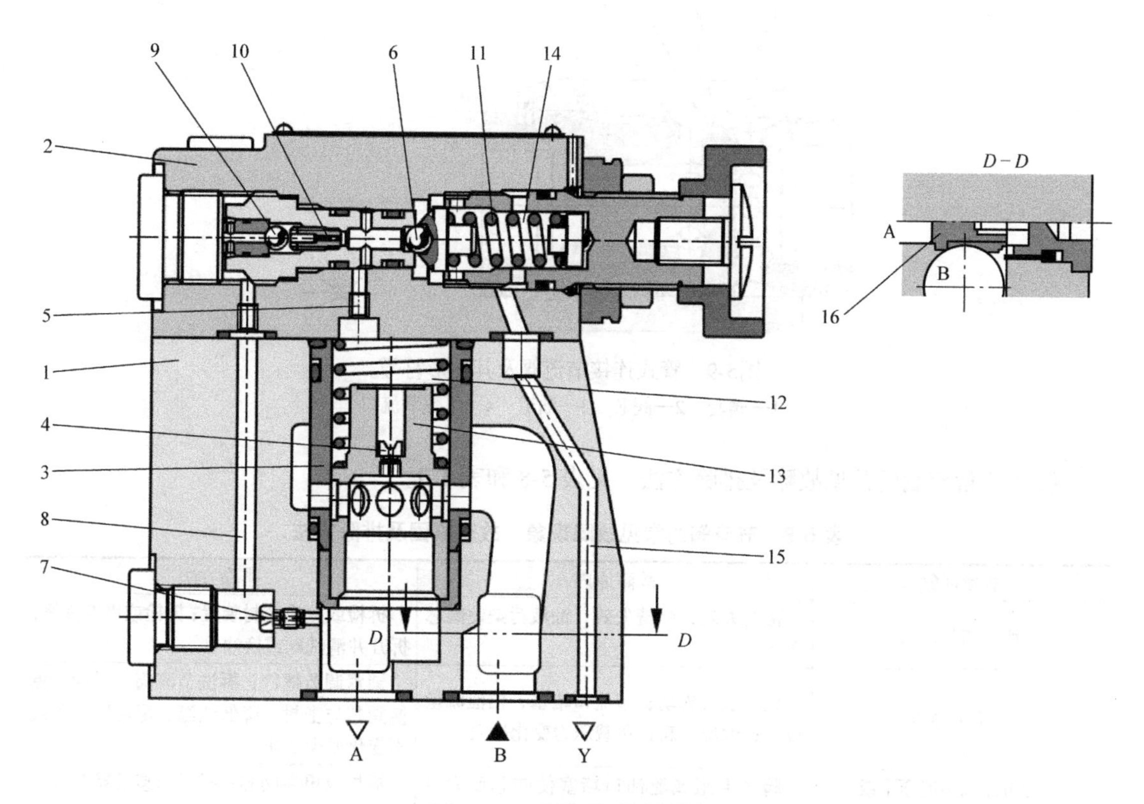

图5-8　DR型先导式减压阀

1—阀体　2—先导阀阀体　3—阀套　4、7、10—阻尼孔　5、8—先导油通道　6—钢球　9、16—单向阀　11—调压弹簧　12—主阀弹簧腔　13—主阀阀芯　14—先导阀弹簧腔　15—先导阀回油路

（2）减压阀常见故障及排除方法　减压阀的常见故障现象、故障原因及排除方法见表5-7。

表5-7　减压阀的常见故障现象、故障原因及排除方法

故障现象	故障原因	排除方法
不能减压或无二次压力	卸油口不通或泄油通道堵塞，使主阀阀芯卡阻在原始位置，不能关闭；先导阀堵塞	检查卸油管路、卸油口、先导阀、主阀阀芯、单向阀并修理之，检查排除机械干扰
二次压力不能继续升高或压力不稳定	先导阀密封不严，主阀阀芯卡阻在某一位置，负载有机械干扰；单向减压阀中的单向阀泄漏过大	
调压过程中压力不是连续升降而是不均匀下降	调压弹簧弯曲或折断	拆检换新

7. 流量控制阀

（1）流量控制阀结构类型　管式连接节流阀及其图形符号如图5-9所示。

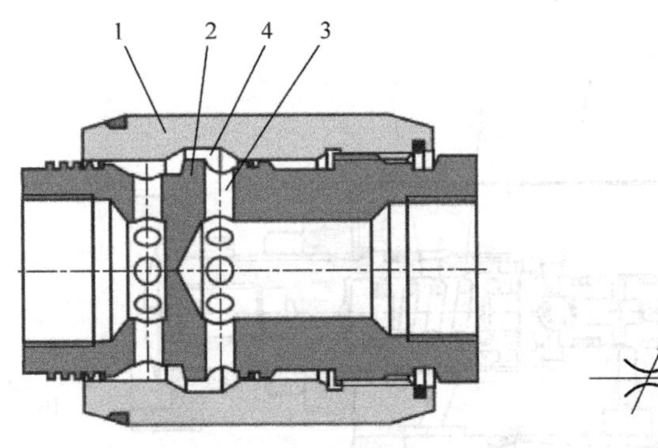

图5-9 管式连接节流阀及其图形符号

1—阀套 2—阀芯 3—油道 4—可变节流口

（2）流量控制阀常见故障及排除方法 见表5-8和表5-9。

表5-8 节流阀的常见故障现象、故障原因及排除方法

故障现象	故障原因	排除方法
流量调节失灵	密封失效；弹簧失效；油液污染使阀芯卡阻	拆检或更换密封装置；拆检或更换弹簧；拆开并清洗阀或换油
流量不稳定	锁紧装置松动；节流口堵塞；内泄流量过大；油温过高；负载压力变化过大	锁紧调节螺钉；拆洗节流阀；拆检或更换阀芯与密封；降低油温；尽可能使负载不变化或少变化
行程节流阀不能压下或不能复位	阀芯卡阻或泄油口堵塞使阀芯反力过大；弹簧失效	拆检或更换阀芯；排油口接油箱并降低泄油背压。检查更换弹簧

表5-9 调速阀的常见故障现象、故障原因及排除方法

故障现象	故障原因	排除方法
流量调节失灵	密封失效；弹簧失效；油液污染使阀芯卡阻	拆检或更换密封装置；拆检或更换弹簧；拆开并清洗减压阀阀芯和节流阀阀芯或换油
流量不稳定	调速阀进出口接反，压力补偿器不起作用；锁紧装置松动；节流口堵塞；内泄流量过大；油温过高；负载压力变化过大	锁紧调节螺钉；拆洗节流阀；拆检或更换阀芯与密封；降低油温；尽可能使负载不变化或少变化

8. 液压缸

液压缸安装注意事项：

1）在将液压缸安装到系统之前，应将液压缸标牌上的参数与订货时的参数进行比较。

2）液压缸的基座必须有足够的刚度，否则加压时缸筒成弓形向上翘，使活塞杆弯曲。

3）缸的轴向两端不能固定死。由于缸内受液压力和热膨胀等因素的作用，有轴向伸缩。若缸两端固定死，将导致缸各部分变形。拆装液压缸时，严禁用锤敲打缸筒和活塞表面，如缸孔和活塞表面有损伤，不允许用砂纸打磨，要用细磨石精心研磨。导向套与活塞杆间隙要符合要求。

4）液压缸及周围环境应清洁。油箱要保证密封，防止污染。管路和油箱应清理，防止有脱落的氧化铁皮及其他杂物。清洗要用无绒布或专用纸。不能使用麻线和黏结剂做密封材料。

液压油按设计要求，注意油温和油压的变化。空载时，拧开排气螺钉进行排气。

5）拆装液压缸时，严防损伤活塞杆顶端的螺纹、缸口螺纹和活塞杆表面。更应注意，不能硬性将活塞从缸筒中打出。

9. 蓄能器

蓄能器的维护检查注意事项：

1）蓄能器在使用过程中，须定期对气囊进行气密性检查。对于新使用的蓄能器，第一周检查一次，第一个月内还要检查一次，然后半年检查一次。对于作为应急动力源的蓄能器，为了确保安全，更应经常检查与维护。

2）蓄能器充气后，各部分绝对不允许再拆开，也不能松动，以免发生危险。需要拆开时应先放尽气体，确认无气体后，再拆卸。

3）在有高温辐射热源环境中使用的蓄能器，可在蓄能器的旁边装设两层铁板和一层石棉组成的隔热板，起隔热作用。

4）安装蓄能器后，系统的刚度降低，因此对系统有刚度要求的装置中，必须充分考虑这一因素的影响程度。

5）若需长期停止使用，应关闭蓄能器与系统管路间的截止阀，保持蓄能器储压在充气压力以上，使气囊不靠底。

6）蓄能器在液压系统中属于危险部件，因此在操作当中要特别注意。当出现故障时，切记一定要先卸掉蓄能器的压力，然后用充气工具排尽气囊中的气体，使系统处于无压力状态方可进行维修，才能拆卸蓄能器及各零件，以免发生意外事故。

四、工业机器人液压系统零配件更换

1. 液压系统的更换标准

1）密封件更换：液压件上的密封件及防尘圈，若表面或唇口有划痕、破损、断面挤压变形、外形扭曲或老化裂纹等缺陷，已丧失良好的密封性能和防尘性能时，应更换。

2）经拆卸的动静用 O 形密封件，原则上应换新。

3）新换 O 形密封圈材质、尺寸、尺寸公差、硬度等应符合原件要求。

4）液压泵及马达的传动轴扭曲、折断或有较严重的磨损时，应更换。

5）液压元件的主要铸件阀体及泵体有裂纹时，应更换。

6）液压元件所用的弹簧有较明显的变形、磨损、折断或超出原设计技术要求时，应更换。

7）弹簧是影响液压元件灵敏度、稳定性和使用压力的重要零件。新换弹簧的材质、结构尺寸、有效圈数、刚度和自由高度应保证与原件相同。

8）新换弹簧应经过必要的热处理、喷丸和强压时效处理，以保证弹簧的弹性极限、稳定性和疲劳强度。

9）弹簧两端面应经磨削，保证与弹簧轴线垂直，其垂直度应不大于 GB/T 1184—1996 规定的 6 级公差值。新换弹簧不得有裂纹、发裂、斑疤、夹杂、氧化皮、脱碳层超厚等缺陷。

10）液压泵及液压马达中的轴承磨损严重并影响元件工作性能时，应更换。

11）柱塞及其孔磨损严重，其配合间隙超过原图样规定值的 25% 时，应更换。

12）滑阀与滑体磨损严重，其配合间隙超过原图样规定值的 25% 时，应更换。

13）泵体内表面有较严重划痕时，应整台更换。

14）配油盘有较严重磨损时，应更换。

15）配油盘与齿轮侧面的配合间隙超过原规定值的 30% 时，应更换。

16）泵运转中卡死，应整台更换。

17）泵的泵体、配油盘、齿轮等，同时存在较严重损伤时，应整台更换。

18）经修理后泵的流量低于公称值的 90% 时，应整台更换。

19）泵的主要零件，如泵体、定子圈、转子和叶片等同时有较严重损坏时，应整台更换。

20）经过修理后，泵及马达的流量与压力小于公称值的 80% 时，应整台更换。

21）泵及马达的传动轴扭曲、折断或有较严重的磨损时，应更换。

22）泵及马达中的轴承磨损严重，并影响元件工作性能时，应更换。

23）泵的主要零件，如泵体、摆盘和柱塞等有较严重的损坏时，应整台更换。

24）弹簧有折断或疲劳裂纹时，应更换。

25）柱塞及配合孔磨损严重，其配合间隙超过原图样规定值的 25% 时，应更换。

26）液压缸导向铜套有磨损，圆度、圆柱度超差；有大面积刮伤，表面粗糙度值增大或出现深度大于 0.2mm、长度大于 5mm 的纵向刻痕时，应更换。

2. 液压系统零配件的更换

（1）密封件更换

1）将所有部件、密封圈及尺寸复原工具清洗干净，并涂上润滑油。

2）将 O 形圈装配到活塞沟槽内。

3）将安装芯棒套上活塞上。

4）将密封圈套在安装芯棒上。

5）借助芯棒将密封圈推入活塞沟槽内。

6）将芯棒从活塞上取下。

7）将复原工具一边旋转一边往里推，使复原工具安全套在密封圈的外面，保持 1min 后取下复原工具。

（2）泵的更换

1）断开有故障泵的电源。

2）关闭有故障泵的吸油管道上的柱阀，与油箱隔离。

3）拧松泄油管进油箱处的管接头，防止油箱虹吸倒流，拧松有故障泵的吸油、储油和泄油管接头。

4）拧松联轴器与泵轴上的止动螺钉。

5）松开固定泵的螺钉，取出有故障泵。

6）换上新泵，拧紧固定螺钉和止动螺钉。在泄油口处灌进干净的抗燃油。

7）连接所有的管接头，打开柱阀。

8）用手应能盘动联轴器。起动前盘动联轴器 5min 左右，让泵内充满抗燃油。

9）通知运行送电准备起动泵。

（3）液压缸的更换

1）在交换机交换完毕后将控制按钮扭转到手动或点动上，拧紧油路上的截止阀。

2）在液压缸定位于中位，解开拉杆，将拉条用倒链固定，开始更换。

3）油路泄压后，将液压缸两端油管解开，油口用洁净的布包好。

4）将旧液压缸拆下，并将新液压缸固定好。

5）连上油管后，松开截止阀，用点动控制将拉条固定好，并将液压缸两端放气。

6）检查螺钉是否紧固。

第二节 工业机器人气压系统概述

一、工业机器人气压系统构成

气压传动系统的工作原理是利用空气压缩机将电动机或其他原动机输出的机械能转变为空气的压力能，然后在控制元件的控制和辅助元件的配合下，通过执行元件把空气的压力能转变为机械能，从而完成直线或回转运动并对外做功。

1. 气压传动系统的主要组成部分

（1）气压发生装置 气压发生装置将原动机输出的机械能转变为空气的压力能，主要设备是空气压缩机。

（2）控制元件 控制元件用来控制压缩空气的压力、流量和流动方向，以保证执行元件具有一定的输出力和速度并按设计的程序正常工作，如压力阀、流量阀、方向阀等。

（3）执行元件 执行元件是将空气的压力能转变为机械能的能量转换装置，如气缸和气马达。

（4）辅助元件 辅助元件是用于辅助保证气动系统正常工作的一些装置，如过滤器、干燥器、空气过滤器、消声器和油雾器等。

气压传动系统的组成如图 5-10 所示。

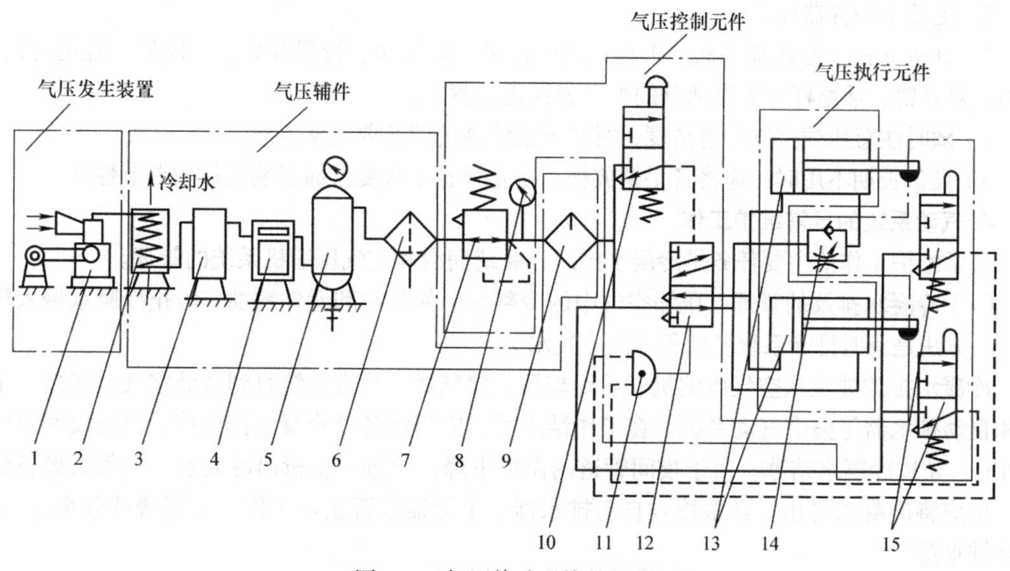

图5-10 气压传动系统的组成

1—空气压缩机 2—后冷却器 3—除油器 4—干燥器 5—储气罐 6—过滤器 7—减压阀 8—压力表 9—油雾器 10、15—行程阀 11—气压逻辑元件 12—气压控制阀 13、14—可调单向节流阀在图 5-10 中，原动机驱动空气压缩机 1，空气压缩机将原动机的机械能转换为气体的压力能，受压缩后的空气经后冷却器 2、除油器 3、干燥器 4 进入储气罐 5。储气罐用于储存压缩空气并稳定压力。压缩空气再经过滤器 6，由调压阀（减压阀）7 将气体压力调节到气压传动装置所需的工作压力，并保持稳定。油雾器 9 用于将润滑油喷成雾状，悬浮于压缩空气中，使控制阀及气缸得到润滑。经过处理的压缩空气，通过气压控制元件 10、11、12、14 和 15 的控制进入气压执行元件 13，推动活塞带动负载工作。气压传动系统的能源装置一般都设在距控制、执行元件较远的空气压缩机站内，用管道将压缩空气输送给执行元件，而过滤器以后的部分一般都集中安装在气压传动工作机构附近，各种控制元件按要求组合后构成具有不同功能的气压传动系统。

2. 工业机器人气压系统检查与维护

气动系统设备使用中，如果不注意维护保养工作，可能会频繁发生故障和元件过早损坏，装置的使用寿命就会大大降低，造成经济损失，因此必须给以足够的重视。在对气动装置进行维护保养时，要有针对性，及时发现问题，采取措施，这样可减少和防止大故障的发生，延长元件和系统的使用寿命。

要使气动设备能按预定的要求工作。维护工作必须做到：保证供给气动系统的压缩空气足够清洁干燥；保证气动系统的气密性良好；保证润滑元件得到良好的润滑；保证气动元件和系统的正常工作条件（如使用气压、电压等参数在规定范围内）。

维护工作可以分为日常性的维护工作和定期的维护工作。前者是指每天必须进行的维护工作，后者可以是每周、每月或每季度进行的维护工作。维护工作应记录在案，便于今后的故障诊断和处理。工厂企业应制定气动设备的维护保养管理规范，严格管理。

3. 气压系统使用的注意事项

1）开机前要放掉系统中的冷凝水。

2）定期给油雾器注油。

3）开机前检查各调节手柄是否在正确的位置，机控阀、行程开关、挡块的位置是否正确、牢固，对导轨、活塞杆等外露部分的配合表面进行擦拭。

4）随时注意压缩空气的清洁度，对空气过滤器的滤芯要定期清洗。

5）设备长期不用时，应将各手柄放松，防止弹簧永久变形而影响元件的调节性能。

4. 气动系统的日常维护工作

日常维护工作的主要任务是冷凝水排放、系统润滑和空气压缩机系统的管理。

（1）冷凝水排放的管理　压缩空气中的冷凝水会使管道和元件锈蚀，防止冷凝水侵入压缩空气的方法是及时排除系统各处积存的冷凝水。

冷凝水排放涉及从空气压缩机、后冷却器、储气罐、管道系统直到各处空气过滤器、干燥器和自动排水器等整个气动系统。在工作结束时，应当将各处冷凝水排放掉，以防夜间温度低于 0℃，导致冷凝水结冰。由于夜间管道内温度下降，会进一步析出冷凝水，在每天设备运转前，也应将冷凝水排出。经常检查自动排水器、干燥器是否正常工作，定期清洗分水滤气器、自动排水器。

（2）系统润滑的管理　气动系统中从控制元件到执行元件凡有相对运动的表面都需要润滑。如果润滑不足，会使摩擦阻力增大，导致元件动作不良，因为密封面磨损会引起泄漏。

在气动装置运转时，应检查油雾器的滴油量是否符合要求，油色是否正常。如果发现油杯中油量没有减少，应及时调整滴油量；调节无效，需检修或更换油雾器。

（3）空气压缩机系统的日常管理 空气压缩机有无异常声音和异常发热，润滑油位是否正常。空气压缩机系统中的水冷式后冷却器供给的冷却水是否足够。

5. 气动系统的定期维护工作

1）检查系统各泄漏处，因泄漏引起的压缩空气损失会造成很大的经济损失。此项检查至少应每月一次，任何存在泄漏的地方都应立即进行修补。漏气检查应在白天车间休息的空闲时间或下班后进行。这时，气动装置已停止工作，车间内噪声小，但管道内还有一定的空气压力，根据漏气的声音便可知何处存在泄漏。检查漏气时还应采用在各检查点涂肥皂液等办法，因其显示漏气的效果比听声音更灵敏。

2）通过对方向阀排气口的检查，判断润滑油是合适度，空气中是否有冷凝水。如果润滑不良，检查油雾器滴油是否正常，安装位置是否恰当；如果有大量冷凝水排出，应检查排除冷凝水的装置是否合适，过滤器的安装位置是否恰当。

3）检查安全阀、紧急安全开关动作是否可靠。定期检修时必须确认它们的动作可靠性，以确保设备和人身安全。

4）观察方向阀的动作是否可靠，检查阀芯或密封件是否磨损（如方向阀排气口关闭时仍有泄漏，往往是磨损的初期阶段），查明后更换。让电磁阀反复切换，从切换声音可判断阀的工作是否正常。

5）反复开关换向阀观察气缸动作，判断活塞密封是否良好；检查活塞杆外露部分，观察活塞杆是否被划伤、腐蚀和存在偏磨；判断活塞杆与端盖内的导向套、密封圈的接触情况、压缩空气的处理质量，气缸是否存在横向载荷等；判断缸盖配合处是否有泄漏。

6）对行程阀、行程开关以及行程挡块都要定期检查安装的牢固程度，以免出现动作混乱。

6. 气动元件的点检内容

（1）气缸的检测

1）活塞杆与端面之间是否漏气。

2）活塞杆是否划伤、变形。

3）管接头、配管是否划伤、损坏。

4）气缸动作时有无异常声音。

5）缓冲效果是否合乎要求。

（2）电磁阀

1）电磁阀外壳温度是否过高。

2）电磁阀动作时，工作是否正常。

3）气缸行程到末端时，通过检查阀的排气口是否漏气来确诊电磁阀是否漏气。

4）紧固螺钉及管接头是否松动。

5）电压是否正常，电线有无损伤。

6）通过检查排气口是否被油润湿，或排气是否会在白纸上留下油雾斑点来判断润滑是否正常。

（3）油雾器的检测

1）油杯内油量是否足够，润滑油是否变色、混浊，油杯底部是否沉积有灰尘和水。

2）滴油量是否合适。

（4）调压阀的检测

1）压力表读数是否在规定范围内。

2）调压阀盖或锁紧螺母是否锁紧。

3）有无漏气现象。

（5）过滤器的检测

1）储水杯中是否积存冷凝水。

2）滤芯是否应该清洗或更换。

3）冷凝水排放阀动作是否可靠。

（6）安全阀及压力继电器的检测

1）在调定压力下动作是否可靠。

2）校验合格后，是否有铅封或锁紧。

3）电线是否损伤，绝缘是否可靠。

二、工业机器人气压系统异常分析

1. 气源故障

气源的常见故障有空气压缩机故障、减压阀故障、管路故障、气源处理装置故障等。

1）空气压缩机故障有止回阀损坏、活塞环磨损严重、进气阀片损坏和空气过滤器堵塞等。

若要判断止回阀是否损坏，只需在空气压缩机自动停机十几秒后，将电源关掉，用手盘动带轮，如果能较轻松地转动一周，则表明止回阀未损坏；反之，止回阀已损坏。另外，也可从自动压力开关下面的排气口的排气情况来进行判断，一般在空气压缩机自动停机后应在十几秒后就停止排气，如果一直在排气直至空气压缩机再次起动时才停止，则说明止回阀已损坏，须更换。当空气压缩机的压力上升缓慢并伴有串油现象时，表明空气压缩机的活塞环已严重磨损，应及时更换。当进气阀片损坏或空气过滤器堵塞时，也会使空气压缩机的压力上升缓慢（但没有串油现象）。检查时，可将手掌放至空气过滤器的进气口上，如果有热气向外顶，则说明进气阀处已损坏，须更换；如果吸力较小，一般是空气过滤器较脏所致，应清洗或更换过滤器。

2）减压阀的故障有压力调不高或压力上升缓慢等。

压力调不高，往往是因调压弹簧断裂或膜片破裂而造成的，必须换新；压力上升缓慢，一般是因过滤网被堵塞引起的，应拆下清洗。

3）管路故障有管路接头处泄漏、软管破裂、冷凝水聚集等。

管路接头泄漏和软管破裂时可从声音上来判断漏气的部位，应及时修补或更换；若管路中聚积有冷凝水时，应及时排掉，特点是在北方的冬季冷凝水易结冰而堵塞气路。

4）气源处理装置的故障有油水分离器故障、调压阀故障和油雾器故障。油水分离器的故障中又分为滤芯堵塞、破损，排污阀的运动部件动作不灵活等情况。工作中要经常清洗滤芯，除去排污器内的油污和杂质。调压阀的故障与上述减压阀的故障相同。油雾器的故障现象有不滴油、油杯底部沉积有水分、油杯口的密封圈损坏等。当油雾器不滴油时，应检查进气口的气流量是否低于起雾流量，是否漏气，油量调节针阀是否堵塞等；如果油杯底部沉积了水分，应及时排除；当密封圈损坏时，应及时更换。

2. 气动执行元件（气缸）故障

由于气缸装配不当和长期使用，气动执行元件（气缸）易发生内、外泄漏，输出力不足和动作不平稳，缓冲效果不良，活塞杆和缸盖损坏等故障现象。

1）气缸出现内、外泄漏，一般是因活塞杆安装偏心，润滑油供应不足，密封圈和密封环磨损或损坏，气缸内有杂质及活塞杆有伤痕等造成的。因此，当气缸出现内、外泄漏时，应重新调整活塞杆的中心，以保证活塞杆与缸筒的同轴度；须经常检查油雾器工作是否可靠，以保证执行元件润滑良好；当密封圈和密封环出现磨损或损坏时，须及时更换；若气缸内存在杂质，应及时清除；活塞杆上有伤痕时，应换新。

2）气缸的输出力不足和动作不平稳，一般是因活塞或活塞杆被卡住，润滑不良，供气量不足，或缸内有冷凝水和杂质等造成的。对此，应调整活塞杆的中心；检查油雾器的工作是否可靠；供气管路是否被堵塞。当气缸内存有冷凝水和杂质时，应及时清除。

3）气缸的缓冲效果不良，一般是因缓冲密封圈磨损或调节螺钉损坏所致。此时，应更换密封圈和调节螺钉。

4）气缸的活塞杆和缸盖损坏，一般是因活塞杆安装偏心或缓冲机构不起作用而造成的。对此，应调整活塞杆的中心位置，更换缓冲密封圈或调节螺钉。

3. 换向阀故障

换向阀的故障有阀不能换向或换向动作缓慢、气体泄漏、电磁先导阀有故障等。

1）换向阀不能换向或换向动作缓慢，一般是因润滑不良，弹簧被卡住或损坏，油污或杂质卡住滑动部分等引起的。对此，应先检查油雾器的工作是否正常；润滑油的黏度是否合适。必要时，应更换润滑油，清洗换向阀的滑动部分，或更换弹簧和换向阀。

2）换向阀经长时间使用后易出现阀芯密封圈磨损，阀杆和阀座损伤的现象，导致阀内气体泄漏，阀的动作缓慢或不能正常换向等故障。此时，应更换密封圈、阀杆和阀座，或将换向阀换新。

3）若电磁先导阀的进、排气孔被油泥等杂物堵塞，封闭不严，活动铁心被卡死，电路有故障等，均可导致换向阀不能正常换向。对前三种情况应清洗先导阀及活动铁心上的油泥和杂质。而电路故障一般又分为控制电路故障和电磁线圈故障两类。在检查电路故障前，应先将换向阀的手动旋钮转动几下，看换向阀在额定的气压下是否能正常换向，若能正常换向，则是电路有故障。检查时，可用仪表测量电磁线圈的电压否达到了额定电压，如果电压过低，应进一步检查控制电路中的电源和相关联的行程开关电路。如果在额定电压下换向阀不能正常换向，则应检查电磁线圈的接头（插头）是否松动或接触不实。方法是，拔下插头，测量线圈的阻值（一般应在几百欧至几千欧之间），如果阻值太大或太小，说明电磁线圈已损坏，应及时更换。

4. 气动辅助元件故障

气动输助元件的故障主要有油雾器故障、自动排污器故障和消声器故障等。

1）油雾器的故障有调节针的调节量太小、油路堵塞、管路漏气等都会使液态油滴不能雾化。对此，应及时处理堵塞和漏气的地方，调整滴油量，使其达到5滴/min左右。正常使用时，油杯内的油面要保持在上、下限范围之内。对油杯底部沉积的水分，应及时排除。

2）自动排污器内的油污和水分有时不能自动排除，特别是在冬季温度较低的情况下尤为严重。此时，应将其拆下并进行检查和清洗。

3）当换向阀上装的消声器太脏或被堵塞时，也会影响换向阀的灵敏度和换向时间，故要经常清洗消声器。

5. 机械故障

常见的机械故障有：由气缸带动的料门轴被卡死；由齿轮条式气缸带动的翻板蝶阀被卡住，使之关合不到位或打不开。一般在水泥计量料斗上的放料口常会出现这样的问题，因此工作中应经常清除翻板蝶阀内壁上的水泥结块。

三、工业机器人气压系统零配件更换

1. 气缸的更换

1）拆除气缸前后固定螺钉。

2）先安装气缸上面的气管接头，然后将气缸固定在固定架上，并锁紧前后固定螺钉。

3）固定气缸与槽盖之间的连接部位。

4）安装气缸上面的气管与传感器。

5）手动运行测试。

2. 空气过滤器的更换

1）卸下螺钉拆除空气过滤器。

2）用吸尘器或者沾有洗涤剂的湿抹布来清洁空气过滤器的外壳。

3）安装新的空气过滤器。

第三节　工业机器人本体结构维修

一、工业机器人减速器维修

工业机器人减速器维修包括 RV 减速器维修与调整、谐波减速器维修与调整和行星减速器维修与调整。

二、机械本体的检修与维护

1. 减速器检修与维护

减速器损坏时会产生振动、异常声音。此时，会妨碍正常运转，导致过载、偏差异常，出现异常发热现象。此外，还会出现完全无法动作与位置偏差。减速器的检查方法如下：

检查润滑脂中铁粉含量：润滑脂中的铁粉含量增加至 0.1% 以上时则有内部破损的可能性。减速器每运转 5000h 或每隔 1 年（装卸用途时则为每运转 2500h 或每隔半年），应测量减速器中润滑脂的铁粉含量，超出标准值时，有必要更换润滑脂或减速器。

2. 本体管线包的维护

对于底座到电动机座这一部分，管线包运动幅度比较小，主要是大臂和电动机座连接处，这一部分随着机器人的运动，会和本体有相对运动，如果管线包和本体周期性地接触摩擦，可添加防撞球或者在摩擦部分包裹防摩擦布来保证管线包不在短时间内磨破或者是开裂，添加防撞球位置由现场应用人员根据具体工位来安装。

管线包经过长时间与机械本体摩擦，势必会导致波纹管出现破裂的情况或者是即将破裂的

情况，在机器人的工作中，这种情况是不允许的。如果出现上述的情况，最好提前更换波纹管。

三、机械本体部件的更换

1. 维修注意事项

1）在机器人运行后，电动机和齿轮温度都很高，避免烫伤。

2）关掉所有的电源、液压源及气压源。

3）当移动一个部位时，做一些必要的措施确保机械手不会倒下来。例如，当拆除轴 2 的电动机时，要固定低处的手臂。

2. 管线包的更换

1）确定所有更换的管线包里的所有线缆，松开这些线缆的接头或者连接处。

2）松开所用管夹，取下波纹管（这时要注意对管夹固定的波纹管处要做好标记），将线缆从管线包中抽出。

3）截取相同长度的同样规格的管线，同样在相同位置做好标记，目的是为了安装方便。

4）将所有线缆穿入新替换的管线中。

5）将穿入线缆的管线包安装到机械本体上（注意做标记的位置）。

6）做好各种线缆接头并连接固定。

3. 更换手腕部件（图 5-11）

（1）拆卸

1）从机械手腕上移除机械手和工件等的负载。

2）拆下手腕部件螺钉及配合的垫圈。注意，此过程要用起重机或其他起吊装置吊起手腕部件。

3）将手腕部件平移离开机器人机械本体。

（2）装配

1）除去安装面杂质，用工具刮掉敷在配合面的平面胶，用清洗剂将配合面清洗干净。

2）在安装法兰面上涂 THREEBOND1110F 平面密封胶。

3）吊起手腕部件，使手腕部件保持水平，慢慢移动靠近连接部分，缓慢转动手腕部件完成与 J5/J6 轴花键的配合。

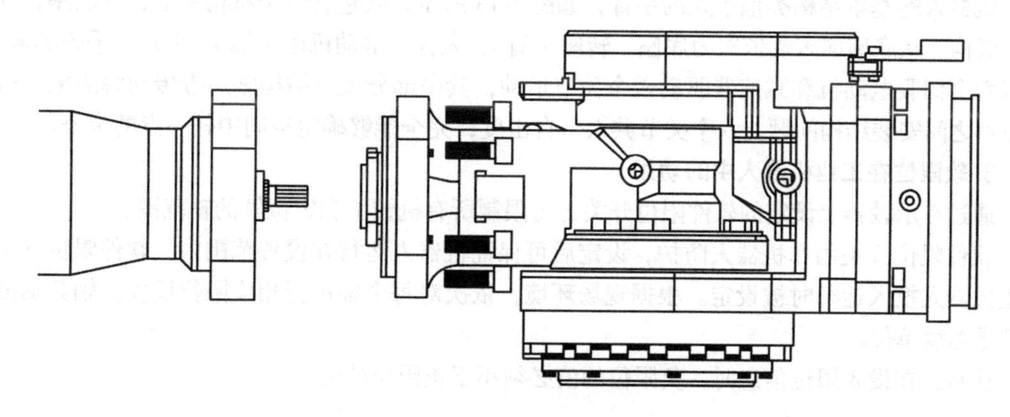

图5-11　手腕部件拆卸示意图

4）待装配法兰面贴合后，转动手腕部件安装螺钉（螺纹处涂螺纹紧固胶 THREEBOND1374），上紧手腕部件，用可调扭力扳手拧紧，扭矩为（73.5±3.43）N·m。

5）施加润滑油。

6）执行校对操作。

第四节　工业机器人运动学原理与机械维修*

1. 工业机器人的常用结构

工业机器人的常用结构如图 5-12 所示。

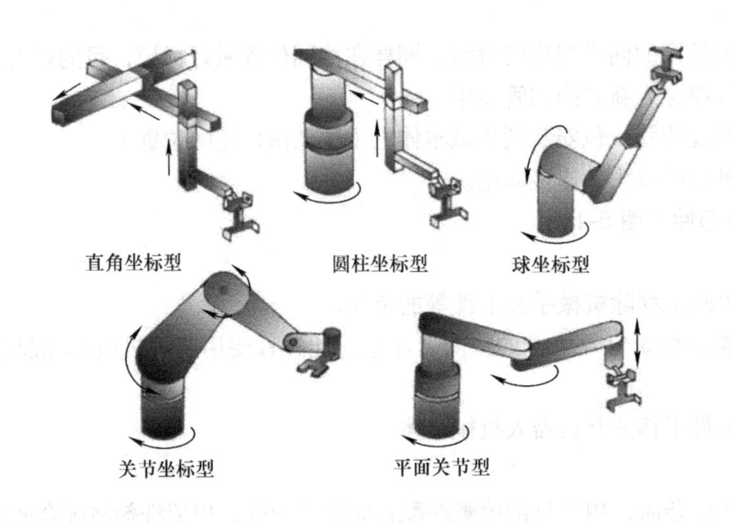

图5-12　工业机器人的常用结构

2. 关节机器人的结构及功用

机器人的基本结构类似于人的手臂，如图 5-13 所示，共包含六个机构关节，含底座在内共七个机构。从底座向末端依次为底座、转座（肩）、大臂、电动机座（肘）、小臂、手腕和末端。共需六个伺服电动机和减速器驱动六个关节运动，其中部分关节结构常用带传动解决电动机和减速器之间安装结构问题。六个关节共六个自由度，完全能够确定空间中任一点的位姿。

3. 软限位在工业机器人中的功用

通过在示教器上设定的软件限位开关，可限制所有机械手和定位轴的轴范围。

软件限位开关用作机器人防护，设定后可保证机器人运行在设置范围内。软件限位开关在工业机器人投入运行时被设定。根据现场环境，依次对每个轴进行相应限位设置，轴数据的单位都是弧度单位。

注意，在设置限位信息时，负限位的值必须小于正限位的值。

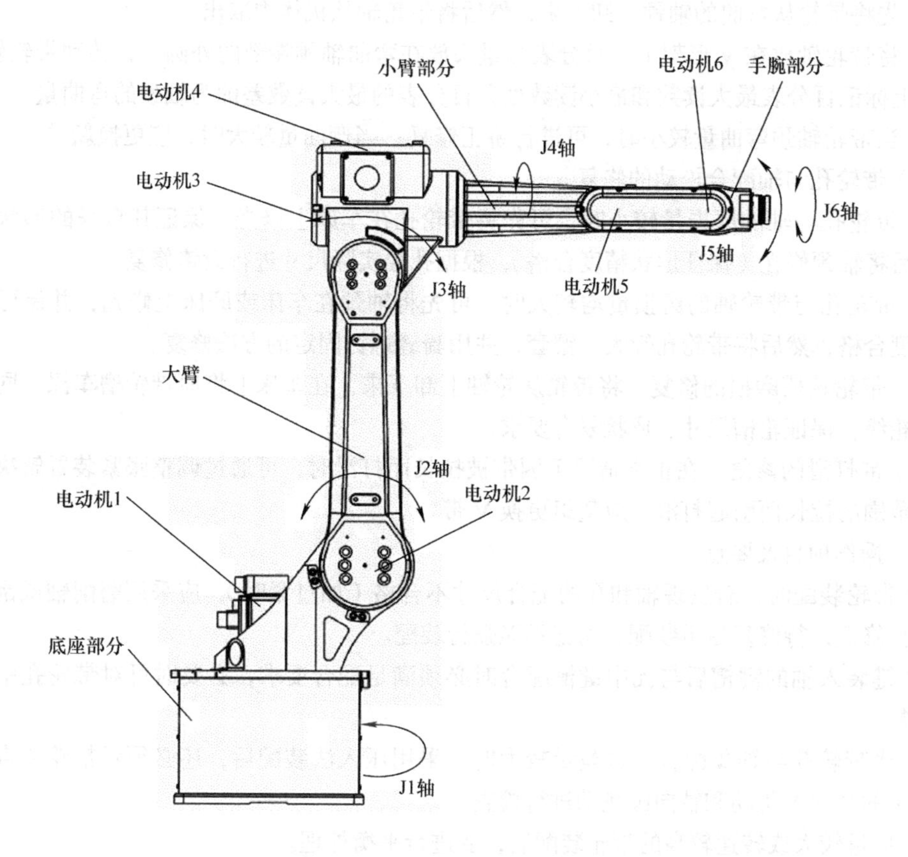

图5-13　关节机器人的结构

第五节　工业机器人传动机构维护与修理 *

1. 带传动机构的修理

（1）带传动概述

1）概念：带传动是由两个带轮（主动轮和从动轮）和一根紧绕在两带轮上的传动带组成，靠带与带轮接触面之间的摩擦力来传递运动和动力的一种挠性摩擦传动。

2）带传动特点：

① 优点：具有良好的弹性，能起吸振缓冲作用，因而传动平稳，噪声小；过载时，带与带轮会出现打滑，防止其他零件损坏；结构简单，成本低，加工和维护方便；适用于两轴中心距较大的传动。

② 缺点：外廓尺寸较大，结构不够紧凑；由于带的弹性滑动，不能保证准确的传动比；带的寿命较短，一般为 2000 ~ 3000h ；摩擦损失较大，传动效率较低，一般平带传动为 0.94 ~ 0.98，V 带传动为 0.92 ~ 0.97。

3）传动带的分类：按截面的形状分为平带、V 带、圆带等。

（2）带轮轴颈弯曲的修理

1）先将带轮从弯曲的轴颈上卸下来，然后将带轮轴从机体中取出。

2）将带轮轴放在V形架上，百分表测量头放在弯曲轴颈端部的外圆上，转动带轮轴一周，在轴颈上标记百分表最大读数和最小读数处，百分表的最大读数差即为轴颈的弯曲量。

3）当带轮轴颈弯曲量较小时，可进行矫正修复；当弯曲量较大时，应更换新轴。

（3）带轮孔与轴配合松动的修复

1）带轮孔与轴的磨损量较小时，可先将带轮孔在车床上修光，保证其自身的形状精度合格，然后将轴颈修光（保证形状精度合格），根据孔径实际尺寸进行镀铬修复。

2）带轮孔与带轮轴的磨损量均较大时，可先将轴颈在车床或磨床上修光，并保证其自身几何精度合格，然后将带轮孔镗大、镶套，并用骑缝螺钉固定的方法修复。

（4）带轮轮槽磨损的修复　将带轮从轮轴上卸下来，在车床上将原带轮槽车深，同时修整带轮的轮缘，保证轮槽尺寸、形状复合要求。

（5）带打滑的修复　在正常情况下因带被拉长而打滑时，可通过调整张紧装置解决。若超出正常范围的拉长而引起打滑，应整组更换V带。

（6）操作项目及要点

1）带轮装配时，若发现轴和孔的配合尺寸不合格（如过紧时），应采用磨削轴或刮削孔等方法进行修复，待修复后再装配，切记不能强行装配。

2）键装入轴的键槽后与孔中键槽配合时必须满足配合要求，必要时可对带轮孔中的键槽进行修复。

3）当带轮孔与轴颈配合的过盈量较大时，采用压入法装配后，还必须对带轮（直径较大的带轮）的径向圆跳动和轴向圆跳动进行检查。

4）质量较大或转速较高的带轮装配后，要进行平衡处理。

5）安装V带时，要防止手指被挤入带轮槽中。

6）安装V带时，同一带轮组上的几根V带实际长度要尽可能一样。

7）更换V带时，同一带轮组不允许新带、旧带混合使用；否则，由于张力不均会加快带的磨损。

2. 链传动机构的维护与修复

（1）链传动机构的概述

1）概念：链传动机构由主动轮、从动轮和绕在链轮上的链条组成，靠链条与链轮之间的啮合来传递两平行轴之间的运动和动力，属于具有啮合性质的传动。

2）链传动的特点：

① 能保证准确的平均传动比，作用在轴上的压力较小。

② 能在高温、油污等恶劣环境下工作。

③ 不能保证瞬时传动比恒定，有冲击和噪声。

④ 链传动的传动比 $i \leqslant 8$，中心距 $a \leqslant 6\text{m}$，传递功率 $P \leqslant 100\text{kW}$，圆周速度 $v \leqslant 15\text{m/s}$，闭式传动效率为0.95～0.98，开式传动效率为0.9～0.93。

3）链条分类：常用链条有滚子链、套筒链和齿形链。其中，滚子链由内链板、外链板、销轴、套筒和滚子组成。滚子链可做成多排，排数越多，传动能力越大。

4）链轮的特点：

① 链轮的齿形应保证链节能平稳而自由地进入和退出齿合，并便于加工。

② 小直径的链轮为实心。

③ 中等直径的链轮为孔板式。

④ 大直径的链轮为组合式，组合式链轮齿圈磨损后可更换。

⑤ 链轮应有足够的接触强度和耐磨性。

⑥ 小链轮的齿数多，因此要求的材质比大链轮高。

⑦ 材质为 Q235、45、ZG310-570、HT200，重要的链轮可使用合金钢如 15Cr、40Cr、35CrMo。

（2）链传动机构的维护

1）链传动机构的润滑。应根据链传动机构的结构特点和润滑要求，分别采用人工定期润滑、定期浸油润滑、油浴润滑和压力循环润滑等方法。

2）链条下垂度的检查。当链条磨损拉长后，会产生下垂和脱链（俗称掉链）现象，因此要定期检查链条的下垂度。

（3）链节断裂的修复　将断裂的链节放在带有孔的铁砧上，用锤子敲击冲头将链节心轴冲出，然后换装新的链节，最后将心轴两端铆合或用弹簧卡片卡住即可。

（4）链轮个别齿折断的修复　当链轮个别齿折断时，一般都是采用更换新链轮的方法修复。对于较大尺寸的链轮，为节约费用也可采用堆焊后再加工的方法修复。

（5）链轮磨损的修复　当链轮磨损到一定程度时，一般都不再进行修理，只能采用更换新的链轮方法解决。

（6）操作项目及要点

1）链轮与轴的连接应牢固可靠，既要保证链轮在轴上的定位准确，还要保证传递足够转矩的要求。

2）当链轮与轴的配合尺寸不合格时，不能强行装配，不能修复的应报废。

3）调整两链轮相对位置时，一般只调整其中一个链轮，当一个链轮调整到极限位置仍不能满足要求时，可同时调整两个链轮，直至达到要求为止。

4）套筒滚子链的接头仅在链条节数为偶数时才能使用。

5）安装套筒滚子链接头上的弹簧卡片时，一定要注意方向，弹簧卡片的开口方向应与链条运动方向相反。

6）装配及修理中要注意安全，防止事故发生。

3. 圆柱齿轮的修理

（1）齿轮传动概述

1）概念：齿轮传动是利用两齿轮的轮齿相互啮合传递动力和运动的机械传动。

2）分类：按齿轮轴线的相对位置分平行轴圆柱齿轮传动、相交轴锥齿轮传动和交错轴螺旋齿轮传动。

3）圆柱齿轮传动特点：

① 用于平行轴间的传动，一般传动比单级可到 8，最大 20；两级可到 45，最大 60；三级可到 200，最大 300。传递功率可到 10 万 kW，转速可到 10 万 r/min，圆周速度可到 300m/s。单级传动效率为 0.96～0.99。

② 直齿轮传动适用于中、低速传动。

③ 斜齿轮传动运转平稳，适用于中、高速传动。

④ 人字齿轮传动适用于传递大功率和大转矩的传动。

4）圆柱齿轮传动啮合形式：

① 外啮合齿轮传动，由两个外齿轮相啮合，两轮的转向相反。

② 内啮合齿轮传动，由一个内齿轮和一个小的外齿轮相啮合，两轮的转向相同。

③ 齿轮齿条传动，可将齿轮的转动变为齿条的直线移动，或者相反。

5）齿轮的工作条件：

① 开式齿轮传动，齿轮暴露在外，不能保证良好的润滑。

② 半开式齿轮传动，齿轮浸入油池，有护罩，但不封闭。

③ 闭式齿轮传动，齿轮、轴和轴承等都装在封闭箱体内，润滑条件良好，灰沙不易进入，安装精确，齿轮传动有良好的工作条件，是应用最广泛的齿轮传动。

6）齿轮材料：

① 常用材料为锻钢、铸钢、铸铁。

② 齿面硬度≤350HBW，常用材料为45、35SiMn、40Cr、40CrNi、40MnB。

③ 齿面硬度>350HBW，常用材料为45、40Cr、40CrNi。

④ 齿面硬度高=48~55HRC，接触强度高，耐磨性好。常用材料为20Cr、20CrMnTi、40MnB、20CrMnMo。

7）齿轮结构：

① 当齿轮的齿根圆到键槽底面的距离 e 很小，如圆柱齿轮 $e<2.5$mm，锥齿轮的小端 $e<1.6$mm，为了保证轮毂键槽足够的强度，应将齿轮与轴作成一体，形成齿轮轴。

② 对于齿顶圆直径 $d_a \leqslant 500$mm 时，可采用辐板式结构，以减轻重量、节约材料。通常多选用锻造毛坯，也可用铸造毛坯及焊接结构。

③ 对于齿顶圆直径 $d_a>500$mm 时，采用轮辐式结构。受锻造设备的限制，轮辐式齿轮多为铸造齿轮。

8）齿轮严重磨损或轮齿断裂时，一般都应更换新的齿轮。当一个大齿轮和一个小齿轮啮合时，因小齿轮磨损较快，应先更换小齿轮。更换齿轮时，新齿轮的齿数、模数、齿形角必须与原齿轮相同。

9）对于大模数齿轮或一些传动精度要求不高的齿轮，当轮齿局部损坏时，可采用焊补或镶齿法修复。

（2）装配和修理齿轮的注意事项

1）装配齿轮时，要防止齿轮歪斜、变形及端面未靠紧现象发生。

2）空套齿轮与轴的装配，其径向间隙和轴向间隙是由加工精度保证的，装配前应严格检查，合格后方能进行装配。

3）滑移齿轮与轴的装配，其径向间隙也是由加工精度保证的，因此装配前也应该进行严格检查。

4）在齿轮轴组件装入箱体的过程中，不得将污物、杂物掉落在箱体内。

5）齿轮轴组件的装配必须到位，需要靠紧的必须靠紧。

6）装配后的轴组件经过调整应达到装配技术要求。

7）装配和修理过程中要注意安全，避免事故的发生。

4. 螺旋传动机构的装配与修理

（1）螺旋传动概述

1）概念：螺旋传动是靠螺旋与螺纹牙面旋合实现回转运动与直线运动转换的机械传动。

2）分类：螺旋传动按其在机械中的作用可分为传力螺旋传动、传导螺旋传动和调整螺旋传动。

① 传力螺旋传动：以传递力为主，可用较小的转矩转动产生轴向运动和大的轴向力，例如螺旋压力机和螺旋千斤顶等；一般在低转速下工作，每次工作时间短或间歇工作。

② 传导螺旋传动：以传递运动为主，常用作实现机床中刀具和工作台的直线进给；通常工作速度较高，在较长时间内连续工作，要求具有较高的传动精度。

③ 调整螺旋传动：用于调整或固定零件（或部件）之间的相对位置，如带传动调整中心距的张紧螺旋，一般不经常转动。

（2）螺旋传动机构的修理

1）丝杠螺纹磨损的修复。当丝杠梯形螺纹的磨损不超过齿厚的10%时，可用车削螺纹的方法进行修复。螺纹车削后，外径也需相应车小，以使螺纹达到标准深度。

对于磨损量过大的精密丝杠、矩形螺纹丝杠，一般不再进行修理，常采用更换丝杠的方法进行修复。

2）丝杠轴颈磨损的修复。丝杠轴颈磨损后可采用镀铬磨制的方法修复。磨削应与车削螺纹同时进行，以保证螺纹与轴颈的同轴度。

3）丝杠螺母的修复。螺母磨损后大都采用更换的方法修复。一种是与修复的丝杠配作螺母，另一种是重制造新螺母。

4）注意事项。单螺母机构应消除丝杠螺母之间间隙的消隙力，其方向必须与切削力的方向一致，以防止进给时产生爬行现象，影响进给精度。

5. 联轴器的装配与修理

（1）联轴器概述

1）概念：联轴器是指连接两轴或轴与回转件，在传递运动和动力过程中一同回转，在正常情况下不脱开的一种装置；有时也作为一种安全装置用来防止被连接机件承受过大的载荷，起到过载保护的作用。

2）分类：联轴器可分为刚性联轴器和挠性联轴器两大类。

① 刚性联轴器不具有缓冲性和补偿两轴线相对位移的能力，要求两轴严格对中，但此类联轴器结构简单，制造成本较低，装拆、维护方便，能保证两轴有较高的对中性，传递转矩较大，应用广泛。常用的有凸缘联轴器、套筒联轴器和夹壳联轴器等。

② 挠性联轴器又可分为无弹性元件挠性联轴器和有弹性元件挠性联轴器。前一类只具有补偿两轴线相对位移的能力，但不能缓冲减振，常见的有滑块联轴器、齿式联轴器、万向联轴器和链条联轴器等；后一类因含有弹性元件，除具有补偿两轴线相对位移的能力外，还具有缓冲和减振作用，但传递的转矩因受到弹性元件强度的限制，一般不及无弹性元件挠性联轴器，常见的有弹性套柱销联轴器、弹性柱销联轴器、梅花形联轴器、轮胎式联轴器、蛇形弹簧联轴器和簧片联轴器等。

（2）凸缘联轴器的装配

1）分别在电动机和齿轮箱的轴上装上平键和凸缘盘，将齿轮箱找正后固定。

2）将百分表固定在凸缘盘上，并使百分表测头抵在凸缘盘上。转动凸缘盘，找正凸缘盘与凸缘盘的同轴度。

3）移动电动机，使电动机凸缘盘的凸台插入齿轮箱凸缘盘的凹槽内。

4）转动齿轮箱轴（或凸缘盘），测量两凸缘盘端面之间的间隙，当间隙均匀后，使两凸缘盘完全接触。

5）将电动机固定，用螺钉将两凸缘盘紧固。

（3）弹性柱销联轴器的装配

1）在电动机轴和齿轮箱轴上分别装上平键和半联轴器，将齿轮箱找正后固定。

2）找正两半联轴器的同轴度，其找正方法和凸缘联轴器找正方法相同。

3）移动电动机，将圆柱销穿入两半联轴器的销孔内。

4）转动轴，并调整使两半联轴器端面间的间隙均匀。移动电动机，使两半联轴器靠紧。

5）固定电动机，紧固柱销螺钉，再复查一次同轴度，直至合格为止。

（4）十字滑块联轴器的装配

1）在相互连接的两个传动轴上装上平键。

2）将两个联轴盘分别装配到各自的传动轴上，并将从动轴联轴盘的箱体固定。

3）将钢直尺放在联轴盘的外圆上，使钢直尺与两圆的上、下及两侧母线均匀接触。

4）安装中间盘，使联轴盘与中间盘留有少量间隙，以保证转动时中间盘与联轴盘有少量的相对自由滑动。

5）将作为主动轴的箱体固定。

（5）联轴器的修复

1）刚性联轴器与轴配合松动的修复：可将轴颈镀铬或喷镀，以增大轴颈直径尺寸的方法修复。若松动严重或连接部位严重磨损或变形时，应采用更换的方法修复。

2）牙嵌式离合器牙齿损坏的修复：损坏严重的直接更换新件。

3）连接件损坏的修复：直接更换新件。

6. 液压传动系统的调整与修理

根据装配图先将液压系统各零件装配成完整的液压系统，然后根据技术要求进行调试。例如，某液压系统的工作过程为工作台快进、工作进给、快速退回、停止。其调试过程如下：

（1）调试前的检查

1）检查液压油是否符合要求，油箱中的油量是否达到标高。

2）各液压元件的装配是否正确，泄漏是否符合规定要求。

3）各液压元件的防护是否完整，各控制手柄是否在关闭或卸荷的位置上。

（2）空载试验

1）起动液压泵电动机，观察运动方向是否正确，运转是否正常，有无噪声或杂音等。还要注意液压泵是否有漏液现象。

2）液压泵在卸荷状态下，其卸荷压力是否在规定范围内。

3）调整压力阀，逐步增大压力达到系统压力规定值。

4）有排气装置的应打开排气阀。

5）将开停阀置于“开位”，使液压缸（或活塞杆）工作速度逐渐增大，工作行程由小到大。然后，使工作台在全行程快速往返运动，以排除系统内的空气。

6）关闭排气阀。

7）检查各管道连接处、液压元件接合处及密封处是否有泄漏现象。若有，应采取治漏措施。

8）检查系统在空载下是否按预定的工作过程工作，各个动作是否平稳，有无“爬行”现象。

9）空载运转 2h 后，检查油温及液压系统的动作精度（如换向、定位、停留等）。

（3）注意事项

1）安装液压泵时一定要注意液压泵轴与电动机轴的同轴度，一般同轴度误差不大于 0.1mm，倾斜角不大于 40°。

2）安装液压泵上的联轴器时，不可敲击泵轴，以免损坏泵的转子。

3）液压泵的出口、入口和旋转方向在标牌上均有标明，应按要求连接管道，不得反接。

4）注意安全，严格按操作规程工作，防止事故发生。

第六节　工业机器人夹具维修与调整*

一、气动夹具的调整

1. 气路的安装与配管

（1）气路元件的安装要点

1）按照气动原理图将空气组合元件、主控阀、操作架（箱）等，安装固定在夹具合适的位置，要保证既不影响夹具的操作，又便于气路的配管作业。

2）过滤器的滤杯要垂直朝下安装，确保更换滤芯空间，便于操作和观察。

3）减压阀考虑调压手轮操作方便，压力表易于观察。

4）主控阀应尽量靠近被控的气缸安装，并且要保证阀芯处于水平状态。

5）确认元件的进口、出口侧，不得装反。

6）操作架（箱）的操作高度在 750 ~ 800mm。

7）限位开关的安装要保证能准确检测到气缸的极限位置，又不影响气缸的运动和焊钳的操作。

（2）配管的施工

1）配管前，应充分吹净或洗净管内的切削末、切削油、灰尘等，防止异物进入系统。

2）气缸和管接头之间是螺纹连接的场合，不允许将管接头螺纹密封带碎片混入配管内部。使用密封带时，螺纹头部应留出 1.5 ~ 2 个螺距不缠绕密封带。

3）配管螺纹拧入时，应按合适的力矩进行。紧固力矩不足，会造成松脱或密封不良；紧固力矩过大，螺纹会损坏。安装配管时的力矩见表 5-10。

表 5-10　安装配管时的力矩

连接螺纹	M3	M5	Rc1/8	Rc1/4	Rc3/8	Rc1/2，Rc3/4	Rc1	Rc1.1/4	Rc1.1/2
力矩 /N · m	0.3 ~ 0.5	1.5 ~ 2	7 ~ 9	12 ~ 14	22 ~ 24	28 ~ 30	28 ~ 30	40 ~ 42	48 ~ 50

4）垂直剪断软管截面，以免密封不良。

5）软管的弯曲半径要符合厂家规定。

6）软管应尽可能配置在夹具底板侧面，禁止在底板的底面配管。在底板上面配管时，要距离底板表面 20 ~ 30mm，并做好防火花飞溅处理。

7）管线要套上标识，以便于维修和更改。

8）配管完成后，要用扎带进行捆扎、整理，捆扎不宜太粗，松紧以用手拉动为限。

2. 气路的运转与调试

（1）气路系统的试运转

1）试运转前，节流阀全部关闭，气缸上的缓冲阀全部关闭或稍许开启。截止阀（球阀）关闭，减压阀输出压力为零。

2）确认整个气动系统范围内没有工具、异物存在。可动件动作范围内不会碰上配管及其他物体。气缸不接负载，确认气缸动作正常。

3）截止阀（球阀）打开，将减压阀调至设定压力。

4）按动按钮阀或主控阀的手动按钮，确认阀动作正常。

5）逐渐打开气缸节流阀，缓慢提高气缸速度。同时调节气缸缓冲阀，使气缸平稳运动至末端。

（2）气路系统的调试

1）运转完成后，调整速度控制阀，使执行元件在低速下动作。

2）进行执行元件限位的最终调整。

3）进行限位开关等检测元件位置的调整。

4）带负载进行执行元件的速度调整和缓冲阀的调整。

5）进行各个独立回路及非常停止回路的调整。

6）进行连续运转，确认执行元件的动作顺序，以及逻辑互锁关系是否符合夹具操作的要求。

7）调试结束后，关闭截止阀（球阀），利用残压释放阀释放残压。

3. 常见气动故障与排除

在正常夹具生产过程中，气动部件时常会有一些问题，有些问题将直接影响生产，这些问题正常情况下都需要技术人员来现场解决，但有的问题可以由现场直接排除，不需要向设备部门申报维修就可以直接维护。解决气路问题，没有什么特别好的办法，一般都使用排除法来解决。通常都是采用"望""闻""问""切"四种方法来逐个排除，最终找到问题所在。

一般首先"闻"，就是听，看看整个夹具是否哪里有漏气的声音，漏气会严重地影响夹具的动作及能源损耗，找到漏气点，问题一般就都可以解决了，如果是经常的漏气就要分析原因，如是否为泄气不畅、使用气动元件不合理等。

其次就是"望"，即看一下夹具夹爪是否有异常，如被一些部件卡死或干涉，或者是机构上缺少部件。

再次就是"问"，对于没有调查就妄下结论修改气路是很危险的，只有充分地向操作本工位的工人了解情况，方能不误诊"病因"。

如果以上的方法依然不奏效，那最后的办法就是"切"了，即检查气路图，对夹具气路进行解剖分析，使用本方法需要有一定的气路知识。

例如：气缸不动作的故障，其本质原因是气缸内气压不足或阻力太大。气缸、换向阀、管路系统和控制线路出现故障，都可能造成气压不足。而某一方面的故障又有可能是由于不同的原因引起的。这就需要由简到繁、由易到难、由表及里地逐级进行分析。系统供压不足的原因和对策见表 5-11。

表 5-11 系统供压不足的原因和对策

故障原因	对策
耗气量太大，空气压缩机输出流量不足	选择输出流量合适的空气压缩机或增设一定容积的气罐
空气压缩机活塞环等磨损	更换零件；在适当的部位安装单向阀，维持执行元件内压力，以确保安全
漏气严重	更换损坏的密封件或软管；紧固管接头及螺钉
减压阀输出压力低	调节减压阀使用压力
速度控制阀开度太小	将速度控制阀打开到合适的开度
管路细长或管接头选用不当、压力损失大	重新设计管路，加粗管径，选用流通能力大的管接头及气阀
各支路流量匹配不合理	改善各支路流量匹配性能；采用环形管道供气

例如：气路系统的维修见表 5-12。

表 5-12 气路系统的维修

检查元件	检查零件及检查内容
过滤器	油杯是否有损伤；滤芯两端压降是否大于允许值；自动排水器动作正常否
减压阀、安全阀	压力表指示有无偏差；阀座密封垫是否损伤；膜片有无破损；弹簧有无损伤或锈蚀；喷嘴是否堵住
油雾器	油杯有无损伤；观察窗有无损伤；喷油管及吸油管有无堵塞
换向阀	电磁绕圈绝缘性能是否符合要求，有无被烧毁；铁心有无生锈；分磁环有无松动；密封垫有无松动；弹簧有无锈蚀或损伤；阀座密封垫损伤否；阀芯有无磨损；密封圈有无变形或损伤；滚轮、杠杆各凸轮有无磨损和变形
速度控制阀	针阀有无损伤；单向阀密封垫有无损伤
快排阀、单向阀、梭阀	密封圈有无变形或损伤；阀芯有无磨损
气缸	缸筒内表面和活塞外表面的电镀层有无脱落、划伤、异常磨损；活塞杆有无变形或损伤；导向套偏磨是否大于 0.02mm；密封圈有无变形或损伤；是否要补充润滑脂；活塞和活塞杆连接处有无松动、裂纹；缓冲节流阀有无变形或损伤；气缸安装件有无损伤

1）维修气路系统之前，应预先了解元件的作用、工作原理。

2）拆卸前，应清扫元件和装置上的污染物。确认气源已被切断，气路中的残压已全部排出。

3）拆卸时，要慢慢松动每个螺钉，以防止元件或管道内有残压。一面拆卸，一面逐个检查零件是否正常。应以组件为单位进行拆卸，并按顺序摆放，注意零件的安装方向，以便今后装配。

4）更换的零件必须保证质量，锈蚀、损伤、老化的元件不得再用。

5）拆下来准备再用的元件，应放在清洗液中清洗。

6）零件清洗后，不准用丝绵、化纤品擦干，可用干燥清洁空气吹干。

7）维修安装后，接通气源，调节速度控制阀使气缸以缓慢的速度移动，逐渐打开节流阀，使气缸达到规定速度。

二、焊接夹具的调整

为保证焊件尺寸，提高装配精度和效率，防止焊接变形所采用的夹具，称为焊接夹具。为了正确使用、保养、维护、管理好焊接夹具，使焊接夹具满足生产需求，避免发生停线、停产的生产事故，并保证所制造产品零部件的质量稳定，符合设计、工艺的要求，降低生产成本。

1. 夹具的组成

夹具分为手动夹具和气动夹具，也包括电气控制的夹具。

夹具一般由基准面、角座、规制板、夹爪、定位销、定位面、轴承、夹钳、气缸及气动元件组成，主要通过定位面、定位销、夹爪进行定位和夹紧，从而确保工件的位置精度。

2. 夹具点检维护保养（依据点检表）

（1）目视

1）定位销无磨损现象（一般磨损为 0.2mm 需更换），磨损时应及时报告工装管理员。

2）定位面无松动、凹坑、过度划伤等，若有此现象，及时报告班组长，再由工装管理员处理。

3）基准面板表面光滑，无明显凹坑和裂纹。

（2）手动

1）夹爪有效夹紧、无松动、无晃动，定位销无脱落、松动，轴承无异响，各单元润滑良好。

2）打开气源检查气缸活动自如，活塞杆无打火、气缸表面无磨损现象。

3）打开气源检查各快速接头、气管，无老化、松动、漏气现象。

（3）保养

1）工装夹具现场按要求规定区域水平平稳放置。

2）夹具表面清洁，无灰尘、杂物、焊渣等，夹具上各按钮无损坏、残缺，凸凹槽应清洁。

3）各单元齐全，夹具编号与铭牌清楚完好。

4）各附属装置（气管、气源处理装置等）表面无灰尘、油污；气路完好，无老化、泄漏现象。

5）气压表正常（工作气压 0.4 ~ 0.6MPa），气源处理装置完好，油杯中油量在正常指示范围内，油质（气动油）正常，调压自如，过滤器无堵塞，每日上下班及时清除过滤杯中的水和对夹具加油。

6）夹具上各定位销、夹头、夹块、铜块完整，且润滑良好，无异常。

7）各移动部件导轨间无异物，表面无研伤，且润滑良好，无异响。

8）减振器工作正常，油量充足，无异响；各气缸、气阀等固定点无松动、串气现象。

9）焊接辅具上没有焊渣、油污及其他对焊接质量有害的杂质。

10）各装配夹具、样板定位准确，无变形且夹紧装置状态良好。

11）夹具上定位块无变形，非金属压块无磨损、老化、变形。

12）各气动及手动夹紧点在夹紧时必须在死点位置，并且无松动。

13）夹具上的电极板无变形、坑包，厚度、高度应符合工艺要求。

14）夹具上不允许放劳保用品和过多板件。

15）不允许工件摆放不到位或使用变形产品，强制夹紧会造成工装损坏。

16）不允许随意敲打、撞击夹具或让夹具带“病”工作。

3. 夹具的正确安全操作与注意事项

1）穿戴好劳保用品，准备好工具，按照夹具点检表对夹具进行点检。

2）对点检存在的问题写在点检表上，如果遇到定位销、定位面、夹钳等影响质量或不能正常生产的问题，应立即通知工装班人员进行维修。

3）在操作中不得用锤子、扁錾或其他物品启动按钮和敲击夹具任何部位等野蛮作业（工具可放在基准面上，但要轻拿轻放）。

4）严禁在夹具上堆积过多板件，破坏气管或其他元件。

5）焊接中避免焊钳撞击夹具并产生火星损坏夹具。

6）操作时身体不允许超过夹具任何部分。

7）手不能放入气缸、平面直线导轨、夹爪等的活动部分。

8）按钮应根据《焊装作业指导书》要求的先后顺序进行操作。

9）旋转夹具在转动时防止工件与身体划伤。旋转夹具工作旋转时不允许夹具大幅度摆动（旋转轴容易扭断）。

10）焊接前应等夹具的活动部分全部到位后方可进行。

4. 常见气动故障与排除

（1）故障现象　机器人失控，焊钳与夹具发生碰撞且插入夹具内部六轴继续转动，导致焊钳变形且六轴末端法兰与减速器配合处漏油。

（2）故障原因初步预测

1）末端法兰或减速器损坏。

2）末端法兰 M14 螺钉松动或折断。

3）末端法兰处密封圈 S132 损坏。

（3）处理方法

1）末端法兰或减速器损坏。查看末端法兰和减速器外部，未发现有裂纹等异常现象；由于无法检查末端法兰端面和 M14 螺钉，因此将焊钳拆下，但仍未发现末端法兰外端面有异常现象。

2）末端法兰 M14 螺钉松动或折断。用力矩扳手拧紧螺钉，有部分松动。

3）末端法兰处密封圈 S132 损坏。拧下螺钉 M14，未发现有折断现象；轻缓取下末端法兰，发现密封圈有一段不在密封槽内，且密封圈有损坏。已将密封圈 S132 更换。

（4）故障原因　初步断定为机器人失控后焊钳与夹具发生碰撞、振动导致螺钉松动，产生间隙，继续运动后使密封圈损坏，从而导致漏油。

（5）试验结果　将机器人焊钳安装好后，对机器人 6 轴进行了带载运动试验，6 轴运动正常，无异常声响、渗漏。

本次手腕部分漏油，主要是由于机器人失控，焊钳与夹具发生碰撞后 6 轴继续运转发生扭曲而导致密封圈损坏，非机械结构原因所致。以后若发生类似碰撞事件而造成末端法兰与减速器配合处漏油，维护人员可从上述三点可能性因素进行分析和排查；如果是 M14 螺钉处漏油，则可从螺钉 M14 的预紧及损坏情况、端面密封胶和密封圈 S132 的损坏情况、末端法兰损坏情况进行排查。在以后的机器人操作中，操作人员应按照机器人的操作流程进行操作，防止此类事件再次发生。

三、激光切割工作的调整

激光切割机的稳定正常工作，与平时的正确操作和日常维护是密不可分的。

1. 水的更换与水箱的清洁

建议：每星期清洗水箱与更换循环水一次。

注意：机器工作前一定要保证激光管内充满循环水。

循环水的水质及水温直接影响激光管的使用寿命，建议使用纯净水，并将水温控制在 35℃以下。如果超过 35℃需更换循环水，或向水中添加冰块降低水温。建议用户选择冷却机，或使用两个水箱。

清洗水箱：首先关闭电源，拔掉进水口水管，让激光管内的水自动流入水箱内，打开水箱，取出水泵，清除水泵上的污垢。将水箱清洗干净，更换好循环水，把水泵还原回水箱，将连接水泵的水管插入进水口，整理好各接头。把水泵单独通电，并运行 2~3min（使激光管充满循环水）。

2. 风机的清洁

风机长时间使用后，会使风机里面积累很多灰尘，让风机产生很大噪声，也不利于排气和除味。当出现风机吸力不足排烟不畅时，首先关闭电源，将风机上的入风管与出风管卸下，除去里面的灰尘，然后将风机倒立，并拨动里面的风叶，直至清理干净，然后将风机安装好。

3. 镜片的清洁

建议每天工作前清洁镜片，设备须处于关机状态。

激光切割机上有三块反射镜与一块聚焦镜（1 号反射镜位于激光管的发射出口处，也就是机器的左上角，2 号反射镜位于横梁的左端，3 号反射镜位于激光头固定部分的顶部，聚焦镜位于激光头下部可调节的镜筒中），激光通过这些镜片反射、聚焦后从激光头发射出来。镜片很容易沾上灰尘或其他污染物，造成激光损耗或镜片损坏，1 号反射镜与 2 号反射镜镜片清洗时无须取下，只需将沾有清洗液的擦镜纸小心地沿镜片中央向边缘旋转式擦拭。3 号反射镜镜片与聚焦镜需要从镜架中取出，用同样的方法擦拭，擦拭完毕后原样装回即可。

注意：

1）镜片应轻轻擦拭，不可损坏表面镀膜。

2）擦拭过程应轻拿轻放，防止跌落。

3）聚焦镜安装时请务必保持凹面向下。

4. 导轨的清洁

建议每半个月清洁一次导轨，关机操作。

导轨作为设备的核心部件之一，它的功用是起导向和支承作用。为了保证机器有较高的加工精度，要求其导轨具有较高的导向精度和良好的运动平稳性。设备在运行过程中，由于被加工件在加工中会产生大量的腐蚀性粉尘和烟雾，这些烟雾和粉尘长期大量沉积于导轨表面，对设备的加工精度有很大影响，并且会在导轨表面形成蚀点，缩短设备使用寿命。为了让机器正常稳定工作，确保产品的加工质量，要认真做好导轨的日常维护。

注意：清洁导轨请准备干棉布和润滑油。

激光切割机的导轨分为直线导轨和滚轮导轨。在 YM 系列激光切割机中 *X* 方向采用了直线导轨，*Y* 方向采用了滚轮导轨。

直线导轨的清洁：首先把激光头移动到最右侧（或左侧），用干棉布擦拭直线导轨直到光亮无尘，再加上少许润滑油（可采用缝纫机油，切勿使用机油），将激光头左右慢慢推动几次，让润滑油均匀分布即可。

滚轮导轨的清洁：把横梁移动到内侧，打开机器两侧端盖，用干棉布把两侧导轨与滚轮接触的地方擦拭干净，再移动横梁，把剩余地方清洁干净。

5. 螺钉、联轴器的紧固

运动系统在工作一段时间后，运动连接处的螺钉、联轴器会产生松动，会影响机械运动的平稳性，因此在机器运行中要观察传动部件有没有异响或异常现象，发现问题要及时紧固和维护。同时机器应该过一段时间用工具逐个紧固螺钉。第一次紧固应在设备使用后一个月左右。

6. 光路的检查

激光切割机的光路系统是由反射镜的反射与聚焦镜的聚焦共同完成的，在光路中聚焦镜不存在偏移问题，但三个反射镜是由机械部分固定的，偏移的可能性较大，虽然通常情况下不会发生偏移，但建议用户每次工作前务必检查一下光路是否正常。

7. 日常保养注意事项

在日常保养过程中，激光切割机维护人员每天要注意以下事项：

1）冷却系统要接地，经常清洗水箱和水路，制冷温控水箱温控点要合适，否则造成激光管破损和结露，功率下降，冷水头脱落，寿命大大缩短，有时无法工作，造成不断换管。

2）激光切割机的激光管安装支点要合理，支点应在激光管总长的1/4处，否则造成激光管光斑模式变坏，有时在一段时间内光斑变成几个点，致使激光功率下降无法达到要求。

3）水保护应经常检查清洗，冷却水常常不能冲开水保护浮子开关或水保护浮子开关不复位，不能采用短接方法解决问题。

4）吸风装置应按期检查清理，把风机风管清理干净，否则很多烟雾灰尘排不出去，快速地污染镜片和激光管，使各机械电子部件轻易氧化造成接触不好。

5）聚焦镜和反光镜检查，镜架工作一会就会发热，镜片表面变色生锈、脱膜开裂时都应更换，特别是许多用户用大气泵和空气压缩机，这样在聚焦镜片上造成积水，因此必需定时保证光路系统中镜片的清洁和质量。

6）激光切割机工作环境不能太恶劣，例如环境温度高于30℃或低于18℃，灰尘太多，空气污染严重，这样机器会受损，故障率不断上升；潮湿环境下各电器配件很容易出问题。

7）用电电网功率要匹配。

8）激光管工作电流要合理，不能长期处于满额功率下工作；要合理应用激光和节约激光能源；光路系统要定时清洁，否则致使激光管过早老化和破裂，激光设备工作时功率应调在总功率的50%～60%，然后再根据材料来调整工作速度，这样才是激光管最佳的工作状态。

9）及时清除机床床身、切割头、传感器等部件上的污物和灰尘，从而保持机床外观清洁。

10）及时清理机床内的易燃物，如手套碎布，以防切割中引起火灾。

11）及时清理漏料斗废车上的铁渣，从而保证切割废料能够顺畅落下。

12）每日开机前，仔细检查工作气体的压力和减压阀工作是否正常，避免气压不足，影响切割断面质量。

13）检查两路冷却水循环是否正常，避免因光路镜片冷却不好影响切割质量甚至损伤镜片。

14）检查切割头各气管接头、冷却水是否有渗漏现象，从而保证气体、冷却水能正常供给。

15）切割前检查保护镜和聚焦镜并及时清洁，保证切割质量和聚焦镜片的寿命。

8. 异常现象与排除方法

激光切割机异常现象与排除方法见表5-13。

表 5-13　激光切割机异常现象与排除方法

序号	异常现象	排除方法
1	激光不出光	激光电源开关没闭合；激光高压按钮没按下；激光电源毁坏；高压线脱落
2	切割尺寸有偏差	固定参数中转距设置不对；每脉冲数设置不对；图形没有做光逢补偿；CoreLDRAW 绘图仪设置不对，应为 1016
3	切方形成平行四边形	X 轴与 Y 轴不垂直
4	切割面垂直度不好	垂直光没调好；焦距调整不对；聚焦镜片焦矩太短
5	切割面边缘熔边厉害	激光功率输出太大；切割速度太慢；吹气没过滤或过滤不够；吹气气压太小
6	切割时工件底面起火	切割速度太慢；激光功率输出太大；工件表面有保护纸；抽风太小；吹气太小
7	切割速度降低	焦距不对；镜片太脏；光路不正
8	切割断面不光滑	传动带松紧度不当；切割速度太快；镜片太脏；处于手动出光状态；光路系统松动；台面振动
9	起点处有一小槽	降低激光强度；减少开光延时；减少关光延时

第七节　工业机器人测量工作应用与调整*

一、关节臂坐标测量机的应用与调整

所谓关节臂坐标测量机是依据仿生运动学原理而设计的一种新型坐标测量系统，与工业常见的机械手相类似，一般由多个移动或旋转关节构成，关节的数目决定了其自由度的大小。这是一种属于非正交串联空间机构的坐标测量系统，也称为“柔性三坐标测量臂”或“便携式三坐标测量机”（Portable CMM，或 PCMM），是 20 世纪 80 年代末发展起来的一种三维测量手段，20 世纪 90 年代在欧美工业国家逐步得到使用。近年来，随着精度和稳定性的提高，关节臂坐标测量机的应用得到快速发展。

关节臂坐标测量机是一种全新的技术密集、经济适用的三坐标测量设备，它采用开链全转动副结构，彻底摒弃了传统三坐标测量机的平台和导轨，使得产品重量和体积大幅度减小，产品价格大幅度降低，使用便捷性和对使用环境的要求大为改善，轻便简捷，物美价廉；而且可使三坐标测量机走出实验室，进入车间和现场，是测量技术革命性的科技成果。

关节臂坐标测量机需要强大的软件功能支持，在软件支持下，坐标测量机的功能与用途主要体现在产品设计、产品现场检测、品质保证以及管理等方面。

在产品设计中可用于：可根据产品模型或样件进行产品设计开发，这是在逆向工程中的应用；对产品进行计算机辅助检测，可及时发现产品与原始设计间的误差，以便改进产品设计和制造工艺，这是用于设计改进。

在产品现场检测、品质保证方面，可用于现场快速测量、重大物体测量、在线检测和快速测量。

现场快速测量：与传统 CMM 相比，采用柔性坐标测量机可对产品进行快速测量，可及时发现产品问题（变形、磨损等），保证在恰当的时间更换模具或零部件，减少不必要的损失，减

少废品率；也可及时发现机器设备因零部件磨损造成的停机故障等风险。

重大物体测量：对模具、大型机器、飞机、汽车等大或重的产品或腔体的测量，传统设备非常困难，而采用柔性坐标测量机则很方便。

在线检测：柔性坐标测量机能够较为方便地进行在线测量。

快速测量：由于其快速的测量功能，能够及时发现产品加工制造中的问题，有利于质量管理与控制。

与传统三坐标测量机相比，关节臂坐标测量机有其独特的优点，两者之间的比较见表5-14。

表 5-14　关节臂坐标测量机与传统三坐标测量机的比较

比较项目	传统三坐标测量机	关节臂坐标测量机
测量方式	接触式	可以接触测量，也可使用激光扫描
测量速度	慢	较快
测量精度	理论上单点精度高	统计（整体）精度高
测量死角	多	很少
对被测物体的要求	重量轻、体积小、不易变形	无特殊限制
在线检测	很难实现	较易实现
环境要求	恒温室、防振	一般工作环境即可
可移动性	较难搬动	便于携带
操作简便性	复杂	简单
其他	适合规则物体的测量	适合复杂曲面和非规则物体的测量

1. 关节臂坐标测量机的原理

关节臂坐标测量机由三根刚体臂、三个活动关节和一个测头组成，如图 5-14 所示。三根臂相互连接，其中一个为固定臂，它安装于任意基座上支撑测量机所有部件，另外两个活动臂可运动于空间任意位置，以适应测量需要，其中一个为中间臂，一个为末端臂并在此尾端安装测头。第一根固定臂与第二根中间臂之间、第二根中间臂与第三根末端臂之间、第三根末端臂与接触测头之间均为关节式连接，可做空间回转，而每个活动关节装有相互垂直的回转角传感器，可测量各个臂和测头在空间的位置。每个关节的回转中心和相应的活动臂构成一个极坐标系统，

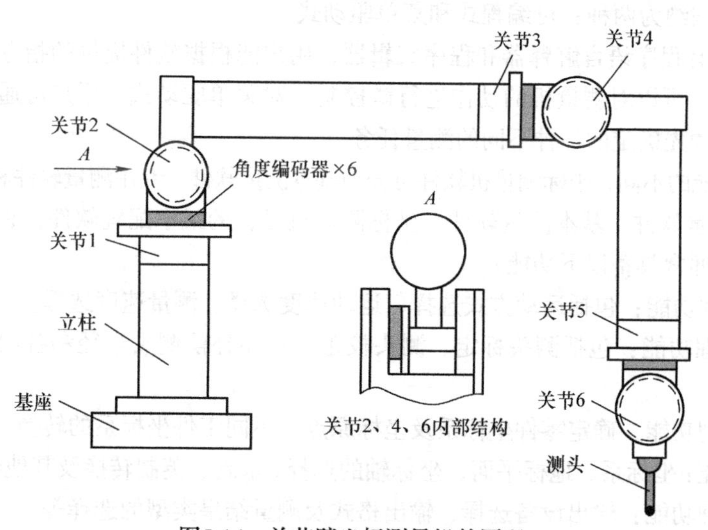

图5-14　关节臂坐标测量机的原理

回转角即极角由圆分度传感器测量，而活动臂两端关节回转中心距离为极坐标的极径长度，可见该测量系统是由三个串联的极坐标系统组成的，当测头与被测件接触时，测量系统可给出测头在空间的三维位置信号，测头与被测件在不同部位接触时，根据所建立的测量数学模型，由计算机给出被测参数实际值。

2. 关节臂坐标测量机的组成

如图 5-15 所示，整个测量机主要由主机、电路、计算机、软件及附件组成。

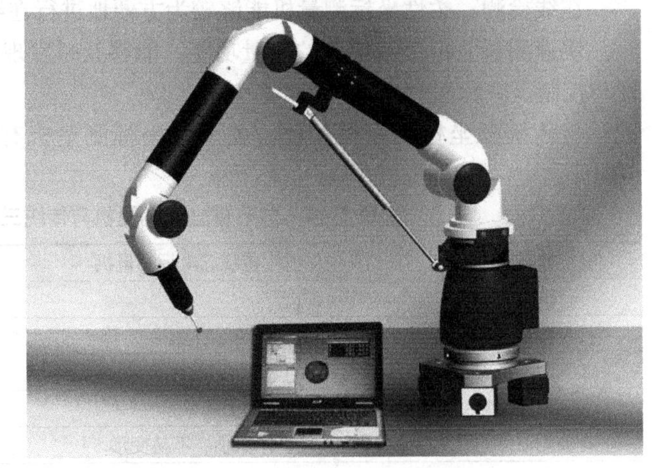

图5-15 关节臂坐标测量机的组成

关节臂坐标测量机主机主体材料采用弹纤维，该材料具有重量轻、强度高、变形小的特点，主要起支撑作用；各关节是由精密制造的回转轴系构成的，每个关节安装有角度编码器；数据采集电路固定在仪器底座空间部分，完成角度编码器的信号采集并处理；数据处理模块通过 USB 接口与上位机软件进行通信。采样开关完成对信号的触发。

关节臂坐标测量机的原理如图 5-14 所示。从图 5-14 中可看出，关节 1、2 构成了一个整体的连接件，将固定臂与第二个测量臂连接起来；同样，关节 3、4 也构成整体连接了第二、第三个测量臂；关节 5、6 连接第三个测量臂与测头。相邻构成整体的关节采用了双轴承交叉轴、双轴承内嵌轴结构，同时，为了测量机的整体平衡，特设计了一种平衡杆机构。

3. 关节臂坐标测量机软件

三坐标测量机的精度与速度主要取决于机械结构、控制系统和测头，功能则主要取决于软件和测头，操作方便性也与软件密切相关。早期的坐标测量机大都采用各厂家的专用计算机，坐标测量软件也各自独立，不能通用。现代三坐标测量机一般都采用微机或小型机，操作系统已选用 Windows 或 UNIX 平台，测量软件也采用流行的编程技术编制，尽管开发的软件各不相同，但本质上可归纳为两种：可编程式和菜单驱动式。

可编程式具有程序语言解释器和程序编辑器，用户能根据软件提供的指令对测量任务进行联机或脱机编程，可以对测量机的动作进行微控制；对菜单驱动式，用户可通过单击菜单的方式实现软件系统预先确定的各种不同的测量任务。

根据软件功能的不同，坐标测量机软件可分为基本测量软件、专用测量软件和附加功能软件。

（1）基本测量软件　基本测量软件是坐标测量机必备的最小配置软件，它负责完成整个测量系统的管理，通常具备以下功能：

1）运动管理功能：包括运动方式选择、运动速度选择、测量速度选择。

2）测头管理功能：包括测头标定、测头校正、自动补偿侧头半径和各向偏差、测头保护及测头管理。

3）零件管理功能：确定零件坐标系及坐标原点、不同工件坐标系的转换。

4）辅助功能：坐标系、地标平面、坐标轴的选择；米制、英制转换及其他的各种辅助功能。

5）输出管理功能：输出设备选择、输出格式及测量结果类型的选择等。

6）几何元素测量功能：

① 点、线、圆、面、圆柱、圆锥、球、椭圆的测量。

② 几何元素的组合功能，即几何元素之间经过计算得出如中点、距离、相交、投影等功能。

③ 几何行为误差测量功能，即平面度、直线度、圆度、圆柱度、球度、圆锥度、平行度、垂直度、倾斜度、同轴度等。

（2）专用测量软件　专用测量软件是针对某种具有特定用途的零部件的测量问题而开发的软件，通常包括齿轮、螺纹、凸轮、自由曲线、自由曲面等测量软件。

1）齿轮测量软件。该软件专门用于解决齿轮件的测量问题。它以标准齿轮的渐开线几何学为基础，按照被测齿轮的参数（齿数、模数、螺旋角、修正系数等）自动计算出理想的几何齿轮，再通过测量若干有代表性的点，求得实际的齿轮参数，然后系统确定实际齿轮和理想齿轮的偏差值（如齿形、齿迹、基圆直径、压力角、齿的相邻及累积误差、同心度等）。可以直接测量齿轮或利用转台对齿轮进行测量，可以进行内齿轮、外齿轮、直齿轮、螺旋齿轮等的测量，并以打印、绘图等形式输出（注：锥齿轮用锥齿轮程序进行测量）。

2）螺纹测量软件。螺纹的主要参数包括外径、中径、螺距、导程、牙型角、牙型半角、螺纹升角、螺旋线误差等。坐标测量机测量螺纹时，在控制软件的控制下直接完成坐标点的采集，而参数计算及误差补偿均由数据处理软件完成。

3）凸轮、凸轮轴测量软件。凸轮的主要测量参数有轮廓曲线、升程、动力学参数（升角、速度、加速度）等。凸轮和凸轮轴的测量可以用回转工作台在极坐标系统中测量，也可以不用回转台在直角坐标系中测量。其中测头半径补偿、包络线运算、动力学参数等计算均由数据处理软件完成。

4）轮廓测量软件。该软件解决空间自由曲线、曲面的测量问题，如凸轮、叶轮等，它可分为二维及三维曲线测量。就其测量方法而言，又可分为点位测量及连续扫描测量。在测量零件时，所得结果为测头中心轨迹，它与被测曲线偏离一个球半径。在计算法线方向、进行测头半径补偿后，才得出实际曲线上各点的坐标值。因此，轮廓测量的关键是要确定被测轮廓的法线方向，以便进行测头半径补偿，得到准确的测量值。

① 连续扫描测量法。

a. 手动连续扫描测量：在点位测量机上，利用连续扫描，即锁住测量机的一轴，用手推动测头，使其始终保持与工件接触，并沿零件表面慢慢移动。这时计算机按一定时间间隔，采入移动中的测头中心的密集点，经稀化处理和补偿计算以后，求得零件被测表面诸点坐标值，并打印输出。这种方法根据测量要求，可按径向扫描或轴向扫描进行测量。这种测量方法的系统简单，但测量精度较低，操作麻烦，劳动强度大，只能进行二维曲线扫描。

b. 自动连续扫描测量：在数控点位测量机上，利用三向电感测头自动进行连续扫描，利用测力方向确定接触点的三维法线方向，以进行三维测头半径补偿。测头运动始终与轮廓表面接触，并保持测力为一个预定值，沿一定方向、按表面曲率的变化，适时地调节运动速度，自动地连续完成空间曲线、曲面的测量，能够快速地获得相当高的型面精确度。这种方法以德国Leitz公司的轮廓扫描测量程序为代表，需数控三坐标测量机，系统较复杂。

② 点位测量法。点位测量法就是在数控测量机上利用触发测头，按被测曲线逐点采样，取得被测曲线的一系列点的坐标值。但首先要确定被测点的法线方向，确定法线方向的方法主要有二维轮廓测量程序和三维轮廓测量程序。

点位测量法的最大特点是不需要昂贵的三向电感测头，因而测量成本比较低，具有较高的操作灵活性。它的缺点是需大量采点才能获得较高的型面精确度，因此比较费时间。但在一定型面精度范围内，方便而经济地利用触发式测头点位测量法测量空间曲线是一种有效途径。

（3）附加功能软件　为了增强三坐标测量机的功能和用软件补偿的方法提高测量精度，三坐标测量机还提供附加功能软件，如最佳配合测量软件、统计分析软件、随行夹具测量软件、误差检测软件、误差补偿软件和CAD软件等。

1）附件驱动软件。各种附件主要包括回转工作台、测头回转体、测头与探头的自动更换装置等。附件驱动软件首先实现附件驱动，如回转工作台，然后自动记录附件位置，作为校准、标定和补偿用。

2）最佳配合测量软件。该软件运用于配合的测量，是应用最大实体原则检测互相配合的零件。其功能如下：

① 如果测量结果是可配合的，则找出其最佳配合位置。

② 零件的合格检查：利用这个软件程序可以经过测量给予评定，得出零件是合格产品或废品，一般不再进行零件的返修。

③ 当配合件有一个或更多的尺寸超差时，给出不可能装配的信息，并可进行再加工模拟循环，以便找出使该零件符合装配要求的可能性。

④ 当零件为中间工序的毛坯件时，此程序具有使加工余量分布最佳化的能力，计算出被测元素的最佳位置。

3）统计分析软件。该软件是为保证批量生产质量的一个测量程序。它是一种连续监控加工的方法，由三坐标测量机采集的测量数据，自动地、实时地分析被测零件的尺寸，以便在加工出超差零件之前，就能发现被加工零件将超出尺寸极限的倾向。因此，可监控加工过程中的零件尺寸，判断被加工件是合格件、超差件或超差前给出相应信息，以防止出现废品，如给出换刀信息、误差补偿信号及补偿值等，以图形、打印、显示或在线上给出反馈信号等方式，表示出统计分析结果。

4）随行夹具测量软件。它是被测零件与其夹具之间建立一种互相连接关系的一个过程。一般用于多个相同零件的测量，即在一个夹具上装有多个零件，工作台上放有多个夹具，在第一个被测零件的示教编程后，再与随行夹具程序相连，该程序即可自动一个零件一个零件的测量。当发生错误测量或碰撞时，即可自动将测量引到下一个工件上继续进行测量。利用此程序可实现无人化测量。测量需对夹具、工件定向，再将工件的坐标系转换成相对于随行夹具的坐标系，并设定中间点，此点没有测量数据传输，以避免碰撞。

5）其他软件程序。还有输出软件、示教程序、计算机辅助编程程序、转台程序、温度补偿程序、坐标精度程序和其他专用程序，如为测量某种特殊零件的测量程序（如曲轴测量程序）或特殊功能的程序（如绘图程序等）。

4. 关节臂坐标测量机的各种应用场景

如图5-16所示，关节臂坐标测量机广泛应用于汽车生产线、飞机维修厂、船舶制造厂、机车厂、模具制造车间，适用于汽车生产线的在线检测，重要部位安装位置的检测，逆向设计；航空工业飞机及飞行器行架的定位安装，外形尺寸的检测、维修，导轨检测；船舶、舰艇设备定位安装，大型工件的现场行位检测；玩具、五金家电、运动器材的开发和逆向设计。

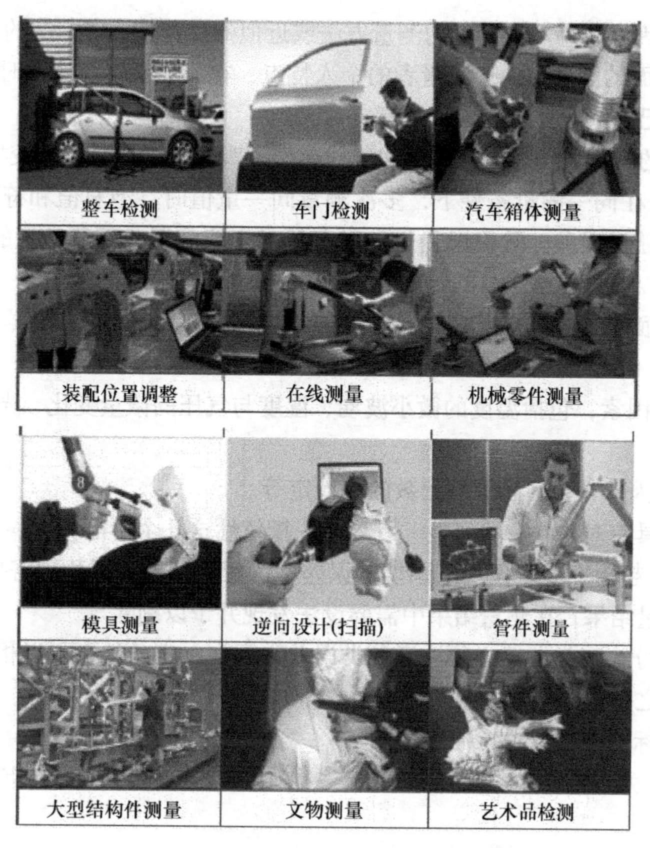

图5-16　关节臂坐标测量机的各种应用场景

5. 关节臂坐标测量机的精度

（1）误差来源　在测量过程中，误差产生的原因可归纳为以下几个方面：

1）测量装置误差：标准量具误差、仪器误差和附件误差。

2）环境误差：由于各种环境因素与规定的标准状态不一致而引起的测量装置和被测量本身的变化所造成的误差，如温度、气压、振动、照明、磁场等引起的误差。

3）方法误差：由于测量方法不完善所引起的误差，如采用近似的测量方法造成的误差。

4）人员误差：由于测量者受分辨力能力的限制，因工作疲劳引起的视觉变化，固有习惯引起的读数误差，以及精神上的疏忽等引起的误差。

总之，在计算测量结果的精度时，对上述四个方面的误差来源，必须进行全面的分析，力求不遗漏、不重复，特别要注意对误差影响较大的那些因素。

（2）误差分类　按照误差的特点与性质，误差可分为系统误差、随机误差（也称偶然误差）和粗大误差三类。

1）系统误差。在同一条件下，多次测量同一量值时，绝对值和符号保持不变，或在条件改变时，按一定规律变化的误差称为系统误差。例如标准量值的不准确、仪器刻度的不准确而引起的误差。

引起系统误差的因素主要有以下几个方面：

① 测量装置方面的因素，包括仪器机构设计原理及仪器零件制造和安装不正确等。

② 环境方面的因素，包括测量过程中温度、湿度等按照一定规律变化的误差。

③ 测量方法的因素，即采用近似的测量方法或近似的计算公式等引起的误差。

④ 测量人员方面的因素，由于测量者的个人特点，在刻度上估计读数时，习惯偏于某一方向；动态测试时，记录信号有滞后的倾向等。

发现系统误差的常用方法有试验对比法、残余误差观察法、残余误差校核法等。

2）随机误差。在同一测量条件下，多次测量同一量值时，绝对值和符号以不可预定方式变化着的误差称为随机误差。随机误差是由很多暂时未能掌握或不便掌握的微小因素产生的，主要包括：

① 测量装置方面的因素，包括零部件配合的不稳定性、零部件的变形、零件表面油膜不均匀、摩擦等。

② 环境方面的因素，包括温度的微小波动、湿度与气压的微量变化、光照强度变化、灰尘以及电磁场变化等。

③ 人员方面的因素，包括瞄准、读数的不稳定等。

随机误差一般具有对称性、单峰性、有界性、抵偿性这几个特征。

3）粗大误差。超出在规定条件下预期的误差称为粗大误差，或称“寄生误差”。此误差值较大，明显歪曲测量结果，在测量结果中需要设法发现并予以剔除。

上文虽将误差分为三类，但必须注意各类误差之间在一定条件下可以相互转化，尤其是系统误差和随机误差之间，并不存在绝对的界限。

（3）关节臂坐标测量机技术指标

1）测量范围：关节臂绕主轴旋转的直径，一般用 ϕ2.4m 表示，目前市场上产品在 ϕ1.2 ~ ϕ3.7m 之间。

2）空间长度精度：在测量范围内，多次测量具有标准长度检定值的标准器的长度。标准器放置在不同的位置，进行多次测量。结果为实际测量长度和标定长度理论值之间的标准偏差。一般在 ϕ0.02 ~ ϕ0.4mm 之间。

3）锥窝测量重复性：标准锥窝放置于设备前方，从多个方向测量标准锥，计算出点的偏差以及每个点到标准锥平均中心的标准偏差。

4）仪器质量：指主机质量，一般小于 10kg。

（4）关节坐标测量机精度分析　一般来说，柔性坐标测量机的主要误差包括：

1）标尺误差，包括角度传感器的误差。

2）测头探测误差，如果使用的是硬测头，会因为测量力的不同而导致探测误差。

3）结构参数误差，包括杆件长度误差、杆件扭角误差、偏置量误差等。

4）关节误差，包括径向圆跳动、轴向圆跳动、摩擦、变形等，以及关节的回转误差（轴的倾侧）。

5）弹性变形误差，由部件的自重、操作力、测量力、加速度产生的力等引起。

6）热变形误差，由测量机外部温度、工作温度与内部热源等引起。

7）由环境影响产生的误差，环境影响包括振动、尘土、运行条件等。

二、激光干涉仪的应用与调整

1. 激光干涉仪的应用

激光具有高强度、高度方向性、空间同调性、窄带宽和高度单色性等优点。常用来测量长度的激光干涉仪如图 5-17 所示。它是以激光波长为已知长度、利用迈克耳孙干涉系统（见激光测长技术）测量位移的通用长度测量工具。

激光干涉仪有单频激光干涉仪和双频激光干涉仪两种。单频激光干涉仪是在 20 世纪 60 年代中期出现的，最初用于检定基准线纹尺，后又用于在计量室中精密测长。双频激光干涉仪是 1970 年出现的，它适宜在车间中使用。激光干涉仪在接近标准状态（温度为 20℃、大气压力为 101325Pa、相对湿度为 59%、CO_2 含量为 0.03%）下的测量精确度很高，可达 1×10^{-7}。

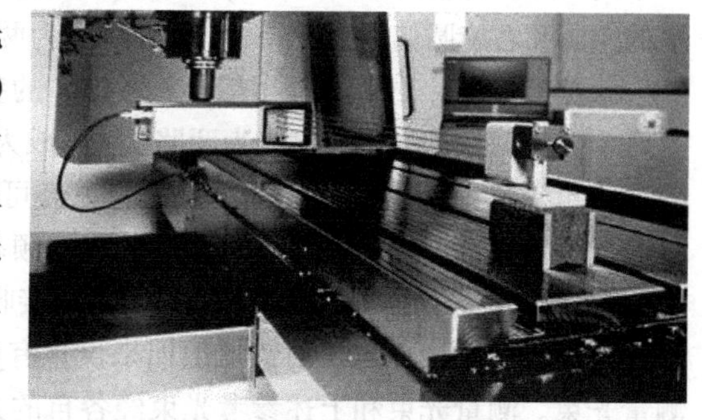
图5-17　激光干涉仪

激光干涉仪可配合各种折射镜、反射镜等来做线性位置、速度、角度、真平度、真直度、平行度和垂直度等测量工作，并可作为精密工具机或测量仪器的校正工作。

2. 激光干涉仪的原理

（1）单频激光干涉仪　图 5-18 所示为单频激光干涉仪的工作原理。从激光器发出的光束，经扩束准直后由分光镜分为两路，并分别从固定反射镜和可动反射镜反射回来会合在分光镜上而产生干涉条纹。当可动反射镜移动时，干涉条纹的光强变化由接收器中的光电转换元件和电子线路等转换为电脉冲信号，经整形、放大后输入可逆计数器计算出总脉冲数，再由电子计算机按计算式

$$L=\frac{1}{2}\lambda N$$

算出可动反射镜的位移量 L。式中，λ 为激光波长；N 为电脉冲总数。使用单频激光干涉仪时，要求周围大气处于稳定状态，各种空气湍流都会引起直流电平变化而影响测量结果。

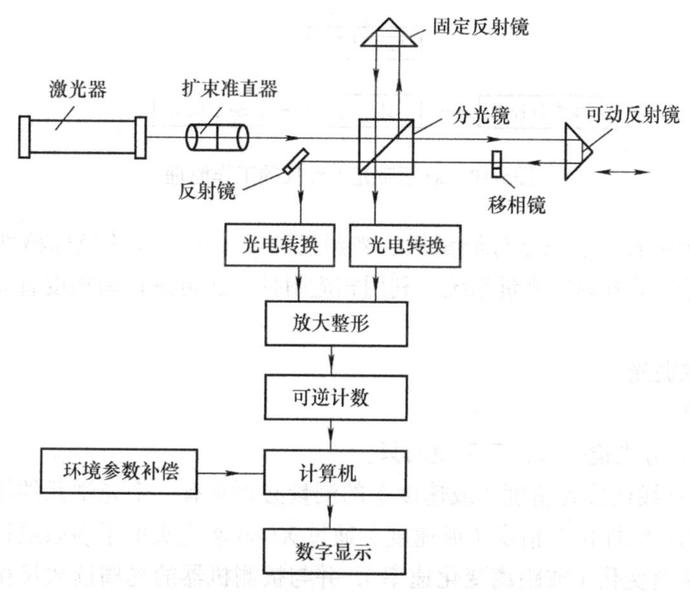

图5-18　单频激光干涉仪的工作原理

（2）双频激光干涉仪　图 5-19 所示为双频激光干涉仪的工作原理。在氦氖激光器上，加上一个约 0.03T 的轴向磁场。由于塞曼分裂效应和频率牵引效应，激光器产生 1 和 2 两个不同频率的左旋和右旋圆偏振光。经 1/4 波片后成为两个互相垂直的线偏振光，再经分光镜分为两路：

一路经偏振片 1 后成为含有频率为 f_1-f_2 的参考光束。

一路经偏振分光镜后又分为两路：一路成为仅含有 f_1 的光束，另一路成为仅含有 f_2 的光束。

当可动反射镜移动时，含有 f_2 的光束经可动反射镜反射后成为含有 $f_2\pm\Delta f$ 的光束，Δf 是可动反射镜移动时因多普勒效应产生的附加频率，正负号表示移动方向（多普勒效应是奥地利人 C.J. 多普勒提出的，即波的频率在波源或接收器运动时会产生变化）。

这路光束和由固定反射镜反射回来仅含有 f_1 的光束经偏振片 2 后会合成为 $f_1-(f_2\pm\Delta f)$ 的测量光束。测量光束和上述参考光束经各自的光电转换元件、放大器、整形器后进入减法器相减，输出成为仅含有 $\pm\Delta f$ 的电脉冲信号。经可逆计数器计数后，由电子计算机进行当量换算（乘 1/2 激光波长）后即可得出可动反射镜的位移量。双频激光干涉仪是应用频率变化来测量位移的，这种位移信息载于 f_1 和 f_2 的频差上，对由光强变化引起的直流电平变化不敏感，因此抗干扰能力强。

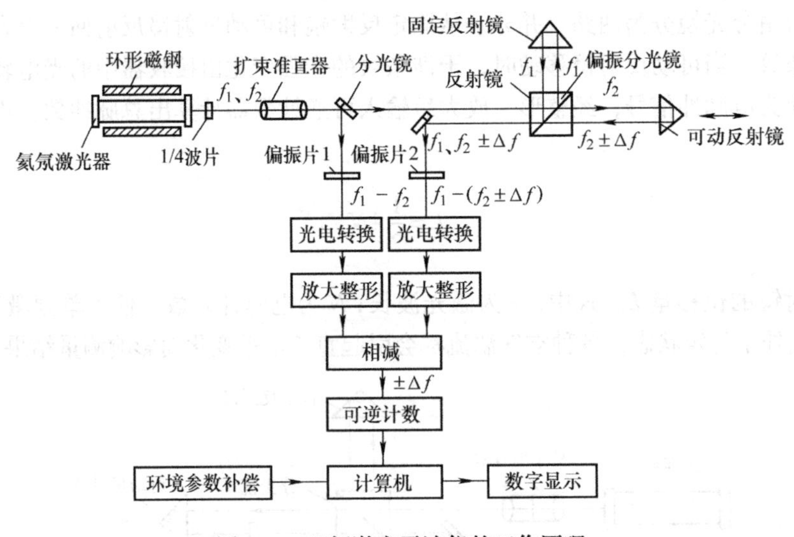

图5-19　双频激光干涉仪的工作原理

它常用于检定测长机、三坐标测量机、光刻机和加工中心等的坐标精度，也可用作测长机、高精度三坐标测量机等的测量系统。利用相应附件，还可进行高精度直线度测量、平面度测量和小角度测量。

3. 激光干涉仪调光

（1）线性测量

1）光学组件：分光镜一只，反射镜两只。

2）测量原理：线性位置精度（或速度）的测量必须具有一个光学元件相对于另一个光学元件间的相对运动。线性位置精度（或速度）通过 XL80 激光头的干涉条纹计数电路来确定两个光学元件间的距离变化（或距离变化速率），并与被测机器的光栅读数尺相比较来确定精度误差。

3）光学器件安装：

① 水平轴测量光学器件的安装布局。干涉镜或者反射镜移动，反射镜作为移动光学元件的测量范围是40m，干涉镜作为移动光学元件的测量范围是15m。

② 垂直轴测量光学器件的安装布局。反射镜移动。

4）线性测量光路校准步骤：先近后远，近调上下左右，远调俯仰扭摆。

① 架设好激光头后，先将激光头的左右、俯仰、扭摆居中，再将激光头调至水平，在激光头上安装好标准光闸。

② 将线性干涉镜和测量反射镜置于较近位置，调节干涉镜与反射镜之间的相对位置，使反射回来的两束光线完全重合，调节三脚架使重合后的反射光线进入回光孔，保证五个光强指示灯全亮。此处请勿大范围调节激光头上的俯仰和扭摆旋钮，仅限微调。

③ 将线性干涉镜与测量反射镜距离最远，根据近、远端光线照射的位置，可判断出激光头发出光线的倾斜方向，扭摆三脚架使激光头向倾斜方向的相反方向扭摆，再平移三脚架使激光大致照射在干涉镜正中偏上1/2处。查看光闸，若无两束光线返回，则继续扭摆和移动三脚架，直至两光点出现，并使两光点相距较近。

④ 微调俯仰、扭摆，使两束反射光线完全重合。

⑤ 通过升降三脚架和调节激光头的左右位置，使重合后的反射光束射入回光孔。

⑥ 查看五个光强指示灯是否全亮，若无，请重复步骤②～⑤，直至近、远两端位置，五个光强指示灯全亮。

⑦ 安放补偿元件，进行线性测量。

（2）直线度测量

1）光学组件：直线度干涉镜一只，直线度反射镜一只。

2）测量原理：激光头的输出光束穿过直线度干涉镜后，被分裂成两束夹角较小的光束，这两束光成一个微小的角度。然后，经直线度反射镜反射后沿一条新的光路返回到直线度干涉镜，该两束光束在直线度干涉镜处汇合成一束光束，并返回激光头的回光孔。直线度测量是通过检查干涉镜和反射镜的相对横向位移引起的光程差来实现的，直线度测量可以在水平面或垂直面内进行，它取决于直线度干涉镜和直线度反射镜的定位方向。

3）光学器件安装：短距离直线度测量，行程近端时固定光学元件与移动光学元件之间的距离至少为0.1m，而长距离直线度测量时该距离最少为1m。

4）垂直直线度偏差测量光路校准步骤：

① 放置好激光头，安装好直线度光闸。

② 将干涉镜表面旋转90°（小孔在右边），借助直线度干涉镜上的小光孔将激光近、远两端拉直。

③ 放置直线度反射镜，检测其顶面是否水平。在直线度反射镜中间刻度线处安装一光靶，光靶小光孔与干涉镜小光孔同侧，只调节直线度反射镜，使激光正对光靶小光孔。

④ 将干涉镜旋转90°，去除光靶。细微旋转干涉镜表面使反射回光闸的两束光线聚焦，调节直线度反射镜上旋钮将汇合后的光束对准直线度光闸的回光孔。

⑤ 检查激光头，近、远两端光强是否一致。可微调俯仰、扭摆、左右，寻找返回光束光强最大位置。

⑥ 人工去除斜率误差。

（3）垂直度测量

1）光学组件：光学直角尺一只，垂直转向镜一只，直线度干涉镜一只，直线度反射镜一只，回射反射镜一只。

2）测量原理：沿着两条标称相互垂直的轴，利用一个共同的基准，分别进行直线度测量，从而测量其垂直度。通常，这个共同的基准就是直线度反射镜的光学准线，在两次直线度测量期间，既不能移动（相对于工作台），也不能调整反射镜。这两次直线度测量，至少有一次是利用光学直角尺完成的。

3）垂直轴与水平轴之间的垂直度测量光路校准步骤（光线横向水平射出并返回）：

① 一号光靶位于垂直转向镜的入光侧，二号光靶位于回射反射镜上，三号光靶位于光学直角尺入光侧中心刻度线处，请注意光靶小光孔的朝向。

② 右进左出，调节三脚架，拉直激光，近、远端对正一号光靶。近端上下、左右调节，远端扭摆、俯仰调节。

③ 将激光对准二号光靶，近端前后、左右位置调节，远端调节垂直转向镜的旋钮。

④ 拆除一、二号光靶，调节激光头上下、左右位置，将激光对准三号光靶，调好近、远端。

⑤ 安装直线度反射镜，在直线度反射镜的第二、四格分别安装好光靶，光靶上光孔的位置与光学直角尺的射出光线的位置相对应。

⑥ 人工去除斜率误差。

⑦ 由光学直角尺射出经直线度反射线返回的两条光线若不在同一法线上，需旋转主轴上安装在回射反射镜中的干涉镜进行调节。

⑧ 消除斜率过程中，若大范围调节直线度反射镜旋钮都无法将斜率消除，可微调激光头的扭摆和俯仰（调光时，观察在光学直角尺与直线度反射镜上的光点是否中心对称）。

练 习 题

一、判断题

1. 谐波减速器的名称来源是因为刚轮齿圈上任一点的径向位移呈近似于余弦波形的变化。（　　）

2. 液压传动系统因其工作压力高，故其最突出的特点是结构紧凑，能传递大的力或转矩。（　　）

二、选择题

1.（　　）是利用行星齿轮传动原理发展起来的一种新型减速器，是依靠柔性零件产生弹性机械波来传递动力和运动的一种行星轮传动。

A. 蜗轮减速器　　B. 齿轮减速器
C. 蜗杆减速器　　D. 谐波减速器

2. 由于空气侵入液压系统，再加上摩擦阻力变化，会引起系统发生（　　）故障。

A. 噪声　　B. 油温过高　　C. 爬行　　D. 泄漏

三、简答题

1. 常用的工业机器人的传动系统有哪些？
2. 工业机器人故障有哪些表现形式？
3. 简述传动系统故障的常见原因和处理方法。
4. 简述液压系统故障诊断和处理方法。
5. 机器人夹具常见场景下应用特点如何？未来的夹具发展方向如何？

第六单元

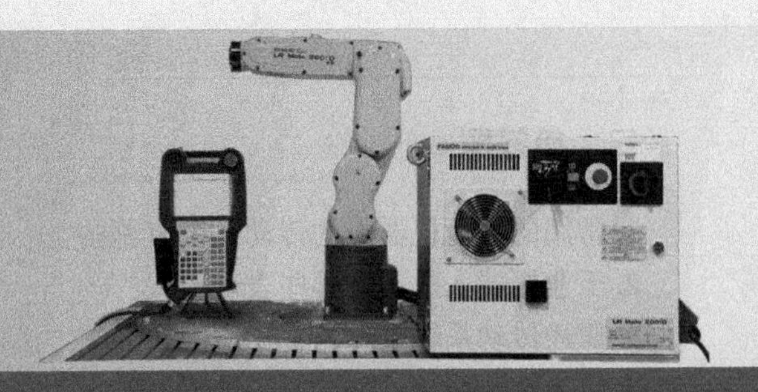

工业机器人电气维修

引导语：

工业机器人在日常使用过程中，常出现的另一故障类型为电气故障，工业机器人装调维修工应了解基础的机器人电气原理知识，掌握常见的故障诊断与维修方法，能对不同型号工业机器人进行电气故障诊断和维修。

培训目标：

➢ 能够掌握工业机器人本体伺服电动机运动原理。
➢ 能够分析机器人伺服电动机故障原因，并针对故障进行维修。
➢ 能够调整机器人控制系统参数。
➢ 能够解决机器人外围设备的电气故障。
➢ 能够处理电动机过载等异常问题。
➢ 能够掌握机器人核心零部件（如示教器、I/O 模块等）故障原因与维修方法。
➢ 能够对工业机器人电气图进行设计和绘制。

第一节　工业机器人本体伺服电动机概述

交流伺服系统包括伺服驱动、伺服电动机和一个反馈传感器（一般伺服电动机自带光学编码器）。所有这些部件都在一个控制闭环系统中运行：驱动器从外部接收参数信息，然后将一定电流输送给电动机，通过电动机转换成转矩带动负载，负载根据它自己的特性进行动作或加减速，传感器测量负载的位置，使驱动装置对设定信息值和实际位置值进行比较，然后通过改变电动机电流使实际位置值和设定信息值保持一致，当负载突然变化引起速度变化时，编码器获知这种速度变化后会马上反映给伺服驱动器，驱动器又通过改变提供给伺服电动机的电流值来满足负载的变化，并重新返回到设定的速度。交流伺服系统是一个响应非常高的全闭环系统。

一、工业机器人本体伺服电动机工作原理

伺服主要靠脉冲来定位，基本上可以这样理解，伺服电动机（图 6-1）接收到 1 个脉冲，

就会旋转 1 个脉冲对应的角度，从而实现位移。伺服电动机本身具备发出脉冲的功能，因此伺服电动机每旋转一个角度，都会发出对应数量的脉冲，这样，和伺服电动机接受的脉冲形成了呼应，或者叫闭环，如此一来，系统就会知道发了多少脉冲给伺服电动机，同时又收了多少脉冲回来，这样就能够很精确地控制电动机的转动，从而实现精确的定位，定位精度可以达到 0.001mm。

图6-1 伺服电动机

伺服电动机又称执行电动机，在自动控制系统中，用作执行元件，把所收到的电信号转换成电动机轴上的角位移或角速度输出。伺服电动机分为直流伺服电动机和交流伺服电动机两大类。其主要特点是，当信号电压为零时无自转现象，转速随着转矩的增加而匀速下降。

直流伺服电动机分为有刷电动机和无刷电动机。有刷电动机成本低，结构简单，起动转矩大，调速范围宽，控制容易，需要维护，但维护方便（换电刷），产生电磁干扰，对环境有要求。因此它可以用于对成本敏感的普通工业和民用场合。

无刷电动机体积小，重量轻，功率大，响应快，速度高，惯量小，转动平滑，力矩稳定，控制复杂，容易实现智能化，其电子换相方式灵活，可以方波换相或正弦波换相。电动机免维护，效率很高，运行温度低，电磁辐射很小，寿命长，可用于各种环境。

交流伺服电动机也是无刷电动机，分为同步电动机和异步电动机，目前运动控制中一般都用同步电动机，它的功率范围大，可以做到很大的功率，大惯量，最高转动速度低，且随着功率增大而快速降低。因而适合于低速平稳运行的场合。

交流伺服电动机定子的构造基本上与电容分相式单相异步电动机相似。其定子上装有两个位置互差 90° 的绕组，一个是励磁绕组 R_f，它始终接在交流电压 U_f 上；另一个是控制绕组 L，连接控制信号电压 U_c。因此，交流伺服电动机又称两个伺服电动机。交流伺服电动机的转子是永磁铁，驱动器控制的 U、V、W 三相电形成电磁场，转子在此磁场的作用下转动，同时电动机自带的编码器反馈信号给驱动器，驱动器根据反馈值与目标值进行比较，调整转子转动的角度。伺服电动机的精度取决于编码器的精度（线数）。交流伺服电动机的转子通常做成笼型，但为了使伺服电动机具有较宽的调速范围、线性的机械特性，无“自转”现象和快速响应的性能，它与普通电动机相比，应具有转子电阻大和转动惯量小这两个特点。目前应用较多的转子结构有两种形式：一种是采用高电阻率的导电材料做成的高电阻率导条的笼型转子，为了减小转子的转动惯量，转子做得细长；另一种是采用铝合金制成的空心杯形转子，杯壁很薄，仅 0.2~0.3mm，为了减小磁路的磁阻，要在空心杯形转子内放置固定的内定子。空心杯形转子的转动惯量很小，反应迅速，而且运转平稳，因此被广泛采用。

交流伺服电动机在没有控制电压时，定子内只有励磁绕组产生的脉动磁场，转子静止不动。当有控制电压时，定子内便产生一个旋转磁场，转子沿旋转磁场的方向旋转，在负载恒定的情况下，电动机的转速随控制电压的大小而变化，当控制电压的相位相反时，伺服电动机将反转。

交流伺服电动机有以下三种转速控制方式：

1）幅值控制：控制电流与励磁电流的相位差保持 90° 不变，改变控制电压的大小。

2）相位控制：控制电压与励磁电压的大小保持额定值不变，改变控制电压的相位。

3）幅值 - 相位控制：同时改变控制电压幅值和相位。交流伺服电动机转轴的转向随控制电压相位的反相而改变。

二、工业机器人本体伺服电动机异常分析

工业机器人本体伺服电动机在工作过程中不可避免地会产生各种异常现象。伺服电动机常见异常现象及原因分析见表 6-1。

表 6-1　伺服电动机常见异常现象及原因分析

异常现象	原因分析
电动机过热	负载过大
	缺相
	风道堵塞
	低速运行时间过长
	电源谐波过大
电动机异常振动和声音	机械方面：轴承润滑不良，轴承磨损；紧固螺钉松动；电动机内有杂物
	电磁方面：电动机过载运行；三相电流不平衡；缺相；定子、转子绕组发生短路故障；笼型转子焊接部分开焊造成断条
电动机缺相	电源方面：开关接触不良；变压器或线路断线；熔断器熔断
	电动机方面：电动机接线盒螺钉松动接触不良；内部接线焊接不良；电动机绕组断线
电动机上电，机械振荡（加 / 减速时）	脉冲编码器出现故障：此时应检查伺服系统是否稳定，电路板维修检测电流是否稳定，同时，速度检测单元反馈线端子上的电压在某几点是否下降，若有下降表明脉冲编码器不良
	脉冲编码器十字联轴器可能损坏，导致轴转速与检测到的速度不同步
	测速发电机出现故障：修复，更换测速发电机。维修实践中，测速发电机电刷磨损、卡阻故障较多
电动机上电，机械运动异常快速（飞车）	检查位置控制单元和速度控制单元
	脉冲编码器接线是否错误
	脉冲编码器联轴器是否损坏
	检查测速发电机端子是否接反和励磁信号线是否接错
主轴不能定向移动或定向移动不到位	检查定向控制电路的设置调整、检查定向板、主轴控制印制电路板调整，同时还应检查位置检测器（编码器）的输出波形是否正常来判断编码器的好坏（应注意在设备正常时测录编码器的正常输出波形，以便故障时查对）
坐标轴进给时振动	检查电动机线圈、机械进给丝杠同电动机的连接、伺服系统、脉冲编码器、联轴器、测速发电机
出现数控（NC）错误报警	NC 报警中因程序错误、操作错误引起的报警。如 FANUC 6ME 系统的 NC 出现 090.091 报警，原因可能是：①主电路故障和进给速度太低引起；②脉冲编码器不良；③脉冲编码器电源电压太低（此时调整电源 15V 电压，使主电路板的 +5V 端子上的电压值在 4.95~5.10V 内）；④没有输入脉冲编码器的一转信号而不能正常执行参考点返回
伺服系统报警	伺服系统故障时常出现如下的报警号，如 FANUC 6ME 系统的 416、426、436、446、456 伺服报警；SIEMENS 880 系统的 1364 伺服报警；SIEMENS 8 系统的 114、104 等伺服报警，此时应检查：①轴脉冲编码器反馈信号断线、短路和信号丢失，用示波器测 A、B 相一转信号，看其是否正常；②编码器内部故障，造成信号无法正确接收，检查其是否受到污染、太脏、变形等

（续）

异常现象	原因分析
起动困难，额定转速低于正常值	电源电压过低
	接线方式错误
	部分绕组接错
	转子断条
通电后电动机没反应	电源故障
	熔断器熔断
	绕组故障
	控制电路故障
电动机壳带电	伺服电动机受潮，绝缘老化、引线碰壳

三、常见电动机过载故障的原因、处理办法

伺服电动机最经常出现的故障是过载故障。常见伺服电动机过载故障的故障原因和处理方法见表 6-2。

表 6-2　常见伺服电动机过载故障的故障原因和处理方法

故障类型	故障原因	处理方法
电动机持续过载	1. 电动机负载过大：①实际超载；②电动机、减速器等机械卡死；③抱闸未打开；④运行时受力过大，例如打磨时压得太重 2. 电动机加减速时间设置过小 3. 电动机参数设置错误 4. 驱动器内部电流采样电路异常 5. 驱动器抱闸电路异常 6. 电动机选型错误，功率过低	1. 减小实际负载；检查机械结构有无卡顿、损坏，调整应用负载大小 2. 增加减速时间 3. 检查电动机抱闸：确认有无抱闸输出，检查抱闸继电器，检查抱闸线路（连接处），确认电动机抱闸正常 4. 检查电动机参数
电动机 U/V/W 相瞬时过载	1. 电机负载过大：①实际超载；②电动机、减速器等机械卡死；③抱闸未打开；④运行时受力过大，例如打磨时压得太重 2. 电动机加减速时间设置过小 3. 转子补偿角设置不正确 4. 电动机参数设置错误 5. 驱动器抱闸电路异常 6. 电动机选型偏小 7. 电动机动力线某相接触不良或短路	1. 减小实际负载；检查机械结构有无卡顿、损坏，调整应用负载大小 2. 增加电动机运行时的加减速时间 3. 重新设置电动机转子补偿角 4. 检查电动机抱闸：①确认有无抱闸输出；②检查抱闸继电器；③检查抱闸线路（连接处），确认电动机抱闸正常 5. 检查电动机参数（如电动机额定电流、电动机快速过载保护阈值、电动机快速过载保护时间） 6. 更换大容量电动机或驱动器 7. 检查动力线接线是否正确，连接是否松动，是否短路
电动机过载告警	1. 电动机负载过大：①实际超载；②电动机、减速器等机械卡死；③抱闸未打开；④运行时受力过大，例如打磨时压得太重 2. 电动机加减速时间设置过小 3. 电动机参数设置错误 4. 驱动器内部电流采样电路异常 5. 驱动器抱闸电路异常 6. 电动机选型错误，功率过低	1. 减小实际负载；检查机械结构有无卡顿、损坏，调整应用负载大小 2. 增加减速时间 3. 检查电动机抱闸：确认有无抱闸输出，检查抱闸继电器，检查抱闸线路（连接处），确认电动机抱闸正常 4. 检查电动机参数 5. 更换大容量电动机

四、工业机器人本体伺服电动机更换

1. 更换 J1 轴电动机

J1 轴电动机的更换示意图如图 6-2 所示。

（1）拆卸　J1 轴电动机的具体拆卸步骤如下：

1）切断电源。

2）拆掉 J1 轴电动机 1 上连接线缆。

3）拆卸 J1 轴电动机安装螺钉 2 以及垫圈 3。

4）将电动机从底座中垂直拉出，同时小心不要刮伤齿轮表面。

5）从 J1 轴电动机的轴上拆卸螺钉 6、垫圈 5。

6）从 J1 轴电动机的轴上拉出齿轮 4。

（2）装配

1）除去电动机法兰面杂质，确保干净。

2）将齿轮 4 安装到 J1 轴电动机上。

3）用螺钉 6、垫圈 5 将 J1 轴齿轮固定在电动机上。

4）在电动机安装面上涂 THREEBOND1110F 平面密封胶，将 J1 轴电动机垂直安装到底座上，同时小心不要刮伤齿轮表面。

5）安装电动机固定螺钉 2（螺纹处涂螺纹密封胶 LOCTITE577）以及垫圈 3。

6）安装 J1 轴电动机连接线缆。

7）进行校对操作。

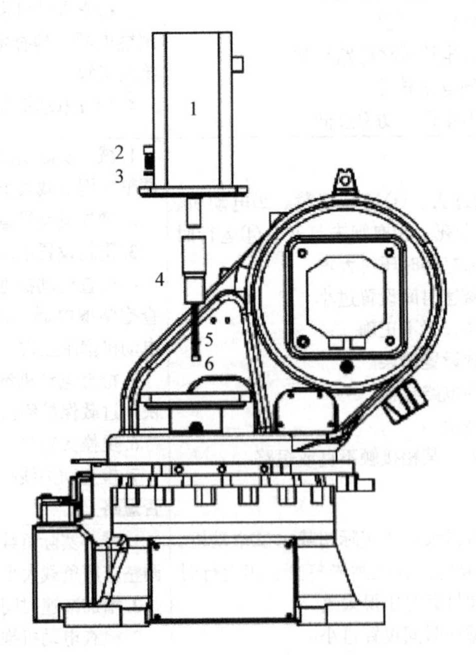

图6-2　J1轴电动机的更换示意图

1—电动机　2、6—螺钉　3、5—垫圈　4—齿轮

2. 更换 J2 轴电动机

J2 轴电动机的更换示意图如图 6-3 所示。

（1）拆卸

1）将机器人置于图 6-3 所示位置，用钢丝绳悬起机器人，也可将自制直径为 ϕ20mm 的插销插入大臂与 J2 轴基座孔处，但是用钢丝绳悬吊更安全。

2）切断电源，拆卸电动机 1 的连接线缆。

3）拆除电动机法兰盘上的安装螺钉 2 和垫圈 3。

4）水平拉出电动机 1，同时小心不要损坏齿轮的表面，拆除螺钉 6 和垫圈 7，然后拆除输入齿轮 5。

5）拆除电动机法兰端面密封圈 4。

（2）装配

1）除去电动机法兰面杂质，确保干净。

2）将密封圈 4 安装到 J2 轴基座上。

3）用螺钉 6 和垫圈 7 将输入齿轮 5 安装紧固到电动机 1 输入轴上。

4）在电动机法兰面上涂上 THREEBOND1110F 平面密封胶。

5）水平安装电动机 1，同时应小心不要损坏齿轮表面。

6）使用螺钉 2（螺纹处涂螺纹密封胶 LOCTITE577）和垫圈 7 将电动机 1 安装紧固到 J2 轴转座上。

7）将连接线缆安装到电动机 1 上。

8）施加润滑油。

9）执行校对操作。

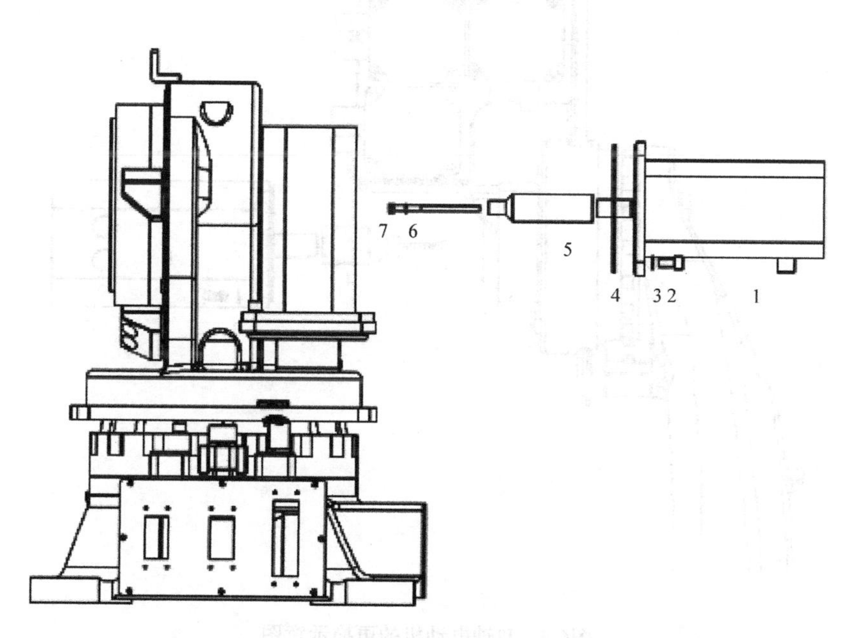

图6-3 J2轴电动机的更换示意图

1—电动机 2、6—螺钉 3、7—垫圈 4—密封圈 5—输入齿轮

3. 更换 J3 轴电动机

J3 轴电动机的更换示意图如图 6-4 所示。

（1）拆卸

1）将电动机置于合适位置，并用吊索悬起。

2）切断电源。

3）拆卸电动机 1 的连接线缆。

4）移去电动机安装螺钉 2 和垫圈 3，取出电动机 O 形密封圈 7。

5）水平拉出电动机 1，同时小心不要损坏齿轮的表面。

6）移去螺钉 6 和垫圈 5，然后拆卸输入齿轮 4。

（2）装配

1）除去电动机法兰面杂质，确保干净。

2）安装 O 形密封圈 7。

3）用垫圈 5 和螺钉 6 安装并上紧输入齿轮。

4）水平安装电动机 1（安装面涂 THREEBOND 1110F），同时应小心不要损坏齿轮表面。

5）安装电动机安装螺钉 2（螺纹处涂螺纹密封胶 LOCTITE577）和垫圈 3。

6）将连接线缆安装到电动机 1 上。

7）施加润滑油。

8）执行校对操作。

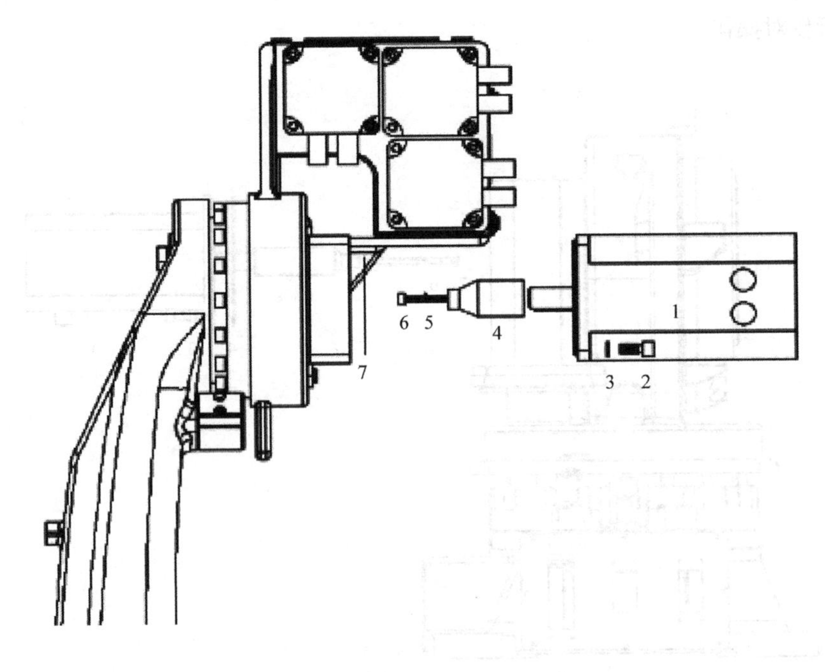

图6-4　J3轴电动机的更换示意图

1—电动机　2、6—螺钉　3、5—垫圈　4—输入齿轮　7—O 形密封圈

4. 更换手腕部件电动机

J4 轴电动机的更换示意图如图 6-5 所示。

（1）拆卸（以 J4 轴电动机为例）

1）将手腕部件置于特定的位置，使得在手腕部件轴上没有施加的负载。

2）切断电源。

3）拆卸电动机 1 的连接线缆。

4）移去电动机 1 安装螺钉 2 和垫圈 3。

5）拉出电动机 1，同时小心不要损坏齿轮的表面。

6）移去螺钉 7 和垫圈 6，拆卸齿轮 5。

（2）装配

1）除去电动机法兰面杂质，确保干净。

2）对于电动机 1，安装 O 形密封圈 4 并安装齿轮 5。

3）安装电动机 1（安装面涂 THREEBOND1110F），同时应小心谨慎，不要损坏齿轮表面。安装时，确保 O 形密封圈 4 位于规定的位置。此外应保证电动机 1 的方向正确。

4）安装电动机固定螺钉 2（螺纹处涂螺纹密封胶 LOCTITE577）和垫圈 3。

5）将连接线缆安装到电动机 1 上。

6）施加润滑油。

7）执行校对操作。

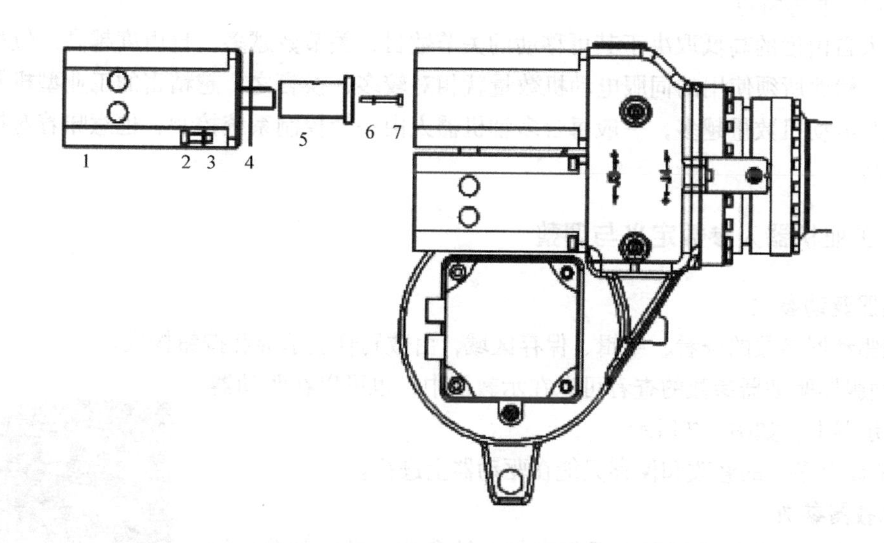

图6-5　J4轴电动机的更换示意图

1—电动机　2、7—螺钉　3、6—垫圈　4—O 形密封圈　5—齿轮

注：J4/J5/J6 轴电动机更换步骤基本相同。图 6-6 所示为 J5 轴电动机的更换示意图。

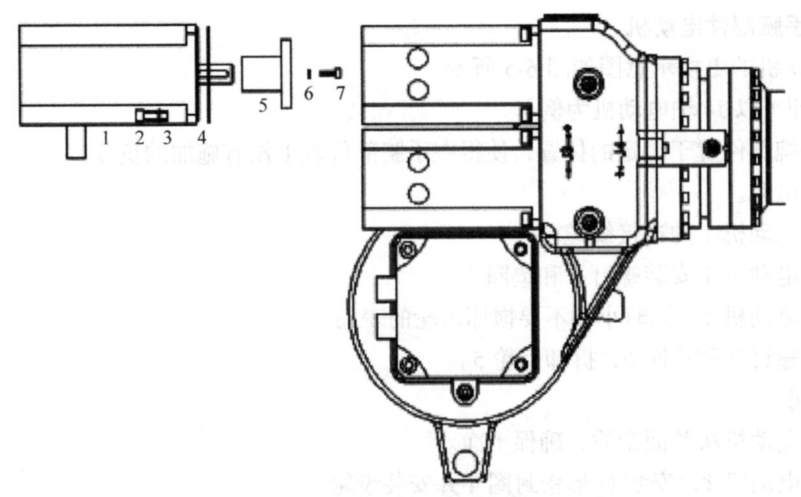

图6-6 J5轴电动机的更换示意图

1—电动机 2、7—螺钉 3、6—垫圈 4—O 形密封圈 5—齿轮

第二节 工业机器人控制系统

工业机器人控制系统的主要任务是控制机器人在工作空间中的运动位置、姿态和轨迹，操作顺序及动作时间等。它同时具有编程简单、软件菜单操作、友好的人机交互界面、在线操作提示和使用方便等特点。

机器人自由度的高低取决于其可移动的关节数目，关节数越多，自由度越高，位移精准度也越出色，然而所须使用的伺服电动机数量就相对较多；换言之，越精密的工业型机器人，其使用的伺服电动机数量越多，一般每台多轴机器人由一套控制系统控制，也意味着对控制器性能要求越高。

一、工业机器人参数定义与调整

1. 伺服驱动参数

伺服驱动器参数的查看、编辑、保存区域，由数码管显示屏和按钮构成。

1）伺服器驱动器参数的查看可以在示教器中，也可以在驱动器数码管显示器上，如图 6-7 所示。

2）驱动器参数的修改和保存只能在驱动器上进行。

图6-7 伺服器驱动器

2. 示教器参数

示教器参数设置界面可以查看组参数、轴参数、机械参数和伺服参数。

1）示教器内部并没有保存参数，其参数全部是从 IPC 单元中读取得来的，参数编辑之后仍然保存在示教器中。

2）组参数、轴参数和机械参数可以在示教器上编辑，一般只修改组参数和轴参数，机械参数不能随意修改。

3）伺服参数是从伺服驱动器中读取得来的，在示教器上只能够查看不能够修改。

3. 驱动器参数

（1）驱动器参数的类型　驱动器参数主要分为两类，其中一类为属性值类参数，另一类为功能开关类参数，其具体参数所代表的含义见表 6-3。

表 6-3　驱动器参数的类型

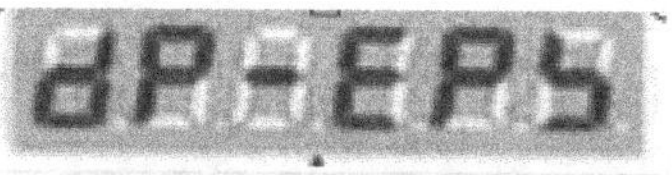	状态监视模式
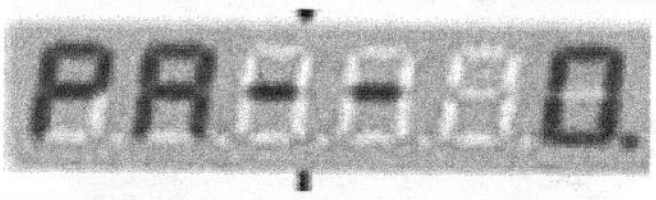	运动参数模式
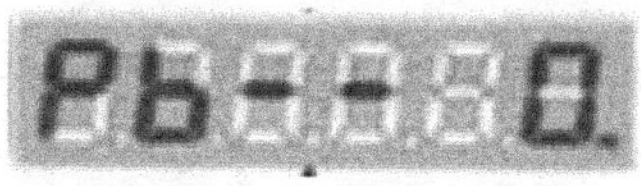	扩展运动参数模式
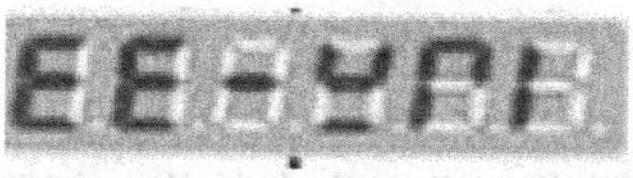	辅助模式
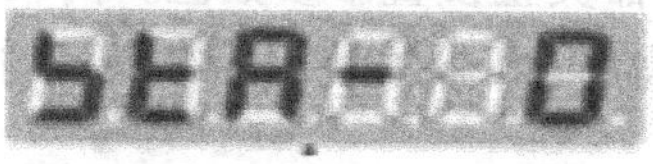	控制参数模式
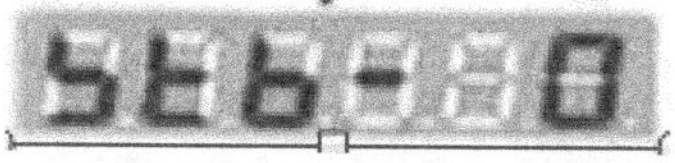	扩展控制参数模式

PA 和 Pb 参数为属性值参数，通过设置不同的值，起到系统中软硬件功能的调节作用。

StA 和 Stb 参数为功能开关参数，是系统中软件或硬件一些功能的开关，只有 {0，1} 两个取值，即关闭或打开。

（2）驱动器参数的作用　各驱动器参数的具体含义见表 6-4。

表 6-4　驱动器参数的作用

类别	显示	参数号	简要说明
运动参数模式	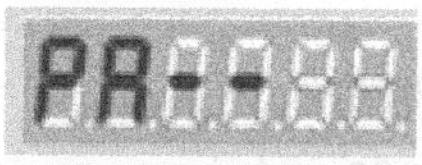	0~43	可设置各种特性调节、控制运行方式及电动机相关参数
扩展参数模式		0~55	可设置第二增益，I/O 接口功能，滤波器，电动机额定电流、额定转速等
控制参数模式		0~15	可以选择报警屏蔽功能，内部控制功能选择方式等
扩展控制参数模式		0~15	可以选择各种控制功能的使能或禁止等

Pb 和 Stb 参数默认状态下是不可见的，需要设置其他参数后方可在菜单中显示。

伺服电动机受伺服驱动器直接控制，不同的电动机参数不相同，需要调整伺服驱动器的相关参数来配合所接电动机。其中，PA17、PA24、PA25、PA42、PA43 与电动机的运动和控制直接相关，其具体相关参数见表6-5。

表6-5　与电动机的运动和控制直接相关的参数

序号	参数名	取值范围	默认值	单位
PA17	最高速度限制	20~12000	2500	r/min
PA24	伺服电动机磁极对数	1~24	4	
PA25	编码器类型选择	0~9	7	
PA42	电动机额定转速	100~9000	2000	r/min
PA43	驱动单元规格及电动机代码	1000~1999	1206	

1）PA17参数的意义。PA17根据所接电动机的最高转速来设置本参数值。

① 此处的最高转速与方向无关，无论正转反转，其转速均受该参数限制。

② 电动机实际转速超过该值时伺服驱动器会报警。

2）PA24参数的意义。PA24根据所接电动机铭牌上标明的磁极数或磁极对数来设置本参数值。

① 注意电动机上标明的是磁极数还是磁极对数。

② 正确设置PA43参数后，本参数会自动调整。

3）PA25参数的意义。PA25根据电动机内部的编码器类型设置本参数值。伺服驱动器所支持的编码器类型有增量式编码器和绝对式编码器。华数612机器人使用的编码器均为多摩川（TAMAGAWA）编码器。

PA25取值为0~3时属于增量式编码器。

0：编码器分辨率1024脉冲/r（TTL方波）。

1：编码器分辨率2000脉冲/r（TTL方波）。

2：编码器分辨率2500脉冲/r（TTL方波）。

3：编码器分辨率6000脉冲/r（TTL方波）。

4：ENDAT2.1协议绝对式编码器。

5：BISS协议绝对式编码器。

6：Hiper FACE协议绝对式编码器。

7：TAMAGAWA绝对式编码器[单圈：2^{17}（编码器转一圈需要131072个脉冲），多圈：2^{16}]。

8、9：保留。

4）PA42参数的意义。此参数根据电动机铭牌上的参数进行设置。

① 华数612机器人6个关节轴电动机额定转速均为3000r/min。

② Pb参数在默认状态下不可见，需将PA34参数设置为2003后方可查看修改。

参数Pb--42、Pb--43为驱动单元适配电动机的属性参数，根据Pb--43参数电动机代码设置的不同，对应电动机属性的参数会不同。

5）PA43参数的意义。

① 千位（驱动器类型）：

1: HSV-160U伺服驱动器。

② 百位（驱动器规格）：

0: 010（10A）

1: 020（20A）

2: 030（30A）

3: 050（50A）

4: 075（70A）

5: 100（100A）

③ 十位与个位（电动机类型代码）。

根据伺服电动机的工作原理，可将伺服电动机内部控制回路分别为电流环、速度环和位置环，分别用来控制电动机电流、速度和位置，并接受反馈。

位置环参数有 PA0、PA12 和 PA35，速度环参数有 PA-2，电流环参数有 PA27 和 PA28，其各参数的含义见表 6-6。

表 6-6　内部控制回路各参数的含义

序号	参数名	取值范围	默认值	单位
PA0	位置比例增益	20~10000	400	0.1Hz
PA2	速度比例增益	20~10000	250	
PA12	位置超差范围	1~100	20	0.1 圈
PA23	控制方式选择	0~7	0	
PA27	电流控制比例增益	10~32767	2600	
PA28	电流控制积分时间	1~2047	98	0.1ms
PA35	位置指令平滑滤波时间	1~100	20	1ms

1）PA0 参数的意义。PA0 设置值越大，增益越高，刚度越大，在相同频率指令脉冲条件下，位置滞后量越小，但数值太大可能会引起振荡或超调。因此，根据不同的传动形式，可设置不同的值。

2）PA2 参数的意义。PA2 设置值越大，增益越高，刚度越大。该参数数值根据具体的伺服驱动系统配置和负载值情况确定。一般情况下，负载惯量越大，设置值越大。

一般情况下只调节 PA0 和 PA2，调节方法为固定其中一个，调节另一个到合适值。然后固定该值调节另一个值。先改速度比例增益，再改位置比例增益。

3）PA12 参数的意义：

① 电动机位置理论值和实际值有偏差。

② 设置位置超差报警检测范围：PA12 × 0.1 圈个脉冲（或 PA12 × 0.1 × 电动机每转脉冲数）。

③ 在位置控制方式下，当位置偏差计数器的计数值超过本参数设定的范围时，驱动单元给出位置超差报警。

4）PA35 参数的意义：

① 设定位置指令的滤波时间常数。

② 滤波时间常数越小，控制系统的响应特性越快。

③ 滤波时间常数越大，控制系统的响应特性越慢。

5）PA27 参数的意义：当电动机运行中出现较大的电流噪声，可以适当减小该参数的设定值；设置太小，会使速度响应滞后。

6）PA28 参数的意义：当电动机运行中出现较大的电流噪声，可以适当增大该参数的设定值；设置太大，会使速度响应滞后。

7）PA23 参数的意义：

0：位置控制模式，接收系统位置指令。

1：模拟速度模式，接收系统速度指令。

3:内部速度模式，将参数 PA20 设定值作为速度指令（电动机按照设定的 PA20 值一直运动）。

4：多段速度模式。

7：电动机编码器校零模式设定速度指令。

（3）伺服驱动器参数的修改及保存

1）面板按钮的功用。如图 6-8 所示，面板由 6 个 LED 数码管显示器和 5 个按钮组成，用来显示系统各种状态、设置参数。操作按多层操作菜单执行，由主菜单逐层打开。

AL 报警指示灯，红色。

EN 使能指示灯，绿色。

2）面板按钮的功能。移位键在数码管每一位数字的右下角，显示为一个红色“.”，当某位数字右下角有移位键时，可以用上下按钮调整该位数值。面板按钮的功能见表 6-7。

图6-8 面板按钮

表 6-7 面板按钮的功能

符号	名称	功能
AL	报警灯	灯 ON：报警输出 ON 灯 OFF：报警输出 OFF
EN	使能灯	灯 ON：伺服使能 ON 灯 OFF：伺服使能 OFF
M	主菜单按钮	用于一级菜单（主菜单）之间的切换
S	次级菜单按钮	用于次级菜单操作；返回；输入确认
▲	前进按钮	序号、数值增加；选项向前
▼	后退按钮	序号、数值减少；选项后退
◀	移位按钮	移位

3）运动参数模式 PA0。图 6-9 所示为运动参数模式 PA0 的调节。

4）扩展运动参数模式 Pb0。图 6-10 所示为扩展运动参数模式 Pb0 的调节。

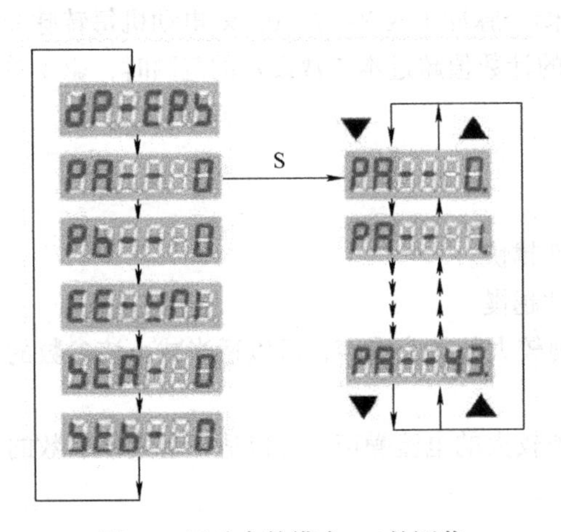

图6-9 运动参数模式PA0的调节

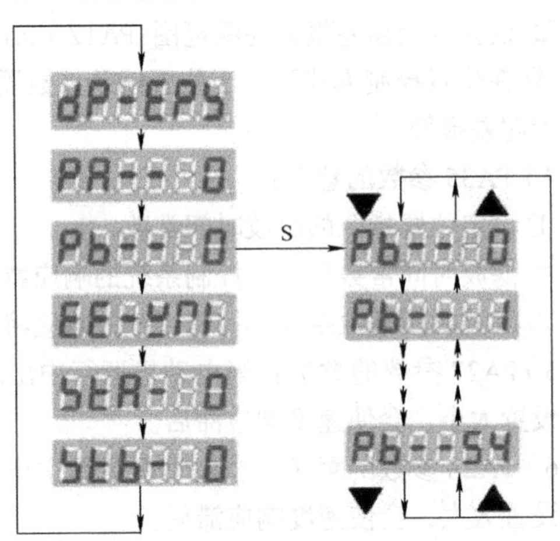

图6-10 扩展运动参数模式Pb0的调节

5）辅组模式 EE-WRI。在第一层菜单选择 EE-WRI，按上下按钮就可进入不同的辅组模式，如图 6-11 所示。

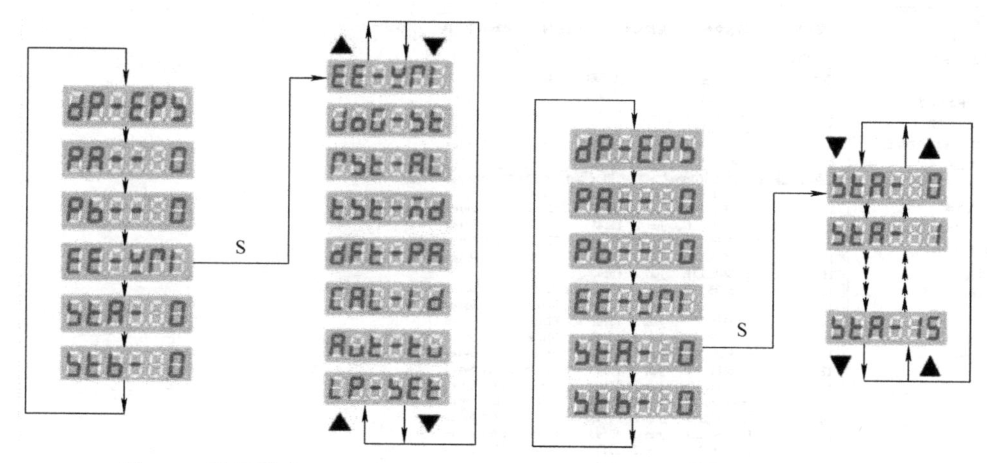

图6-11　辅组模式 EE-WRI　　　图6-12　控制参数模式StA0的设置

6）控制参数模式。StA0 和 Stb0 是控制参数，在默认状态下只有 StA0 可以直接在一级菜单进入，Stb0 是隐藏的，同样需要将 PA34 参数改为 2003 后在一级菜单方可看见 Stb0，具体设置如图 6-12 和图 6-13 所示。

7）参数的修改和保存。

① 参数的修改：在第 1 层中选择 PA0，用▲、▼按钮选择参数号，按 S 按钮，显示该参数的数值，用▲、▼按钮可以修改参数值。按▲或▼按钮一次，参数值增加或减少 1，按下并保持▲或▼按钮，参数能连续增加或减少。按◀按钮，被修改的参数值的修改位左移一位（左循环）。参数值被修改时，最右边的 LED 数码管小数点点亮，按 S 按钮返回参数选择菜单。

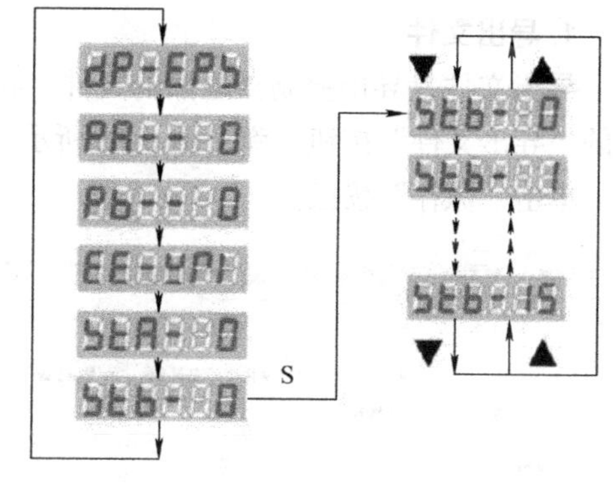

图6-13　控制参数模式Stb0的设置

② 参数的保存：如果修改或设置的参数需要保存，先在 PA--34 输入密码，然后按 M 按钮切换到 EE-WRI 方式，按 S 按钮将修改或设置值保存到伺服驱动单元的 EEPROM 中去。

完成保存后，数码管显示 FINISH。若保存失败则显示 ERROR-，通过按 M 按钮可切换到其他模式或通过按▲、▼按钮切换运动参数。

二、工业机器人控制系统备份与升级

本书以华中数控机器人为例讲解工业机器人控制系统的备份与升级方法。华中数控机器人控制系统的备份与升级主要是利用华数Ⅱ型机器人控制器配置软件对其进行配置。在第二单元中已经介绍了其相关应用，本章主要介绍利用该软件进行控制系统备份与升级的方法。

系统在使用的过程中会不定期的维护和升级，并备份系统程序。图 6-14 所示为系统备份与升级界面。当单击“系统升级”按钮时，右边便会显示系统所有文件，包括文件的名称、大小、类型和修改日期。

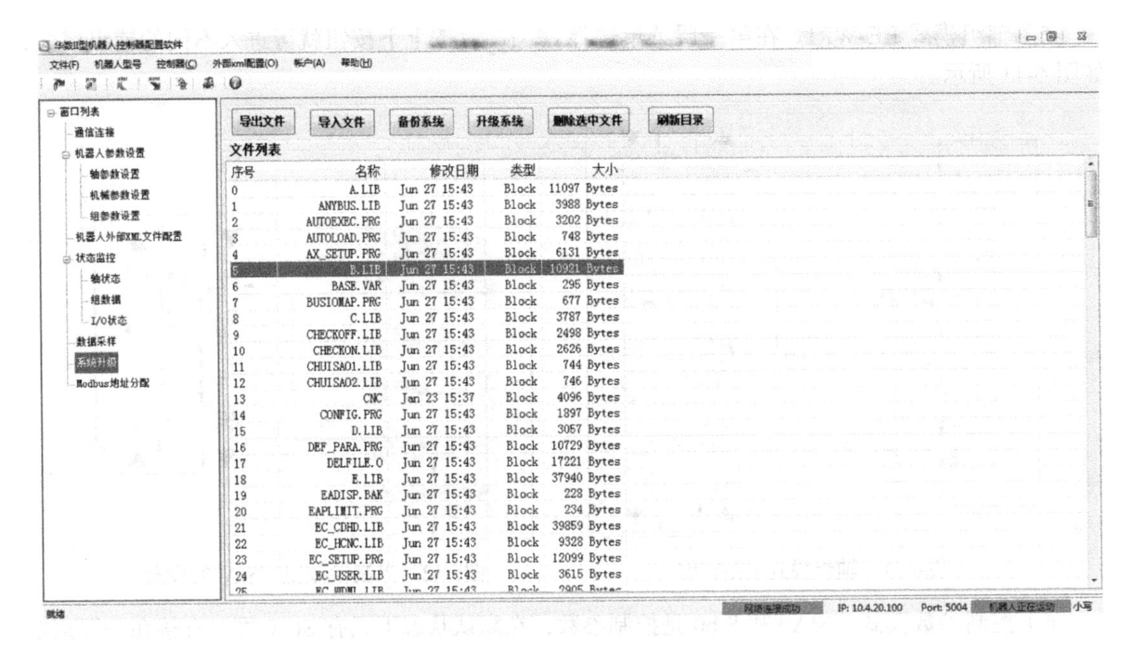

图6-14　系统备份与升级界面

1. 导出文件

导出文件是导出控制器里面的文件。在文件列表里选择要导出的文件，单击系统升级界面中的“导出文件”按钮，弹出图 6-15 所示“另存为”对话框。在对话框中选择文件要保存的路径，单击“保存”按钮。

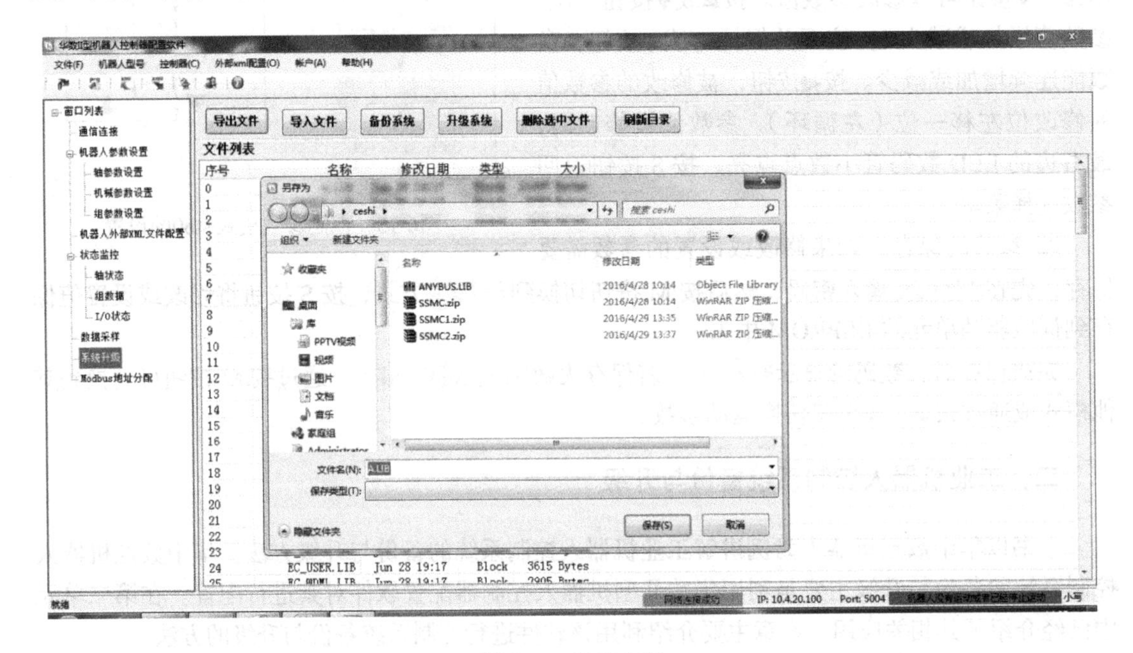

图6-15　导出文件

文件保存成功后会提示图 6-16 所示“文件导出成功”提示框。

2. 导入文件

导入文件是把文件导入控制器。在系统升级界面单击“导入文件”按钮，弹出图6-17所示打开文件对话框，选择要导入控制器中的文件，单击“打开”按钮，会弹出“确定将文件导入控制器吗？”的提示框，单击“确定”按钮开始导入文件。

如果文件成功导入控制器里，会弹出“文件导入成功”对话框，单击“确定”按钮，在文件列表中会显示该文件信息。

图6-16 “文件导出成功”提示框

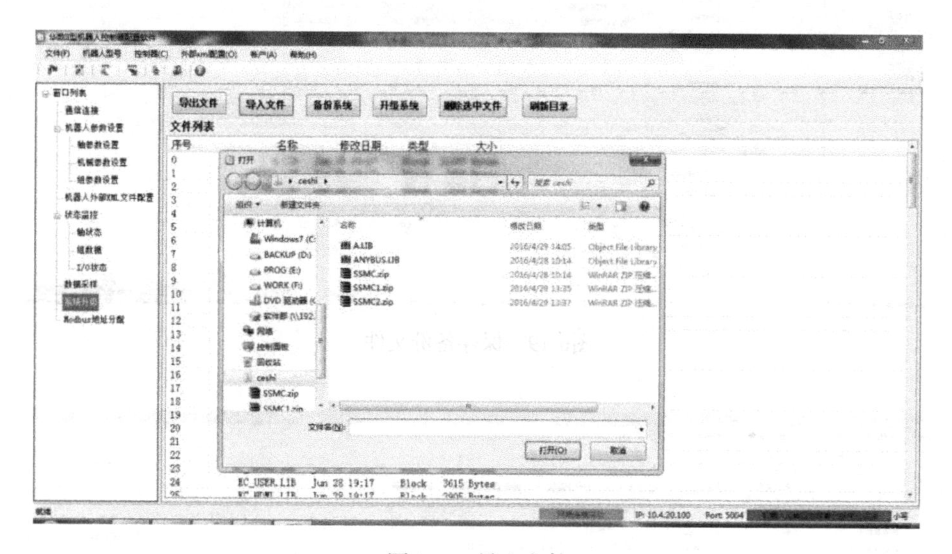

图6-17 导入文件

3. 备份系统

单击“备份系统”按钮，弹出图6-18所示对话框，提示是否备份系统文件，单击“是”按钮备份，单击“否”和“取消”按钮不备份。

图6-18 备份系统界面

单击图 6-18 中“是”按钮后，弹出图 6-19 所示“另存为”对话框，选择要保存文件的路径，并输入保存的文件名，单击“保存”按钮进行备份，弹出图 6-20 所示备份进度。

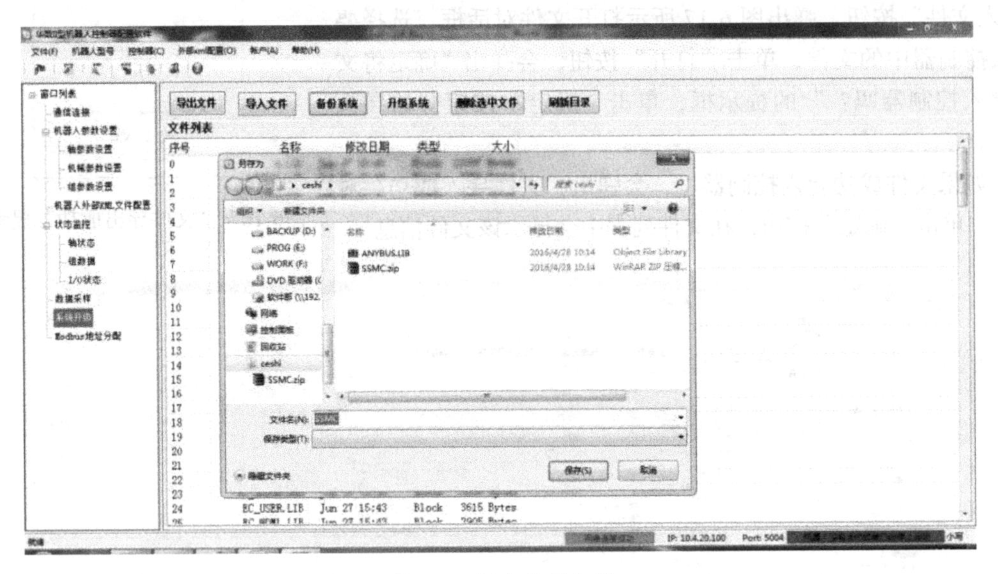

图6-19　保存备份文件

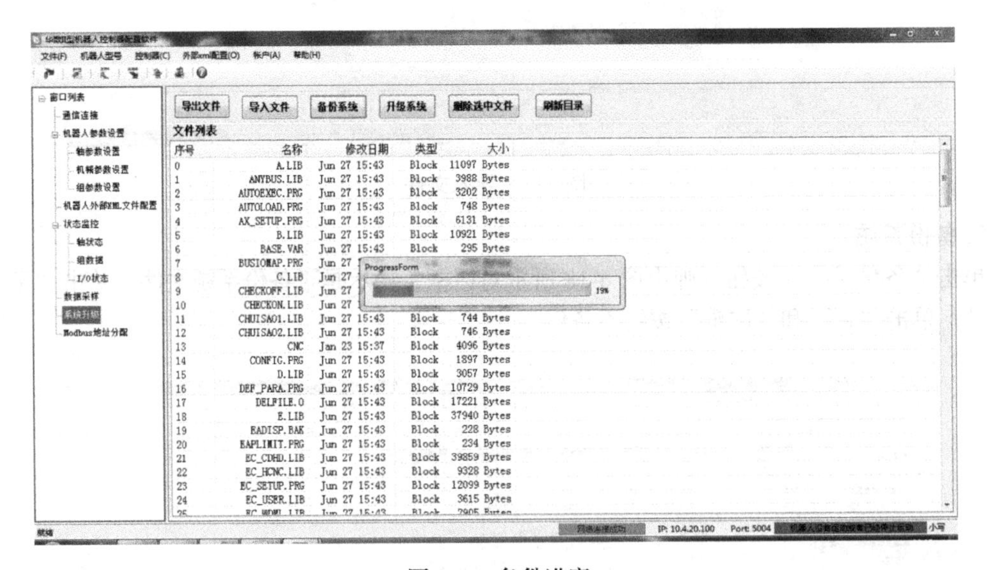

图6-20　备份进度

备份完成后弹出图 6-21 所示“备份文件成功”提示框。

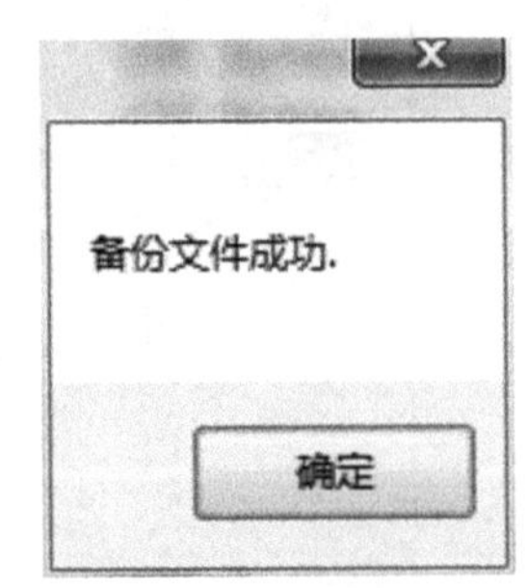

图6-21　“备份文件成功”提示框

4. 升级系统

单击“升级系统”按钮，弹出图 6-22 所示对话框，提示是否升级系统文件，单击“是”按钮升级，单击“否”和“取消”按钮不升级。

单击图 6-22 中“是”按钮后，弹出图 6-23 所示“打开”对话框，选择要升级文件的压缩包，然后单击“打开”按钮，系统开始升级。

图6-22　升级系统界面

图6-23　选取升级文件

升级完成后会弹出图 6-24 所示“程序升级成功，重启控制器生效！”提示框。

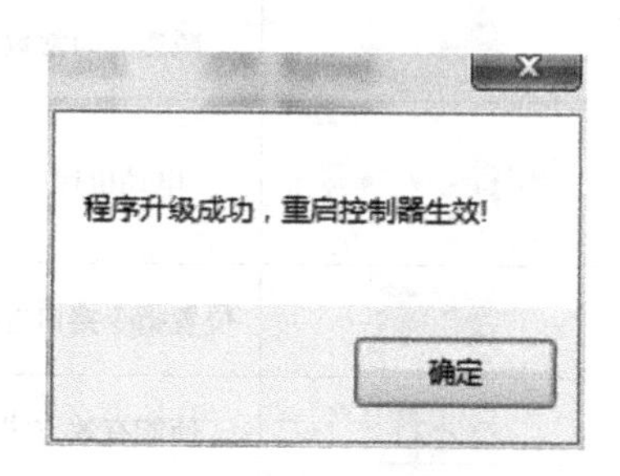

图6-24　程序升级成功界面

5. 删除选中文件

单击“删除选中文件”按钮，弹出图 6-25 所示对话框，提示是否删除文件，单击“是”按钮删除，单击“否”和“取消”按钮不删除。

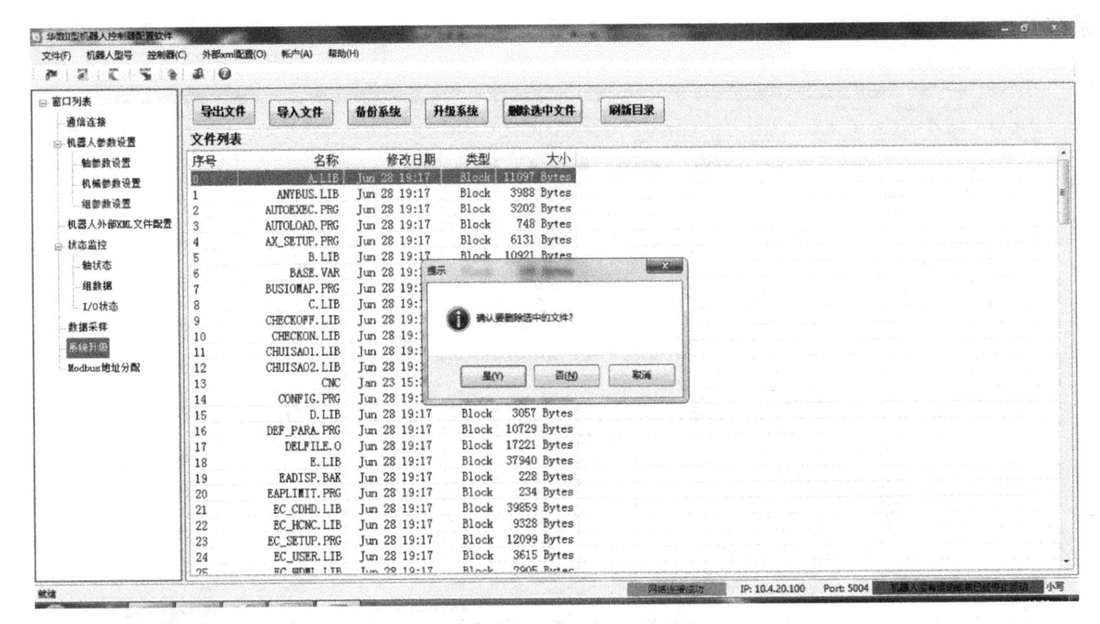

图6-25　删除选中文件界面

6. 刷新目录

单击“刷新目录”按钮，软件会刷新系统所有文件，将系统最新的文件显示在界面上。

三、工业机器人控制系统程序调整

1. JOG 试运行

（1）通电　接通三相 AC 220V 主电源，驱动单元的显示面板点亮。

（2）参数设置　JOG 试运行参数设置见表 6-8。

表 6-8　JOG 试运行参数设置

参数	名称	设置值	默认值	参数说明
PA--	加速时间常数	200	200	电动机加速时间常数
PA--	JOG 运行速度	300	300	点动时电动机运行的速度
PA--	控制方式选择	0	0	位置控制方式，JOG 运行 方式有效
PA--	减速时间常数	200	200	电动机减速时间常数
PA--43	电动机代码	根据电动机型号适配	1206	当电动机为 LMBB 电动机时，确认驱动单元规格，对应设置电动机代码百位，电动机代码可自动匹配
StA-	位置指令接口选择	0	0	
StA-	使能有效方式	0	0	参数修改即可生效

（3）运行　配置驱动单元参数后，确认驱动单元没有报警和任何异常情况后，伺服使能StA--6设置为1，面板（EN）指示灯点亮，这是电动机激励，处于零速状态。

在辅助模式YPI-At中，选择JoG-St模式，按S按钮，数码管显示Run---速度指令由按钮提供。按向上按钮并保持，电动机按JOG运行速度正转（CCW）运转，松开按钮，电动机停转，保持零速。按向下按钮并保持，电动机按JOG运行速度反转（CW）运转，松开按钮，电动机停转，保持零速。JOG速度由参数PA--21设置。

2. 手动速度控制方式

（1）通电　接通三相AC 220V主电源，驱动单元的显示面板点亮。

（2）参数设置　手动速度控制参数设置见表6-9。

表6-9　手动速度控制参数设置

参数	名称	设置值	默认值	参数说明
PA--6	加速时间常数	200	200	电动机加速冲击时间常数
PA--20	内部速度	设置合适值（如5000）	0	500r/min，单位为0.1 r/min
PA--23	控制方式选择	3	0	内部速度控制方式，由参数PA--20设定速度指令
PA--38	减速时间常数	200	200	电动机减速冲击时间常数
PA--43	电动机代码	根据电动机型号适配	1206	当电动机为LMBB电动机时，确认驱动单元规格，对应设置电动机代码百位，电动机代码可自动匹配
StA--0	位置指令接口选择	0	0	
StA--6	使能有效方式	0	0	参数修改即可生效

（3）运行　配置驱动单元参数后，确认驱动单元没有报警和任何异常情况后，伺服使能StA--6设置为1，面板（EN）指示灯点亮，这是电动机激励，处于零速状态。

在内部速度控制方式下，由参数PA--20设定速度指令，按S按钮，电动机给定的速度运行。设置值为正数，电动机正转（CCW）运行，设置值为0，电动机停转，保持零速；设置值为负数，电动机反转（CW）运行，设置值为0，电动机停转，保持零速。

3. 位置模式控制运行

位置模式控制应用于需要精密定位的系统中，如数控机床、纺织机械、钻攻中心、机器人等。位置指令来源为总线指令，总线指令由接线端子XS2（ON）、XS3（OUT）进行传输。

（1）位置模式控制的举例　图6-26所示为位置模式控制的简单接线图。

图6-26所示接线图相关参数设置见表6-10。

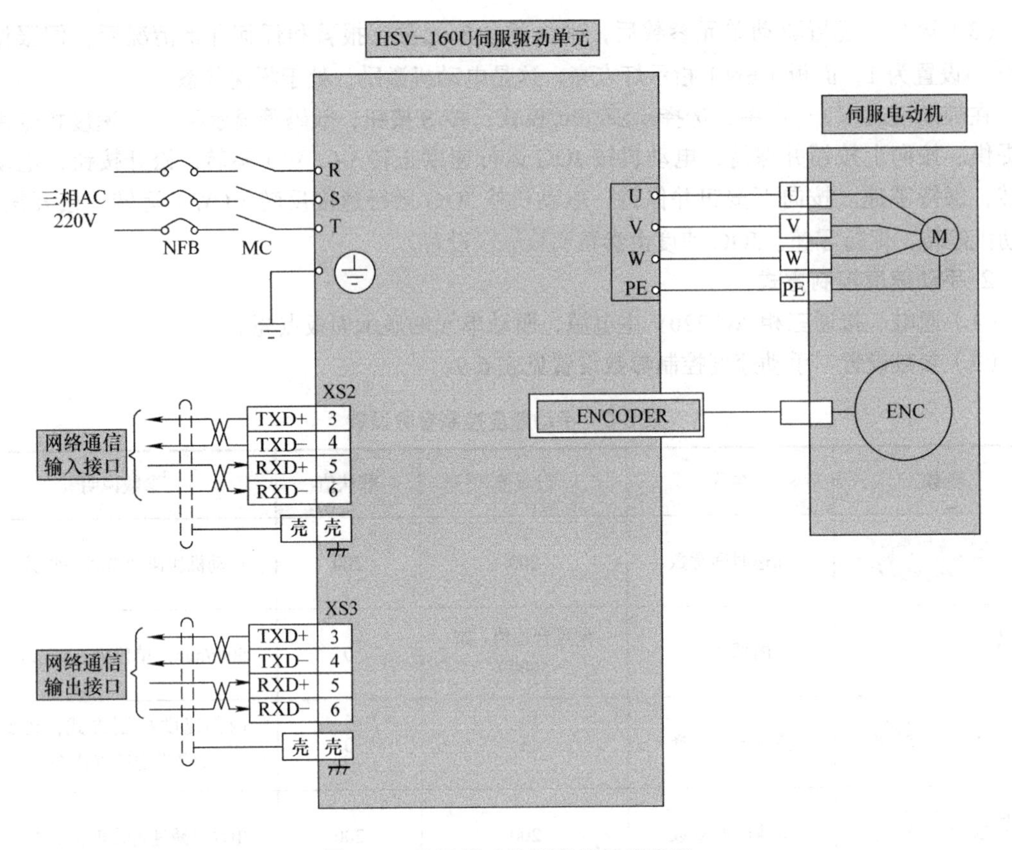

图6-26　位置模式控制的简单接线图

表 6-10　接线图相关参数设置

参数	名称	设置值	默认值	参数说明
PA--23	控制方式选择	0	0	位置模式控制，接收位置脉冲 输入指令
PA--43	电动机代码	根据电动机型号适配	1206	根据电动机型号适配
StA--0	位置指令接口选择	1	0	位置指令脉冲为 NCUC 总线型
StA--6	使能有效方式	0	0	参数修改即可生效

（2）与位置指令相关的参数　见表 6-11。

表 6-11　与位置指令相关的参数

参数	名称	设置值	默认值	单位	适用方法
PA--13	位置指令脉冲分频分子	1	1		P
PA--14	位置指令脉冲分频分母	1	1		P

（续）

参数	名称	设置值	默认值	单位	适用方法
PA--23	控制方式选择	0	0		P
PA--29	第 2 位置指令脉冲分频分子	1	1		P
PA--30	第 3 位置指令脉冲分频分子	1	1		P
PA--35	位置指令平滑滤波时间	0	0	ms	P
PA--39	第 4 位置指令脉冲分频分子	1	1		P
Pb--14	位置指令滤波时间常数	10	10	0.1μs	P
5tA- 0	位置指令接口选择	1	0		P、S
5tA- 0	脉冲指令来源	0	0		

（3）设定电子齿轮　如图 6-27 所示，电子齿轮是指可将相当于指令控制器输入指令 1 脉冲的工作移动量设定为任意值的功能。

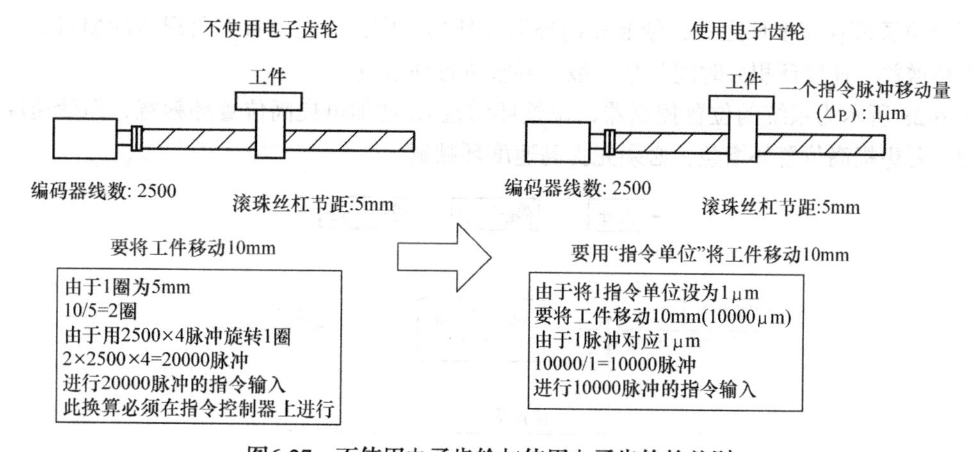

图6-27　不使用电子齿轮与使用电子齿轮的差别

（4）电子齿轮比的设定步骤　见表 6-12。

表 6-12　电子齿轮比的设定步骤

序号	名称	说明
1	确认机械规格	确认减速比、滚珠丝杠节距、滑轮直径等
2	确认编码器分辨力	确认所有伺服电动机的编码器分辨力

（续）

序号	名称	说明
3	设定 1 个指令脉冲移动量	设定来自指令控制器的 1 个指令脉冲移动量。 请在考虑机械规格、定位精度等因素的基础上设定 1 个指令脉冲移动量
4	计算负载轴旋转 1 圈的移动量	以决定指令脉冲单位为基础，计算负载轴旋转 1 圈所需的指令脉冲
5	计算电子齿轮比	根据电子齿轮比计算公式计算电子齿轮比
6	设定运动参数	将计算出来的数值设定为电子齿轮比

（5）位置控制相关增益　见表 6-13。

表 6-13　位置控制相关增益

参数	名称	参数范围	默认值	单位	适用方法
PA--0	位置比例增益	20~10000	400	0.1Hz	P
PA--1	位置前馈增益	0~150	0	%	P
PA--33	位置前馈滤波时间常数	0~3000	0	1ms	P
Pb--0	第二位置比例增益	20~10000	400	0.1Hz	P

因为位置环在速度环之外，依照先内环后外环的次序，首先设置好负载转动惯量比，再调整速度环增益、速度环积分时间常数，最后调整位置环增益。

图 6-28 所示为系统的位置控制器，位置环增益 K_p 增加可提高位置环频宽，但受速度环频宽限制。要想提高位置环增益，必须先提高速度环频宽。

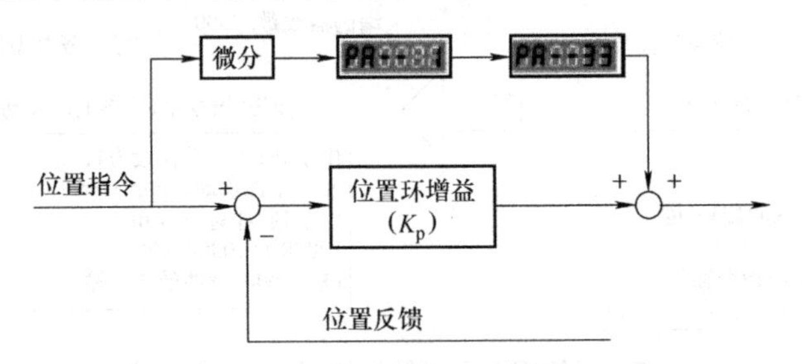

图6-28　系统的位置控制器

前馈能降低位置环控制的相位滞后，可减小位置控制时的位置跟踪误差以及更短的定位时间。前馈量增大，位置控制跟踪误差减小，但过大会使系统不稳定、超调。若电子齿轮比过大时，也会产生噪声。一般应用 PA--1 可设置为 0%，需要高响应、低跟踪误差时，可适当增加，不宜过大，同时可能需要调整 PA--33。

4. 速度模式控制运行

速度模式控制应用需要精确速度控制的场合，如纺织机、钻孔机等，也可以通过上位装置构成位置控制。

（1）速度模式控制的接线图如图 6-29 所示。

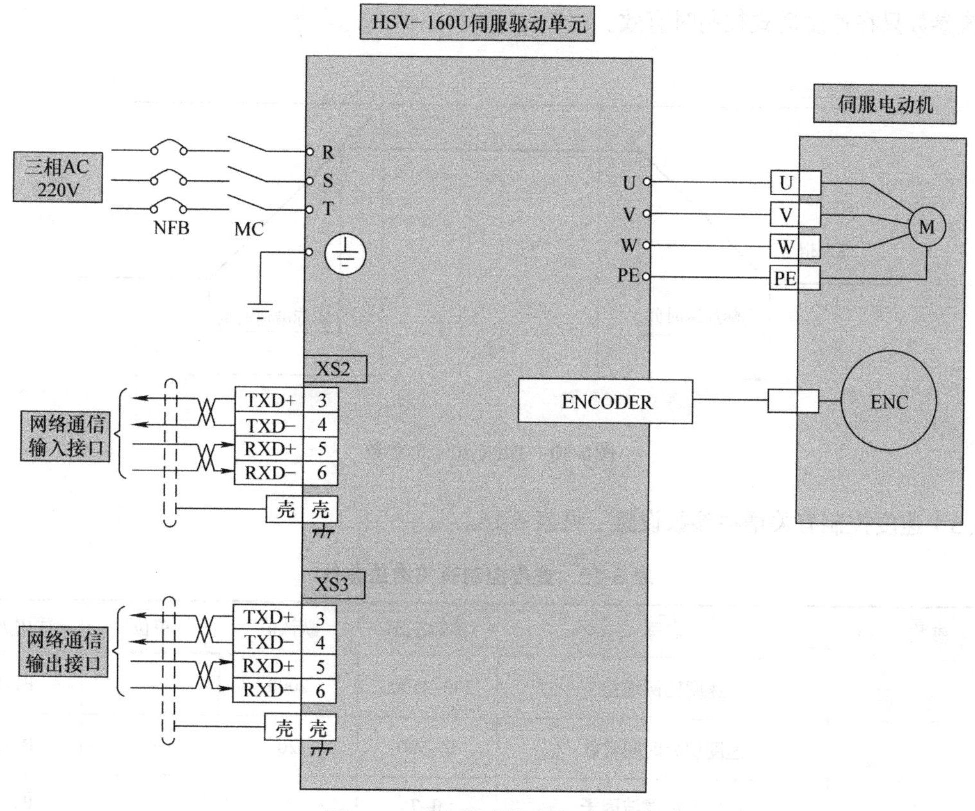

图6-29　速度模式控制的接线图

图 6-29 所示接线图相关参数设置见表 6-14。

表 6-14　接线图相关参数设置

参数	名称	设置值	默认值	参数说明
PA--6	加速时间常数	合适值	200	
PA--23	控制方式选择	1	0	模拟速度控制方式，接收模拟速度指令
PA--38	减速时间常数	合适值	200	

（2）加减速参数设置　见表 6-15。

表 6-15　加减速参数设置

参数	名称	参数范围	默认值	单位	适用方法
PA--6	加速时间常数	1 ~32000	200	ms	S
PA--38	减速时间常数	1 ~32000	200	ms	S

加减速时间常数设置能调节速度的突变，使电动机运行灵敏平稳。参数PA--6设置电动机从零速到额定速度的加速时间，参数PA--38设置电动机从额定速度到零速的减速时间，加减速时间常数如图 6-30 所示。若指令速度低于额定速度，对应需要的加速、减速时间也会缩

短。该参数只在速度模式控制时有效。

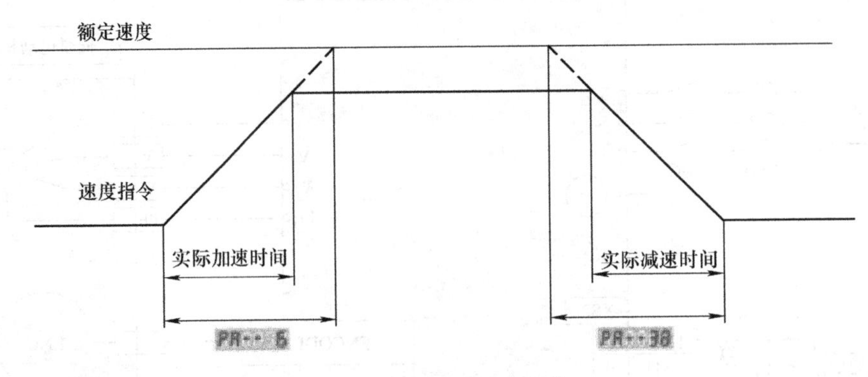

图6-30 加减速时间常数

（3）速度控制有关增益参数设置 见表 6-16。

表 6-16 速度控制有关增益参数

参数	名称	参数范围	默认值	单位	适用方法
PA--2	速度比例增益	200~25000	2000		P，S
PA--3	速度积分时间常数	0 ~500	20	ms	P，S
PA--4	速度反馈滤波因子	0~7	1		P，S
Pb--1	第二速度比例增益	200~25000	2000		P，S
Pb--2	第二速度积分时间常数	0~500	20	ms	P，S
Pb--13	负载惯量比	10~400	10	0.1%	P，S

设置好负载惯量比，再调整速度环增益、速度环积分时间常数。图 6-31 所示为系统的速度控制器，增加速度环增益 K_v 可提高速度响应频宽，减小速度环积分时间常数 T_i 可增加系统刚性，减小稳态误差。

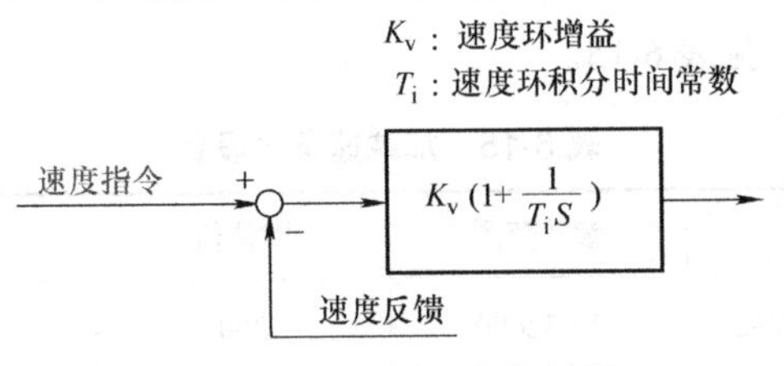

图6-31 系统的速度控制器

5. 增益调整

驱动单元包括电流控制环、速度控制环和位置控制环三个控制回路。控制回路框架如图 6-32 所示。

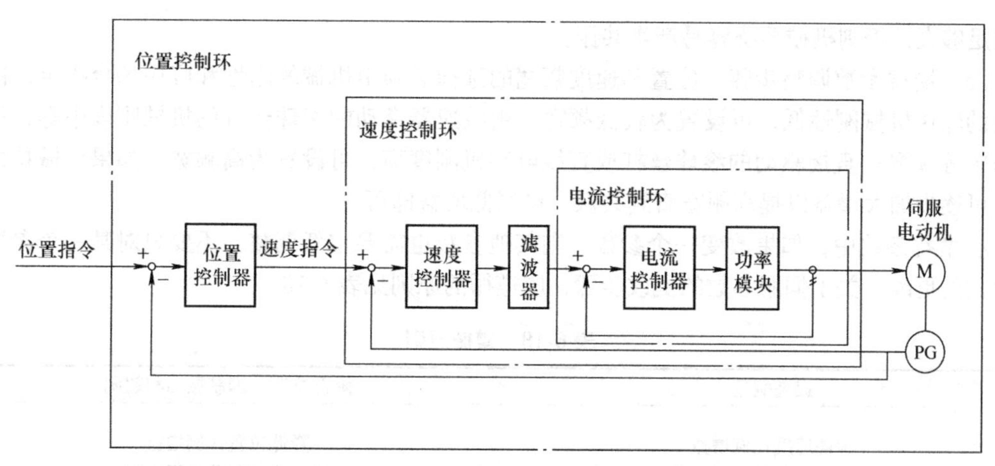

图6-32　控制回路框架

外环的快速响应性能是以内环的快速响应为前提的，否则整个控制系统会不稳定而造成响应不佳，因此这三个控制回路频宽的关系为：位置环频宽 < 速度环频宽 < 电流环频宽。由于驱动单元电流控制环参数已经根据电动机代码适配合适，用户只需要根据应用情况调整速度控制环与位置控制环参数。

（1）增益参数设置　见表6-17。

表6-17　增益参数设置

参数	名称	参数范围	默认值	单位	适用方法
PA--0	位置比例增益	20~10000	400	01Hz	P
PA--2	速度比例增益	200~25000	2000		P，S
PA--3	速度积分时间常数	0~500	20	ms	P，S
Pb--0	第二位置比例增益	20~10000	400	01Hz	P
Pb--1	第二速度比例增益	200~25000	2000		P，S
Pb--2	第二速度积分时间常数	0~500	20	ms	P，S
Pb--13	负载惯量比	10~400	10	0.1%	P，S

（2）位置比例增益　位置比例增益直接决定位置环的反应速度。在机械系统不产生振动或噪声的前提下，增加位置环增益值，以加快反应速度，减小跟踪误差缩短定位时间；但设置过大会造成机械系统抖动或定位超调。

（3）速度比例增益　速度比例增益直接决定速度环的响应频宽。在机械系统不产生振动或噪声的前提下，增大速度环增益值，则速度响应会加快，对速度指令的跟随性越佳；但是过大的设定容易引起机械共振。

（4）速度积分时间常数　速度环积分可有效地消除速度稳态误差，快速反应细微的速度变化。在机械系统不产生振荡或噪声的前提下，减小速度环积分时间常数，以增加系统刚性和降低稳态误差。如果系统转动惯量比很大或机械系统存在共振因素，必须确认速度回路积分时间常数足够大，否则机械系统容易产生共振。

（5）增益参数调整步骤　位置和速度频宽的选择必须由机械的刚性和应用场合决定，由带连接的输送机械刚性低，可设置为较低频宽；由减速器带动的滚珠丝杠的机械刚度中等，可设置为中等频宽；直接驱动的滚珠丝杠或直线电动机刚度高，可设置为高频宽。如果机械特性未知，可逐步加大增益以提高频宽直到共振，再调低增益即可。

在增益参数中，如果改变一个参数，则其他参数也需要重新调整。不要只对某一个参数进行较大的更改。关于伺服参数的更改步骤，应遵循的原则见表 6-18。

表 6-18　遵循原则

提高响应	降低响应，抑制振动和超调
提高速度比例增益 减小速度积分时间常数 提高位置比例增益	降低位置比例增益 增大速度积分时间常数 降低速度比例增益

1）速度控制的增益参数调试步骤：

① 设定负载转动惯量比。

② 设定速度环积分时间常数为较大值。

③ 速度比例增益在不产生振动和异常声音的范围内调大，如果发生振动稍许调小。

④ 速度积分时间常数在不产生振动的范围内调小，如果发生振动稍许调大。

2）位置控制的增益参数调试步骤：

①设定合适的转动惯量比。

② 设定速度环积分时间常数为较大值。

③ 加大速度环比例增益，若发生振动，稍许调小。

④ 减小速度环积分时间常数，如果发生振动，稍许调大。

⑤ 增大位置环增益，如果发生振动，稍许调小。

第三节　工业机器人电气零部件维修方法

一、工业机器人核心电气零部件维修

1. 伺服单元维修

伺服单元的维修更换顺序如下：

1）关闭主电源 5min 后开始操作，其间绝对不能接触端子。

2）取下伺服单元连接的全部电线：

① 三相交流电源。

② 伺服电动机电源（U、V、W、PE）。

③ 控制信号水晶插头（CN1、CN2）。

④ 码盘信号高密插头（CN3）。

⑤ 抱闸 2 位塑料插头（CN5）。

3）取下伺服单元连接的地线。

4）取下安装伺服单元的 4 个螺钉。

5）握住伺服单元将其取出。

6）安装作业与拆卸作业相反，先安装伺服单元，再安装插头。

2. 开关电源盒的维修

开关电源盒的维修更换顺序如下：

1）关闭主电源 5min 后开始操作，其间绝对不能接触端子。

2）取下开关电源盒的全部电线：

① 两相交流电源。

② 输出侧 +24V 直流电线（+24V，0V）。

3）取下接地线。

4）取下安装开关电源盒的 2 个螺钉。

5）握住开关电源盒将其取出。

6）安装作业与拆卸作业相反。

3. 系统主机单元的维修

系统主机单元更换顺序如下：

1）关闭主电源 5min 后开始操作，其间绝对不能接触端子。

2）取下系统主机单元的全部电线。

① 两相直流电源。

② 输入 / 输出侧插头。

③ 控制信号网线插头（P1、P2）。

3）取下接地线。

4）取下安装系统主机单元的 4 个螺钉。

5）握住系统主机单元将其取出。

4. 接触器等元件的维修

接触器等元件的更换顺序如下：

1）关闭主电源 5min 后开始操作，其间绝对不能接触端子。

2）取下接触器等电气元件的全部电线（三相交流黑色多股线和线圈控制线）。

3）握住接触器用一字槽螺钉旋具翘起下面的白色卡子将其取出。

5. 机器人本体编码器电池的更换

若机器人出现 4000026 报警：外部电池供电低于 3.1V，则需要尽快更换本体编码器电池，否则可能会使机器人零点丢失。

若机器人出现 4000025 报警：外部电池低于 2.5V，则机器人零点肯定已经丢失，机器人需要重新校准零点。

更换步骤：拆开机器人本体底座电池后盖，更换好本公司指定的电池，装回电池后盖即可。

6. PLC 维修

PLC 维修包括 CPU 单元、I/O 单元、智能单元、供电模块的内部电路维修等。PLC 具有一定的自检能力，而且在系统运行周期中都有自诊断处理阶段。系统工作过程中无论发生何种故障，维修人员都要遵循一定的操作步骤。

1）检查 PLC 供电是否正常。若 POWER 指示灯不亮，可检查供电线路和熔断器。

2）检查 PLC 系统。启动 PLC 查看“RUN”指示是否正常，有无报警发生。通常正在使用的 PLC 系统很少发生这种故障。

3）I/O 模块的检查。I/O 模块是 CPU 与外部控制对象沟通信息的通道，也是最容易损坏的部分，因此是维修的主要内容。

4）工作环境的检查。主要的影响因素是温度和湿度。

5）固件的维修。当确认是 PLC 固件损坏时，最好的办法是更换新的备件。

7. 伺服报警及其处理方法

伺服报警及其处理方法见表 6-19。

表 6-19　伺服报警及其处理方法

报警代码	报警名称	原因	处理方法
1	超速	控制电路板故障；编码器故障	换伺服驱动单元；换伺服电动机
		输入指令脉冲频率过高	正确设定输入指令脉冲
		加 / 减速时间常数太小，使速 度超调量过大	增大加 / 减速时间常数
		输入电子齿轮比太大	正确设置
		编码器故障	换伺服电动机
		编码器电缆不良	换编码器电缆
		伺服系统不稳定，引起超调	重新设定有关增益；如果增益不能设置到合适值，则减小负载转动惯量比
		负载惯量过大	减小负载惯量，换更大功率的驱动单元和电动机
		编码器零点错误	换伺服电动机；请厂家重调编码器零点
		电动机 U、V、W 引线接错；编码器电缆引线接错	正确接线
2	主电路过电压	电路板故障	换伺服驱动单元
		电源电压过高；电源电压波形不正常	检查供电电源
		制动电阻接线断开	重新接线
		制动晶体管损坏；内部制动电阻损坏	换伺服驱动单元
		制动回路容量不够	降低起停频率；增加 / 减速时间常数；减小转矩限制值；减小负载惯量；换更大功率驱动单元电动机
		电路板故障；电源熔断器损坏；软启动电路故障；整流器损坏	换伺服驱动单元
3	主电路欠电压	电源电压低；临时停电 20ms 以上	检查电源
		电源容量不够；瞬时掉电	检查电源
		散热器过热	检查负载情况
		电路板故障	换伺服驱动单元
		电动机 U、V、W 引线接错；编码器电缆引线接错	正确接线
		编码器故障	换伺服电动机

（续）

报警代码	报警名称	原因	处理方法
4	位置超差	设定位置超差检测范围太小	增加位置超差检测范围
		位置比例增益太小	增加增益
		转矩不足	检查转矩限制值；减小负载容量；换更大功率驱动单元和电动机
		指令脉冲频率太高	降低频率
		电路板故障	换伺服驱动单元
		电缆断线；电动机内部温度继电器损坏	检查电缆；检查电动机
5	电动机过热	电动机过载	减小负载；降低起停频率；减小转矩限制值；减小有关增益；换更大功率驱动单元和电动机
		电动机内部故障	换伺服电动机
6	速度放大器饱和故障	电动机被机械卡死	检查负载机械部分
		负载过大	减小负载；换更大功率驱动单元和电动机
7	驱动禁止异常	CCW、CW 驱动禁止输入端子都断开	查接线、输入端子用电源
8	位置偏差计数器溢出	电动机被机械卡死；输入指令脉冲异常	检查负载机械部分；检查指令脉冲；检查电动机是否接收指令脉冲转动
9	编码器故障	编码器接线错误	检查接线
		编码器损坏	更换电动机
		编码器电缆不良	换电缆
		编码器电缆过长，造成编码器供电电压偏低	缩短电缆；采用多芯并联供电
10	控制电源欠电压	输入控制电源偏低	检查控制电源
		驱动单元内部接插件不良；开关电源异常；芯片损坏	更换驱动单元；检查接插件；检查开关电源
11	IPM 模块故障	电路板故障	换伺服驱动单元
		供电电压偏低；驱动单元过热	检查驱动单元；重新上电；更换驱动单元
		驱动 U、V、W 之间短路	检查接线
		接地不良	正确接地
		电动机绝缘损坏	更换电动机
		受到干扰	增加线路滤波器；远离干扰源
12	过电流	驱动单元 U、V、W 之间短路	检查接线
		接地不良	正确接地
		电动机绝缘损坏	更换电动机
		驱动单元损坏	更换驱动单元
13	过负载	电路板故障	换伺服驱动单元
		超过额定转矩运行	检查负载；降低启停频率；减小转矩限制值；换更大功率的驱动单元和电动机

（续）

报警代码	报警名称	原因	处理方法
13	过负载	保持制动器没有打开	检查保持制动器
		电动机不稳定振荡	调整增益；增加 / 减速时间；减小负载惯量
		U、V、W 有一相断线；编码器接线错误	检查接线
14	制动故障	电路板故障	更换伺服驱动单元
		制动电阻接线断开	新接线
		制动晶体管损坏；内部制动电阻损坏	换伺服驱动单元
		制动回路容量不够	降低起停频率；增加 / 减速时间常数；减小转矩限制值；减小负载惯量；换更大功率的驱动单元和电动机
		主电路电源过高	检查主电源
15	编码器计数错误	编码器损坏	更换电动机
		编码器接线错误	检查接线
		接地不良	正确接地
17	制动时间过长	输入电源电压长时间过高	接入满足伺服单元工作要求的电源
		无制动电阻或制动电阻偏大；制动过程中，能量无法及时释放，造成内部直流电压升高	连接正确的制动电阻
18	直流母线电 压过高，却没有制动反馈	制动电路故障	更换伺服单元
19	直流母线电 压没有达到制动阀值时，却有制动反馈	制动电路故障	更换伺服单元
20	EEROM 错误	芯片或电路板损坏	更换伺服驱动单元；经修复后，必须重新设置驱动单元型号（参数 No.1），然后再恢复默认参数
21	电源缺相报警	三相输入电源缺相	检查输入电源
23	A/D 转换错误	放大器或电流传感器损坏	更换伺服驱动单元
24	多圈数据错误	在主电源上电期间，由于绝 对编码器数据异常引起	重启伺服初始化绝对编码器使报警复位
25	外部电池错误	外部电池电压低于 2.5V；绝对值编码器发生误动作	更换外部电池；更换伺服电动机；重新设置机床零点
26	外部电池报警	外部电池电压低于 3.1V	更换外部电池
27	电动机型号不匹配	驱动单元保存的电动机型号与当前使用的电动机型号不一致	重新设置相应的电动机型号，恢复默认值，断电重启
28	码盘数据 CRC 校验错误	在编码器的内存检查中发现异常	重启以重新初始化编码器；重新向编码器写入电动机型号；若频繁发生则需更换伺服电动机
		通信芯片或电路板损坏	更换伺服驱动单元

（续）

报警代码	报警名称	原因	处理方法
29	绝对位置数据异常报警	因干扰影响通信质量，导致 数据传输错误	检查调整编码器周围配线
		编码器故障	若频繁发生则更换伺服电动机
30	编码器Z脉冲丢失	Z脉冲不存在，编码器损坏；电缆不良；电缆屏蔽不良；屏蔽地线未连好；编码器接口电路故障	更换编码器；检查编码器接口电路
31	编码器U、V、W信号错误	编码器U、V、W信号损坏；编码器Z信号损坏；电缆不良；电缆屏蔽不良；屏蔽地线未连好；编码器接口电路故障	更换编码器；检查编码器接口电路
32	编码器U、V、W信号非法编码	编码器U、V、W信号损坏;电缆不良;电缆屏蔽不良；屏蔽地线未连好；编码器接口电路故障	更换编码器；检查编码器接口电路
33	总线通信异常	网线松动，接触不良；控制板内通信芯片损坏	检查网线连接是否正常，否则换控制网线；换伺服驱动单元
34	散热器高温报警	电动机长时间过载运行	减轻负载
		环境温度过高	改善通风条件
		伺服单元损坏	更换伺服单元
36	三相主电源掉电	三相主电源掉电或电压瞬时跌落	检查主电源，确保有正确的三相电压输入
		三相主电源检测电路故障	更换伺服单元
37	读写绝对式码盘EEPROM超时	编码器电缆不良	换电缆
		通信芯片或电路板损坏	更换伺服控制板

二、工业机器人低压元器件维修

1. 接触器和电磁式继电器

（1）接触器和电磁式继电器主要检查步骤

1）线圈加上额定电压时，应能可靠吸合；撤去外加电压后，应能可靠释放。

2）吸合时，无较大的噪声，噪声较大时应加以处理。

3）吸合时，接触器无较高的温升，正常时为温热。

4）吸合时，接触器无放电声音。

5）吸合时，接触器内无异常火花。

6）不带电时，推动接触器衔铁连杆，应无卡滞现象；衔铁松开时，动合触点不导通，动断触点可靠导通；按下衔铁时导通情况相反。

7）不带电时，检查灭弧罩，应无松动与裂损现象。

8）必要时，测量接触器线圈电阻，一般应为数十欧或数百欧，有的小型继电器为数千欧。

（2）接触器和电磁式继电器的常见故障及处理方法　见表6-20。

表 6-20 接触器和电磁式继电器的常见故障及处理方法

故障现象	故障原因	处理方法
触点过热或接触不良	触点压力不足	调整触点压力
	触点脏污	清洗触点
	负载短路	排除负载短路现象
	触点超行程过小	调整触点的超行程
触点熔焊	负载短路或触点跳跃	修整触点，排除短路故障
衔铁噪声大	衔铁端面有污物	清除衔铁端面污物
	铁心位置倾斜	重新装配铁心
	短路环脱落	重新安装或更换短路环
	电源电压过低	检查线圈电压，是否误将 380V 线圈用于 220V 场合或电源电压过低
	弹簧反作用力过大	调整或更换弹簧
线圈断电衔铁不能释放	触点弹簧反作用力过小	更换或调整弹簧
	机械卡滞	消除卡滞故障
	触点熔焊	修整触点
	剩磁过大	更换铁心
线圈过热或烧损	电源电压不符	检查电源电压，并检查是否误将 220V 线圈用于 380V 场合
	衔铁卡滞	排除衔铁卡滞现象
	动作频率过高	降低线圈动作频率
	线圈受潮	烘干线圈或更换线圈

2. 断路器

（1）断路器的检测内容

1）运行中的断路器应无明显响声。

2）运行中的断路器应无明显的发热现象。

3）运行中的断路器的指示应与实际情况相符。

4）非运行中的断路器，用手缓慢分合闸，各主触点动作保持一致，辅助触点动作正常，指示正确。

5）断路器各触点压力正常，脱扣器的衔铁和拉簧正常，动作无卡滞，磁铁工作面应清洁平滑，无锈蚀、毛刺和污垢，热元件无损坏，间隙正常。

（2）断路器的常见故障与处理方法 见表 6-21。

表 6-21 断路器的常见故障与处理方法

故障现象	故障原因	处理方法
断路器发热严重	触点脏污	清洗或修整触点
	触点压力不足	调整触点弹簧压力，注意三相触点的对称性
	负载过电流	排除过电流现象或更换断路器
响声较大	失电压脱扣器铁心面脏污	清洗脱扣器铁心面
	失电压脱扣器弹簧反力过大或短路环脱落	调整脱扣器弹簧反力或更换短路环
	负载过电流	排除过电流现象或更换断路器

（续）

故障现象	故障原因	处理方法
手动合分闸失灵	触点熔焊	清洗和修整触点，必要时更换触点
	合分闸线圈故障	检查修理合闸和分闸电磁机构，必要时更换
	机械故障	排除机械故障
	失电压、热脱扣器等动作	检查误动作的脱扣器，排除误动作现象
	三相主触点不同步	调整触点使其同步

3. 熔断器

（1）熔断器的检测内容

1）运行中的熔断器应无破损、变形和闪络现象。

2）运行中的熔断器应无过热现象，其熔断指示应为正常。

3）运行中的熔断器应无放电响声，两端电压始终为0V。

4）非运行中的熔断器两端电阻为0Ω。

（2）熔断器的常见故障与处理方法　见表6-22。

表6-22　熔断器的常见故障与处理方法

故障现象	故障原因	处理方法
熔断器过热	负载电流过大	检查电源电压及负载，使电流恢复至正常值
	熔断器接触不良	排除熔断器松动、生锈、脏污等接触不良现象
熔断器冒火	熔断器接触不良	排除熔断器松动、生锈等接触不良现象
熔断器不通	熔断器动作	检查动作指示，必要时测量熔芯两端电阻
	熔断器接触不良	排除熔断器松动、生锈等接触不良现象

注意：安装熔体时必须保证接触良好，否则易使熔断器动作不准，或产生放电火花。更换熔体时，不能损伤熔体，以免造成熔体截面变小，动作值不准。

4. 主令电器

主令电器的检测内容如下：

1）运行中的主令电器应无破损、脏污、变形和闪络现象，操作时无麻电感。

2）运行中的主令电器应无过热现象。

3）运行中的主令电器应无放电响声。

4）非运行中的主令电器操作灵活，无卡滞现象。

5）未接入电路中的主令电器各对触点之间的绝缘电阻为∞，每对触点闭合时两端电阻为0Ω，分断时电阻为∞。

5. 热继电器

（1）热继电器的检测内容

1）热继电器及连接导线应无破损、烧糊、变形和脏污现象。

2）运行中的热继电器应无过热或响声，动作按钮应未弹出。

3）热继电器的整定值应与负荷电流相当；外接主触点引线的截面面积符合要求。

4）热继电器工作环境温度应在−30～40℃之间，过高或过低都会使动作值不准。

5）非运行中的热继电器主触点两端、动断辅助触点（一般接入电路）两端电阻约为0Ω，触点之间的电阻为∞。

（2）热继电器的常见故障与处理方法　见表 6-23。

表 6-23　热继电器的常见故障与处理方法

故障现象	故障原因	处理方法
热元件烧断	负载回路中有短路现象	检查负载回路，排除短路故障
	主触点接触不良	重新连接主触点，可涂抹导电复合脂，保证触点接触可靠
热继电器误动作	整定值偏小	重新调整整定值
	电动机起动时间过长	检查控制电路，排除电动机起动时间过长的故障
	设备操作频率过高	降低设备的操作频率
	使用场合有较大的振动或冲击	排除振动与冲击的概率，必要时可采用防振垫、防振弹簧等措施
	环境温度过高或过低	改变工作位置、加强通风措施等，保持正常的工作温度；必要时可调换大一号或小一号热元件
热继电器不动作	整定值过大	重新调整动作整定值
	机械卡滞	排除机械卡滞故障
	推杆脱出	重新装配热继电器
热继电器触点接触不良	内部脏污	用无水酒精清洗热继电器内部部件
	触点氧化	用无水酒精清洗或用整形锉整修触点

6. 时间继电器

（1）时间继电器的检测内容

1）时间继电器应无破损、变形和脏污现象。

2）运行中的时间继电器应无过热或异常响声。

3）时间继电器的整定值应与动作值相当，触点动作干脆，延时误差应在 10% 以内。

4）时间继电器各部件固定可靠，无松动现象；机械部分无卡滞现象。

5）时间继电器动断辅助触点（一般接入电路）两端电阻约为 0Ω，触点之间的电阻和动合触点之间的电阻为∞。

6）进行通电模拟（电子式）或手动模拟（气囊式）时间继电器动作时，能正确动作，延时准确。

（2）时间继电器的常见故障与处理方法　见表 6-24。

表 6-24　时间继电器的常见故障与处理方法

故障现象	故障原因	处理方法
热元件烧断	负载回路中有短路现象	检查负载回路，排除短路故障
	主触点接触不良	重新连接主触点，可涂抹导电复合脂，保证触点接触可靠
时间继电器误动作	整定值偏小	重新调整整定值
	电动机起动时间过长	检查控制电路，排除电动机起动时间过长的故障
	设备操作频率过高	降低设备的操作频率
	使用场合有较大的振动或冲击	排除振动与冲击的机率，必要时可采用防振垫、防振弹簧等措施
	环境温度过高或过低	改变工作位置、加强通风措施等，保持正常的工作温度；必要时可调换大一号或小一号热元件

（续）

故障现象	故障原因	处理方法
时间继电器不动作	整定值过大	重新调整动作整定值
	机械卡滞	排除机械卡滞故障
	推杆脱出	重新装配热继电器
时间继电器触点接触不良	内部脏污	用无水酒精清洗热继电器内部部件
	触点氧化	用无水酒精清洗或用整形锉整修触点

7. 小型变压器

（1）变压器检查步骤

1）工作时，变压器应无明显的损伤、变形和脏污，如果有应及时处理。

2）工作时，变压器应无较高的温升和较大的噪声，无放电声音和异常火花；变压器正常时应为温热。

3）不带电时，用兆欧表测量变压器各绕组之间、绕组和铁心之间的绝缘电阻，正常值为∞。

4）三相变压器各绕组的电阻相等，误差在5%以内。

（2）小型变压器的常见故障及处理方法　见表6-25。

表6-25　变压器的常见故障及处理方法

故障现象	故障原因	处理方法
变压器一次侧无输出电压	电源故障，未加到变压器	测量变压器一次电压，如果没有电压，说明电源回路存在故障；重点检查电源电压、熔断器和连接导线
	一次绕组断线	小型变压器一次绕组断线的故障较为常见，多为绕组与引线连接处。焊接完毕后应处理好绝缘，通过测量一次、二次电阻确定是否断线。高压侧电阻一般较大，低压侧电阻一般较小
	二次绕组断线	
变压器温度过高或冒烟	电源电压过高	排除电源故障
	负载短路	排除负载短路故障
	绕组内部短路或一次、二次绕组短路	重绕绕组
	新修变压器硅钢片绝缘不良或线圈每伏匝数过少	将硅钢片重新浸漆烘干，装配，使铁心截面面积合乎要求，或提高绕组每伏匝数
空载电流过大	一次绕组匝数不足	重新绕制绕组，提高每伏匝数。铁心截面面积越大，每伏匝数越小，小型变压器约为10T/V
	铁心截面面积不够、材料较差或层间绝缘不良	将硅钢片重新浸漆烘干，装配，使铁心截面面积合乎要求，或更换硅钢片
	绕组局部短路	重新绕制绕组
变压器响声过大	电源电压过高	调整电源电压
	负载过重或短路	排除负载过重现象或短路故障
	变压器铁心固定不牢固	用夹紧装置将铁心固定牢固，或将整个变压器浸漆烘干
变压器漏电或打火	绕组绝缘不良	重新绕制绕组或更换绕组
	引线绝缘不良或有污物	更换引线，清理污物

8. 常见电柜故障处理

机器人电柜常发生的故障主要是：电缆连接点处接触不良；继电器触点烧坏；主电无法接通；继电器板信号连接不正常；熔体熔断等故障。这些问题主要的解决方法是查看电柜安装图样，并用万用表进行检查，排除故障。

（1）电柜上主电不动作　电柜主电无法接通是指：按下电柜“上主电”绿色按钮而继电器不产生吸合动作，同时上主电指示绿色灯不亮。解决办法如下：

1）首先查看电柜急停和示教盒急停是否按下，如果按下则释放急停后重新上主电。

2）急停正常则查看 K1、K2 两个继电器是否点亮，如果只有一个点亮则另外一个继电器触点烧坏，更换烧坏的继电器；如果按住上主电按钮两个继电器都点亮而释放按钮继电器又回到原来的状态，这时检查驱动器或示教盒是否有报警，有报警则清除报警后重新上主电；如果其他都正常还是无法上主电则为交流接触器损坏或是电路连接有问题，这时使用万用表对照图样进行排查。

3）其他 K3 继电器烧坏主电也无法接通。

（2）继电器触点烧坏　电柜电路有四个继电器 K1、K2、A8、K4。其中，K1、K2 触点为急停用双回路用继电器，如果其中有一个不亮时肯定是另外一个烧坏。

A8 为驱动器报警指示继电器，一般 DS8 指示灯不点亮时电柜伺服报警灯点亮，这时查看印制电路板（PCB）继电器板 A1-A6 继电器对应的指示灯哪个被点亮，同时会看出对应的驱动器有报警，若 A8 继电器没有烧坏，清除驱动器报警后 DS8 就能点亮，如果不能使 DS8 点亮，则更换 A8 继电器即可。

K4 继电器为上主电用继电器，当按下上主电按钮 K4 没有反应，则更换继电器，否则检查电路连线。

（3）熔体熔断　电柜内有三个熔体：继电器板上熔体 F1、F2 和 FU1。

FU1 为控制电源用熔体，通过检查 FU1 中熔体底座红色指示灯是否会点亮来判断熔体是否熔断，如果熔断则熔体底座 FU1 的红色指示灯会点亮。在检查出熔体熔断后更换熔体，同时不要使机器人动作，先检查线路是否有短路以致熔体熔断，如果排查没有则正常使用就行，熔断可能是过冲电流导致。

F1 为控制电源熔体，当控制器或 24VP 没有电时为 F1 熔体熔断，同时可通过查看指示灯 DS17 是否点亮，此时检查电路是否有与地短路的情况发生，排查完后更换 5A 的玻璃管熔体即可。

F2 熔体熔断后机器人抱闸无法打开，并且继电器旁边电源指示灯 DS9 不会点亮，此时解决方法同样检查电路连接情况，排除故障或确认无故障后更换 10A 熔体即可。

（4）安全板故障　继电器板故障有熔体熔断、继电器触点烧坏、发光二极管击穿、电阻烧坏、二极管击穿、虚焊等。

继电器触点烧坏分为 B1-B6、A1-A6 两种情况。B1-B6 触点烧坏时，继电器对应的发光二极管点亮，但是机器人运动的时候总是出现电动机抱闸没打开而出现异响或驱动器过载现象，此时需要更换另外一块电路板。A1-A6 继电器在报警的时候对应的发光二极管才会被点亮，此时继电器不点亮但是电柜门上伺服报警指示灯一直点亮，可以确认为 A1-A6 中的继电器有故障，此时需要更换另外一块电路板。

有时其他抱闸都打开，但有时候其中有一个不会打开，驱动器总是出现过载报警，此时可以检查驱动器 CN3 端子是否接触不良。

（5）电缆连接点处接触不良　电缆接触不良可以在整个电柜的任何地方发生，这种情况下不易查找故障点，此处可以分为强电和弱电电路接触不良。最根本的解决办法是通过查看电气图样，应用万用表来测量发现问题，发现后需要重新连接电路来排除故障。

主电路接触不良表现在驱动器开抱闸后，驱动器显示面板上不会显示旋转的指示，如果是单台出现则检查此驱动器的主电路连接（R、S、T），如果所有的都是则检查在交流接触器前面的电路。有时候驱动器会报警（例如 62 号报警），通过对应的报警信息确认后再排查解决。当有一台驱动器不能启动，而其他的驱动器为正常时，为驱动器的控制电路（R、T）出现断路。

控制电路接触不良有很多种情况：

1）有 I/O 信号不能输入输出，先排除系统故障后检查对应的电路连线。

2）驱动器报警显示号说明是电路连接有问题时检查对应的（R、S、T、U、V、W、编码器连线）电路连线。其中，U、V、W 和编码器连线需要连接到机器人本体，所走的线路较长，容易出现断路及接触不良等问题，这种情况下需要分段排查故障，包括机器人电柜内连线、电柜到本体连线、本体连线。

3）其他的电路连线，根据具体的实际发生的情况来排查。

三、工业机器人示教器维修

1. FANUC 示教器

FANUC 示教器通过键控和显示功能，使操作人员顺利实现对变位机运动的示教控制，并把位置信息反馈给操作人员，实现人机交互的功能，是机器人操作必不可少的主要控制部件，因使用频繁且使用时容易摔落，其故障率一般是 FANUC 机器人所有部件中较为高的，FANUC 机器人为进口设备，当其示教器发生故障时，会对无备件或严格控制成本的用户造成非常大的生产影响。

FANUC 机器人示教器常见故障：

1）FANUC 示教器液晶屏不良、花屏、白屏、黑屏、闪屏、竖线、摔破。

2）FANUC 示教器的按键失效或者不灵。

3）示教器主板不工作或者 IC 烧坏。

4）示教器显示无背光。

5）FANUC 示教器急停按键失效或者不灵。

6）示教器数据线不能通信、通电，内部有断线。

7）机械手柄上电无显示。

8）机器人示教器进不去系统。

9）FANUC 机器人示教器不断重启。

10）FANUC 示教器经常死机。

2. ABB 机器人示教器

ABB 机器人示教器的主要用途：可对本机和主控箱进行控制和编程，使机器人及配套设备能够按照实际工作需要准时、到位的工作。

ABB 示教器维修常见故障及解决方案：

1）ABB 示教器触摸不良或局部不灵，此时应更换触摸面板。

2）ABB 示教器无显示，此时应维修或更换内部主板或液晶屏。

3）ABB 示教器显示不良、竖线、竖带、花屏、摔破等，此时应更换液晶屏。

4）ABB 示教器按键不良或不灵，此时应更换按键面板。

5）ABB 示教器有显示无背光，此时应更换高压板。

6）ABB 示教器操纵杆 *X*、*Y*、*Z* 轴不良或不灵，此时应更换操纵杆。

7）ABB 示教器急停按键失效或不灵，此时应更换急停按键。

8）ABB 示教器数据线不能通信或不能通电，内部有断线等，此时应更换数据线。

3. KUKA 机器人示教器

KUKA 机器人示教器的主要工作部分是操作按键与显示屏，在 KUKA 机器人系统中，KUKA 机器人教导盒是人与机器人交互的界面，可由操作者手持移动，使操作者能够方便地接近工作环境进行示教编程。KUKA 机器人示教器控制电路的主要功能是对操作按键进行扫描并将按键信息送至控制器，同时将控制器产生的各种信息在显示屏上进行显示。可见，KUKA 示教器是机器人操作必不可少的主要控制部件，因使用频繁且使用时容易摔落，其故障率一般是机器人所有部件中较为高的。

KUKA 机器人示教器常见故障包括：

1）KUKA 机器人示教器显示黑屏。

2）KUKA 机器人示教器显示白屏。

3）KUKA 机器人示教器显示后触摸功能失效或者不灵。

4）KUKA 手持控制面板显示后报警急停。

5）KUKA 机器人示教器显示后花屏。

6）KUKA 机器人示教器显示后闪屏等。

7）KUKA 机器人示教器显示不良、竖线、竖带、花屏、摔破等。

8）KUKA 机器人示教器显示无背光。

9）KUKA 机器人示教器操纵杆 *X*、*Y*、*Z* 轴不良或不灵。

10）KUKA 机器人示教器面板急停按键失效或不灵。

11）KUKA 机器人示教器数据线不能通信或不能通电，内部有断线等。

12）KUKA 机器人示教器无法启动。

13）KUKA 机器人示教器无法进入系统等。

四、工业机器人夹具及电气控制器件维修

气动夹具主要控制对象为夹具上的气缸，每套夹具上的气缸数量可能不一样，但总数不超过 4 组，每组气缸使用一个三位五通电磁阀，这样每套夹具有 2×4=8 个输出点控制电磁阀动作，有两个工位总共 16 个输出点；同时为了检测气缸的夹紧或松开状态，每组气缸配有两个传感器（干簧管磁性开关），根据夹具制造时的使用要求和工艺的不同，有些夹具气缸数量可能少于 4；有些气缸的夹紧或松开位置可能不必进行检测等情况。下面将介绍夹具电气控制器件的维修。

1. 电磁阀维修

电磁阀由电磁线圈和磁芯组成，是包含一个或几个孔的阀体。当线圈通电或断电时，磁芯的运转将导致流体通过阀体或被切断，以达到改变流体方向的目的。电磁阀的电磁部件由固定

铁芯、动铁芯、线圈等部件组成；阀体部分由滑阀芯、滑阀套、弹簧底座等组成。电磁线圈被直接安装在阀体上，阀体被封闭在密封管中，构成一个简洁、紧凑的组合。在生产中常用的电磁阀有二位三通、二位四通、二位五通等。这里先介绍二位的含义：对于电磁阀来说就是带电和失电，对于所控制的阀门来说就是开和关。

电磁阀的故障将直接影响切换阀和调节阀的动作，常见的故障有电磁阀不动作，应从以下几方面排查：

1）电磁阀接线头松动或线头脱落，电磁阀不得电，此时可紧固线头。

2）电磁阀线圈烧坏，此时可拆下电磁阀的接线，用万用表测量，如果开路，则电磁阀线圈烧坏。其原因有线圈受潮，引起绝缘不好而漏磁，造成线圈内电流过大而烧毁，因此要防止雨水进入电磁阀。此外，弹簧过硬，反作用力过大，线圈匝数太少，吸力不够也可使得线圈烧毁。紧急处理时，可将线圈上的手动按钮由正常工作时的“0”位打到“1”位，使得阀打开。

3）电磁阀卡住：电磁阀的滑阀套与阀芯的配合间隙很小（小于0.008mm），一般都是单件装配，当有机械杂质带入或润滑油太少时，很容易卡住。处理方法可用钢丝从头部小孔插入，使其弹回。根本的解决方法是要将电磁阀拆下，取出阀芯及阀芯套，用CCl_4清洗，使得阀芯在阀套内动作灵活。拆卸时应注意各部件的装配顺序及外部接线位置，以便重新装配及接线正确，还要检查油雾器喷油孔是否堵塞，润滑油是否足够。

4）漏气：漏气会造成空气压力不足，使得强制阀的启闭困难，原因是密封垫片损坏或滑阀磨损而造成几个空腔窜气。在处理切换系统的电磁阀故障时，应选择适当的时机，等该电磁阀处于失电时进行处理，若在一个切换间隙内处理不完，可将切换系统暂停，从容处理。

2. 传感器维修

传感器故障诊断与处理见表6-26。

表6-26　传感器故障诊断与处理

<table>
<tr><th>故障现象</th><th>故障原因</th><th>处理方法</th></tr>
<tr><td rowspan="2">传感器异常显示L.LL</td><td>传感器的催化元件或热导元件断丝</td><td rowspan="2">打开传感器后盖，检查传感器元件与电路板的连线是否断开。如果正常，检查元件是否断丝。用万用表电阻档检查G、R12、V2之间的电阻值，一般在7~8Ω，若其中电阻无穷大，则说明元件断丝，应更换新的催化元件</td></tr>
<tr><td>传感器的元件与电路板连接出现断线</td></tr>
<tr><td rowspan="3">传感器显示乱码</td><td>可能是单片机没有正常工作</td><td rowspan="3">1. 用万用表的电压档测量单片机P89V52是否工作正常，如果单片机正常工作，3脚应该在2.4V，如没有就检查12MHz的晶振是否起振或单片机是否损坏，以及周边电路
2. 单片机P89V52是整个传感器的核心，当工作电压不正常或外围振荡电路没有起振，都会引起显示乱码的现象。如没有振荡频率，则更换外围晶体或者电容等。如果工作电压不正常，则更换P89V52芯片
3. 传感器通电首先由CPU（P89V52）9脚输出高电平由MAX813为主的复位电路完成。应重点检查或者更MAX813
4. 如果传感器用在井下时出现“888”的现象，应该先考虑传感器与分站之间的距离太远所造成，可以缩短分站与传感器之间的距离</td></tr>
<tr><td>检查12MHz的晶振是否工作正常</td></tr>
<tr><td>复位电路及MAX813芯片损坏</td></tr>
</table>

（续）

故障现象	故障原因	处理方法
传感器无电源	传感器的 18V 电源保护模块是否损坏	打开传感器后盖，检查航空插头与电路板的两根电源线是否断开。如果连接无误，检查 18V 的电源保护模块是否有 18V 的电源输出。如果达不到 18V 输出，应更换新的模块。18V 供电时，正常电流约为 70mA，如果上电时电流很大，则有可能是器件或 PCB 有短路，应先排除短路故障后再上电；如果有 18V 正常输出，应依次检查 IC1（34063）、78L05、IC2（LM358）这几点的稳压是否正常
	传感器电路板的芯片可能短路，导致传感器不能正常工作	
	给单片机提供的 5V 电压是否正常	
传感器遥控不灵	红外接收头、三极管 9013、遥控接收解码器 9149 损坏	先检查红外接收头（SFH），用遥控板对传感器进行设置，用示波器观察红外接收头（SFH）输出端是否有方波输出，如果没有方波输出，则更换红外接收头 检查 9013 的集电极是否有方波输出，若无则更换 9013；接着依次按遥控板的选择、上升、下降按键，分别观察 9149 的 3、4、5 脚是否有方波输出，如果没有，则更换 9149
传感器无频率输出信号	发光二极管 D7 是否损坏	用万用表的导通档去测量发光二极管 D7 是否损坏，如果正常就检查三极管 N13（8550）和电阻 R53（100Ω）
	电阻 R53（100Ω）和三极管 N13（8550）是否损坏	
传感器通气无反应或通气低	传感器的元件损坏或者元件老化	更换新的元件，进行通气测试，以确定元件是否出了问题。如果元件是好的，就检查元件 3V 供电电压是否正常，如果没有则检查 IC2（17358）和 N1（8550）。如果有 3V 电压则应检查 IC9（7109）、6MHz 的晶振外围采集电路
	传感器电路板的数据采集电路有问题	
传感器显示窗出现闪烁不定	可能是复位电路 IC5：MAX813 芯片损坏	给单片机 P89V52 的第 9 脚提供一个 5V 的触发电压，然后观察传感器显示窗是否工作正常，如果正常则更换 IC5 芯片
传感器报警时无声无光	报警发光二极管 D3 和 D4 损坏	用万用表的导通档检查报警灯是否损坏。如果正常则应检查报警时蜂鸣器是否有 18V 电压输出，如果没有应更换 IC12（4011）
	传感器上电路板的芯片 IC12（4011）损坏	
正常使用情况下传感器显示 H.HH	在该状态下表明该传感器进入保护状态，因甲烷浓度超过其测量范围	将该传感器断电，使该传感器重新初始化，进入正常工作状态后重新进行调校
自检时传感器显示 2.AA 或 2.BB	传感器的测量桥路零点偏移过大，需对传感器进行硬件调零	具体步骤如下：取下传感器带回地面。打开传感器后盖并接通电源数分钟后，同时按下遥控器或传感器电路板上的三个按键数秒钟，并看到数码管有闪烁。然后立即按动选择键，使传感器显示窗内的小数码管显示为“1”，再用螺钉旋具调节电路板上的电位器 P1，使传感器数字显示为零

3. I/O 模块维修

1）检查 I/O 模块供电电压是否正常。

2）检测输入输出端口的信号及对应端口指示灯显示是否正常，指示灯不亮是固件故障，解决的办法是进行固件维修。如果有冗余端口，可以通过编程重新定义 I/O 端口。若用仪表检测不到输入端口应有的信号，以及输出端口有输出信号，但是所控元器件或设备不工作，此时为外线故障。

第四节　工业机器人电气图设计*

一、工业机器人电气图设计

1. 电气图的定义

电气图是用电气图形符号、带注释的围框或简化外形表示电气系统或设备中组成部分之间相互关系及其连接关系的一种图。广义地说表明两个或两个以上变量之间关系的曲线，用以说明系统、成套装置或设备中各组成部分的相互关系或连接关系，或者用以提供工作参数的表格、文字等，也属于电气图之列。

2. 电气图的分类

（1）系统图或框图　用符号或带注释的围框，概略表示系统或分系统的基本组成、相互关系及其主要特征的一种简图。

（2）电路图　用图形符号并按工作顺序排列，详细表示电路、设备或成套装置的全部组成和连接关系，而不考虑其实际位置的一种简图。其目的是便于详细理解作用原理、分析和计算电路特性。

（3）功能图　表示理论的或理想的电路而不涉及实现方法的一种图，其用途是提供绘制电路图或其他有关图的依据。

（4）逻辑图　主要用二进制逻辑（与、或、异或等）单元图形符号绘制的一种简图，其中只表示功能而不涉及实现方法的逻辑图叫纯逻辑图。

（5）功能表图　表示控制系统的作用和状态的一种图。

（6）等效电路图　表示理论的或理想的元件（如 R、L、C）及其连接关系的一种功能图。

（7）程序图　详细表示程序单元和程序片及其互连关系的一种简图。

（8）设备元件表　把成套装置、设备和装置中各组成部分和相应数据列成的表格，其用途表示各组成部分的名称、型号、规格和数量等。

（9）端子功能图　表示功能单元全部外接端子，并用功能图、表图或文字表示其内部功能的一种简图。

（10）接线图或接线表　表示成套装置、设备或装置的连接关系，用以进行接线和检查的一种简图或表格。

1）单元接线图或单元接线表：表示成套装置或设备中一个结构单元内的连接关系的一种接线图或接线表。结构单元指在各种情况下可独立运行的组件或某种组合体。

2）互连接线图或互连接线表：表示成套装置或设备的不同单元之间连接关系的一种接图或接线表（线缆接线图或接线表）。

3）端子接线图或端子接线表：表示成套装置或设备的端子，以及接在端子上的外部接线（必要时包括内部接线）的一种接线图或接线表。

4）电缆配置图或电缆配置表：提供电缆两端位置，必要时还包括电缆功能、特性和路径等信息的一种接线图或接线表。

（11）数据单　对特定项目给出详细信息的资料。

（12）简图或位置图　表示成套装置、设备或装置中各个项目的位置的一种简图或一种图，统称位置图。它是用图形符号绘制的图，用来表示一个区域或一个建筑物内成套电气装置中的元件位置和连接布线。

3. 电气图的特点

1）电气图用来阐述电路的工作原理，描述产品的构成和功能，提供装接和使用信息的重要工具和手段。

2）简图是电气图的主要表达方式，是用图形符号、带注释的围框或简化外形表示系统或设备中各组成部分之间相互关系及其连接关系的一种图。

3）元件和连接线是电气图的主要表达内容。

① 一个电路通常由电源、开关设备、用电设备和连接线四个部分组成，如果将电源设备、开关设备和用电设备看成元件，则电路由元件与连接线组成，或者说各种元件按照一定的次序用连接线连起来就构成一个电路。

② 元件和连接线的表示方法：

a. 元件用于电路图中时，有集中表示法、分开表示法和半集中表示法。

b. 元件用于布局图中时，有位置布局法和功能布局法。

c. 连接线用于电路图中时，有单线表示法和多线表示法。

d. 连接线用于接线图及其他图中时，有连续线表示法和中断线表示法。

4）图形符号、文字符号（或项目代号）是电气图的主要组成部分。一个电气系统或一种电气装置由各种元器件组成，在主要以简图形式表达的电气图中，无论是表示构成，表示功能，还是表示电气接线等，通常用简单的图形符号表示。

5）对能量流、信息流、逻辑流、功能流的不同描述构成了电气图的多样性。一个电气系统中，各种电气设备和装置之间，从不同角度、不同侧面存在着不同的关系。

① 能量流——电能的流向和传递。

② 信息流——信号的流向和传递。

③ 逻辑流——相互间的逻辑关系。

④ 功能流——相互间的功能关系。

4. 电气图用图形符号

1）图形符号的含义：用于图样或其他文件以表示一个设备或概念的图形、标记或字符。图形符号是通过书写、绘制、印刷或其他方法产生的可视图形，是一种以简明易懂的方式来传递一种信息，表示一个实物或概念，并可提供有关条件、相关性及动作信息的工业语言。

2）图形符号由一般符号、符号要素、限定符号等组成。

1）一般符号：表示一类产品或此类产品特性的一种简单的符号。

2）符号要素：具有确定意义的简单图形，必须同其他图形组合以构成一个设备或概念的完整符号。

3）限定符号：用以提供附加信息的一种加在其他符号上的符号。它一般不能单独使用，但一般符号有时也可用作限定符号。限定符号的类型：

① 电流和电压的种类：如交流电、直流电，交流电中频率的范围，直流电正、负极，中性线等。

② 可变性：分为内在的和非内在的可变性。

内在的可变性指可变量取决于器件自身的性质，如压敏电阻的阻值随电压而变化。

非内在的可变性指可变量由外部器件控制的，如滑线电阻器的阻值是借外部手段来调节的。

二、工业机器人电气图识图

电气工程的图样一般有电气总平面图、电气系统图、电气设备平面图、控制原理图、接线图、大样图、电缆清册、图例、设备材料表及设计说明等。

1. 电气总平面图

电气总平面图是在建筑总平面图上表示电源及电力负荷分布的图样，主要表示各建筑物的名称或用途、电力负荷的装机容量、电气线路的走向及变配电装置的位置、容量和电源进户的方向等。通过电气总平面图可了解该项工程的概况，掌握电气负荷的分布及电源装置等。一般大型工程都有电气总平面图，中小型工程则由动力平面图或照明平面图代替。

2. 电气系统图

电气系统图是用单线图表示电能或电信号按回路分配出去的图样，主要表示各个回路的名称、用途、容量以及主要电气设备、开关元件及导线电缆的规格型号等。通过电气系统图可以知道该系统的回路个数及主要用电设备的容量、控制方式等。建筑电气工程中电气系统图用的很多，动力、照明、变配电装置、通信广播、电缆电视、火灾报警、防盗保安、微机监控、自动化仪表等都要用到电气系统图。

3. 电气设备平面图

电气设备平面图是在建筑物的平面图上标出电气设备、元件、管线实际布置的图样，主要表示其安装位置、安装方式、规格型号数量及接地网等。通过平面图可以知道每幢建筑物及其各个不同的标高上装设的电气设备、元件及其管线等。建筑电气平面图用的很多，动力、照明、变配电装置、各种机房、通信广播、电缆电视、火灾报警、防盗保安、微机监控、自动化仪表、架空线路、电缆线路及防雷接地等都要用到平面图。

4. 控制原理图

控制原理图是单独用来表示电气设备及元件控制方式及其控制线路的图样，主要表示电气设备及元件的起动、保护、信号、联锁、自动控制及测量等。通过控制原理图可以知道各设备元件的工作原理、控制方式，掌握建筑物的功能实现的方法等。控制原理图用的很多，动力、变配电装置、火灾报警、防盗保安、微机监控、自动化仪表、电梯等都要用到控制原理图，较复杂的照明及声光系统也要用到控制原理图。

5. 二次接线图（接线图）

二次接线图是与控制原理图配套的图样，用来表示设备元件外部接线以及设备元件之间接线的。通过接线图可以知道系统控制的接线及控制电缆、控制线的走向及布置等。动力、变配电装置、火灾报警、防盗保安、微机监控、自动化仪表、电梯等都要用到接线图。一些简单的控制系统一般没有接线图。

6. 大样图

大样图一般是用来表示某一具体部位或某一设备元件的结构或具体安装方法的，通过大样图可以了解该项工程的复杂程度。一般非标的控制柜、箱，检测元件和架空线路的安装等都要用到大样图，大样图通常均采用标准通用图集。其中剖面图也是大样图的一种。

7. 电缆清册

电缆清册是用表格的形式表示该系统中电缆的规格、型号、数量、走向、敷设方法、头尾接线部位等内容的，一般使用电缆较多的工程均有电缆清册，简单的工程通常没有电缆清册。

8. 图例

图例是用表格的形式列出该系统中使用的图形符号或文字符号的，目的是使读图者容易读懂图样。

9. 设备材料表

设备材料表一般都要列出系统主要设备及主要材料的规格、型号、数量、具体要求或产地，但是表中的数量一般只作为概算估计数，不作为设备和材料的供货依据。

10. 设计说明

设计说明主要标注图中交代不清或没有必要用图表示的要求、标准、规范等。

上述图样类别具体到工程上则按工程的规模大小、难易程度等原因有所不同，其中系统图、平面图、原理图是必不可少的，也是读图的重点，是掌握工程进度、质量、投资及编制施工组织设计和预决算书的主要依据。

三、电气原理图读图程序、要点与方法

1. 读图程序

实践中读图的程序一般按设计说明、电气总平面图、电气系统图、电气设备平面图、控制原理图、一二次接线图和电缆清册、大样图、设备材料表和图例并进的程序进行，如图 6-33 所示。

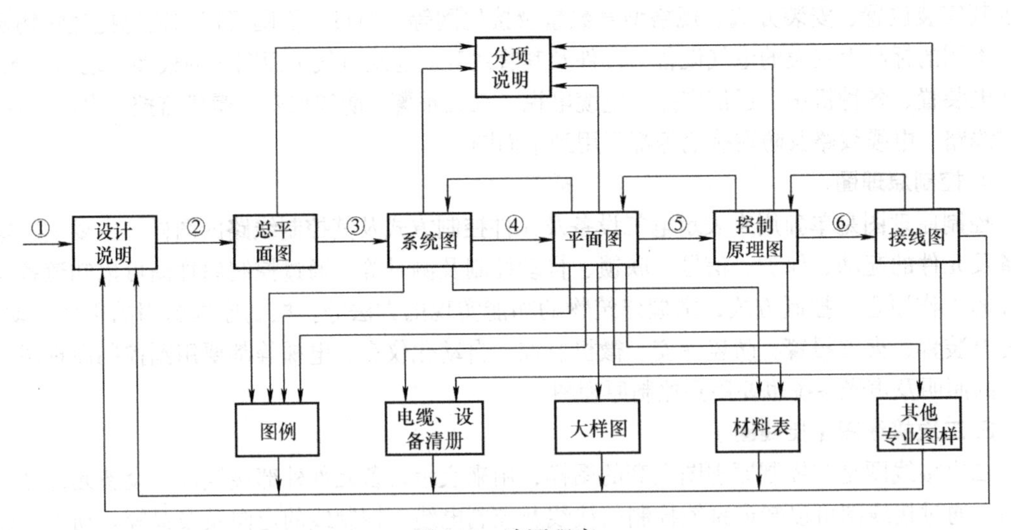

图6-33　读图程序

2. 读图要点

（1）设计说明　阅读设计说明时，要注意并掌握下列内容：

1）工程规模概况、总体要求，采用的标准规范、标准图册及图号，负荷级别，供电要求、电压等级，供电线路及杆号，电源进户要求和方式，电压质量，弱电信号分贝要求等。

2）系统保护方式及接地电阻要求，系统防雷等级、防雷技术措施及要求，系统安全用电技术措施及要求，系统对过电压和跨步电压及漏电采取的技术措施。

3）工作电源与备用电源的切换程序及要求，供电系统短路参数、计算电流，有功负荷、

无功负荷、功率因数及要求，电容补偿及切换程序要求、调整参数、试验要求及参数，大容量电动机起动方式及要求，继电保护装置的参数及要求，母线联络方式，信号装置、操作电源、报警方式。

4）高低压配电线路型式及敷设方法要求，厂区线路及户外照明装置的型式、控制方式，某些具体部位或特殊环境（爆炸及火灾危险、高温、潮湿、多尘、腐蚀、静电、电磁等）安装要求及方法，系统对设备、材料、元件的要求及选择原则，动力及照明线路的敷设方法及要求。

5）供电及配电采用的控制方式，工艺装置采用的控制方法及联锁信号，检测和调节系统的技术方法及调整参数，自动化仪表的配置及调整参数、安装要求及其管线敷设要求，系统联动或自动控制的要求及参数，工艺系统的参数及要求。

6）弱电系统的机房安装要求，供电电源的要求，管线敷设方式，防雷接地要求及具体安装方法，探测器、终端及控制报警系统安装要求，信号传输分贝要求、调整及试验要求。

7）铁构件加工制作和控制盘柜制作要求、防腐要求、密封要求、焊接工艺要求，大型部件吊装要求及其混凝土基础工程施工要求及其标号，设备冷却管路试验要求，蒸馏水及电解液配制要求，化学法降低接地电阻剂配制要求等非电气的有关要求。

8）所有图中交代不清、不能表达或没有必要用图表示的要求、标准、规范、方法等。

9）除设计说明外，其他每张图上的文字说明或注明的个别、局部的一些要求等，相同或同一类别元件的安装标高及要求等。

10）土建、暖通、设备、管道、装饰、空调制冷等专业对电气系统的要求或相互配合的有关说明、图样，如电气竖井、管道交叉、抹灰厚度、基准线等。

（2）电气总平面图　阅读电气总平面图时，要注意并掌握以下有关内容：

1）建筑物名称、编号、用途、层数、标高、等高线，用电设备容量及大型电机容量台数，弱电装置类别，电源及信号进户位置。

2）变配电所位置、变压器台数及容量、电压等级、电源进户位置及方式，系统架空线路及电缆走向、杆塔杆型及路灯、拉线布置，电缆沟及电缆井的位置、回路编号、电缆根数，主要负荷导线截面面积及根数，弱电线路的走向及敷设方式，大型电动机及主要用电负荷位置以及电压等级，特殊或直流用电负荷位置、容量及其电压等级等。

3）系统周围环境、河道、公路、铁路、工业设施、电网方位及电压等级、居民区、自然条件、地理位置、海拔等。

4）设备材料表中的主要设备材料的规格、型号、数量、进货要求、特殊要求等。

5）文字标注、符号意义，以及其他有关说明、要求等。

（3）电气系统图

1）阅读变配电装置系统图时，要注意并掌握以下有关内容。

① 进线回路个数及编号、电压等级、进线方式（架空、电缆）、导线、电缆规格型号、计量方式、电流电压互感器及仪表规格型号数量、防雷方式及避雷器规格型号和数量。

② 进线开关规格型号及数量、进线柜的规格型号及个数、高压侧联络开关规格型号。

③ 变压器规格型号及台数、母线规格型号及低压侧联络开关（柜）规格型号。

④ 低压出线开关（柜）的规格型号与及台数、回路个数用途及编号、计量方式及仪表、有无直控电动机或设备及其规格型号与台数、起动方法、导线电缆规格型号，同时对照单元系统图和平面图查阅送出回路是否一致。

⑤ 有无自备发电设备或 UPS，其规格型号、容量与系统连接方式及切换方式、切换开关及线路的规格型号、计量方式及仪表。

⑥ 电容补偿装置的规格型号及容量、切换方式及切换装置的规格型号。

2）阅读动力系统图时，要注意并掌握以下内容。

① 进线回路编号、电压等级、进线方式、导线电缆及穿管的规格型号。

② 进线盘、柜、箱、开关、熔断器及导线规格的型号、计量方式及仪表。

第五节　工业机器人离线编程*

一、工业机器人离线编程概述

目前，应用于机器人的编程方法主要有以下三种。

1. 示教编程

示教编程是一项成熟的技术，它是目前大多数工业机器人的编程方式。采用这种方法时，程序编制是在机器人现场进行的。

示教编程是目前广泛使用的一种编程方式。

2. 机器人语言编程

机器人语言编程是指采用专用的机器人语言来描述机器人的运动轨迹。

目前应用于工业中的机器人语言是动作级和对象级语言。

3. 离线编程

离线编程是在专门的软件环境下，用专用或通用程序在离线情况下进行机器人轨迹规划编程的一种方法。

离线编程程序通过支持软件的解释或编译产生目标程序代码，最后生成机器人路径规划数据。一些离线编程系统带有仿真功能，可以在不接触实际机器人机器工作环境的情况下，在三维软件中提供一个和机器人进行交互作用的虚拟环境。

与在线示教编程相比，离线编程具有如下优点：

① 减少机器人不工作时间。当对机器人下一个任务进行编程时，机器人仍可在生产线上工作，编程不占用机器人的工作时间。

② 使编程者远离危险的编程环境。

③ 使用范围广。离线编程系统可对机器人的各种工作对象进行编程。

④ 便于和 CAD/CAM 系统结合，做 CAD/CAM/Robotics 一体化。

⑤ 可使用高级计算机编程语言对复杂任务进行编程。

⑥ 便于修改机器人程序。

二、工业机器人离线编程系统的组成

离线编程系统是当前机器人实际应用的一个必要手段，也是开发和研究任务级规划方式的有力工具。离线编程系统主要由用户接口、机器人系统的三维几何构型、运动学计算、轨迹规划、三维图形动态仿真、通信接口和误差校正等部分组成，如图 6-34 所示。

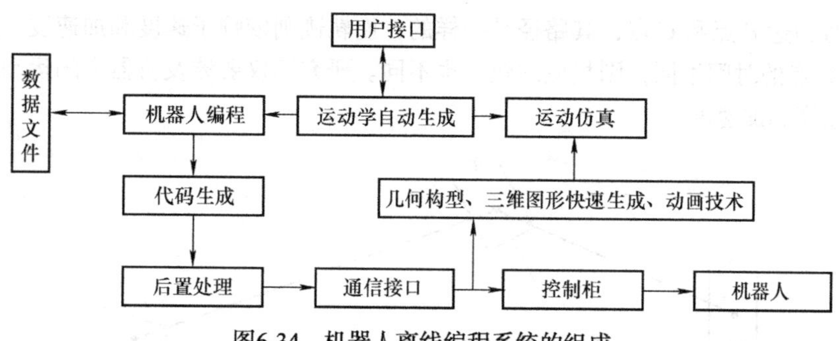

图6-34　机器人离线编程系统的组成

1. 用户接口

工业机器人一般提供两个用户接口，一个用于示教编程，另一个用于语言编程。示教编程可以用示教器直接编制机器人程序。语言编程则是用机器人语言编制程序，使机器人完成给定的任务。

2. 机器人系统的三维几何构型

离线编程系统中的一个基本功能是利用图形描述对机器人和工作单元进行仿真，这就要求对工作单元中的机器人所有的夹具、零件和刀具等进行三维实体几何构型。目前用于机器人系统三维几何构型的主要方法有结构的立体几何表示、扫描变换表示和边界表示三种。

3. 运动学计算

运动学计算就是利用运动学方法在给出机器人运动参数和关节变量的情况下，计算出机器人的末端位姿；或者是在给定末端位姿的情况下计算出机器人的关节变量值。

4. 轨迹规划

在离线编程系统中，除需要对机器人的静态位置进行运动学计算之外，还需要对机器人的空间运动轨迹进行仿真。

5. 三维图形动态仿真

机器人动态仿真是离线编程系统的重要组成部分，它能逼真地模拟机器人的实际工作过程，为编程者提供直观的可视图形，进而可以检验编程的正确性和合理性。

6. 通信接口

在离线编程系统中，通信接口起着连接软件系统和机器人控制柜的桥梁作用。

7. 误差校正

离线编程系统中的仿真模型和实际的机器人模型之间存在误差。产生误差的原因主要是由于机器人本身结构上的误差、工作空间内难以准确确定物体（机器人、工件等）的相对位置和离线编程系统的数字精度等。

三、工业机器人离线编程的轨迹规划

1. 工业机器人路径和轨迹

机器人的轨迹指操作臂在运动过程中的位移、速度和加速度。

路径是机器人位姿的一定序列，而不考虑机器人位姿参数随时间变化的因素。

如图 6-35 所示，如果有关机器人从 A 点运动到 B 点，再到 C 点，那么这中间位姿序列就构成了一条路径。而轨迹则与何时到达路径中的每个部分有关，强调的是时间。因此，图中不

论机器人何时到达 B 点和 C 点，其路径是一样的，而轨迹则依赖于速度和加速度，如果机器人抵达 B 点和 C 点的时间不同，则相应的轨迹也不同。研究不仅要涉及机器人的运动路径，而且还要关注其速度和加速度。

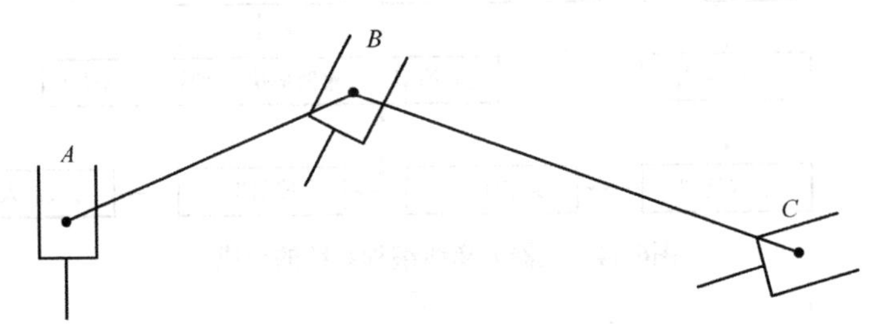

图6-35　机器人在路径上的依次运动

2. 工业机器人轨迹规划

轨迹规划是指根据作业任务要求确定轨迹参数并实时计算和生成运动轨迹。轨迹规划的一般问题有三个：

1）对机器人的任务进行描述，即运动轨迹的描述。

2）根据已经确定的轨迹参数，在计算机上模拟所要求的轨迹。

3）对轨迹进行实际计算，即在运行时间内按一定的速率计算出位置、速度和加速度，从而生成运动轨迹。

在规划中，不仅要规定机器人的起始点和终止点，而且要给出中间点（路径点）的位姿及路径点之间的时间分配，即给出两个路径点之间的运动时间。

轨迹规划既可在关节空间中进行，即将所有的关节变量表示为时间的函数，用其一阶、二阶导数描述机器人的预期动作，也可在直角坐标空间中进行，即将手部位姿参数表示为时间的函数，而相应的关节位置、速度和加速度由手部信息导出。

3. 工业机器人离线编程复杂轨迹的添加方法

InteRobot2018 为用户提供了自动路径、手动路径和刀位文件三种路径添加方式，如图 6-36 所示。

图6-36　路径添加方式

（1）手动路径添加方式　手动路径添加方式需要用户单个添加路径点，与示教操作中的单点添加不同的是，手动路径添加点时并不考虑机器人的运动，即不需要将机器人末端执行器移动到所添加的路径点上，而且所提供的点的选取方式与示教截然不同。

手动路径添加方式是通过用鼠标单击确定所要添加的点的位置，然后对该点的姿态进行调整。手动路径添加点的方式有三种，分别是在面上单击、在线上单击以及直接单击点。

如图 6-37 所示，选择好参考元素后单击【点击】按钮，即可拾取所选参考元素类型上的点。

除了通过单击生成外，也可通过参数生成路径点。参数生成方式的参考元素有线和面两种：当选择以线为参考元素时，由于单线并不存在 U、V 两向，因此只需对 U 向进行设置即可，如图 6-38 所示。因此选择线后，软件会自动在线上生成对应 U 向值的点。

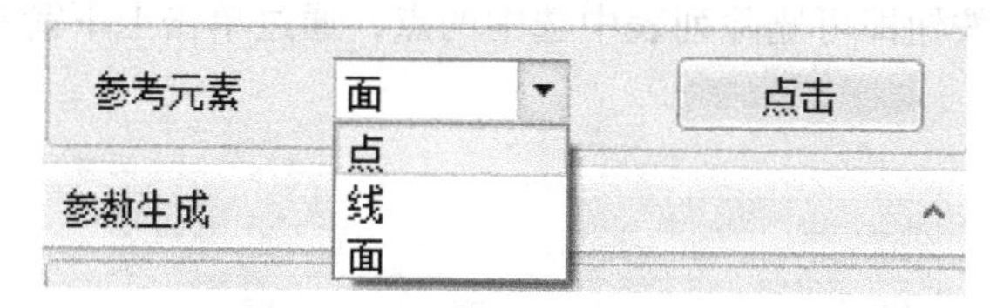

图6-37　手动路径单击生成参考元素

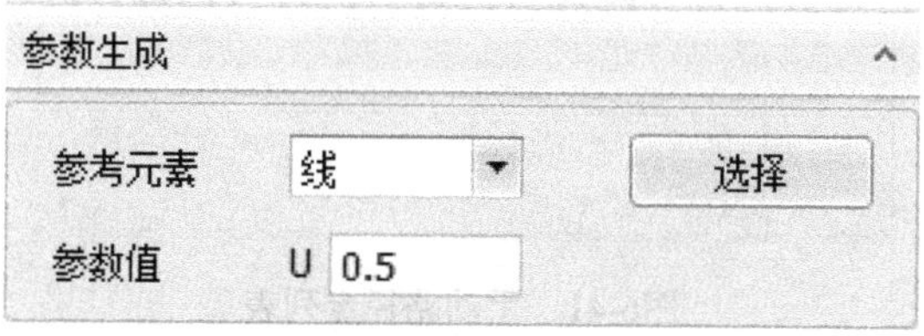

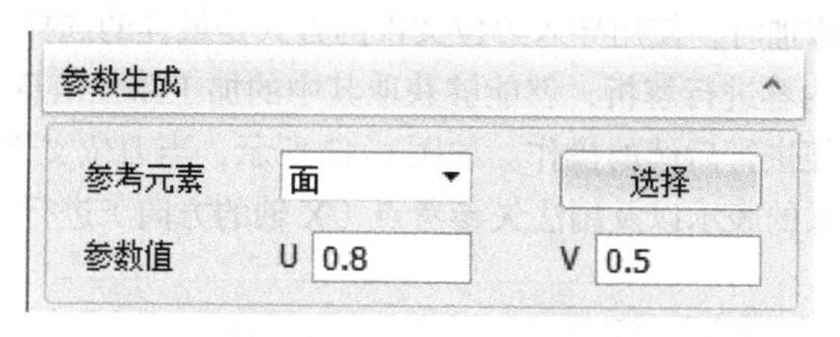

图6-38　手动路径→线参数生成

如图 6-39 所示，当选择参考元素为面时，将增加 V 向值的设置。选择面后，软件可自动在面上对应 U、V 值处生成路径点。

图6-39　手动路径→面参数生成

完成点的选择后，InteRobot 提供了对点姿态的调整功能。如图 6-40 所示，主要分为调节点的法向（Z 轴朝向）和切向（X 轴朝向）两种。

单击“面的法向”按钮后，选择模型上的一个面，当前点的 Z 向将更改为与所选面法向相同的方向。

单击“沿直线”按钮后，选择模型上的一条直线，当前点的 Z 向将更改为与所选线指向相同的方向。

单击“反向”按钮后，当前点的 Z 向将更改为相反方向。

在进行点姿态切向修改时，可直接在文本框中输入角度值，如图 6-40 所示，单击“归零”按钮，该点的 X 轴将绕 Z 轴旋转相应的角度，同时清零之前输入的值。若单击“反向”按钮，则将 X 轴朝向更改为相反方向。

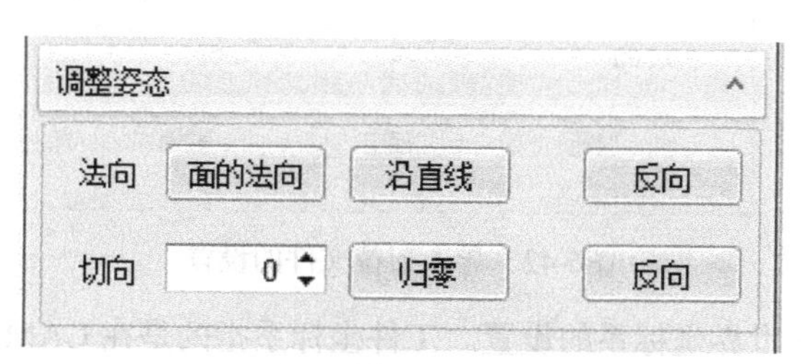

图6-40　手动路径→调整姿态

手动添加后的点，其参数值会在列表中显示，如图 6-41 所示。单击“+”按钮即可新建一个手动点，单击“×”按钮即可删除列表中选中的点，通过单击上下箭头按钮还可调整点在路径中的顺序。

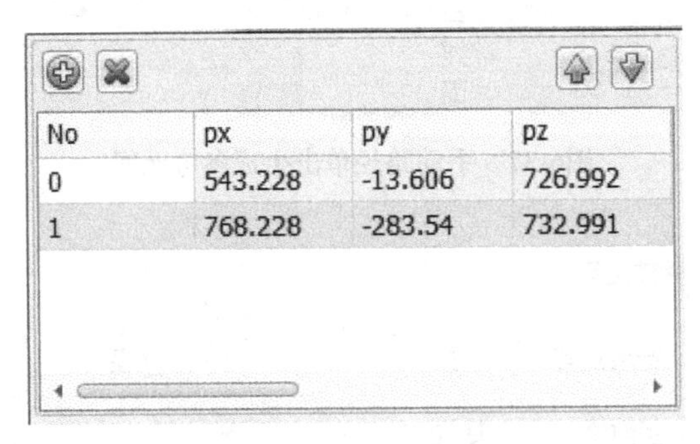

No	px	py	pz
0	543.228	-13.606	726.992
1	768.228	-283.54	732.991

图6-41　手动路径点列表

（2）刀位文件添加方式　刀位文件添加方式是一次性将完成所有路径点的添加操作。用户事先利用 UG 等类型的 CAM 建模软件生成 cls 格式的刀位文件，之后将刀位文件导入软件中进行路径添加。当所加工的模型具有复杂的不规则加工表面，或是手动路径以及自动路径方式都很难甚至无法完成路径添加时，使用导入刀位文件的方式是最佳的选择。

将导入的刀位文件内容进行解析，就能够获取其中的加工路径信息，进而转化为 InteRobot 可识别的加工路径，以便进行后续的操作。如图 6-42 所示，当刀位文件导入完成后，还需要对工件坐标系在世界坐标系的表示以及副法矢参考点（X 轴的方向）进行选择设置。

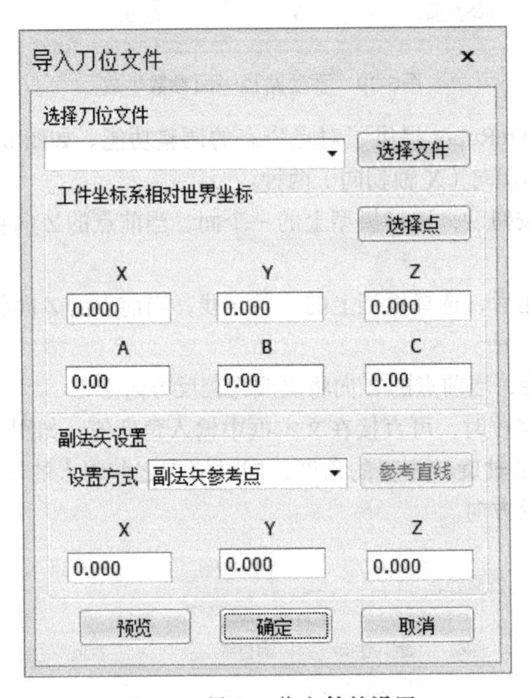

图6-42　导入刀位文件的设置

1）工件坐标系相对世界坐标系的设置。工件坐标系指的是在 CAM 软件导出刀位文件时工件模型的坐标系，更准确地说，指的是刀位文件中刀路所处的坐标系。设置工件坐标系相对世界坐标系的表示，即设置刀位原点坐标，目的在于调整刀位文件中的刀路与模型加工表面契合，保证所输入值的部分与被加工工件导入时的位置与姿态值保持一致，设置界面如图 6-42 所示。

2）副法矢参考点的设置。副法矢参考点的设置将影响所有刀路中点的副刀轴方向，设置界面如图 6-43 所示。参考点设置完成后，刀路中所有点的副刀轴将更改为参考矢量与自身副刀轴的叉乘值。而参考矢量则定义为从当前点指向参考点的一个矢量。合理设置副法矢参考点，将大大缩减编辑点的时间，提高生成路径的成功率。

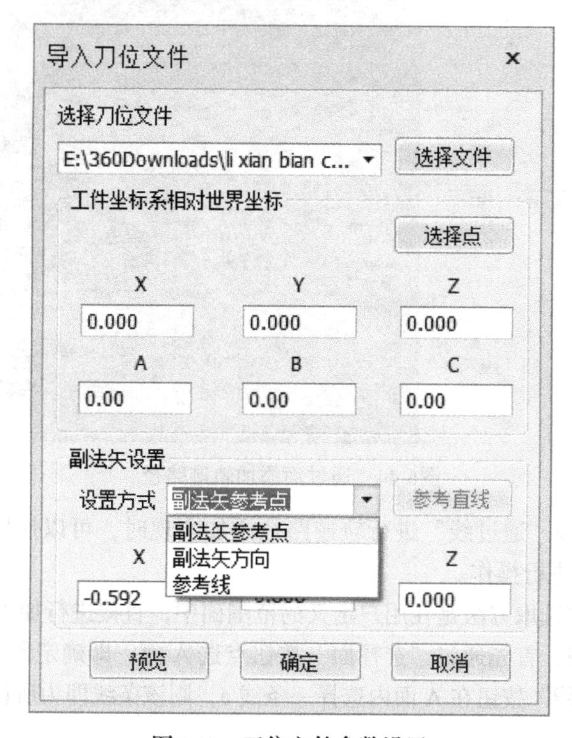

图6-43　刀位文件参数设置

由于 InteRobot 软件中不支持圆弧指令，因此生成刀位文件时注意将轨迹路径中的圆弧指令修改为直线指令。

（3）自动路径添加方式　自动路径添加方式，即识别工艺模型的特征曲面实现轨迹创建。与刀位文件方式相同，这种路径添加方式可以一次性完成所有路径点位的添加，因此自动路径的添加方式非常高效，所添加的路径也具有明确的规律。根据加工路径点创建原理的不同，软件为用户提供了“通过面”与“通过线”两种生成方式。

1）通过面。在使用“通过面”创建加工路径点时如图 6-44 所示，在基准面、曲面外侧方向、加工方向以及轨迹生成方法设置完成之后，软件就能够生成一条完整的运动路径。由于机器人的运动是通过逐个计算目标点关节角的变化量而实现的，即机器人是不能够按照一条连续的路径去计算其关节角的，因此就需要对软件所生成路径进行点选取操作——离散操作。

离散，即不连续，就是在连续路径上的无穷多个点中抽取一部分点。通过调节离散参数的大小，控制离散的程度，就能够按照一定的规律进行关键点选取。当所设置离散程度越小，所选取的点数也就越多。在实际生产过程中，可以通过对工件精度的要求，合理地进行离散参数的设置。当然，精度并不是越高越好，过高的精度只会带来浪费，适合的精度才是最佳选择。

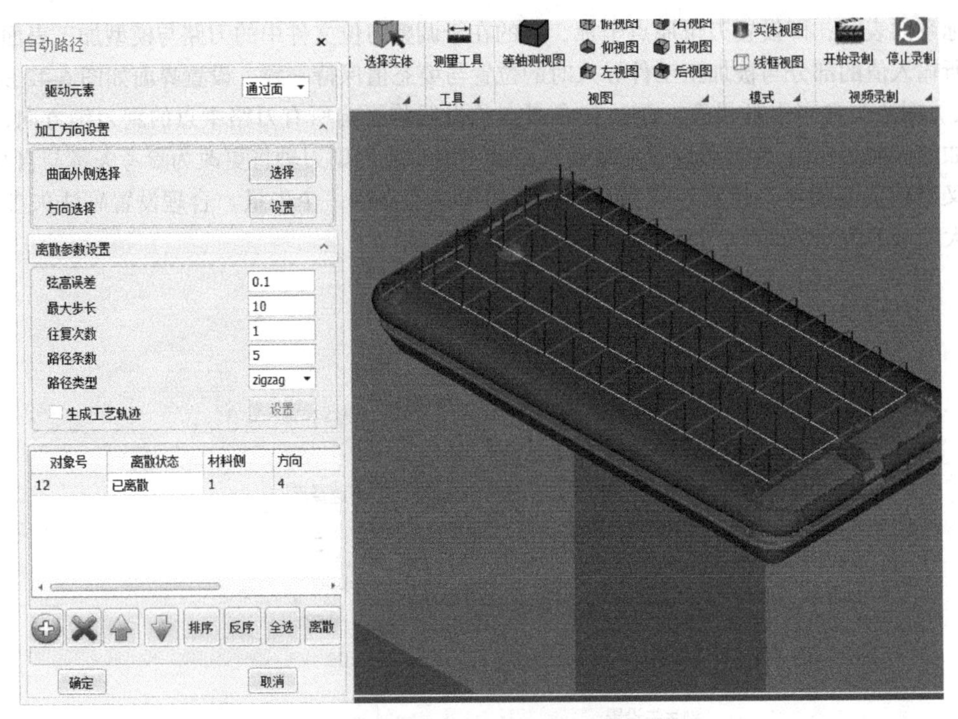

图6-44　通过面添加轨迹路径

2）通过线。在选择“通过线”进行轨迹路径添加实现时，可以使用直接选取、平面截取以及等参数线三种方式进行操作。

① 直接选取。直接选取方法是在用户定义的范围面中，直接进行加工路线选取的操作方法。以图 6-45 为例进行说明，首先通过“选择面”按钮点选 A 面，即确定所生成的路径在该面积范围内。之后通过“选择线”按钮在 A 面内选择一条线 a，则该条线即为所创建的轨迹路径线。

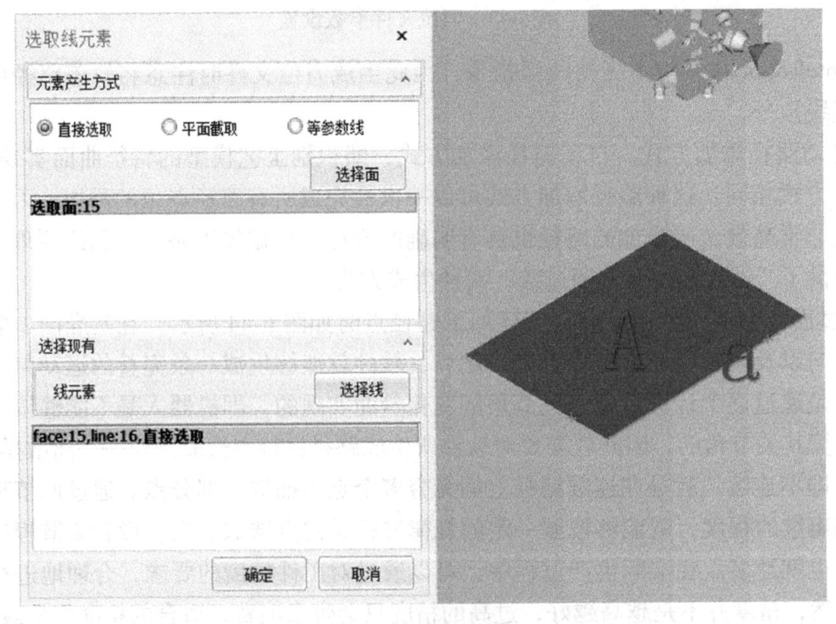

图6-45　直接选取

② 平面截取。平面截取方法是利用两个平面不平行时，一定会产生一条相交线的原理而实现的。以图 6-46 为例，首先选择平面 A 为基准面，之后在平面中选择一个点并确定其法方向，就可以确定出一个截面 B，两个截面的交线即为所生成的路径线。

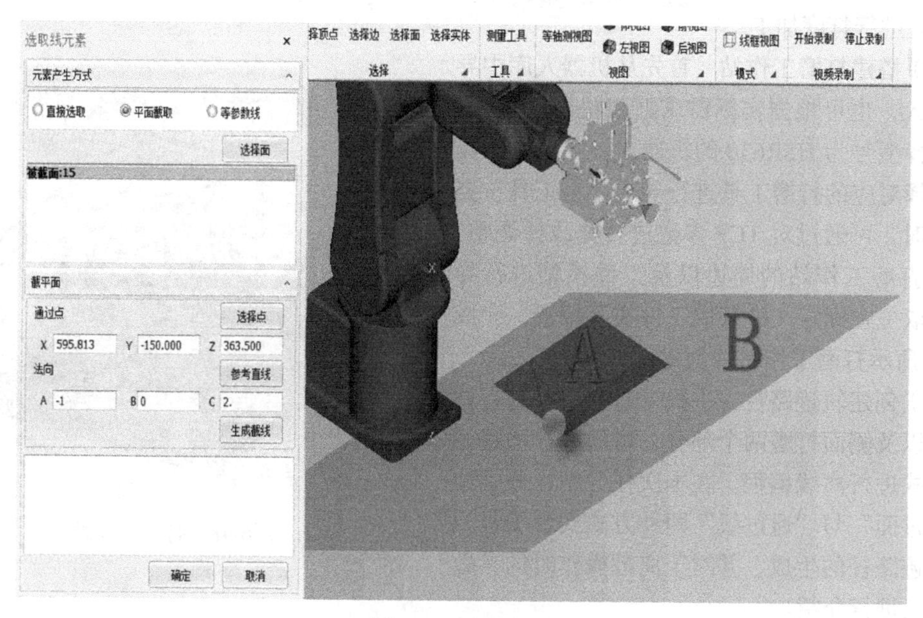

图6-46　平面截取

③ 等参数线。等参数线方法是在选中基准面后，基于用户所设定的生成参数，在面内生成相应的轨迹路径直线。以图 6-47 为例，在选择 A 面为基准面后，通过修改参考方向为 U 向并设定参数值为 0.2，就能够在 A 面内生产轨迹线 B。

参数值的设置原理是将平面在 U、V 方向的长度视为 1，通过所填写数值按百分数比例生成对应的加工轨迹，因此参数值选项中的取值范围为 0~1。

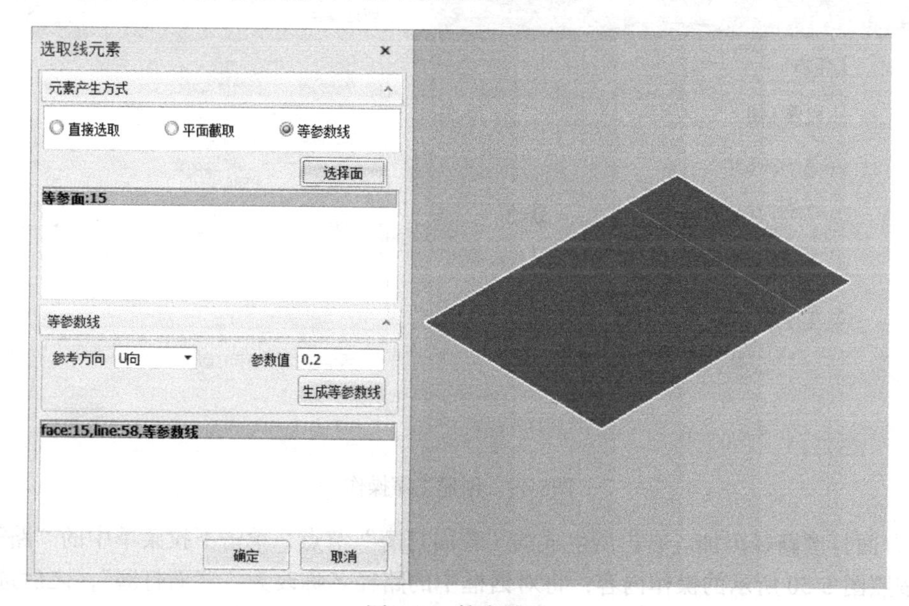

图6-47　等参数线

4. 工业机器人离线编程复杂轨迹具体步骤

本案例以打磨铝合金材质手机壳背面为例，对 InteRobot 离线编程软件中复杂轨迹的编程与仿真流程进行介绍。本案例中选用型号为 HSR630 的华数机器人，通过手持打磨工具的方式，对手机壳进行打磨加工。

（1）搭建打磨工作站　首先从机器人库中导入机器人，也可根据实际需求新建机器人导入，本次选择型号为 HSR630 的机器人。之后在工具库中选择对应的打磨工具进行导入，当工具位姿不合适时，可通过对 TCP 参数进行修改件调整。最后将打磨工作站的周边以及工件模型进行导入，读取位置标定文件获取工件实际位置，完成图 6-48 所示打磨工作站的创建。

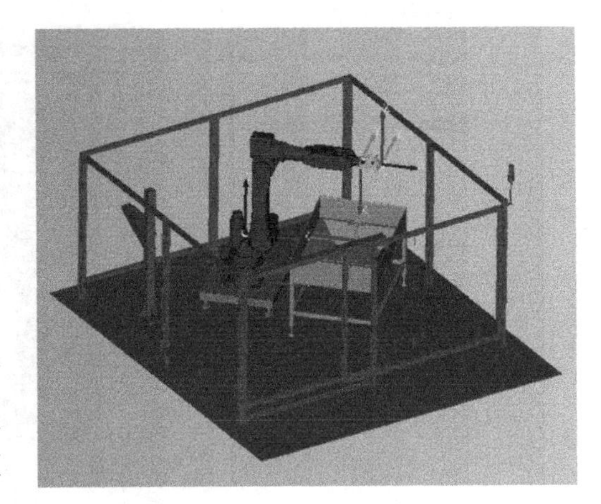

图6-48　打磨工作站

（2）创建轨迹路径　手机壳打磨需要进行背面打磨以及侧面打磨两个部分，可通过自动路径添加方式进行离线编程。在本次任务中将分别使用“通过面”与“通过线”两种方式实现手机壳加工轨迹路径的生成，并对于离散操作时的参数设置方法进行介绍。

1）创建工序。右击“工序组”根节点，选择“创建操作”命令。进入界面后，按照图 6-49 所示内容进行操作类型、加工模式、工具、工件内容的添加。工件选择项处默认为第一个被导入的工件，因此要注意检查工件对象中模型选型是否正确，以免影响后面的操作。完成操作内容添加后，将“操作名称”中内容修改为“背面打磨”，单击“确定”按钮，完成工序创建操作。

图6-49　创建工序操作

2）背面打磨路径添加。右击所生成的“背面打磨”节点，单击下拉菜单中的“路径添加”选项，按照图 6-50 所示的操作内容，将对话框中的路径名称改为“背面打磨”，之后选择“自动路径”选项并单击“添加”按钮，进入自动路径添加界面。

在图 6-51 所示的“驱动元素”折叠栏中，选择“通过面”选项，之后单击左下角“+”按钮，进行添加对象操作。

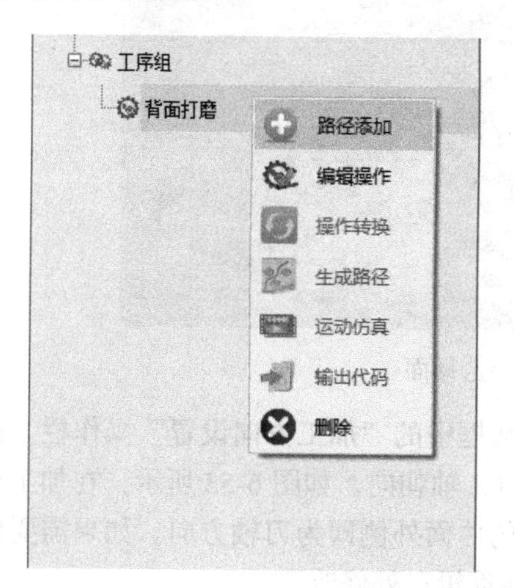

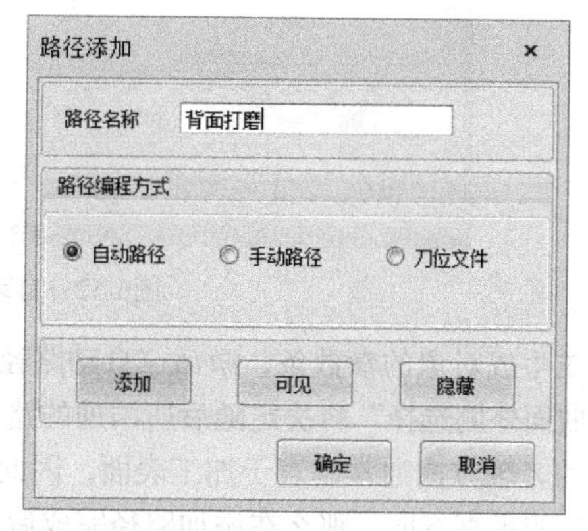

图6-50　路径添加操作

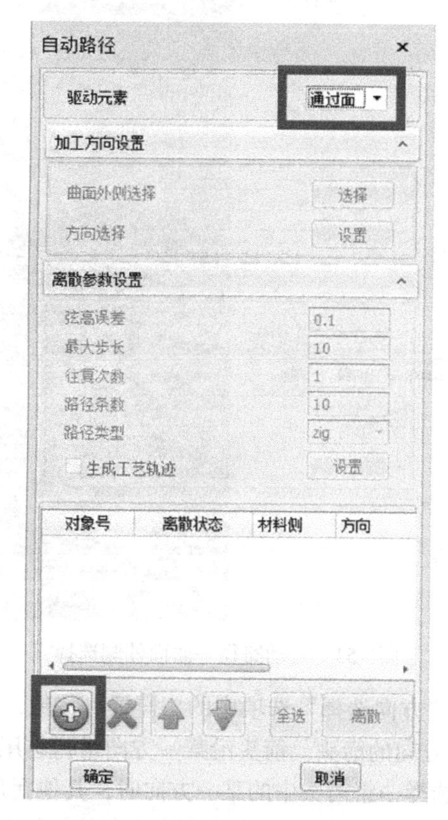

图6-51　自动路径→通过面添加

单击 3C 手机壳模型的背面，所选中部分就会显示为图 6-52 所示的线条，用来表示手机壳背面待进行加工的范围面积。面选取完成后，列表中会显示该面在 InteRobot 中分配的唯一对象号。

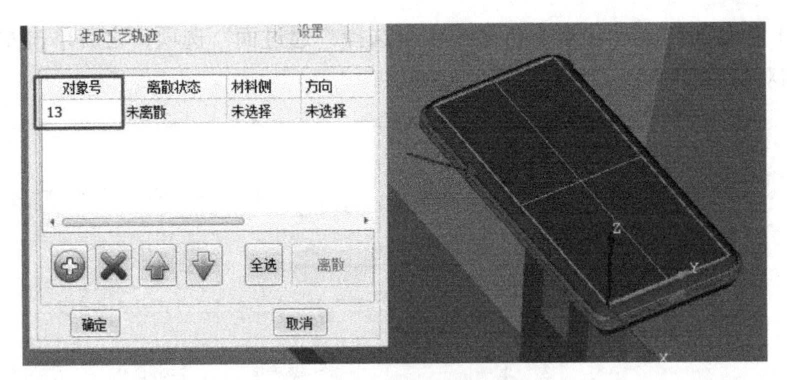

图6-52　自动路线→选择面

单击生成对象的参数条，激活“自动路径”对话框中的“加工方向设置”操作栏。操作栏中的“曲面外侧选择”将决定随后所添加的路径点的Z轴朝向，如图6-53所示，在加工过程中路径点的Z轴方向通常垂直于加工表面，因此所选的曲面外侧即为刀轴方向。如果需要修改刀轴方向为非垂直方向，那么在添加路径完成后，可在编辑点处修改。

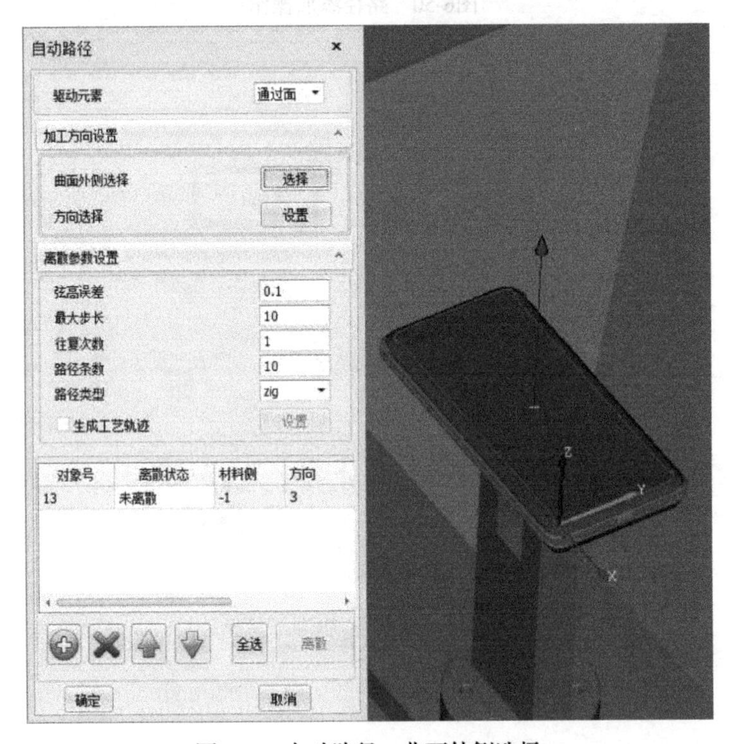

图6-53　自动路径→曲面外侧选择

加工方向选择时，单击“方向选择”选项中的“设置”按钮，所选中的加工面视图中就会生成图6-54所示的许多表示方向的箭头。箭头沿某一方向进行首尾连接后，会发现这些箭头用于表达两个相反的方向，当选择一组箭头中的某一方向时，其他拐角将默认同该方向一致。

当设置对象较多时，选中其中任意一条对象，之后单击“全选”按钮，就能够对所选中的对象参数进行批量设置。由于工具的副刀轴方向与进给方向呈90°的夹角，因此在将加工方向选择的同时也确定出了路径点的副刀轴方向。

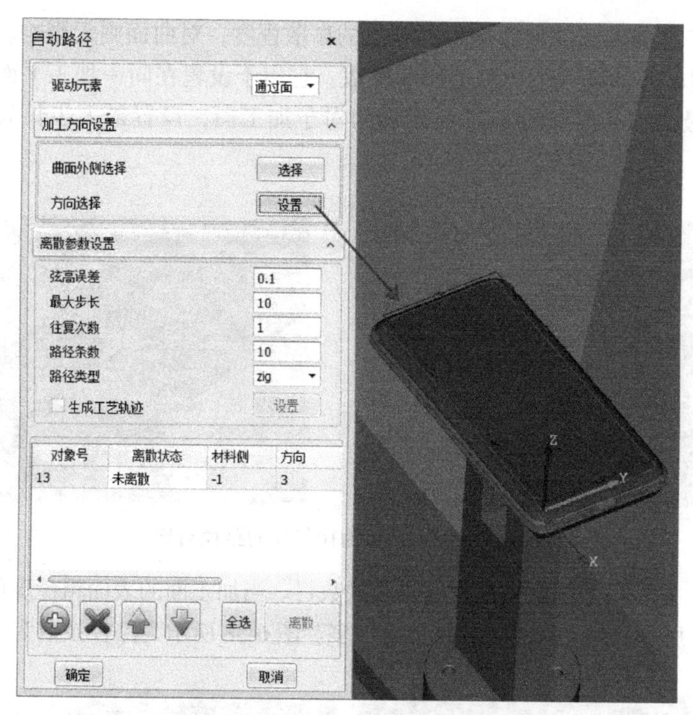

图6-54　自动路径→方向选择

选择图 6-54 所示的方向，刀轴方向和进给方向设置完后，就能够确定出工件模型的加工轨迹，同时在消息框中显示所选方向参数值，之后就可以进行离线参数设置操作。

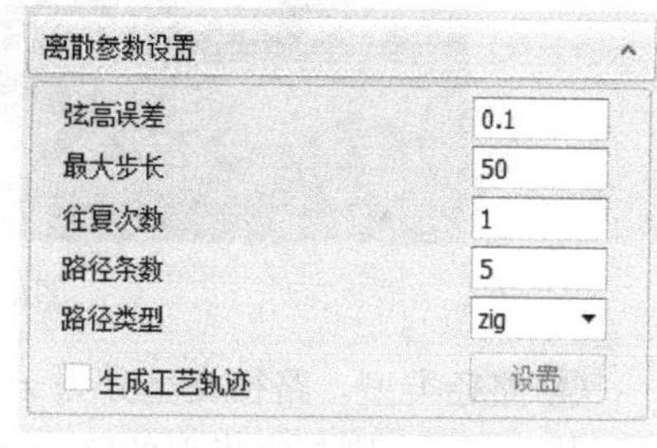

图6-55　离散参数设置

3）离散参数设置。对所生成的轨迹路进行离散时，需要进行设置的参数主要有弦高误差、最大步长、路径条数和路径类型四个部分，如图 6-55 所示。

① 弦高误差。弦高误差主要影响曲面上点的离散程度，当弦高误差越小，曲面上离散程度也就越小，所生成的路径轨迹也越相似于曲面。但是弦高误差增加，则不一定会增大离散程度，即这时输入的是一个上限值，而非参数值。图 6-56 所示为弦高误差为 0.4 与 0.1 的对比。

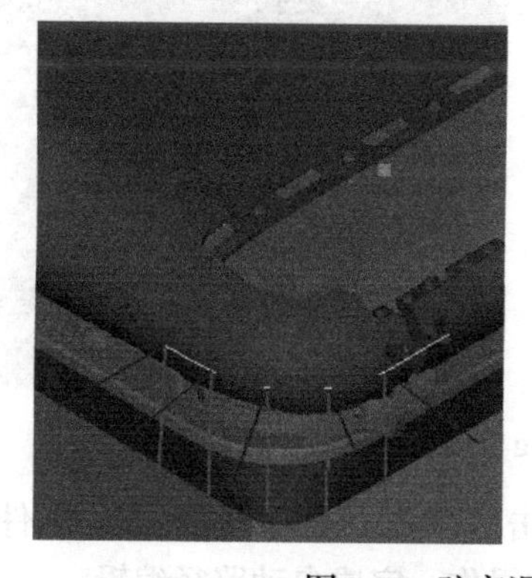
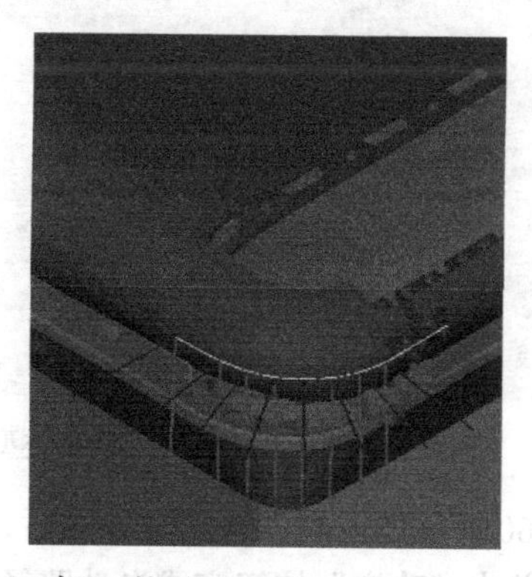

图6-56　弦高误差为0.4与0.1的对比

② 最大步长。最大步长主要影响平面上点的离散程度，对曲面则无影响。与曲面的弦高参数设置相同，这里输入的是一个上限值而非参数。它用于设置在同一加工平面中，所有路径点之间能够允许的最大距离值。图 6-57 所示即为对于加工面，设置最大步长为 10 与 30 的路径对比。

图6-57 最大步长为10与30的路径对比

③ 路径条数。路径条数限定了离散后路径的数目。当加工面的表面粗糙度值要求较小，或是为精加工内容时，所进行加工的路径数目也应增多。图 6-58 所示为路径条数为 10 与 19 的对比。

图6-58 路径条数为10与19的对比

④ 路径类型。路径类型分为 zig 和 zigzag 两种，如图 6-59 所示。其中，zig 是之字形的路径形状，zigzag 则是锯齿形的路径形状。路径类型不改变总的加工方向，但会改变遍历该加工面的方式。

图6-59 路径类型为zig与zigzag的对比

按照图 6-60 所示的内容设置离散参数后，单击“离散”按钮，离线编程软件将生成相应的轨迹路径点。单击“确定”按钮完成自动路径添加操作，完成自动路径编辑。

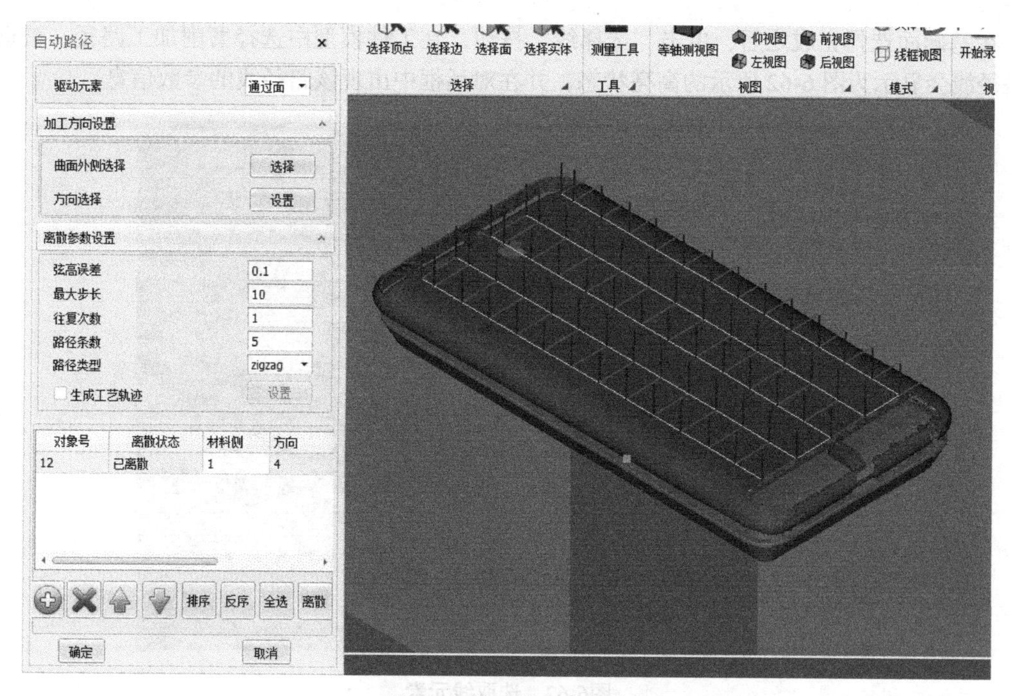

图6-60　轨迹路径点生成

进行手机壳侧面的打磨加工时，选用通过线的驱动元素方法进行路径生成。工序创建以及路径添加操作背面打磨相同，只是在选择驱动元素时改选为“通过线”的选项，之后单击“+”按钮进入图 6-61 所示的“选取线元素”对话框。

“元素产生方式”提供的三种产生方法中，选择“直接选取”的方法进行线元素生成。单击“选择面”按钮，在工件表面选择图 6-61 所示的圆角为线元素选择基础面，被选中的圆角会高亮表现，并且会在对话框中显示选中面的 ID 序号。

图6-61　线元素选取界面

在基础面选择完成之后，单击“选择线”按钮，在工件模型中选择磨削加工路径，被选中的路径线会显示为图 6-62 所示的高亮状态，并在对话框中出现该路径线的参数信息。

图6-62　选取线元素

按照相同的步骤重复进行选取线元素的操作，完成图 6-63 所示的手机壳所有侧面边的加工路径线选取，之后单击“确认”按钮，退出“选取线元素”的操作界面。

图6-63　选取手机壳侧面路径线

在“自动路径”菜单栏界面中，单击所生成的元素参数信息，操作视图就会显示出对应的路径线。由于轨迹路径的运行顺序与线元素选项框中的顺序有关，因此用户可以通过单击图 6-64 所示的的图标调节路径对象，进而实现机器人仿真顺序的排列。

“排序”按钮是确保一个线段接着下面最近的一个线段，不会出现连接的线段跳过某一些线段。“反序”按钮的作用是将“1，2，3，4”变换成“4，3，2，1”的排序转变。

对象号	离散状态	材料侧	方向
104	已离散	1	1
79	已离散	1	-1
81	已离散	1	1
83	已离散	1	-1

对象号	离散状态	材料侧	方向
104	已离散	1	1
81	已离散	1	1
79	已离散	1	-1
83	已离散	1	-1

排序 反序 全选 离散

图6-64 路径排序

路径顺序调整完成后，就可以对离线参数以及加工方向进行设置。首先点选线元素对象框中任意参数，之后单击“全选”选项，选中全部路径对象。之后按照操作顺序依次设置为图 6-65 所示的加工参数、加工方向、曲面外侧，最后单击“离散”按钮生成加工路径，完成手机壳侧面轨迹路径的创建。

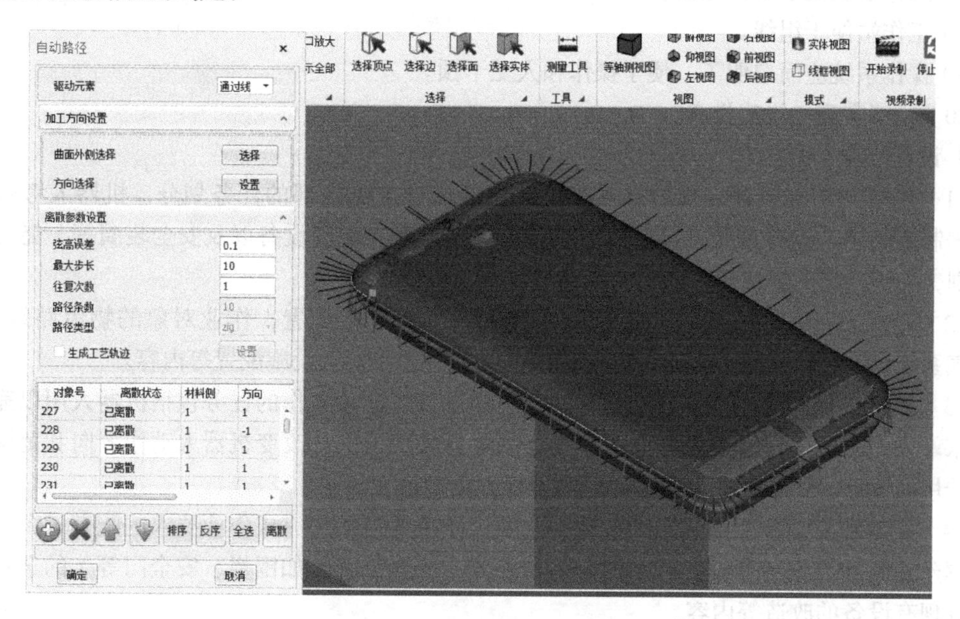

图6-65 手机壳侧面打磨路径

第六节 工业机器人工作站的维护保养*

一、工业机器人工作站概述

1. 概念

机器人工作站是指以一台或多台机器人为主，配以相应的周边设备，如变位机、输送机、工装夹具等，或借助人工的辅助操作一起完成相对独立的一种作业或工序的一组设备组合。

2. 构成

机器人工作站主要由机器人及其控制系统、辅助设备以及其他周边设备所构成。在这种构成中，机器人及其控制系统应尽量选用标准装置，对于个别特殊的场合需设计专用机器人。而末端执行器等辅助设备以及其他周边设备则随应用场合和工件特点的不同存在着较大差异。

3. 设计原则

由于工作站的设计是一项较为灵活多变、关联因素甚多的技术工作，因此只能将共同因素抽象出来，得出一些一般的设计原则。

1）设计前必须充分分析作业对象，拟定最合理的作业工艺。

2）必须满足作业的功能要求和环境条件。

3）必须满足生产节拍的要求。

4）整体及各组成部分必须全部满足安全规范及标准。

5）各设备及控制系统应具有故障显示及报警装置。

6）便于维护修理。

7）操作系统便于联网控制。

8）工作站便于组线。

9）操作系统应简单明了，便于操作和人工干预。

10）经济实惠，快速投产。

4. 设计步骤

（1）规划及系统设计　规划及系统设计包括设计单位内部的任务划分，机器人考查及询价，编制规划单，运行系统设计，外围设备（辅助设备、配套设备以及安全装潢等）能力的详细计划，关键问题的解决等。

（2）布局设计　布局设计包括机器人选用，人机系统配置，作业对象的物流路线，电、液、气系统走线，操作箱、电器柜的位置以及维护修理和安全设施配置等内容。

（3）扩大机器人应用范围辅助设备的选用和设计　此项工作的任务包括机器人用以完成作业的末端操作器、固定和改变作业对象位姿的夹具和变位机、改变机器人动作方向和范围的机座的选用和设计。一般来说，这一部分的设计工作量最大。

（4）配套和安全装置的选用和设计　此项工作主要包括为完成作业要求的配套设备（如弧焊的焊丝切断和焊枪清理设备等）的选用和设计；安全装置（如围栏、安全门等）的选用和设计以及现有设备的改造等内容。

（5）控制系统设计　此项设计包括选定系统的标准控制类型与追加性能，确定系统工作顺序与方法及互锁等安全设计；液压、气动、电气、电子设备及备用设备的试验；电气控制线路设计；机器人线路及整个系统线路的设计等内容。

（6）支持系统　此项工作为设计支持系统，该系统应包括故障排除与修复方法，停机时的对策与准备，备用机器的筹备以及意外情况下的救急措施等内容。

（7）工程施工设计　此项设计包括编写工作系统的说明书、机器人详细性能和规格的说明书、接收检查文本、标准件说明书、绘制工程制图、编写图样清单等内容。

（8）编制采购资料　此项任务包括编写机器人估价委托书、机器人性能及自检结果、编制标准件采购清单、培训操作员计划、维护说明及各项预算方案等内容。

二、工业机器人工作站维护与保养

1. 机器人本体与外部轴的保养与维护

机器人本体与外部轴的保养方法如下：

1）机器人关节轴、电动机要加油的地方，需经常检查，发现油少时进行加油，防止转动部位干磨；三年更换减速器的润滑油。

2）在机器人工作一定时间后，需对机器人各个电路板接口重新插拔，清理接口上的积灰，防止短路。

3）如果机器人的工作环境差，则需不定期对控制柜和机器人表面进行清洁保养，清理各风机叶片、滤网上的污垢、灰尘，保持通风良好，易散热。

4）定期对机器人的软件、程序、数据做备份，以防丢失无法恢复，带来不必要的麻烦。

5）工作时检查每轴的抱闸是否正常，细听是否有不正常的振动和噪声。

6）电动机的温度不正常时，排除故障后方可继续运行。

7）一年更换机器人本体上的电池，两年更换控制柜电池。

8）定期对机器人机械部件、电气系统进行一个全面检查，确保机器人按用户的愿望运行。

2. 回转支承、齿轮的保养与维护

1）回转支承运行 100h 加一次润滑脂。加锂基润滑脂时，应使回转机构慢速运转，边转边注油，使润滑脂填充均匀，直到密封处有润滑脂挤出。特殊工作环境中，如温度高、湿度大、灰尘多、温差大以及连续工作时，应缩短加注润滑脂的周期。

2）机器长时间停止运转的前后也必须加满新的润滑脂。

3）暴露在外的齿面，应经常清除齿面杂物，并涂以相应的润滑脂。

4）一般工作条件下，回转支承安装运转 100h 后应检查一次螺钉预紧力，以后每运转 500h 检查一次，必须保持足够的螺钉预紧力。

5）使用过程中，禁止用水直接冲刷回转支承，以防止水进入滚道。

6）使用过程中，如果发现噪声、振动、功率突然增大，应立即停机检查，排除故障，必要时需拆检回转支承。

7）严防较硬的异物接近或进入回转支承齿啮合区。

8）经常检查密封圈的完好情况，如果发现密封圈破损应及时更换，若发现脱落应及时复位。

3. 减速器的保养与维护

RV 减速器在减速器厂商出厂时未填充润滑脂，因此在设备安装减速器时，应加入足量的润滑脂。为充分发挥该减速器的性能，使用的是 Nabtesco 专用的润滑脂 MolywhiteRE00，这种润滑脂不能与其他润滑脂混合使用，使用三年更换一次润滑脂，具体加注润滑脂细节请联系咨询厂商。

同样，温度对 RV 减速器的性能也有影响。减速器的使用温度降低，则润滑剂的黏度增加从而导致无负载运转转矩也增大，温度过高，则润滑剂的黏度变小会导致减速器磨损增大。

因此，减速器周围的温度应控制在 −10～40℃。

除了以上主要部件要保养与维护外，平时也要进行下述的维护：

1）定期检查电动机、减速器的声音、振动及发热情况，若有异常需停机检查。

2）定期检查螺钉、螺母等紧固件的预紧情况，若有松动需立刻紧固。

3）定期检查电压、电流的变动，以及地线的有无，若有异常需停机检查。

4）定期检查气源气压是否达到正常的工作压力。

5）保持工作现场的清洁。

除此之外每日、每周、每月、每半年或者每年进行定期检查，提前预防设备的故障和损坏，保证机器的完好和工作人员的安全。该设备每天运转的时间为10h，超过时间需暂停，经检查无异常情况后再运转。

练 习 题

一、判断题

1. 由电阻应变片组成电桥可以构成测量重量的传感器。（　　）
2. 机器人上常用的可以测量转速的传感器有测速发电机和增量式码盘。（　　）

二、选择题

1. 在伺服电动机的伺服控制器中，为了获得高性能的控制效果，一般具有三个反馈回路，分别是（　　）。

A. 电压环　　B. 电流环　　C. 功率环

D. 速度环　　E. 位置环　　F. 加速度环

2. 用于检测物体接触面之间相对运动大小和方向的传感器是（　　）。

A. 接近觉传感器　　B. 接触觉传感器

C. 滑动觉传感器　　D. 压觉传感器

三、简答题

1. 机器人控制系统的基本单元有哪些？
2. 简述机器人伺服电动机常见故障的原因及处理方法。
3. 工业机器人控制系统程序该如何调整？试说明调整步骤及每一步骤对应的意义。
4. 举例说明常见电气零部件故障诊断和处理的基本方法。请列举至少5个以上。

第七单元

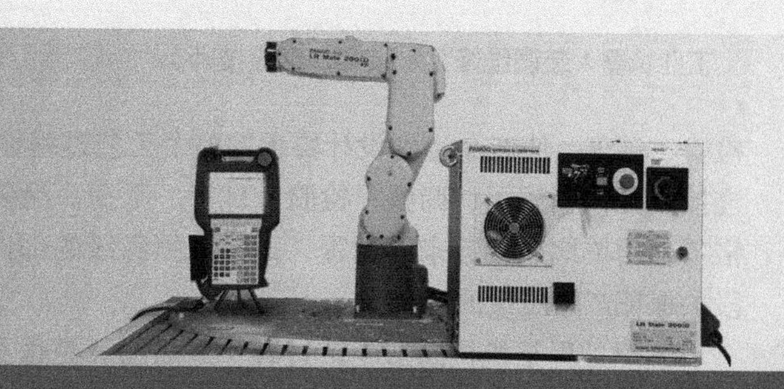

工业机器人技术改进

引导语：

工业机器人装调维修工除了具备机器人机械、电气等故障诊断与维修本领外，还需要基于工业机器人基础原理技术，对机器人设计等提出改进方案，保证机器人以较优的状态运行。

培训目标：

➢能够掌握机器人的装配工艺知识。
➢能够对机器人损坏的零件进行测绘分析。
➢能够对机器人设计提出改进方案。

第一节　工业机器人装配方案设计与优化

一、工业机器人装配概述

装配：任何机器都是由若干个零件、组件和部件所组成的，按照规定的技术要求，将零件、组件和部件进行配合和连接，使之成为半成品或成品的工艺过程。

零件：组成机器的最小单元，一般预先装成套件、组件、部件后才安装到机器上。

套件：在一个基准零件上装上一个或若干个零件，就构成一个套件。它是最小装配单元。为套件而进行的装配工作称为套装。

组件：在一个基准零件上装上若干个套件及零件，就构成一个组件。为组件而进行的装配工作称为组装。

部件：在一个基准零件上装上若干个组件、套件及零件，就构成一个部件。为形成部件而进行的装配工作称为部装。

总装：在一个基准零件上装上若干个部件、组件、套件及零件，并最终装配成机器，称为总装。

零件是组成机械的基本单元，将加工合格的零件按照一定的次序和规定的装配技术要求结合成组件，再由组件及若干零件结合成部件，再由若干零件、组件、部件结合成机器，并经过检验、试车，使产品达到设计要求的整个工艺过程称为装配工艺过程。装配工艺过程包括清理、连接、配作、较正、调整、检验、试车、平衡、涂装、包装等工作，因此装配过程并不是将合格零件简单地连接起来的过程，而是根据各级的部件和总装的技术要求，通过一系列的装配手段去保证产品质量的过程。

装配过程是机械制造生产过程中最后而又是很重要的一个环节，也是设备维修技术的一个重要环节，机械产品的质量必须由装配最后保证，装配也是设备维修、保养质量的重要保证之一。

影响装配质量的因素：

1）零件的加工质量：检验合格的产品在装配前还要进行仔细的清洗，去除毛刺。

2）制订正确的装配顺序：选择恰当的装配方法，制订正确的工艺流程，保证装配的良好环境。

3）良好的装配技术：装配人员的技术水平和责任感是保证装配质量的重要因素。

4）选择正确的计量方法：装配过程中除进行精刮、研磨、选配外，还要进行精密计量、检测和调整。

装配规划是指在给定产品与相关制造资源的完整描述前提下，得到产品详细装配方案的过程。一般来说，装配规划问题可划分为四个层次：系统级规划、作业级规划、动作级规划、控制级编程。

装配顺序规划属于装配规划中作业级规划层次，它主要解决以下问题：对于给定的产品，以什么样的次序来装配产品的零部件？装配顺序是描述产品装配过程的重要信息之一，其优劣直接影响到产品的可装配性、装配质量及装配成本。目前，装配顺序规划主要采用手工方法完成，装配方案的好坏在很大程度上依赖于装配工艺师的相关知识和已有经验。虽然许多经验丰富的装配工艺师拥有设计给定产品高效装配顺序的诀窍，但是仅仅采用手工方法无法保证每次得到最好的装配顺序，从而造成装配成本和时间的浪费。并且，装配顺序规划本身是一个十分费时和容易犯错的过程，因此装配顺序规划自动化对于实现装配顺序优化和缩短装配顺序规划时间具有重要意义。而计算机辅助装配顺序规划对有关产品装配显得尤为重要。它主要是借助于计算机实现装配工艺师的相关知识和经验来确定零件的装配路径及对产品的装配序列进行规划，最终实现最佳产品装配序列。

二、工业机器人装配基本要求

必须按照设计、工艺要求及规定和有关标准进行装配。装配环境必须清洁。高精度产品的装配环境温度、湿度、防尘量、照明防振等必须符合有关规定。所有零部件（包括外购、外协件）必须具有检验合格证方能进行装配。零件在装配前必须清理和清洗干净，不得有毛刺、飞边、氧化皮、锈蚀、切屑、砂粒、灰尘和油污等，并应符合相应清洁度要求。装配过程中零件不得磕碰、划伤和锈蚀。油漆未干的零件不得进行装配。相对运动的零件，装配时接触面间应加润滑油（脂）。各零、部件装配后相对位置应准确。

三、工业机器人装配精度

1. 装配精度的概念

机械产品的质量主要取决于机器结构设计的正确性、零件加工质量的高低以及机器的装配质量。

装配精度一般包括零件间的距离精度、相互位置精度和运动精度。

1）距离精度是指相关零部件间的距离尺寸精度。

2）相互位置精度包括相关零件（或部件）中的平行度、垂直度和各种跳动等。

3）相对运动精度是指产品中有相对运动的零部件间在相对运动时的相互位置要求和相对运动的准确性要求等。

4）接触精度指接触面间的接触面积、位置和接触刚度的要求。

2. 装配精度与零件精度间的关系

机器是由零件组成的，当然零件的精度，特别是关键零件的加工精度对装配必然有很大的影响。零件的加工精度是保证装配精度的基本条件，但装配精度不完全取决于零件的加工精度，有时还可以不同的装配手段把精度不高的零件装配出高精度的机器。

四、工业机器人装配尺寸链

1. 装配尺寸链的基本概念

装配尺寸链是产品或部件装配关系中，由有关零件的线性尺寸（包括面与面、面与轴线、轴线与轴线之间的距离）或相互位置关系值（平行度、垂直度、同轴度等）所组成的一组相互联系，彼此组成封闭图形的尺寸组合。每一个单独尺寸链和工艺尺寸链一样，也是由一个封闭和若干个组成环组成的，组成环同样分成增环和减环，封闭环的值是随组成环数值变化而变化的因变量。例如，图 7-1 所示为轴和孔间隙配合尺寸链。其中，间隙 A_Σ 是封闭环，其尺寸大小是随轴和孔的直径大小变化而变化的。线性尺寸链一般由平行的直线尺寸所组成，所涉及的是距离精度的尺寸问题。装配尺寸链的封闭环是装配以后自然形成的，它一定是装配精度要求中规定的指标，如距离精度（间隙值、过盈值）、位置精度（平行度、垂直度）。而对装配精度产生直接影响的某些零件上的线性尺寸、角度尺寸就是组成环。

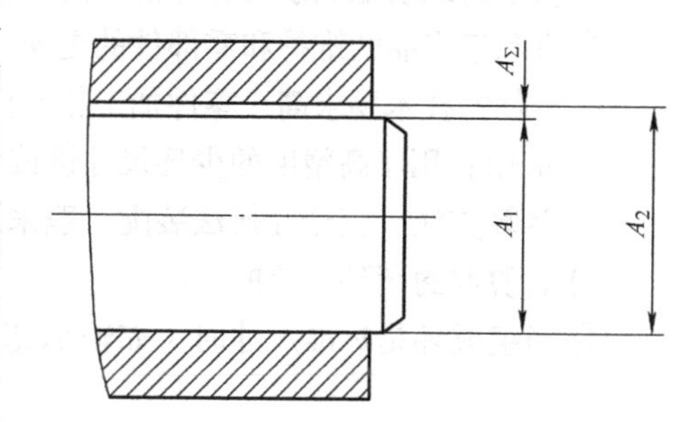

图7-1　轴和孔间隙配合尺寸链

2. 装配尺寸链的一般查找方法

首先根据装配精度要求明确封闭环，再取封闭环两端的那个零件为起点，沿着装配精度要求的位置方向，按照“最短路线”原则，分别查找到相邻零件的装配基准，直至查到同一个零件的基准为止，在查找过程中，凡有零件上直接连接装配基准间的线性尺寸或位置精度，便是装配尺寸链中的组成环。

3. 装配尺寸链的计算方法

装配尺寸链的计算方法和装配方法相关，同一装配精度，采用不同的装配方法时，其装配尺寸链的计算方法也不同。

（1）正计算　已知与装配精度有关的各零部件的公称尺寸和偏差，求解装配精度要求的公称尺寸及偏差，称为正计算。

（2）反计算　已知装配精度要求的公称尺寸及偏差，求解与装配精度有关的各零部件的公称尺寸和偏差，称为反计算。

五、工业机器人保证装配精度的工艺方法

机械产品的精度要求，最终是靠装配实现的，用合理的装配方法来达到规定的装配精度，以实现用较低的零件精度达到较高的装配精度，用最少的装配劳动量达到较高的装配精度，合理的选择装配方法是装配工艺的核心问题。

根据产品的性能要求、结构特点和生产类型、生产条件等，可以采用不同的装配方法，保证产品装配精度的方法有互换装配法、分组装配法、修配装配法和调整装配法。

1. 互换装配法

在装配过程中，零件互换后仍能达到装配精度要求的装配方法，称为互换装配法。产品采用互换装配法时，装配精度主要取决于零件的加工精度，装配时不经任何调整和修配，就可以达到装配精度。互换装配法的实质是控制零件的加工误差来保证产品的装配精度。

（1）完全互换装配法

1）概念：合格的零件在进入装配时，不经任何选择、调整和修配，就可以达到装配精度，这种装配方法称完全互换法。

2）特点：

① 装配质量可靠稳定。

② 装配工作简单，生产率高。

③ 易于实现装配机械化和自动化。

④ 易于组织装配流水线和零部件的协作和专业化生产。

⑤ 有利于产品的维护和零部件的更换。

⑥ 零件的技术要求高，零件加工相对困难。

3）应用：用于高精度的少环尺寸链或低精度的多环尺寸链的大批大量生产装配中。

4）计算方法：完全互换法装配一般采用极值法进行尺寸链的计算。

5）计算时封闭环公差的分配：

① 当组成环是标准尺寸时（如轴承宽度、挡圈的厚度等），其公差大小和分布位置为确定值。

② 当某一组成环是不同装配尺寸链公共环时，其公差大小和位置根据对其精度要求最严的那个尺寸链确定。

③ 尺寸相近、加工方法相同的组成环，其公差值相等。

④ 难加工或难测量的组成环，其公差值可取较大数值，易加工或易测量的组成环，其公差值取较小数值。

⑤ 在确定各待定组成环公差大小时，可根据具体情况选用不同的公差分配方法，如等公差法、等精度法或按实际加工可能性分配法等。

⑥ 各组成环公差带位置按入体原则标注，但要保留一环作为“协调环”，协调环公差带的位置由装配尺寸链确定。协调环通常选易于制造并可用通用量具测量的尺寸。

（2）统计互换装配法（不完全互换装配法） 用完全互换法装配，装配过程虽然简单，但它是根据增环、减环同时出现极值情况来建立封闭环与组成环之间的尺寸关系的，由于组成环分配的制造公差过小常使零件加工产生困难。完全互换法以提高零件加工精度为代价来换取完全互换装配有时是不经济的。

统计互换装配法又称不完全互换装配法，其实质是将组成环的制造公差适当放大，使零件容易加工，但这会使极少数产品的装配精度超出规定要求，但这种事件是小概率事件，很少发生。尤其是组成环数目较少，产品批量为大量，从总的经济效果分析，仍然是经济可行的。

1）统计互换装配方法的优点：扩大了组成环的制造公差，零件制造成本低；装配过程简单，生产率高。

2）统计互换装配方法的不足之处：装配后有极少数产品达不到规定的装配精度要求，须采取另外的返修措施。

统计互换装配方法适用于在大批大量生产中装配那些装配精度要求较高且组成环数又多的机器结构。

2. 分组装配法

1）概念：当封闭环精度要求很高时，采用互换法计算尺寸链会使组成环公差很小，加工困难。这时可以将组成环公差按完全互换法求得后，放大若干倍，使之达到经济公差的数值。然后，按此数值加工零件，再将加工所得的零件按尺寸大小分成若干组（分组数与公差放大倍数相等）。最后，将对应组的零件装配起来以达到装配精度的要求。同组内零件可以互换，所以称为分组互换装配法。

2）特点：在装配时保证配合性质和配合精度均不变。

3）应用：适用组成环数少而装配精度要求很高的部件，如滚动轴承的装配、活塞和活塞销的装配等。

4）分组时应满足的条件：

① 配合件的公差范围应相等，公差应同方向增大，增大的倍数等于分组数。

② 为保证零件分组后数量匹配，配合件的尺寸分布应为相同的对称分布。

③ 配合件的表面粗糙度、几何公差不能随尺寸精度放大而放大。

④ 分组数不宜过多，只要把零件尺寸公差放大到经济精度即可。

3. 修配装配法

1）概念：采用修配装配法时，装配尺寸链中各尺寸均按经济公差制造，但留出一个尺寸作为修配环，以手工去除部分材料的方式改变修配环的尺寸，使封闭环达到规定的精度要求。

2）修配环（补偿环）的选择：

① 修配环主要用来补偿由于其他组成环精度的放大而形成的累积误差，因此也叫补偿环。通常选容易修配加工、形状简单的零件。若采用刮研修配，刮研面积要小。

② 修配环不能为公共环，即该零件只能与一项装配精度有关。

3）特点：

① 能获得很高的装配精度，而零件的制造精度要求低。

② 增加了装配过程中的手工修配工作，劳动量大，工时不预定，不便于组织流水作业。

③ 装配质量依赖于工人的技术水平。

4）应用：单件小批生产、装配精度要求高、组成环数目较多的情况。

4. 调整装配法

（1）概念　调整装配法与修配装配法相似，尺寸链各组成环按经济精度加工，由此引起的封闭环超差通过调节某一零件的位置或对某一组成环（调节环）的更换来补偿。

（2）与修配装配法的不同　修配装配法采用机械加工的方法去除补偿环零件上的金属层。

调整装配法采用改变补偿环零件的位置或更换新的补偿件零件的方法来满足装配精度要求。两者的目的都是补偿由于各组成环公差扩大后所产生的累积误差。

（3）应用　批量生产、装配精度要求高、组成环数目较多的情况。

（4）调整方法

1）固定调整法。在装配尺寸链中，选择某一零件为调整环，根据各组成环形成累积误差的大小来更换不同尺寸的调整件，以保证装配精度要求，称为固定调整法。

常用的调整件为轴套、垫片、垫圈等。

固定调整法多用于大批大量生产中。在产量大、装配精度要求高的生产中，固定调整件可以采用多件组合的方式，如预先将调整垫做成不同的厚度（1mm、2mm、5mm、10mm），再制作一些更薄的金属片（0.01mm、0.02mm、0.05mm、0.10mm 等），装配时根据尺寸组合原理（与量块使用方法相同），把不同厚度的垫片组成各种不同尺寸，以满足装配精度的要求。固定调整法比较简便，在汽车、拖拉机生产中广泛应用。

2）可动调整法。在装配尺寸链中，选择某一零件为调整环，采用改变调整件的相对位置来保证装配精度要求的方法，称为可动调整法。

3）误差抵消调整法。在产品或部件装配时，通过调整有关零件的相互位置，使加工误差相互抵消一部分，以提高装配的精度，称为误差抵消调整法。这种方法在机床装配中应用较多，如装配机床主轴时，通过调整前后轴承的径向圆跳动方向来控制主轴锥孔的径向圆跳动；在滚齿机工作台分度蜗轮的装配中，采用调整两者偏心方向来抵消误差，提高装配精度。

各种装配法的特点见表 7-1。

表 7-1　各种装配法的特点

装配法		特点		互换性	尺寸链长短	生产类型	对工人要求
		零件精度要求	适用装配精度				
互换装配法	完全互换装配法	高	不太高	完全互换	短	大批大量生产	低
	不完全互换装配法	较高	不太高	不完全互换	短	大批大量生产	低
分组装配法		经济精度	高	组内互换	短	大批大量生产	低
修配装配法		经济精度	高	无互换	长	成批或单件生产	高
调整装配法		经济精度	高	无互换	长	大批大量生产	高

六、工业机器人典型部件的装配

1. 螺纹连接的装配

螺纹连接是装配中用得最多的固定连接方式。螺纹连接的主要装配技术要求如下：

1）达到规定的锁紧力。

2）对于一组螺纹连接的锁紧力应均衡，达到规定的螺纹配合精度。

3）螺母、螺钉装配后不产生偏斜和弯曲，以及防松装置可靠。

装配螺纹连接时，保证得到规定的锁紧力和一组连接中各螺纹锁紧力均衡是十分重要的，否则将破坏部件的精度和使用性能。例如，一组螺纹连接的锁紧力不均衡时，会造成被连接的部分轴承座孔产生变形，造成机床主轴箱的主轴孔轴线与导轨在水平面和垂直面内的平行度误差增大，造成气缸盖和缸体之间的密封性不好。装配一组螺纹连接时，应遵守一定的装配顺序，图 7-2 所示为建议采用的装配顺序。其规律是从中间到两边，并对称地进行拧紧。

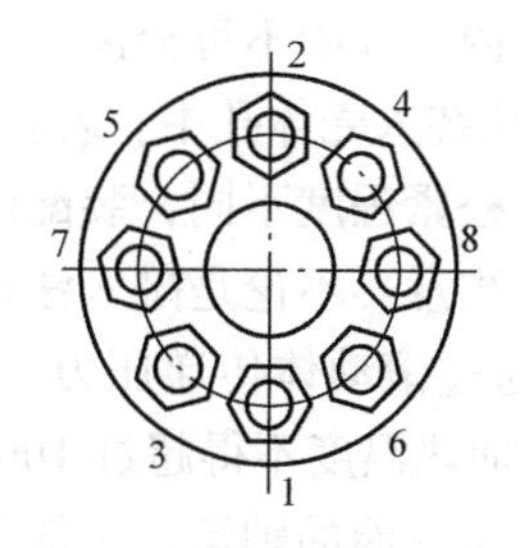

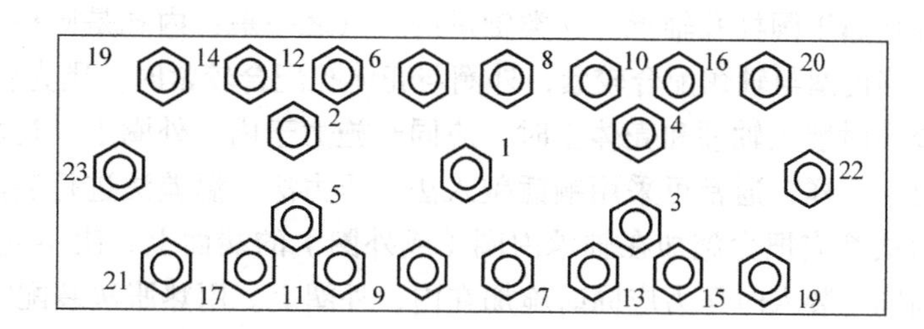

图7-2　拧紧成组螺钉连接的顺序

对于重要的螺纹连接，不允许螺母偏斜、歪斜或弯曲。如果发现有上述现象，决不允许勉强拧紧，而应查明原因，予以纠正，否则会造成在载荷的作用下使螺纹连接破坏。对于在变载荷和振动情况下工作的螺纹连接，应正确地采用防松装置。如采用双螺母、弹簧垫圈、止动垫圈、穿钢丝等方法，以防止螺纹在工作中逐渐松开，避免发生严重事故。

2. 过盈连接的装配

过盈连接是一种结构简单、定心性好、承载能力高且能在振动条件下工作的一种使用很广的连接方法，一般属于不可拆的固定连接。

（1）过盈连接的主要装配技术要求

1）保证规定的连接强度。

2）满足连接件间的相对位置要求。

3）不降低连接件的表面质量和材料的物理力学性能。

（2）过盈连接的装配方法

1）压入法：可用锤子或重物冲击压入（单件装配），用专用夹具以静力压入（小批装配），用各种压力机压入（批量装配）。

压配过程：将零件进行清洗后在配合表面上涂润滑脂，然后在一个连接件上加轴向力，以 2 ~ 4mm/s（不宜超过 10mm/s）的速度连续不停地压入另一个连接件中，并准确地控制压入行程以保证相对位置精度的要求。

压配时使用润滑油可降低压入力，防止连接表面刮伤和咬死，但同时会使连接强度降低，但是合理地选择润滑油可以降低压力又使连接强度降低不多。常用的润滑油有机油、亚麻油等。压配时为了防止零件歪斜，一般孔口应有 30° ~ 45° 的倒角，轴端应有 10° ~ 15° 的锥角，表面粗糙度值 $Ra = 0.8 \sim 1.6\mu m$ 为佳。

2）热胀法：热胀法是将包容件加热使孔胀大，造成过盈量消失且有一定的配合间隙，而后自由套入被包容件，冷却之后获得过盈配合的方法。用热胀法获得的配合强度比压入法高出一倍左右，热胀法适合于承受重载的零件，如薄盘、薄壁套、大直径零件的过盈连接。对一般结构钢加热到 70 ~ 120℃，最高不应超过 400℃。

3）冷缩法：冷缩法是将被包容件置于某种冷却介质中进行冷却，使轴缩小到过盈量消失且有一定的配合间隙，再自由装入包容件。与热胀法相比，冷却温度容易控制，但被包容件的冷缩量较小。

3. 滚动轴承部件的装配

滚动轴承在各种机械中使用极广，其安装的方法按轴承的类型和配合要求不同而不同。

（1）圆柱滚子轴承的安装　单列向心轴承、单列向心短圆柱滚子轴承、单列向心推力轴承等均属于圆柱孔轴承。这类轴承的特点之一是：内孔是圆柱孔，内、外圈不可分离。装配中，当内圈与轴颈配合较紧，外圈与壳体孔配合较紧时，则先将轴承装入壳体孔中，若将内、外圈同时装入轴颈和壳体上时，应同时施力于内、外圈上。视配合松紧程度不同，装配的方法也不一样，通常可采用铜锤敲入法、压力法、温差法进行装配。注意：不论是敲入法还是压力法都应把力施加在轴承内圈（或外圈）的端面上，决不允许通过滚动体传递压力。内、外圈同时装入时压力应同时施加在内、外圈上。用热胀法装配时，加热温度不得超过100℃，用冷缩法装配时温度不得低于-80℃。内部充满润滑脂带防尘盖和密封圈的轴承，不能采用温差法安装。

（2）圆锥孔轴承的安装　圆锥孔双列向心球面轴承、圆锥孔双列（或单列）向心短圆柱滚子轴承等均属这类轴承，其内孔有1:12的锥度。这类轴承安装在轴颈上的配合过盈量取决于轴承沿轴颈锥面的轴向移动量。其关系为

$$\delta \approx S/15$$

式中　δ——轴承在轴上的轴向移动量；

S——径向游隙减少量。

这类轴承在安装之前都留有原始径向间隙，在安装轴承之前必须测出其原始游隙，安装时控制轴向移动量δ来控制径向游隙的减少量，从而获得正确的配合间隙。必须注意：当原始径向游隙超过规定值时（例如旧轴承），不能全靠调整轴承内圈在轴向的移动来达到装配精度要求，因为势必造成内圈在轴颈上的移动距离多，内圈胀大也较多，会产生很大的应力，反而很快丧失轴承的精度。

（3）向心推力轴承和推力轴承的安装　这类轴承的内、外圈可以分离也是分开安装的，装配以后必须正确调整其径向间隙，可采用如下方法调整：

1）用垫圈调整轴承的轴向间隙，垫圈的厚度a由下式确定：

$$a = C + a_1$$

式中　C——规定的轴向游隙；

a_1——消除轴承间隙之后，端盖与壳体端面之间的距离。

必须注意：测量a_1值时，一定要装入端盖推动轴承外圈，直至完全消除轴承的间隙后方可测量，而且最好在互呈120°的三处测量，而后取其平均值。为防止垫片装入以后轴承的偏斜，要求垫片两平面的平行度误差一般不大于0.03mm，对精密轴承部件应不大于0.01mm。

2）用锁紧螺母调整轴承的轴向游隙，调整方法是先旋紧螺母以消除轴承的间隙，然后松开一定的角度α，使轴承得到规定的间隙。α与轴向游隙C的关系是

$$\alpha = (C/P) \times 360°$$

式中　P——螺纹的螺距。

为了获得准确的轴承游隙，必须严格控制与轴承端面接触的孔和轴肩平面、螺母端面对各自轴心线的垂直度误差，为了获得稳定的轴承游隙，要求螺母有可靠的防松装置。

3）用调整轴承内外圈隔套来调整轴承游隙。成对安装的向心推力球轴承常用这种方法调整轴向游隙，为了获得内、外圈隔套的准确厚度，必须预先测得轴承在消除了间隙状态下内、外圈之间的错位。

4. 滑动轴承部件的装配

滑动轴承根据其受力情况，分为径向和推力两类。对滑动轴承装配的要求主要是轴颈与轴承之间获得所需要的间隙和良好的接触，使轴在轴承中运转平稳。

5. 齿轮传动部件的装配

齿轮传动装置主要分为三大类：圆柱齿轮传动、锥齿轮传动和蜗杆传动。齿轮传动装置装配后的基本要求：保证正确的传动比，使传递的运动正确可靠，保证传递时工作平稳，振动小，噪声小，保证齿轮工作面接触良好，保证有规律的侧隙。由于齿轮传递的用途和要求不同，因此，在齿轮装配时也有所侧重。例如，要求高精度运动的齿轮，装配时应侧重于保证运动精度和齿侧间隙，低速重载传递的齿轮，侧重于保证接触精度，而高速动力传递齿轮则应侧重于保证工作平稳性精度。

（1）圆柱齿轮和锥齿轮传递的装配　一般传递精度的圆柱齿轮和锥齿轮的装配比较简单，当齿轮与轴是间隙配合时，只需用手将齿轮推到轴上即可，具有一定的过盈量时可用锤子敲入或用压力机压入，有较大过盈量时用温差法装配，装配后不允许齿轮歪斜和偏心。可以通过测量径向和轴向圆跳动来检验，高精度传动的齿轮，在装配时应考虑其周节累积误差的分布情况，进行圆周定向装配，使误差得到一定的补偿。

齿轮传动的接触精度常用齿面接触斑痕的位置和大小来判断，齿轮传动的侧隙大小有两种方法检查：

1）用压铅丝法检查：在齿面沿齿长的两端平行放置两条铅丝，铅丝的直径不宜超过最小侧隙的三倍，传动齿轮，挤压铅丝，测量铅丝最薄处的厚度，就是侧隙的大小。

2）用百分表检查：将百分表测头与一齿轮面接触，另一齿轮固定，用手转动可动齿轮，使齿从一侧啮合转到另一侧啮合，百分表上的读数即为侧隙。

（2）蜗杆传动的装配　蜗杆传动的主要技术要求是：保证蜗杆轴线与蜗轮轴线互相垂直，蜗杆的轴线应在蜗轮轮齿的对称平面内，两轴的中心距要正确，要有正确的啮合侧隙和良好的接触斑点。

装配顺序：有的先装蜗轮，有的先装蜗杆，一般情况下是先装蜗轮。一般蜗杆的轴线位置是由箱体安装孔所确定的，因此蜗轮的轴向位置只能通过改变蜗轮轴上的垫片厚度等方法进行调整。蜗轮、蜗杆装入蜗轮箱中以后应以涂色法检验蜗轮蜗杆的接触斑点。通常是将红丹粉涂在蜗杆的螺旋面上，转动蜗杆，根据蜗轮齿上出现的色斑的位置和大小判断啮合质量。正确的接触斑点位置应在中部稍偏蜗杆旋出方向。全负荷时接触点长度最好能达到齿宽的90%以上。装配后的蜗杆传动机构，还应检查它的转动灵活性，旋转蜗杆应处处转矩相同，更没有啃住现象，对于精密蜗杆，还应控制其轴向窜动在0.008mm之内。

七、工业机器人装配工艺规程的制订

装配工艺规程是指导装配生产的主要技术文件，制订装配工艺规程是生产技术准备工作的主要内容之一。

装配工艺规程对保证装配质量、提高装配生产率、缩短装配周期、减轻工人劳动强度、缩小装配占地面积、降低生产成本等都有重要的影响。它取决于装配工艺规程制订的合理性，这就是制订装配工艺规程的目的。

1. 制订装配工艺规程的基本原则和原始资料

（1）制订装配工艺规程的基本原则

① 保证产品质量；延长产品的使用寿命。

② 合理安排装配顺序和工序，尽量减少手工劳动量，满足装配周期的要求，提高装配效率。

③ 尽量减少装配占地面积，提高单位面积的生产率。

④ 尽量降低装配成本。

（2）制订装配工艺规程的原始资料

① 产品的装配图和验收技术标准。

② 产品的生产纲领。

③ 生产条件。

2. 制订装配工艺规程的步骤

（1）研究产品的装配图及验收技术条件　审核产品图样的完整性、正确性；分析产品的结构工艺性；审核产品装配的技术要求；分析和计算装配尺寸链。

（2）确定装配方法和组织形式

1）装配方法：互换装配法、分组装配法、修配装配法、调整装配法。

2）组织形式：

① 固定式：全部装配在一个固定的地点完成，多用于单件小批生产。

② 移动式：将零部件用输送带按装配顺序从一个地点到下一地点，各装配地点的总和完成产品的全部装配。

（3）划分装配单元，确定装配顺序　将产品划分为套件、组件及部件等装配单元是制订装配工艺规程最重要的一个步骤。

任何装配单元都要选定某一零件或比它低一级的装配单元作为装配基准。装配基准件应是产品的基体或主干零件、部件，应有较大的体积和重量，有足够的支承面和较多的公共接合面。

划分装配单元、确定装配基准零件以后，即可以安排装配顺序，并以装配系统图的形式表示，具体是先难后易、先内后外、先下后上、预处理工序在前。

（4）划分装配工序

1）确定工序集中和分散。

2）划分装配工序，确定工序内容。

3）确定工序所需要的设备和工具。

4）制订各工序装配操作规范。

5）制订各工序装配质量要求和检测方法。

6）确定工序时间定额，平衡各工序节拍。

（5）编制装配工艺文件

1）单件小批生产时，只绘制装配系统图，装配时，按产品装配图和装配系统图工作。

2）成批生产时，要制订部件、总装的装配工艺卡，写明工序次序、简要工序内容、设备名称、工夹具编号和名称、工人技术等级和时间定额等项。

3）大批大量生产中，不仅要制订装配工艺卡，还要制订装配工序卡，以直接指导工人进行产品装配。

第二节　工业机器人损坏零件的测绘

一、测绘图所需的材料和用具

在测绘图上，必须完备地记入尺寸、所用材料、加工面的表面粗糙度、精度以及其他必要的资料。一般测绘图上的尺寸，都是用量具在零、部件的各个表面上测量出来。因此，必须熟悉量具的种类和用途。

最常用的量具有钢直尺和卡钳。如图 7-3 所示，用内、外卡钳与钢直尺相配合来测量壁厚，钢直尺所测尺寸可以直接在钢直尺的刻度上读出。

卡钳以外卡钳和内卡钳用得最广。外卡钳用来测量零件的轴径（图 7-4b），内卡钳用来测量孔径（图 7-4a）。这两种卡钳所量得的尺寸，可把卡脚的量距移到钢板尺上读出。图 7-5 所示为一种两用卡钳，用它来测量零件的外径和内径都非常方便。因为卡钳上下两幅卡脚的长度是相等的，所以用内（外）卡钳量出的内（外）径尺寸，就等于外（内）卡钳在钢直尺上所量的距离。在测量孔壁的尺寸时，使用两用卡钳来量比较方便。壁厚的尺寸也可用内卡钳测量，如图 7-5 所示，所量的尺寸减去钢直尺上的读数，就是壁厚的尺寸。图 7-6 所示为同边卡钳，一般用来测量塔轮和阶台轴的各段长度，也可用来测量两孔的中心距。

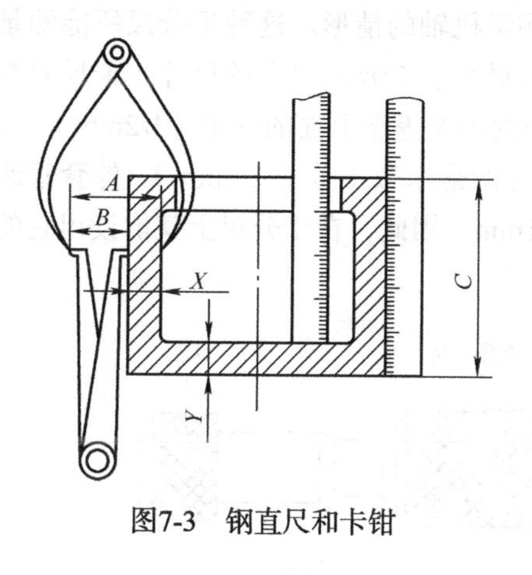

图7-3　钢直尺和卡钳

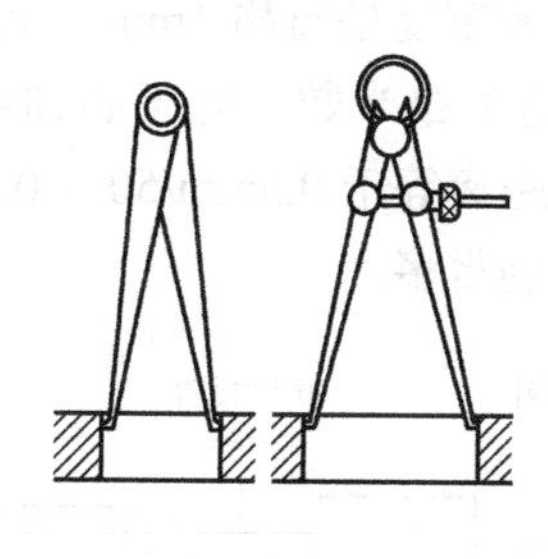

a) 内卡钳

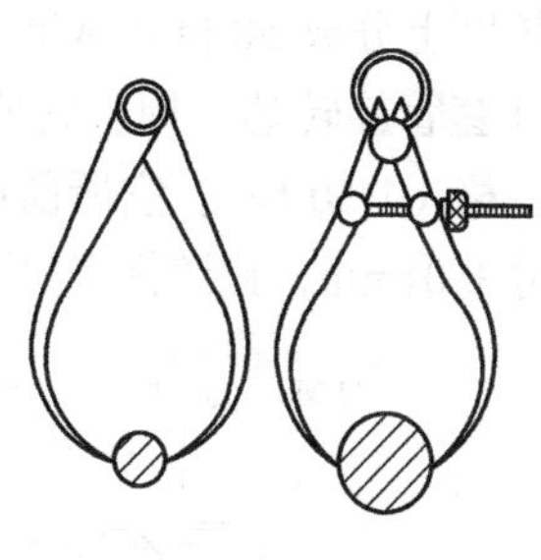

b) 外卡钳

图7-4　内卡钳与外卡钳测量

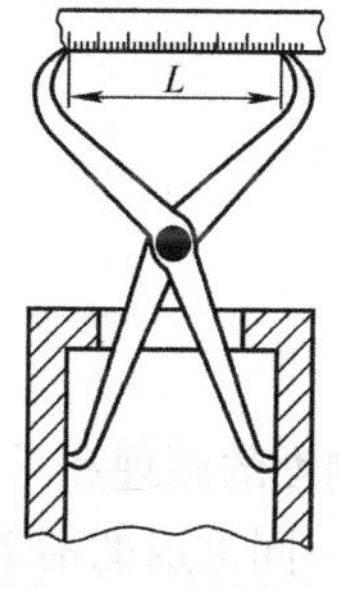

图7-5　两用卡钳

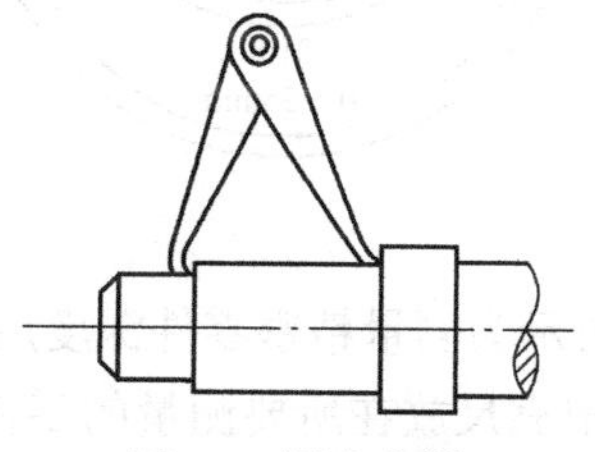

图7-6　同边卡钳

以上所说的量具使用及测量方法都比较简单，但精度不高。如果要求测量的精度很高，就需要用精密的量具或者卡尺。图 7-7 所示为一种常用的米制卡尺（又叫游标卡尺），由钢直尺和卡钳联合组成。这种卡尺有两副卡脚（量爪），下方的卡脚用来测量零件的厚度和外径等，上方的卡脚除了能测量零件的外径外，还可以用来测量零件的内径或沟槽的宽窄。卡尺尺身的刻度为，每 1cm 刻成 10 格，每格 1mm；游标尺的全长 50 个格等于尺身 49 个格的长度，也就是说每一格等于 49/50mm，因此，这种卡尺能够很准确地读出（1−49/50）mm = 0.02mm 的精确度。与活动卡脚固定成一体的深度尺可用来测量零件的深度。深度值可由尺身和游标尺上的刻度直接读出。

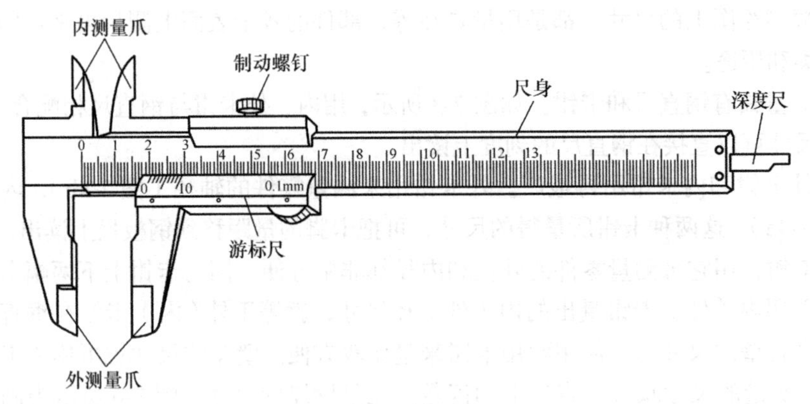

图7-7　游标卡尺

图 7-8 所示为测量零件外径用的千分尺。图上表示测量机轴的情形。这种千分尺所能测量的最大尺寸一般只有 25mm，因此需要有一套千分尺来测量大于 25mm 以上的尺寸。卡尺套管的长度上分成 50 格，基准下面的刻度是每格 1mm，上面的刻度等于下面的一半（1/2mm）。每当外套管旋转达一周，它所前进的毫米数，等于心轴前进的毫米数（等于 1/2mm）。外套管旋转一格（1/50 周），它所前进的距离等于 0.5mm/50 = 0.01mm。因此，在千分尺上就能读出它的尺寸 0.01mm，比游标卡尺要准确得多。

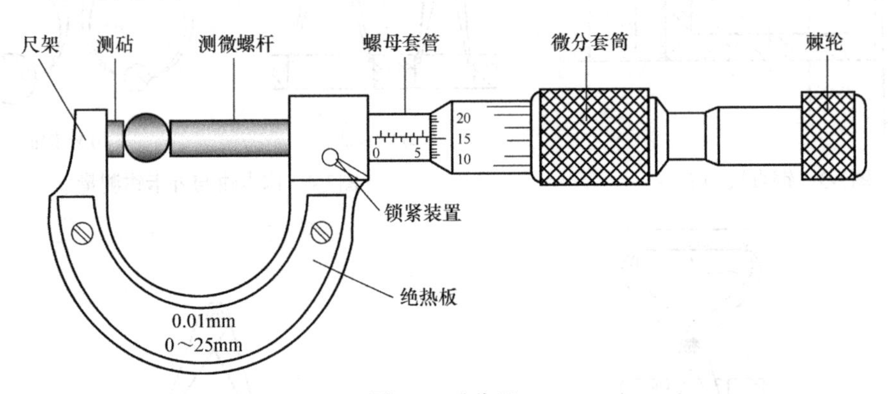

图7-8　千分尺

图 7-9 所示为测量精密零件深度用的深度千分尺。游标刻度的原理和千分尺一样。测量的时候，可以把靠尺放在所要测量的零件端面上，旋转与量杆一同进退的活动套管，调节量杆，使它与零件的测量面相靠，便可以在固定套管的刻度线上读出所量的尺寸。

除了以上所说的普通量具和常用的精密量具外，还有测量螺纹的螺距量规、测量圆角的半径样板、测量两个装配零件中间空隙用的塞尺，以及测量角度用的分角规或量角器、组合角尺等。

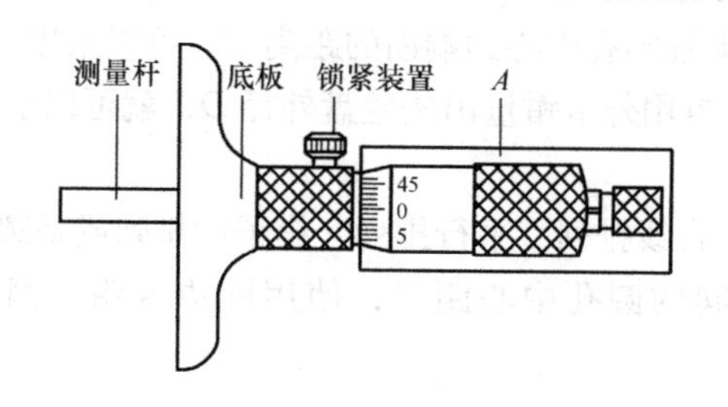

A部详图

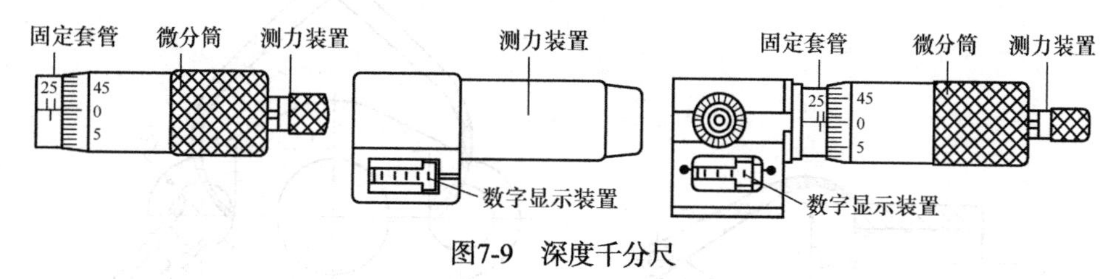

图7-9　深度千分尺

二、测量零件的各部尺寸

零件类型如下：

轴套类零件——轴、衬套等零件。

盘盖类零件——端盖、阀盖、齿轮等零件。

叉架类零件——拨叉、连杆、支座等零件。

箱体类零件——阀体、泵体、减速器箱体等零件。

1. 直线尺寸的测量法

测量零件的直线尺寸，可使用钢直尺、卡尺、深度千分尺等量具。如果尺寸需要量得很精确时，就应该用卡尺和深度千分尺来测量。

2. 直径尺寸的测量法

如图 7-10 所示，圆柱的直径可用外卡钳量出，圆孔的直径可用内卡钳量出。

如果测量较精确的尺寸，就要用卡尺或是内径千分尺来测量。

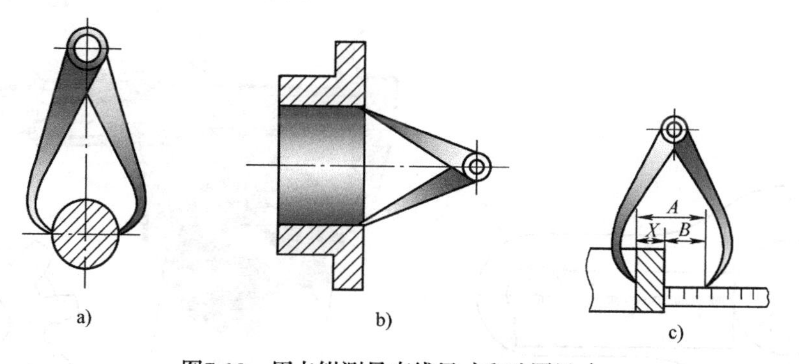

图7-10　用卡钳测量直线尺寸和壁厚尺寸

3. 壁厚尺寸的测量法

如图 7-10c 所示，圆筒的壁厚可用卡钳量出，圆筒的壁厚 $X = A - B$。

4. 从端面到圆孔中心距离的测量法

要测出图 7-11 所示零件支管圆孔中心到端面的距离 H，可以采用下述的方法：

先用钢直尺量出距离 A，再用外卡钳量出法兰盘外径 D，就可以求得：$H=A+D/2$。

5. 两孔中心距的测量法

零件上圆孔的排列形式有直线排列、平行排列、棋子状排列或是圆周形排列。

例 1 测量两个直径相同的圆孔中心距时，使用同边卡钳、钢直尺或卡尺都可以。如图 7-12 所示，图中 $l=A+D$。

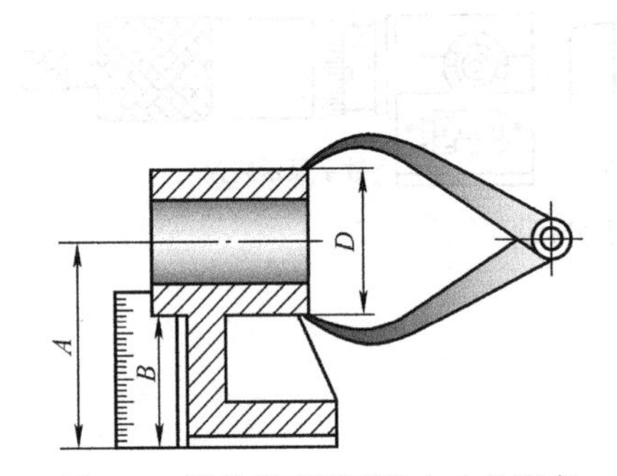

图7-11 测量端面到圆孔中心的距离

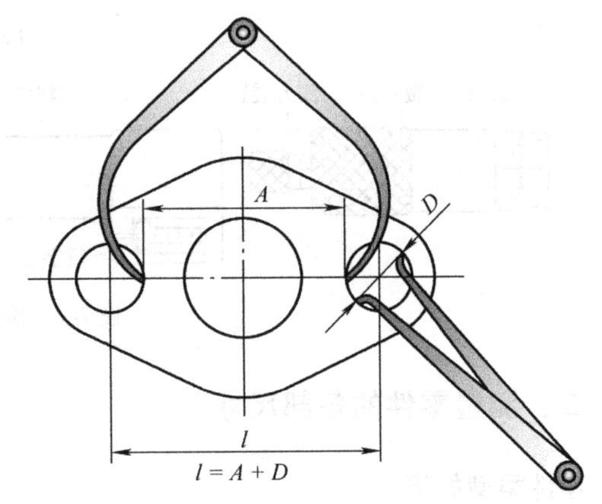

图7-12 直径相同的圆孔中心距的测量法

例 2 图 7-13 所示为测量两个直径不同的圆孔中心距的测量法，设 $D_1=20\text{mm}$，$D_2=8\text{mm}$。

测量的时候，可以使用同边卡钳或钢直尺量出圆孔一边的距离 A，则中心距 L 的计算公式为

$$L=A+(D_1+D_2)/2$$

6. 齿轮外径的测量法（图 7-14）

主要是确定模数 m 和齿数 z：①数出齿数 z；②测量齿顶圆直径 d_a，齿数为偶数时，直接测量，齿数为奇数时 $d_a=2e+d$；③初算被测齿轮的模数 $m=\dfrac{d_a}{z+2}$；④修正模数；⑤计算其他参数。

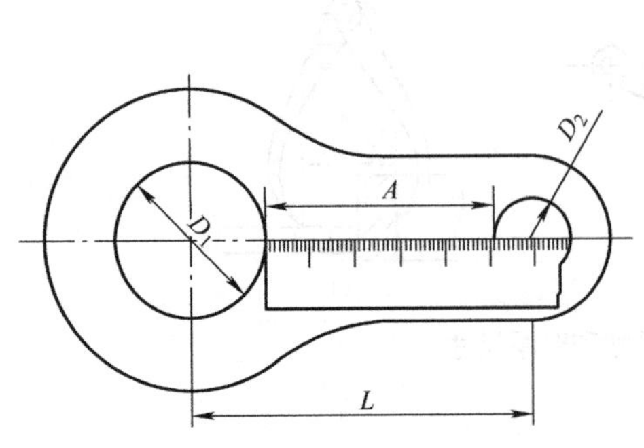

图7-13 直径不同的圆孔中心距的测量法

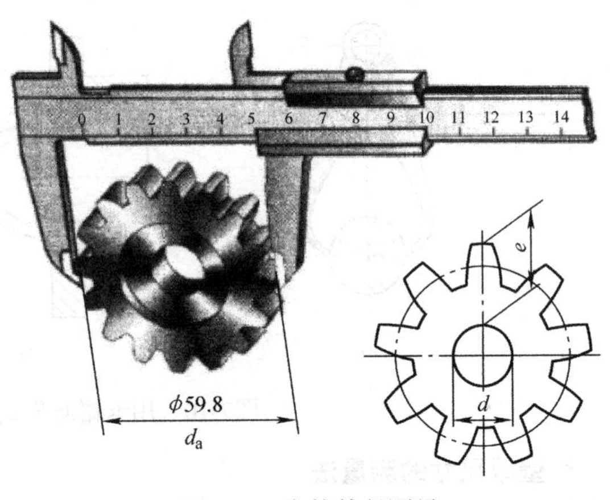

图7-14 齿轮外径测量

测量锥齿轮外径的方法和直齿轮一样，测量时只量大端尺寸。

7. 大型零件尺寸的测量法

测量大型零件时要用专测大尺寸的量具，通常先用量具量出零件的弦长 l 和弓高 h 后，就可求出零件的外径或内径 $D=\dfrac{(\frac{l}{2})^2+h^2}{h}$，如图 7-15 所示。

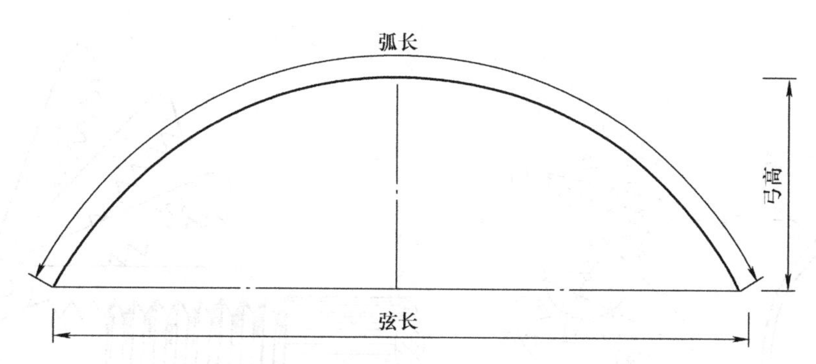

图7-15　大型零件弦长和弓高的测量

8. 弧面曲形尺寸的测量法

零件曲线外形，使用一般量具测量很困难，通常要用高度千分尺测量。这种量具是利用坐标的方法，把曲线上各点的纵向长度和横向长度测量出来。所求的点越多，曲线的外形就越准确。图 7-16 所示为测量外弧面曲线外形尺寸的实例；图 7-17 所示为测量内弧面曲线外形尺寸的实例。从图中可以清楚地看出，曲线外形上各点的位置是由横向两个长度来决定的。当没有高度千分尺的时候，也可以用直尺和三角板来量出曲面上各点的坐标，在图上画出曲线或求出曲率半径。

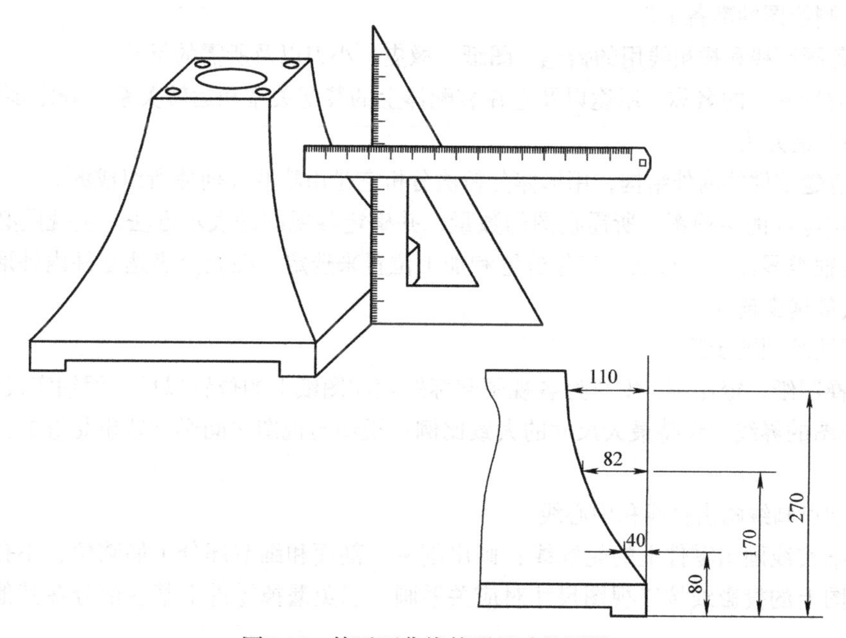

图7-16　外弧面曲线外形尺寸的测量

9. 螺纹尺寸的测量法

螺纹分米制和寸制两种。测绘米制螺纹时，要测量螺纹的外径和单位尺寸的牙数。如果是管螺纹，还要注明是圆柱管螺纹还是圆锥管螺纹。螺纹的螺距可用螺距量规量出（图 7-18），或用拓印法来测定，对于内螺纹，通常用测量与它相连接的外螺纹尺寸来测量，也可用游标卡尺来测量。

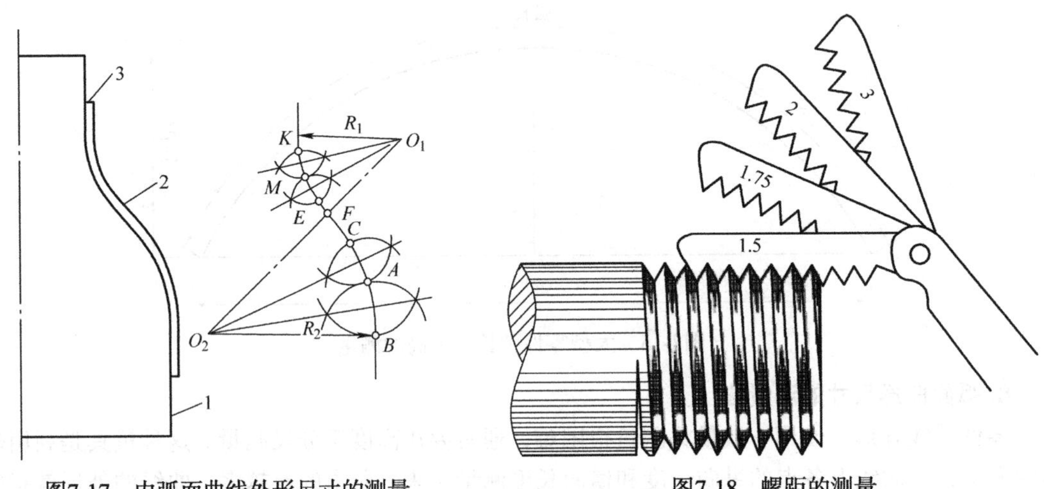

图7-17　内弧面曲线外形尺寸的测量　　图7-18　螺距的测量

三、画测绘图的准备工作、步骤和注意事项

1. 画测绘图的准备工作和步骤

（1）画测绘图的准备工作

1）准备画底线和描粗线用的铅笔、图纸、橡皮、小刀以及所需的量具。

2）弄清楚零件的名称、用途以及它在装配体上的装配关系和运转关系，确定零件的材料，并研究它的制造方法。

3）弄清楚零件的内外结构，用形体分析法分析它是由哪些几何体所组成的。

4）确定零件的主视图、所需视图的数量，并确定各视图的表示方法。主视图必须根据零件（特别是轴类零件）的特征、工作位置和加工位置来选定。在充分表达零件内外形状的前提下，视图数量越少越好。

（2）画测绘图的步骤

1）选择图纸，定比例。安排好各视图和标题栏在图纸上的位置以后，用细实线画出边框，作为每一视图的界线，保持最大尺寸的大致比例；视图与视图之间必须留出足够的位置，以便标注尺寸。

2）用细点画线画出轴线和中心线。

3）用细实线画出零件上的轮廓线；画出剖视、剖面和细节部分（如圆角、小孔、退刀槽等）。各视图上的投影线按三视图尺寸对应关系画，以免漏掉零件上某些部分在其他视图上的图形。

4）校核后，用软铅笔描深，画出图面中的剖面线和虚线。

5）定出标尺寸用的基准和表面粗糙度代号。

6）当所有必要的尺寸线都画出以后，就可测量零件，在尺寸线上方写出量得的尺寸数字。注明倒角的尺寸、斜角的大小、锥度、螺纹的标记等。

7）填写标题栏和技术要求，在其中注明零件的名称、材料、数量和技术要求。

2. 画测绘图的注意事项

1）不要把零件上的缺陷画在测绘图上，例如铸件上的收缩部分、砂眼、毛刺等，以及加工错误、碰伤或磨损的地方。

2）凡是经过切削加工的铸、锻件，应注出非标准拔模斜度与及表面相交处的角。

3）零、部件的直径、长度、锥度、倒角等尺寸，都有标准规定，实测后，应选用最接近的标准数值（查机械零件手册或相关标准）。

4）测绘装配体的零件时，在未拆装配体以前，先要弄清它的名称、用途、外形构造。

5）首先考虑装配体中各个零件的拆卸方法、拆卸顺序以及所用的工具。

6）拆卸时，为防止丢失零件和便于安装起见，所拆卸零件应分别编上号码，用胶带纸贴上标签，尽可能把有关零件装在一起，放在固定位置。

7）测绘较复杂的装配零件之前，应根据装配体画出一个简单的装配示意图。

8）对于两个零件相互接触的表面，在它上面所标注的表面粗糙度要求应该一致。

9）测量加工面的尺寸，一定要使用较精密的量具。

10）所有标准件，只需测量出必要的尺寸并注出规格，不用画测绘图。

四、在测绘图上标注尺寸的方法

1）标注尺寸时应从基准部分注起。

2）测绘图上的尺寸，要按机械制图国家标准上规定的一般规则来标注。垂直方向的数字可以直向写，与水平方向数字的写法一样。两面相等的尺寸，一般可不画出。假如两个相邻尺寸的地位很狭小，可以在尺寸界线上画一小圆点；在连续尺寸很多的场合也可以在尺寸线和尺寸界线相交的地方画一短线，以代替两个相接的箭头。

3）标注尺寸的时候，尺寸应按照零件加工程序来标注。因为图上尺寸会直接影响加工的程序和工作时间，所以，当画任何一个零件的时候，首先要决定基准部分的位置，也就是测量的尺寸要按照零件的加工程序来量，标注尺寸就照测量的先后来注。

标注尺寸的注意事项可归纳成以下几点：

① 注尺寸的时候，应该考虑到所注尺寸是否符合零件加工的工艺要求。

② 两个零件互相连接和配合的共同尺寸，其位置和数值必须一致，以免加工出来的零件装配不上。

③ 测绘图上所标注的公差尺寸，必须与所指表面的表面粗糙度相适应。例如某工件加工的公称尺寸是50mm，要求尺寸公差等级为IT6，压入配合，尺寸偏差为0.008mm，这个工件的最后加工工序是粗磨，表面粗糙度 *Ra* 值就应当标注为1.6μm。

④ 零件的尺寸偏差应根据公差及几何公差标准来注，零件表面的精度要根据零件本身的要求，即它在装配体中的作用来标注，在确定精度等级时要兼顾当地机床配备和加工水平，否则所作的测绘图不切实际，也不经济。

第三节　工业机器人技术方案优化设计方法

机器人技术方案优化设计方法主要有尺寸优化、形状优化和拓扑优化三类。

一、尺寸优化（图 7-19）

尺寸优化不是对结构形式、材料属性等做改变，而是主要以杆件的长度，截面的长、宽或者半径为设计变量，这个过程中材料的性质、结构的拓扑和几何形状保持不变。

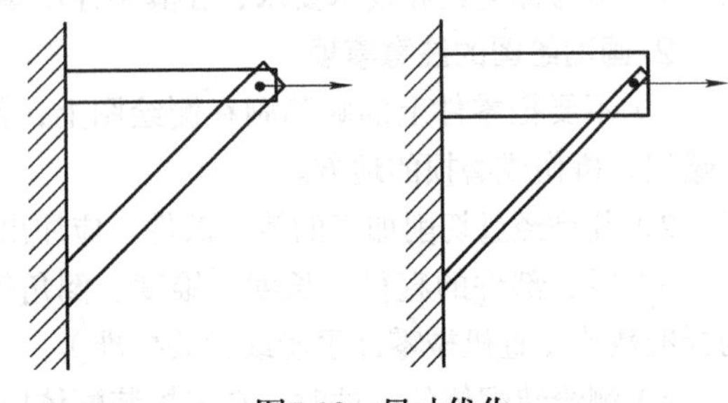

图7-19　尺寸优化

二、形状优化（图 7-20）

形状优化主要是指边界形状优化问题，是以连续体几何区域的边界线或边界面为设计变量，结构的拓扑保持不变。

三、拓扑优化（图 7-21）

拓扑优化的主要思想是寻求结构的最优拓扑问题转化为在给定的设计区域内寻求最优材料的分布问题。连续体结构拓扑优化被公认为是继尺寸优化、形状优化后结构优化领域内最具有挑战性的研究方向。

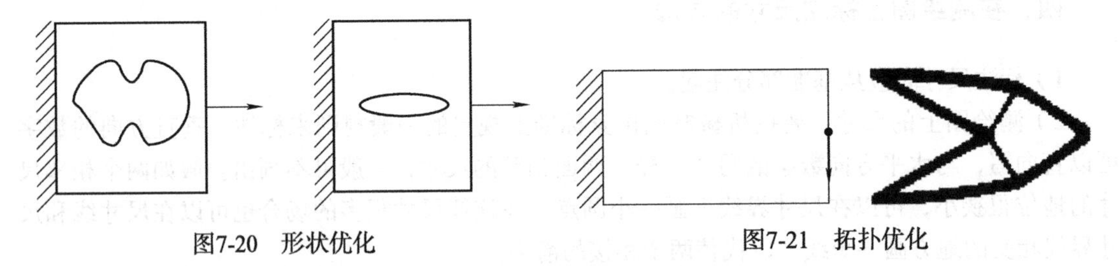

图7-20　形状优化　　　图7-21　拓扑优化

在机器人的结构优化过程中，另一个重要的问题就是优化算法的选取问题。

一般来说，在实际优化过程中，主要是根据优化目标函数的形式（单目标或多目标，显式或隐式，线性或者非线性）、约束函数的形式（显式或隐式，线性或者非线性）以及优化变量的形式（单变量或多变量，连续或者离散）等来选择优化算法。选择合适的优化算法可以得到全局最优解，避免仅得到局部最优解，并且可以提高求解效率。机器人的结构优化算法一般分为三种类型，即准则法、数学规划法以及启发式算法，详细内容见表 7-2。

表 7-2　结构优化算法

类型	算法内容
准则法	一般用于结构形状优化，常用的准则法有同步失效准则法、满应力准则法
数学规划法	分为线性规划法和非线性规划法；线性规划的常见算法是单纯形法，处理有约束非线性规划问题的常见解法有罚函数法、拉格朗日乘子法等
启发式算法	蚁群算法、粒子群算法、遗传算法、模拟退火算法、人工神经网络法

在实际的机器人结构优化过程中，最常采用的是遗传算法。遗传算法是一种随机全域搜索算法，具有高效、全域最优和并行计算等优点。近年来，针对优化目标函数的复杂性，以及传统遗传算法的一些不足之处，很多改进的多目标遗传算法相继提出。

除此之外，在工业机器人整体优化的过程中，也可根据静态、动态、变形量等方面，进行相应的优化，根据在运行中的重要性，进行相应的优化和排列，如大臂、腰部、小臂、底座、肘部和腕关节等方面，以此保证工业机器人运行的连续性。

练　习　题

一、判断题

1. 一般来说，装配规划问题可划分为四个层次：系统级规划、作业级规划、动作级规划、控制级编程。（　　）

2. 工业机器人关节的驱动方式有三种，分别是液压驱动、气压驱动和电动机驱动。（　　）

二、选择题

1. 机器人的（　　）越多，就越能接近人手的动作机能，通用性就越好。

A. 自由度　　B. 夹具　　C. 电动机　　D. 减速器

2. 运动循环包括加速度起动、等速运行和（　　）三个过程。

A. 匀速工作　　B. 减速制动　　C. 加速提升　　D. 以上都不是

三、简答题

1. 装配顺序规划属于装配规划中作业级规划层次，它主要解决的问题有哪些？

2. 机器人技术方案优化方法有哪几种？简述每种方法适用的情景。

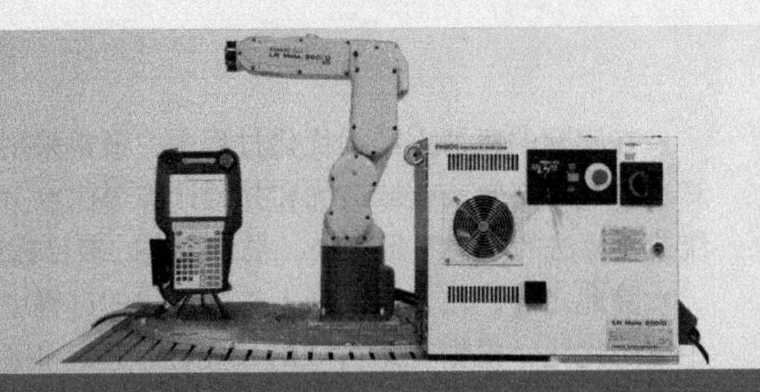

第八单元

传感型智能机器人维修

引导语：

当前，除了工业机器人广泛应用于制造业等行业外，智能机器人也渐渐融入人们的生产生活。工业机器人装调维修工应掌握传感型或交互型等智能机器人故障原因，并结合实际生产提出智能机器人设计改进方案。

培训目标：

- 能够诊断传感型或交互型智能机器人故障。
- 能对传感型等智能机器人进行维修。
- 能结合应用场景特点，对智能机器人设计方案进行改进。

第一节　智能机器人概述

一、智能机器人的定义

智能机器人之所以叫智能机器人，这是因为它有相当发达的“大脑”。在其中起作用的是中央处理器，这种计算机跟操作它的人有直接的联系。最主要的是，这种计算机可以进行按目的安排动作。正因为这样，人们才说这种机器人才是真正的机器人，尽管它们的外表可能有所不同。智能机器人是一个集环境感知、动态决策与规划、行为控制与执行多功能于一体的综合动态系统。

广泛意义上理解所谓的智能机器人，它给人最深刻的印象是一个独特的进行自我控制的“活物”。其实，这个自控“活物”的主要器官并没有像真正的人那样微妙而复杂。

智能机器人具备形形色色的内部信息传感器和外部信息传感器，如视觉、听觉、触觉、嗅觉。除具有感受器外，它还有效应器，作为作用于周围环境的手段。这就是筋肉，或称自整步电动机，它们使手、脚、长鼻子、触角等动起来。通常来说智能机器人应具备如下主要要素：

1. 感觉要素

感觉要素用来认识周围环境状态，包括能感知视觉、接近、距离等的非接触型传感器和能感知力、压觉、触觉等的接触型传感器。这些要素实质上就是相当于人的眼、鼻、耳等五官，它们的功能可以利用诸如摄像机、图像传感器、超声波传感器、激光器、导电橡胶、压电元件、气动元件、行程开关等机电元器件来实现。

2. 运动要素

运动要素对外界做出反应性动作。对运动要素来说，智能机器人需要有一个无轨道型的移动机构，以适应诸如平地、台阶、墙壁、楼梯、坡道等不同的地理环境。它们的功能可以借助轮子、履带、支脚、吸盘、气垫等移动机构来完成。在运动过程中要对移动机构进行实时控制，这种控制不仅要包括位置控制，而且还要有力度控制、位置与力度混合控制、伸缩率控制等。

3. 思考要素

思考要素根据感觉要素所得到的信息，思考出采用什么样的动作。智能机器人的思考要素是三个要素中的关键，也是人们要赋予机器人必备的要素。思考要素包括判断、逻辑分析、理解等方面的智力活动。这些智力活动实质上是一个信息处理过程，而计算机则是完成这个处理过程的主要手段。

二、智能机器人关键技术

1. 多传感器信息融合

多传感器信息融合技术是近年来十分热门的研究课题，它与控制理论、信号处理、人工智能、概率和统计相结合，为机器人在各种复杂、动态、不确定和未知的环境中执行任务提供了一种技术解决途径。

2. 导航与定位

在机器人系统中，自主导航是一项核心技术，是机器人研究领域的重点和难点问题。

3. 路径规划

路径规划技术是机器人研究领域的一个重要分支。最优路径规划就是依据某个或某些优化准则（如工作代价最小、行走路线最短、行走时间最短等），在机器人工作空间中找到一条从起始状态到目标状态可以避开障碍物的最优路径。

4. 机器人视觉

视觉系统是智能机器人的重要组成部分，一般由摄像机、图像采集卡和计算机组成。机器人视觉系统的工作包括图像的获取、处理和分析、输出和显示，核心任务是特征提取、图像分割和图像辨识。

5. 智能控制

随着机器人技术的发展，对于无法精确解析建模的物理对象以及信息不足的病态过程，传统控制理论暴露出缺点，近年来许多学者提出了各种不同的机器人智能控制系统。

6. 人机接口技术

智能机器人的研究目标并不是完全取代人，复杂的智能机器人系统仅仅依靠计算机来控制目前是有一定困难的，即使可以做到，也由于缺乏对环境的适应能力而并不实用。智能机器人系统还不能完全排斥人的作用，而是需要借助人机协调来实现系统控制。因此，设计良好的人机接口就成为智能机器人研究的重点问题之一。

三、智能机器人的主要分类

智能机器人按功能分为传感型智能机器人和交互型智能机器人。

1. 传感型智能机器人概述

传感型智能机器人又称外部受控机器人。机器人的本体上没有智能单元只有执行机构和感应机构，它具有利用传感信息（包括视觉、听觉、触觉、接近觉、力觉和红外、超声及激光等）进行传感信息处理、实现控制与操作的能力。受控于外部计算机，在外部计算机上具有智能处理单元，处理由受控机器人采集的各种信息以及机器人本身的各种姿态和轨迹等信息，然后发出控制指令指挥机器人的动作。目前机器人世界杯的小型组比赛使用的机器人就属于这样的类型。

2. 交互型智能机器人概述

交互型智能机器人通过计算机系统与操作员或程序员进行人机对话，实现对机器人的控制与操作。交互型智能机器人虽然具有了部分处理和决策功能，能够独立地实现一些诸如轨迹规划、简单的避障等功能，但是还要受到外部的控制。

第二节　传感器的分类、选型、应用与检测

一、CCD 图像传感器

CCD 图像传感器，也就是电荷耦合器件图像传感器，如图 8-1 所示。它可以将图像资料由光信号转换成电信号，是一种进入影像世界不可缺少的取像元件。

图8-1　CCD图像传感器

CCD 图像传感器作为一种新型光电转换器现已被广泛应用于摄像、图像采集、扫描仪以及工业测量等领域。作为摄像器件，与摄像管相比，CCD 图像传感器有体积小、重量轻、分辨率高、灵敏度高、动态范围宽、光敏元件的几何精度高、光谱响应范围宽、工作电压低、功耗小、寿命长、抗振性和抗冲击性好、不受电磁场干扰和可靠性高等一系列优点。

CCD 图像传感器已成为摄录一体机、打印机、传真机、摄像机、数码相机、扫描仪、数字摄像机和多媒体系统的核心部件。

在世界已进入信息时代的今天，以数字化、计算机、通信、电视和多媒体为主要特征的信息革命正在兴起，作为视觉传感器的 CCD 摄像器件，在光电图像信息获取与处理中起着极其重要的作用。

二、光电传感器

1. 光电传感器的定义

光电传感器是利用光的各种性质，检测物体的有无和表面状态的变化等的传感器。

光电传感器主要由发光的投光部和接受光线的受光部构成。如果投射的光线因检测物体不同而被遮掩或反射，到达受光部的量将会发生变化。受光部将检测出这种变化，并转换为电气信号，进行输出。光电传感器大多使用可视光（主要为红色，也用绿色、蓝色来判断颜色）和红外光。

2. 光电传感器的特点

（1）检测距离长　如果在对射型中保留 10m 以上的检测距离等，光电传感器便能实现其他检测手段（磁性、超声波等）无法达到的长距离检测。

（2）对检测物体的限制少　由于以检测物体引起的遮光和反射为检测原理，因此不像接近传感器等将检测物体限定为金属，光电传感器可对玻璃、塑料、木材、液体等几乎所有物体进行检测。

（3）响应时间短　光速本身为高速，并且光电传感器的电路都由电子零件构成，因此不包含机械性工作时间，响应时间非常短。

（4）分辨率高　光电传感器能通过高级设计技术使投光光束集中在小光点，或通过构成特殊的受光光学系统来实现高分辨率。它也可进行微小物体的检测和高精度的位置检测。

（5）可实现非接触的检测　光电传感器可以无须机械性地接触检测物体实现检测，不会对检测物体和传感器造成损伤，因此，光电传感器能长期使用。

（6）可实现颜色判别　通过检测物体形成的光的反射率和吸收率根据被投光的光线波长和检测物体的颜色组合而有所差异。利用这种性质，光电传感器可对检测物体的颜色进行检测。

（7）便于调整　在投射可视光的光电传感器类型中，投光光束是眼睛可见的，便于对检测物体的位置进行调整。

3. 光电传感器的原理

（1）光的性质

1）直射（图 8-2）。光在空气中和水中时，总是直线传播。使用对射型传感器外置的开关来检测微小物体的示例便是运用了这种原理。

2）折射（图 8-3）是指光射入折射率不同的界面上时，通过该界面后，改变行进方向的现象。

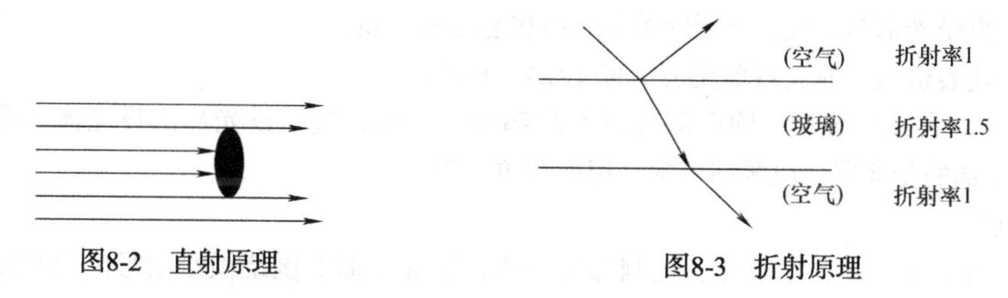

图8-2　直射原理　　图8-3　折射原理

3）反射可分为正反射、回归反射和扩散反射，如图 8-4 所示。

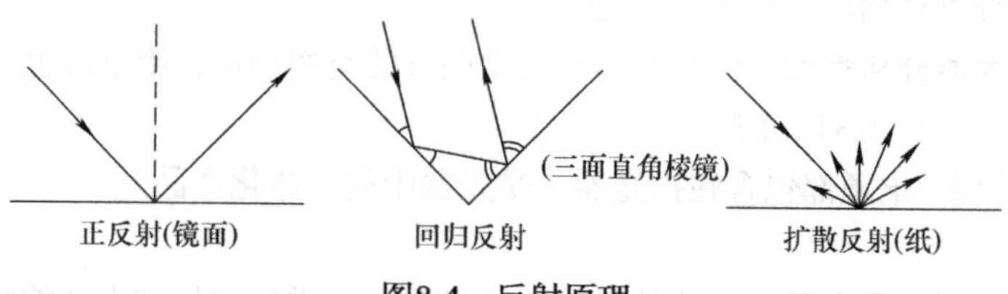

图8-4　反射原理

在镜面和玻璃平面上，光会以与入射角相同的角度反射，称为正反射。

三个平面互相以直角般组合的形状称为三面直角棱镜。如果面向三面直角棱镜投光，将反复进行正反射，最终的反射光将向投光的反方向行进。这样的反射称为回归反射。

此外，在白纸等没有光泽性的表面上，光线将向各个方向反射，这样的反射称为扩散反射。

4）偏光。光线可以表现为与其行进方向垂直的振动波。作为光电传感器的光源，主要使用LED。从LED投射的光线，会在与行进方向垂直的各个方向上振动，这种状态的光称为无偏光。将无偏光的振动方向限制在一个方向上的光学过滤器称为偏光过滤器（图8-5）。即从LED投光，并通过偏光过滤器的光线只在一个方向上振动，这种状态称为偏光（正确地说应为直线偏光）。在某一方向（例如纵方向）上振动的偏光，无法通过限制在其垂直方向（横方向）上振动的偏光过滤器。

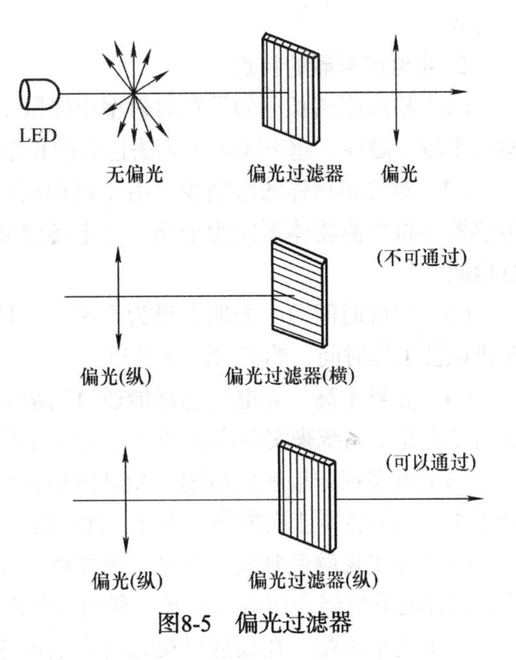

图8-5　偏光过滤器

4. 光电传感器的分类

光电传感器通常由投光部、受光部、增幅部、控制部、电源部构成，按其构成状态可分为以下几类。

（1）放大器分离型　仅投光部和受光部分离，分别作为投光部和受光部（对射型）或一体的投受光器（反射型）。其他的增幅部、控制部采用一体的放大器单元形式。

特点：

1）投受光器仅由投光元件、受光元件及光学系统构成，因此可以采用小型设计。

2）即使在狭小的场所设置投受光器，也可在较远的场所调整灵敏度。

3）投受光部与放大器单元间的信号线很容易受干扰。

4）代表机型（放大器单元）：E3C-LDA、E3C。

（2）放大器内置型　除电源部以外的部分为一体，包括投光部的投光器和受光部、增幅部、控制部的受光器。电源部单独采用电源单元形式。

特点：

1）由于受光部、增幅部、控制部为一体，因此不需要围绕微小信号的信号线，不易受干扰的影响。

2）与放大器分离型相比，布线工时更少。

3）一般比放大器分离型大，但与没有灵敏度调整的类型相比，绝不逊色。

4）代表机型：E3Z、E3T、E3S-C。

（3）电源内置型　电源部包含在投光器、受光器中的一体化产品。

特点：

1）可直接连接到商用电源上，此外还能从受光器直接进行容量较大的控制输出。

2）投光器、受光器中还包括了电源变压器等，因此与其他形态相比很大。

3）代表机型：E3G、E3JK、E3JM。

（4）光纤型　是在投光部、受光部上连接光纤的产品，由光纤单元和放大器单元构成。

特点：

1）根据光纤探头（前端部分）的组合不同，可构成对射型或反射型。

2）适合于检测微小物体。

3）光纤单元不受干扰的影响。

4）代表机型（放大器单元）：E3X-DA-S、E3X-MDA、E3X-NA。

三、光栅传感器

光栅传感器指采用光栅叠栅条纹原理测量位移的传感器。光栅是在一块长条形的光学玻璃上密集等间距平行的刻线，刻线密度为 10 ~ 100 线 /mm。由光栅形成的叠栅条纹具有光学放大作用和误差平均效应，因而能提高测量精度。传感器由标尺光栅、指示光栅、光路系统和测量系统四部分组成。标尺光栅相对于指示光栅移动时，便形成大致按正弦规律分布的明暗相间的叠栅条纹。这些条纹以光栅的相对运动速度移动，并直接照射到光电元件上，在它们的输出端得到一串电脉冲，通过放大、整形、辨向和计数系统产生数字信号输出，直接显示被测的位移量。传感器的光路形式有两种：一种是透射式光栅，它的栅线刻在透明材料（如工业用白玻璃、光学玻璃等）上；另一种是反射式光栅，它的栅线刻在具有强反射的金属（不锈钢）或玻璃镀金属膜（铝膜）上。这种传感器的优点是量程大和精度高。光栅式传感器应用在程控、数控机床和三坐标测量机构中，可测量静、动态的直线位移和整圆角位移。光栅传感器在机械振动测量、变形测量等领域也有应用。

1. 光纤光栅传感器的工作原理

光栅的 Bragg 波长 λ_B 由下式决定：

$$\lambda_B = 2nL$$

式中　n——芯模的有效折射率；

L——光栅周期。

当光纤光栅所处环境的温度、应力、应变或其他物理量发生变化时，光栅的周期或纤芯折射率将发生变化，从而使反射光的波长发生变化，通过测量物理量变化前后反射光波长的变化，就可以获得待测物理量的变化情况。如利用磁场诱导的左右旋极化波的折射率变化不同，可实现对磁场的直接测量。此外，通过特定的技术，还可实现对应力和温度的分别测量和同时测量。通过在光栅上涂敷特定的功能材料（如压电材料），对电场等物理量的间接测量也能实现。

2. 啁啾光纤光栅传感器

光栅传感器系统中光栅的几何结构是均匀的，对单参数的定点测量很有效，但在需要同时测量应变和温度或者测量应变或温度沿光栅长度的分布时就显得力不从心。此时，采用啁啾光纤光栅传感器就是一个不错的选择。

啁啾光纤光栅由于其优异的色散补偿能力而应用在高比特远程通信系统中。与光纤 Bragg 光栅传感器的工作原理基本相同，在外界物理量的作用下，啁啾光纤光栅除了 $\Delta\lambda_B$ 的变化外，光谱的展宽也会发生变化。这种传感器在应变和温度均存在的场合是非常有用的。由于应变的影响，啁啾光纤光栅反射信号会拓宽，峰值波长也会发生位移，而温度的变化则由于折射率的温度依赖性（dn/dT），仅会影响重心的位置。因此通过同时测量光谱位移和展宽，就可以同时测量应变和温度。

3. 长周期光纤光栅（LPG）传感器

长周期光纤光栅（LPG）的周期一般认为有数百微米，它在特定的波长上可把纤芯的光耦合进包层，其公式如下：

$$\lambda_{\mathrm{i}}=(n_0-n_{i\mathrm{clad}})L$$

式中　n_0——纤芯的折射率；

$n_{i\mathrm{clad}}$——i 阶轴对称包层模的有效折射率；

L——光栅周期。

光在包层中将由于包层 / 空气界面的损耗而迅速衰减，留下一串损耗带。一个独立的 LPG 可能在一个很宽的波长范围上有许多的共振，其共振的中心波长主要取决于芯和包层的折射率差，由应变、温度或外部折射率变化而产生的任何变化都能在共振中产生大的波长位移，通过检测 $\Delta\lambda_{\mathrm{i}}$，就可获得外界物理量变化的信息。LPG 在给定波长上共振带的响应通常有不同的幅度，因而适用于构建多参数传感器。

四、接近传感器

1. 接近开关（传感器）的定义

接近传感器是代替限位开关等接触式检测方式，以无需接触检测对象进行检测为目的的传感器的总称。它能将检测对象的移动信息和存在信息转换为电气信号。在转换为电气信号的检测方式中，包括利用电磁感应引起的检测对象的金属体中产生的涡电流的方式、捕捉检测体的接近引起的电气信号的容量变化的方式、利用磁石和引导开关的方式。

在 JIS 规格中，根据 IEC 60947-5-2 的非接触式位置检测用开关，制定了 JIS 规格（JIS C 8201-5-2 低压开关装置及控制装置、第 5 部分控制电路机器及开关元件、第 2 节接近开关）。

在 JIS 的定义中，在传感器中能以非接触方式检测到物体的接近和附近检测对象有无的产品总称为“接近开关”，由感应型、静电容量型、超声波型、光电型、磁力型等构成。

在本技术指南中，将检测金属存在的感应型接近传感器、检测金属及非金属物体存在的静电容量型接近传感器、利用磁力产生的直流磁场的开关定义为“接近传感器”。

2. 接近传感器的特点

1）由于能以非接触方式进行检测，因此不会磨损和损伤检测对象。限位开关等是与物体接触后进行检测的，但接近传感器则对物体的存在进行电气性检测，因此无需接触。

2）由于采用无接点输出方式，因此寿命延长（磁力式除外）；采用半导体输出，对接点的寿命无影响。

3）与光检测方式不同，适合在水和油等环境下使用检测时几乎不受检测对象的污渍和油、水等的影响。此外，还包括特氟龙外壳型及耐药品良好的产品。

4）与接触式开关相比，可实现高速响应。

5）能对应广泛的温度范围，有些传感器能在 −40～200℃的环境下使用。

6）接近传感器对检测对象的物理性质变化进行检测，因此几乎不受表面颜色等的影响。

7）与接触式不同，接近传感器会受周围温度、周围物体、同类传感器（包括感应型、静电容量型在内）的影响，以及传感器之间的相互影响。因此，对于传感器的设置，需要考虑相互干扰。此外，在感应型中，需要考虑周围金属的影响，而在静电容量型中则需考虑周围物体的影响。

3. 接近传感器的原理

（1）感应型接近传感器的检测原理（图 8-6）通过外部磁场影响，感应型接近传感器检测在导体表面产生的涡电流引起的磁性损耗。在检测线圈内使其产生交流磁场，并对检测体的金属体产生的涡电流引起的阻抗变化进行检测。它一般用来检测金属等导体。

此外，作为另外一种方式，还包括检测频率相位成分的铝检测传感器和通过工作线圈仅检测阻抗变化成分的全金属传感器。

在检测体一侧和传感器一侧的表面上，变压器的状态会发生变化。阻抗的变化可以视作串联插入检测体一侧的电阻值的变化（与实际状态有所差异，但易于定性分解）。

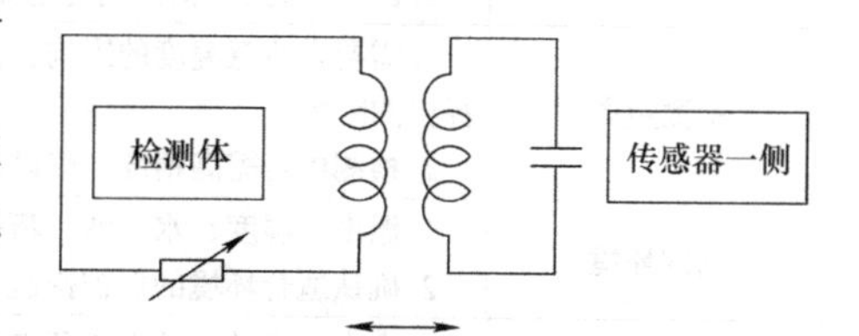

变压器的结合状况将通过涡电流损耗而置换为阻抗的变化

图8-6　感应型接近传感器的检测原理

（2）静电容量型接近传感器的动作原理（图 8-7）对检测体与传感器间产生的静电容量变化进行检测。容量大小根据检测体的大小和距离而变化。一般的静电容量型接近传感器，是对像电容器一样平行配置的两块平行板的容量进行检测的图像传感器。平行板单侧分别作为被测定物（处于想象接地状态），而另一侧作为传感器检测面。对这两极间形成的静电容量变化进行检测。可检测物体根据检测对象的感应率不同而有所变化，不仅可检测金属，也能对树脂、水等进行检测。

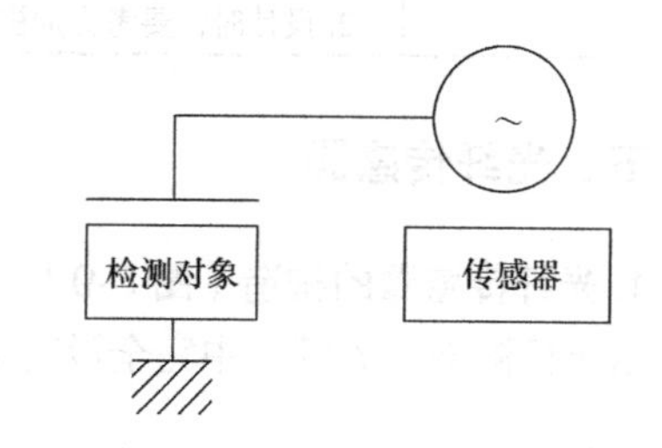

图8-7　静电容量型接近传感器的动作原理

（3）磁力式接近传感器的动作原理（图 8-8）用磁石使开关的导片动作。通过将引导开关置于“ON”，使开关闭合。

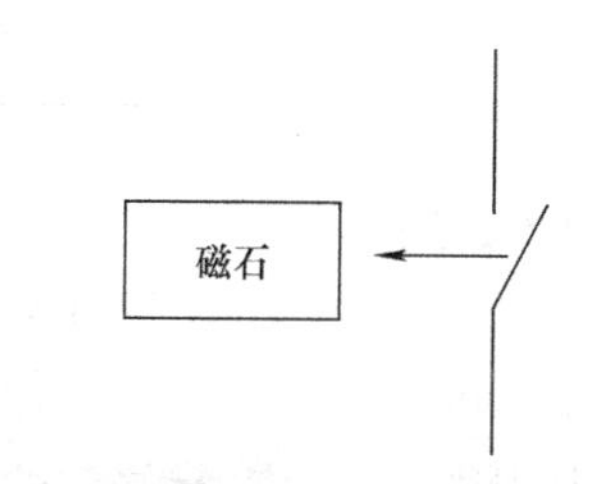

图8-8　磁力式接近传感器的动作原理

4. 接近传感器选型

接近传感器的选型见表 8-1。

表 8-1　接近传感器的选型

分类 选型项目及注意事项	感应型接近传感器	静电容量型接近传感器	磁力式接近传感器
检测对象	金属、铁、铝、黄铜、铜等	金属、树脂、液体、粉末等	磁石
电气噪声	1. 动力线与信号线的位置关系、筐体有无接地等 2. 传感器外形的材料（金属、树脂） 3. 电缆过长则容易受干扰的影响		几乎无影响
电源规格	1. 直流、交流、交流 - 直流、直流无极性等 2. 连接方法、电源电压		

（续）

分类 选型项目及注意事项	感应型接近传感器	静电容量型接近传感器	磁力式接近传感器
消耗电流	1. 参见 DC 二线式、DC 三线式、交流等电源规格 2. DC 二线式对抑制消耗电流有效		
检测距离	1. 需要先注意温度的影响、检测物体的影响、周围物体的影响、同类传感器的设置距离，再选择检测距离 2. 检测中若需高精度，应讨论使用放大器分离型传感器		
周围环境	1. 温度、湿度、水、油、药品等 2. 确认适合环境的保护构造		
物理性振动冲击	1. 在发生振动、冲击等环境中，选择时需要在接近传感器的检测距离上留有裕量 2. 为防止振动引起的脱落，安装的紧固转矩要符合要求		
组装	1. 紧固转矩、传感器的大小、布线工时、电缆长度、传感器与传感器的距离、来自周围物体的影响 2. 设计时，要考虑周围金属、周围物体的影响、传感器相互干扰距离的规格		

五、光纤传感器

1. 光纤传感器的构造（图 8-9）

由于检测部（光纤）中完全没有电气部分，因此光纤传感器的耐环境性良好。

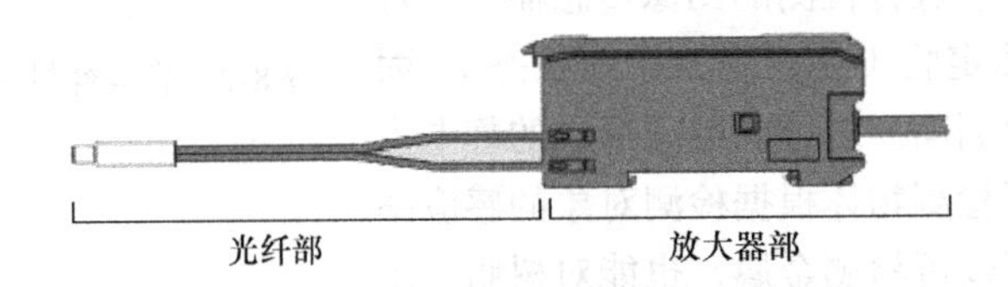

E3X-DA-S(数字放大器)

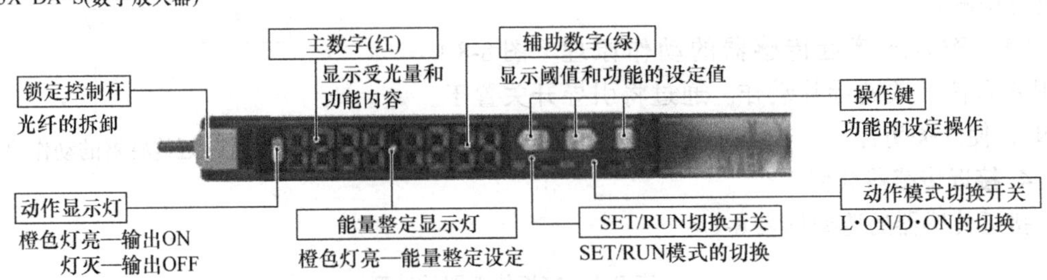

图8-9　光纤传感器的构造

2. 光纤传感器的检测原理（图 8-10）

光纤由中间的核心和外围部分折射率较小的外包金属构成。

如果光线入射到核心部分，光线将会在与外包金属的交界面上一边反复进行全反射，一边行进。通过光纤内部从端面发出的光线以约 60° 的角度扩散，射到检测物体上。

3. 光纤传感器的分类

（1）按检测方式分类

1）对射型光纤传感器。其检测方式如图 8-11 所示。为了使投光器发出的光能进入受光器，对向设置投光器与受光器。如果检测物体进入投光器和受光器之间遮蔽了光线，进入受光器的光量将减少。掌握这种减少后便可进行检测。

此外，检测方式与对射型光纤传感器相同，在传感器形状方面，也有投光器、受光器一体化的，称为槽形对射型光纤传感器，其检测方式如图 8-12 所示。

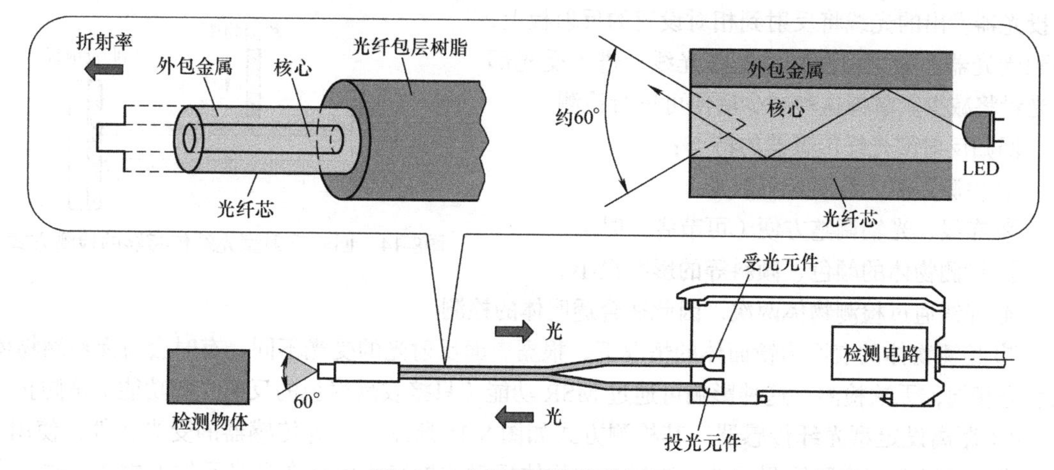

图8-10 光纤传感器的检测原理

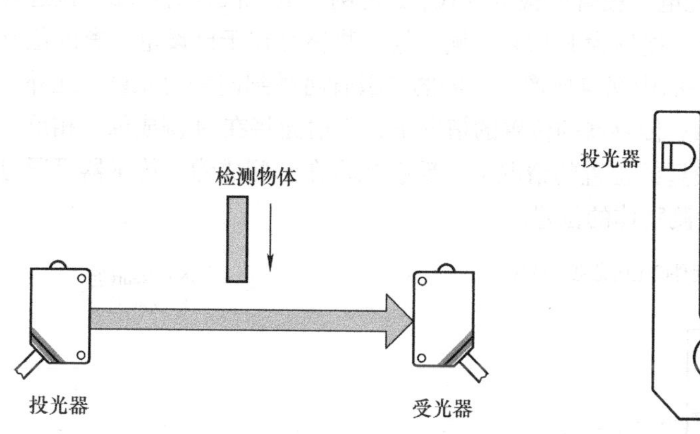

图8-11 对射型光纤传感器的检测方式

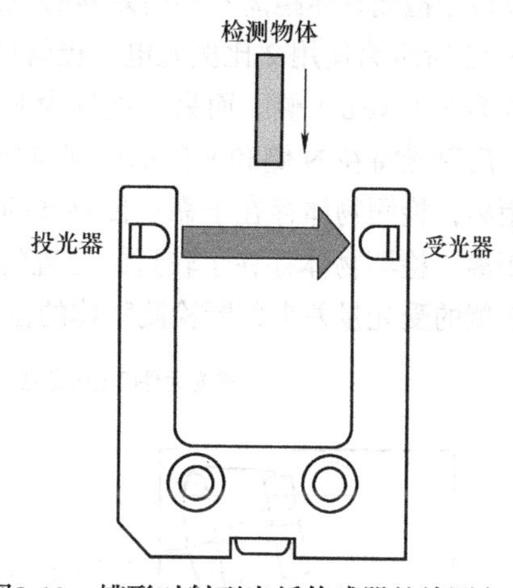

图8-12 槽形对射型光纤传感器的检测方式

对射型光纤传感器的特点：

① 动作的稳定度高，检测距离长（数厘米到数十米）。

② 即使检测物体的通过线路变化，检测位置也不变。

③ 检测物体的光泽、颜色、倾斜等的影响很小。

2）扩散反射型光纤传感器。其检测方式如图 8-13 所示。在投光器、受光器一体型中，通常光线不会返回受光部。如果投光部发出的光线碰到检测物体，检测物体反射的光线将进入受光部，受光量将增加。掌握这种增加后便可进行检测。

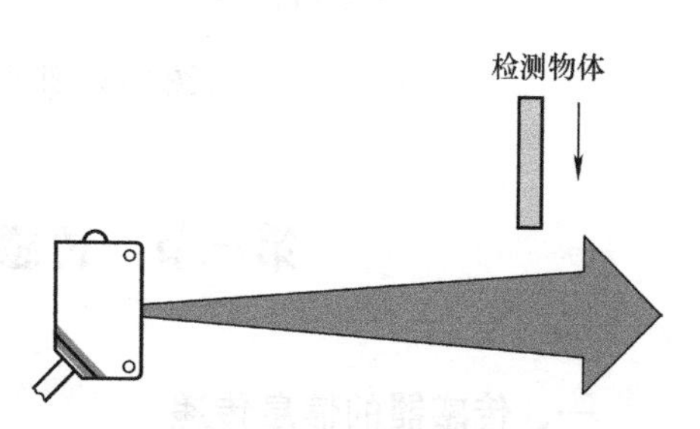

图8-13 扩散反射型光纤传感器的检测方式

扩散反射型光纤传感器的特点：

① 检测距离为数厘米到数米。

② 便于安装调整。

③ 在检测物体的表面状态（颜色、凹凸）时光的反射光量会变化，检测稳定性也变化。

3）回归反射型光纤传感器。其检测方式如图 8-14 所示。在投光器、受光器一体型中，通常投光器发出的光线将反射到相对设置的反射板上，回到受光器。如果检测物体遮蔽光线，进入受光部的光量将减少。掌握这种减少后便可进行检测。

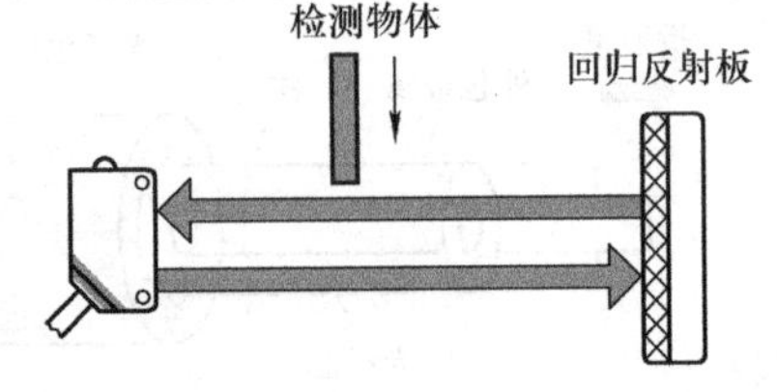

图8-14　回归反射型光纤传感器的检测方式

回归反射型光纤传感器的特点：

① 检测距离为数厘米到数米。

② 布线、光轴调整方便（可节省工时）。

③ 检测物体的颜色、倾斜等的影响很小。

④ 光线通过检测物体两次，因此适合透明体的检测。

⑤ 检测物体的表面为镜面体的情况下，根据表面反射光的受光不同，有时会与无检测物体的状态相同，无法检测。这种影响可通过 MSR 功能（只接收反射板的反射光的功能）来防止。

4）距离设定型光纤传感器。其检测方式如图 8-15 所示。作为传感器的受光元件，使用 2 比例光电二极管或位置检测元件。通过检测物体反射的投光光束将在受光元件上成像。这一成像位置以根据检测物体距离不同而差异的三角测距原理为检测原理。

图 8-15 所示为使用 2 比例光电二极管的检测方式。2 比例光电二极管的一端（接近外壳的一侧）称为 N（Near）侧，而另一端称为 F（Far）侧。检测物体存在于已设定距离的位置上的情况下，反射光将在 N 侧和 F 侧的中间点成像，两侧的二极管将受到同等的光量。此外，相对于设定距离，检测物体存在于靠近传感器的位置的情况下，反射光将在 N 侧成像。相反，相对于设定距离，检测物体存在于较远的位置的情况下，反射光将在 F 侧成像。传感器可通过计算 N 侧与 F 侧的受光量差来判断检测物体的位置。

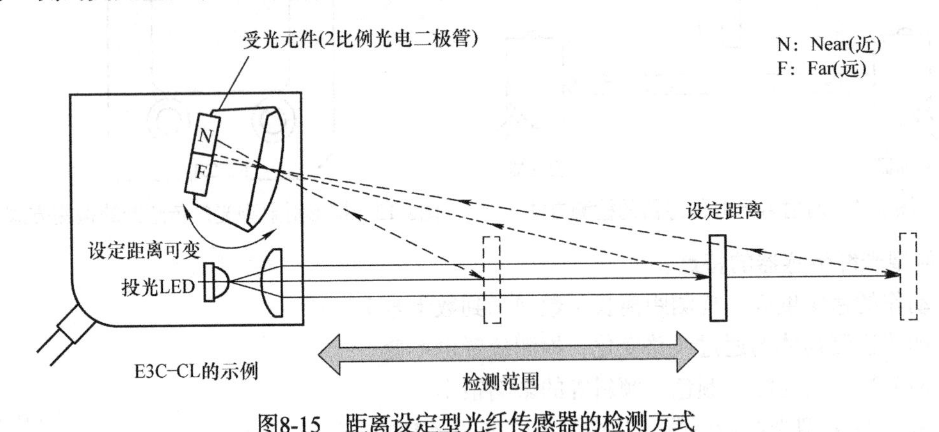

图8-15　距离设定型光纤传感器的检测方式

第三节　传感器的信息传递与故障处理

一、传感器的信息传递

传感器使得机器人初步具有类似于人的感知能力，不同类型的传感器组合构成了机器人的感觉系统。

机器人传感器主要可以分为视觉、听觉、触觉、力觉和接近觉五大类。不过从人类生理学观点来看，人的感觉可分为内部感觉和外部感觉。类似地，机器人传感器也可分为内部传感器和外部传感器。机器人内部传感器的功能是测量运动学和力学参数，使机器人能够按照规定的位置、轨迹和速度等参数进行工作，感知自己的状态并加以调整和控制。内部传感器通常由位置传感器、角度传感器、速度传感器、加速度传感器等组成。外部传感器主要用来检测机器人所处环境及目标状况，如是什么物体、离物体的距离有多远、抓取的物体是否滑落等，从而使得机器人能够与环境发生交互作用并对环境具有自我校正和适应能力。广义来看，机器人外部传感器就是具有人类五官的感知能力的传感器。

1. 电位器式位移传感器

电位器式位移传感器由一个线绕电阻（或薄膜电阻）和一个滑动触点组成。其中滑动触点通过机械装置受被检测量的控制。当被检测的位置量发生变化时滑动触点也发生位移，从而改变了滑动触点与电位器各端之间的电阻值和输出电压值，根据这种输出电压值的变化，可以检测出机器人各关节的位置和位移量。

2. 直线形感应同步器

直线形感应同步器由定尺和滑尺组成。定尺和滑尺间保证一定的间隙，一般为0.25mm左右。在定尺上用铜箔制成单向均匀分布的平面连续绕组，滑尺上用铜箔制成平面分段绕组。绕组和基板之间有一厚度为0.1mm的绝缘层，在绕组的外面也有一层绝缘层，为了防止静电感应，在滑尺的外边还粘贴一层铝箔。定尺固定在设备上不动，滑尺则可以在定尺表面来回移动。使用时，在滑尺绕组通以一定频率的交流电压，由于电磁感应，在定尺的绕组中产生了感应电压，其幅值和相位取决于定尺和滑尺的相对位置。根据这种电压值的变化，可以检测出机器人各关节的位置和位移量。

3. 圆形感应同步器

圆形感应同步器主要用于测量角位移。它由定子和转子两部分组成。在转子上分布着连续绕组，绕组的导片是沿圆周的径向分布的。在定子上分布着两相扇形分段绕组。定子和转子的截面构造与直线形感应同步器是一样的，为了防止静电感应，在转子绕组的表面粘贴一层铝箔。

4. 加速度传感器

电动式速度传感器由轭铁、永久磁铁、线圈及支承弹簧所组成。由电磁感应定律可知，穿过线圈的磁通量 Φ 随时间 t 变化时，在线圈两端将产生与磁通量变化速率成正比的电压 U，可表示为

$$U=-\frac{\mathrm{d}\Phi}{\mathrm{d}t}$$

如果线圈沿着与磁场垂直的方向运动，在线圈中便可产生与线圈速度成正比的感应电压，通过测量电路测得其电压的大小，便可得出速度的大小。

5. 压电式加速度传感器

它也称为压电式加速度计，是利用压电效应制成的一种加速度传感器。其常见的结构形式有基于压电元件厚度变形的压缩式加速度传感器、基于压电元件剪切变形的剪切式和复合型加速度传感器。

6. 力或力矩传感器

机器人在工作时，需要有合理的握力，握力太小或太大都不合适。力或力矩传感器的种类很多，有电阻应变片式、压电式、电容式、电感式以及各种外力传感器，如图 8-16 和图 8-17 所示。力或力矩传感器通过弹性敏感元件将被测力或力矩转换成某种位移量或变形量，然后通过各自的敏感介质把位移量或变形量转换成能够输出的电量。机器人常用的力传感器分以下三类。

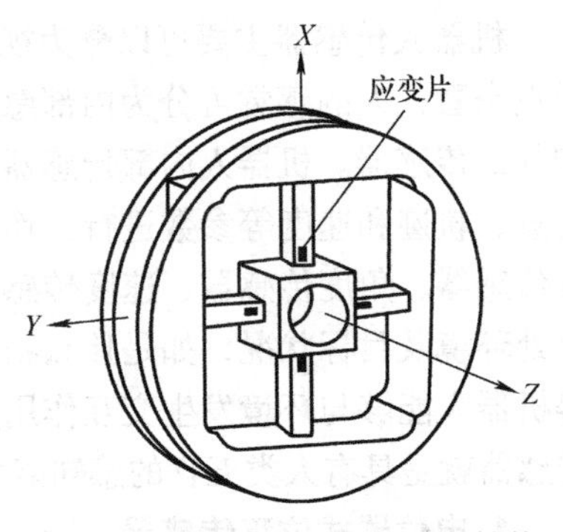

图8-16　应变式关节力传感器结构

1）装在关节驱动器上的力传感器，称为关节力传感器。它测量驱动器本身的输出力和力矩，它用于控制中力的反馈。

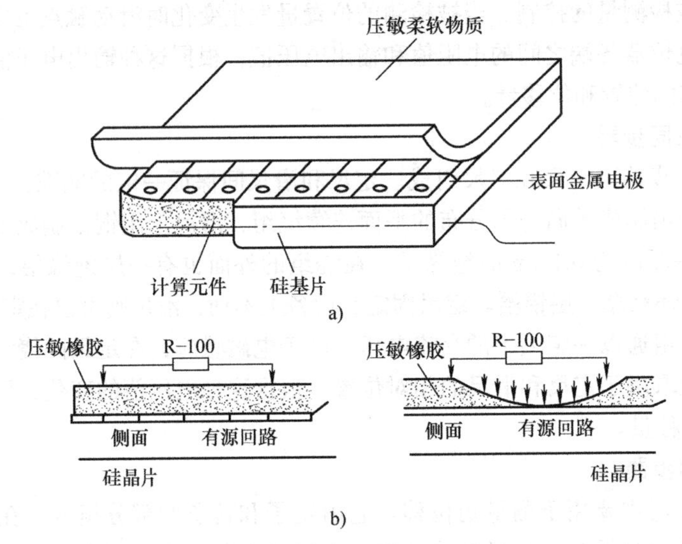

图8-17　高密度智能压觉传感器

2）装在末端执行器和机器人最后一个关节之间的力传感器，称为腕力传感器。它直接测出作用在末端执行器上的力和力矩。

3）装在机器人手爪指（关节）上的力传感器，称为指力传感器，它用来测量夹持物体时的受力情况。

7. 触觉传感器

人的触觉包括接触觉、压觉、力觉、冷热觉、滑动觉、痛觉等。在机器人中，使用触觉传感器主要有三方面的作用：

1）触发操作臂动作，如感知手指同对象物之间的作用力，便可判定动作是否适当，还可以用这种力作为反馈信号，通过调整，使给定的作业程序实现灵活的动作控制。这一作用是视觉无法代替的。

2）识别操作对象的属性，如规格、质量、硬度等，有时可以代替视觉进行一定程度的形状识别，在视觉无法使用的场合尤为重要。

3）用以躲避危险、障碍物等以防事故，相当于人的痛觉。

8. 接近觉传感器

接近觉是指机器人能感觉到距离几毫米到十几厘米远的对象物或障碍物，能检测出物体的距离、相对倾角或对象物表面的性质。这就是非接触式传感。

9. 滑觉传感器

机器人要抓住属性未知的物体时，必须确定自己最适当的握力目标值，因此需检测出握力不够时所产生的物体滑动。利用这一信号，在不损坏物体的情况下，牢牢抓住物体。为此目的设计的滑动检测器，叫作滑觉传感器，如图 8-18 所示。

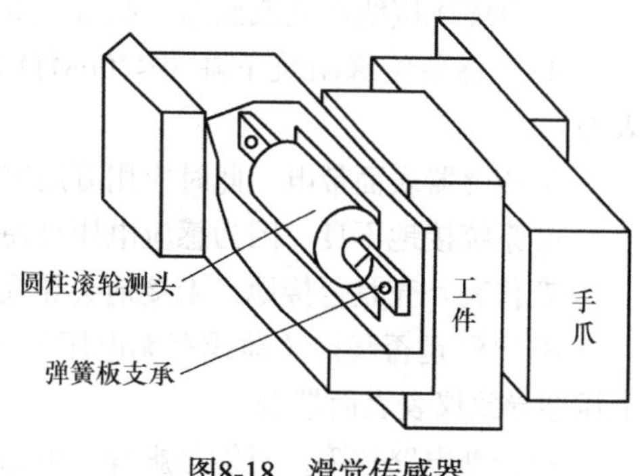

图8-18　滑觉传感器

10. 视觉传感器

每个人都能体会到，眼睛对人来说多么重要。有研究表明，视觉获得的信息占人对外界感知信息的 80%。人类视觉细胞数量的数量级大约为 10^6，是听觉细胞的 300 多倍，是皮肤感觉细胞的 100 多倍。

人工视觉系统可以分为图像输入（获取）、图像处理、图像理解、图像存储和图像输出几个部分，实际系统可以根据需要选择其中的若干部件。

11. 听觉传感器

智能机器人在为人类服务的时候，需要能听懂主人的吩咐，需要给机器人安装耳朵，首先分析人耳的构造。声音是由不同频率的机械振动波组成的，外界声音使外耳鼓产生振动，中耳将这种振动放大、压缩和限幅，并抑制噪声。经过处理的声音传送到中耳的听小骨，再通过前庭窗传到内耳耳蜗，由柯蒂氏器、神经纤维进入大脑。内耳耳蜗充满液体，其中有 30000 个长度不同的纤维组成的基底膜，它是一个共鸣器。长度不同的纤维能听到不同频率的声音，因此内耳相当于一个声音分析器。智能机器人的耳朵首先要具有接收声音信号的器官，其次还需要语音识别系统。在机器人中常用的声音传感器主要有动圈式传感器和光纤声传感器。

12. 味觉传感器

味觉是指酸、咸、甜、苦、鲜等人类味觉器官的感觉。实现味觉传感器的一种有效方法是使用类似于生物系统的材料做传感器的敏感膜，电子舌是用类脂膜作为味觉传感器，能够以类似人的味觉感受方式检测味觉物质。从不同的机理看，味觉传感器大致分为多通道类脂膜技术、基于表面等离子体共振技术、表面光伏电压技术等，味觉模式识别是由最初神经网络模式发展到混沌识别。混沌是一种遵循一定非线性规律的随机运动，它对初始条件敏感，混沌识别具有很高的灵敏度，因此应用越来越广。目前较典型的电子舌系统有新型味觉传感器芯片和 SH-SAW 味觉传感器。

二、传感器故障处理

传感器可能发生的故障是各种各样的，按故障程度的大小可分为硬故障和软故障。硬故障一般由传感器元件损坏、电系统发生短路、断路或受较强脉冲干扰等原因引起，电子器件之间存在的较强电磁干扰有时也是导致系统发生故障的原因。软故障一般由部件老化、无法归零等原因引起。根据故障存在的表现可分为间断性故障和彻底破坏性故障。根据故障发生和发展的进程可分为突变故障和缓变故障。

1. 常见传感器故障处理方案

1）当传感器出现数据不稳定，可以从以下几个方面判断：

① 机械安装部分是否触碰。

② 电缆线受潮（接线盒进水），此时可以用电吹风吹干。

③ 电缆线接线不良或破损，此时应重新接线。

④ 传感器绝缘阻抗下降（$<200M\Omega$），此时应用万用表分别测量色线、屏蔽线跟传感器表面。

⑤ 传感器表面带电，此时应用万用表测量，通过系统接地解决。

⑥ 系统接地不良，因为感应电压会使传感器或仪表外壳带电。

⑦ 仪表外壳是否接地，未接地会导致感应电压存在。

⑧ 电源是否稳定（地线有无电压），传感器不可与大功率设备共用供电系统，因为零线有电压会导致仪表表面带电。

⑨ 内部电路故障，可能是虚焊、电路器件接触不良。

2）当传感器出现数据不正确（偏大或偏小），可以从以下几个方面判断：

① 机械安装、限位部分是否触碰。

② 存在角差（有重复性）。

③ 基础不好会导致角差。

④ 零点跑：传感器空载输出大于+2mV或小于0mV。

⑤ 存在角差（不具有重复性）。

⑥ 安装力矩/基础原因。

⑦ 传感器故障（灵敏度）。

3）当传感器出现数据时而正确、时而不正确现象时，可以从以下几个方面考虑：

① 机械安装、限位部分是否时而碰到、时而不碰到。

② 是否存在干扰源、电源波动、磁场/感应等。

2. 传感器常见故障处理方法举例

下面以压力传感器常见故障的四项处理方法举例说明。

（1）压力上去，变送器输出上不去　此种情况，先应检查压力接口是否漏气或者被堵住，如果确认不是，检查接线方式和检查电源，若电源正常则进行简单加压看输出是否变化，或者查看传感器零位是否有输出，若无变化则传感器已损坏，可能是仪表损坏或者整个系统的其他环节出现了问题。

（2）压力传感器密封圈的问题　加压变送器输出不变化，再加压变送器输出突然变化，泄压变送器零位回不去，很有可能是压力传感器密封圈的问题。常见的是密封圈规格原因，传感器拧紧之后密封圈被压缩到传感器引压口里面堵塞传感器，加压时压力介质进不去，但在压力大时突然冲开密封圈，压力传感器受到压力而变化。排除这种故障的最佳方法是将传感器卸下，直接查看零位是否正常，若零位正常可更换密封圈再试。

（3）变送器输出信号不稳　这种故障有可能是压力源的问题。压力源本身是一个不稳定的压力，很有可能是仪表或压力传感器抗干扰能力不强、传感器本身振动很厉害和传感器故障。

（4）变送器与指针式压力表对照偏差大　出现偏差是正常的现象，确认正常的偏差范围即可。最后一种易出现的故障是微差压变送器安装位置对零位输出的影响。微差压变送器由于其测量范围很小，变送器中传感元件会影响到微差压变送器的输出。安装时应使变送器的压力敏感件轴向垂直于重力方向，安装固定后调整变送器零位到标准值。

练　习　题

一、判断题

1. 智能机器人的控制系统由主控模块、传感器采集模块、无线通信模块、电源模块、运动控制模块、嵌入式操作系统软件组成。（　　）

2. 智能机器人出现故障后要进行判断，一般为硬件故障和软件故障。软件故障又分为系统故障和执行机构故障。（　　）

二、选择题

1. 下列（　　）模块是智能机器人的大脑。

A. 控制系统　　B. 传感器　　C. 主控模块　　D . 运动控制模块

2. 机器人（　　）的功能是测量运动学和力学参数，使机器人能够按照规定的位置、轨迹和速度等参数进行工作，感知自己的状态并加以调整和控制。

A. 视觉　　B. 力觉　　C. 内部　　D. 外部

三、简答题

1. 简述工业机器人控制系统中人工智能系统的特点。

2. 简述智能机器人所涉及的关键科学技术。

3. 智能机器人软件系统的常见故障有哪些？针对这些故障应该采取哪些办法？

第九单元

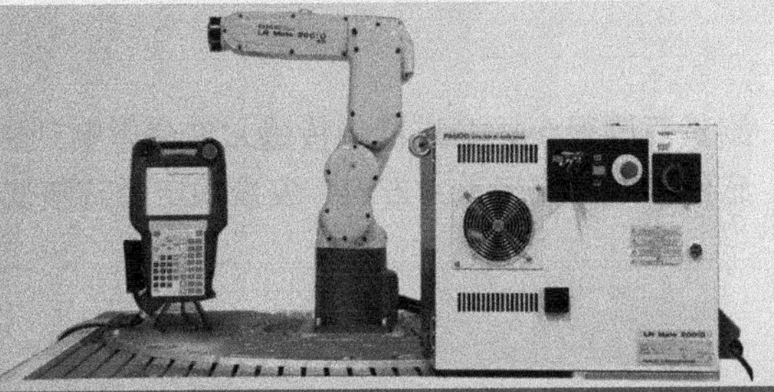

工业机器人智能视觉控制系统调试、维修与改进*

引导语：

工业机器人控制系统是机器人走向智能化的关键控制部件。工业机器人装调维修工应掌握物联网等智能制造相关知识，并能对机器人智能视觉系统进行维修和制订改进方案。

培训目标：

➢ 能够运行机器人智能视觉系统，并进行远程操作控制等。
➢ 能够掌握机器人智能视觉系统故障诊断与维修方面的知识，并进行设备维修。
➢ 能够对机器人智能视觉系统制订改进方案。

第一节　机器人视觉系统概述

一、机器人视觉系统定义

智能机器是指这样一种系统，它能模拟人类的功能，能感知外部世界并有效地替代人解决问题。人类感知外部世界主要是通过视觉、触觉、听觉和嗅觉等感觉器官，其中约 60% 的信息是由视觉获取的。因此，对于智能机器来说，赋予机器以人类视觉的功能，对发展智能机器是极其重要的。例如，在现代工业自动化生产中，涉及各种各样的产品质量检验、生产监视及零件识别应用，诸如零配件批量加工的尺寸检查、自动装配的完整性检查、电子装配线的组件自动定位、IC 上的字符识别等。通常人眼无法连续地、稳定地完成这些带有高度重复性和智慧性的工作，其他物理量传感器也很难独立完成。因此人们开始考虑利用光电成像系统，采集被控目标的图像，而后经计算机或专用的图像处理模块进行数字化处理，根据图像的像素分布、亮度和颜色等信息来进行尺寸、形状、颜色等的判别。这样，就把计算机的快速性、可重复性，与人眼视觉的高度智能化和抽象能力相结合，由此产生了机器视觉的概念。机器视觉的发展不仅将大大推动智能系统的发展，也将拓宽计算机与各种智能机器的研究范围和应用领域。

美国制造工程协会（American Society of Manufacturing Engineers，ASME）机器视觉分会和美国机器人工业协会（Robotic Industries Association，RIA）的自动化视觉分会对机器视觉的

定义为："机器视觉（Machine Vision）是通过光学的装置和非接触的传感器自动地接收和处理一个真实物体的图像，通过分析图像获得所需信息或用于控制机器运动的装置"。

简单地说，机器视觉是指基于视觉技术的机器系统或学科，故从广义上来说，机器人、图像系统、基于视觉的工业测控设备等统属于机器视觉范畴。从狭义的角度来说，机器视觉更多的是指基于视觉的工业测控系统设备。机器视觉系统的特点是提高生产的产品质量和生产线自动化程度。尤其是在一些不适合于人工作业的危险工作环境或人眼难以满足要求的场合，常用机器视觉来替代人工视觉；同时在大批量工业生产过程中，用人工视觉检查产品质量效率低且精度不高，用机器视觉检测方法可以大大提高生产率和生产的自动化程度。而且机器视觉易于实现信息集成，是实现计算机集成制造的基础技术。

机器视觉系统的功能是通过机器视觉产品（即图像摄取装置）抓拍图像，然后将该图像传送至处理单元，通过数字化处理，根据像素分布和亮度、颜色等信息，来进行尺寸、形状、颜色等的判别，进而根据判别的结果来控制现场的设备动作。

使用机器视觉系统有以下五个主要原因。

1. 精确性

由于人眼有物理条件的限制，在精确性上机器有明显的优点。即使人眼依靠放大镜或显微镜来检测产品，机器仍然会更加精确，因为它的精度能够达到 0.025mm。

2. 重复性

机器可以以相同的办法重复完成检测工作而不会感到疲倦。与此相反，受生理和心理的影响，人眼每次检测产品时都会感觉到细微的不同，即使产品是完全相同的。

3. 速度

机器能够更快地检测产品。特别是当检测高速运动的物体时，比如在生产线上，机器能够提高生产率。

4. 客观性

人眼检测还有一个致命的缺陷，就是情绪带来的主观性，检测结果会随工人心情好坏产生变化，而机器没有喜怒哀乐，检测的结果自然非常客观可靠。

5. 成本

由于机器比人快，一台自动检测机器能够承担好几个人的任务；而且机器不需要停顿，不会生病，能够连续工作，因此能够极大地提高生产率。

二、机器人视觉系统发展

1. 20 世纪 50 年代以前的图像处理

图像处理的起源可以追溯到旧石器时代，在以埃及为首的古代文明中就能够看到很多实例。但是，从图像信息处理技术角度来说，可以认为图像处理开始于铅字活字印刷术（1445 年左右）和复印机（1937 年左右）。工匠通过手工作业进行绘画和刻制版画，使印刷术在 1700—1800 年创造了华丽的博物学图鉴类书籍，形成了现代高技术的图形学。此外，依据几何学将三维世界临摹成二维世界的技法、15 世纪以后被广泛使用的透视法以及利用人的色觉制作纯颜色的点描法等，这些与当今的图像学和图像处理算法对应的技术可以说都来自于当时的软件研究成果。

动画起源虽然不是很明明确，但是将静止画面连续呈现出来，利用眼睛的残留影像效果产生对象物体移动感觉的视觉玩具在1820年就出现了，之后不久就出现了采用影像技术的娱乐和演艺。当时在摄影方面人们也下了很多功夫，1889年爱迪生发明了将摄影和投影合二为一的电影技术，该技术迅速在世界范围内得到普及。1925年出现了机械扫描式电视，1928年出现了电子扫描式显像管接收器，1933年出现了电子扫描式摄像管成像器，再到当今的电子扫描技术，这些共同构筑了电视技术的基础。

1895年X射线的发现意味着人类掌握了以观察身体内部为首的技术，不只是在物理学领域，在图像处理领域也产生了划时代的意义，并开启了医用图像处理的先河。

以上内容从图像处理机能方面来说，主要是对应图像的输入、输出、记录、表示等内容，属于模拟图像处理技术，其中点描法中也包含有数字处理技术。

另外，类似于图像变换的处理在模拟图像中经常使用。例如，利用胶卷感光特性的不同，通过显像和定影操作等对照片进行对比强化、边缘强化，通过采用不同的光学胶卷和不同特性的镜头来产生由浓渐淡的浓度特性变化，这样的例子在众多摄影家的作品中都可以看到。电视上去除噪声的例子也有很多，采用模拟电路强调电视画面边缘以及抑制重像等，这些模拟处理技术在当今的数字图像处理中通过数字手段仍在使用着。

20世纪40年代出现了数字计算机，到了20世纪50年代数字计算机开始展现数值计算的威力。然而，其性能，特别是存储容量，还不能满足数字图像处理的需要。数字图像的像素为二维排列，例如A4纸大小的传真图像，如果分辨率为每毫米8条扫描线，就要2400×1600＝3840000像素，当时的计算机存储容量无法达到这一水平。因此，真正的数字图像处理是在20世纪60年代以后才出现的。

正如上面所述，模拟图像处理已经存在了，因此当数字计算机出现以后，工程技术人员就相应地开发出了数字图像处理技术，并对其应用领域进行了拓展。随着计算机硬件和软件技术的不断发展以及用户需求的提高，图像处理技术得到了快速发展。

2. 20世纪60年代是数字图像处理的起点

进入20世纪60年代，随着计算机技术的迅速发展，数字图像处理所必需的计算机环境得到了很大的改善。1964年第3代计算机IBM360、1965年迷你计算机DEC/PDP-8相继问世。

数字图像处理的应用开始于人造卫星图像的处理。1965年美国国家航空航天局（NASA）发表了Mariner 4号卫星拍摄的火星图像，1969年登陆月球表面的阿波罗11号传回了月球表面的图像，这些都是数字图像处理的空前应用。在该领域，由于环境恶劣，传输的图像画质非常低，需要经过庞大的数字图像处理后才能使用。

与此同时，数字图像处理被尝试应用于医用领域。例如，开展了显微镜图像的计量测定、诊断、血细胞分类、染色体分类、细胞诊断的研究。另外，1965年左右还初次尝试了胸部X射线照片的处理，包括改善X射线照片的画质、检验出对象物体（区分物体）、提取特征、分类测量以及模式识别等。然而，与人造卫星图像不同，因为这些图像是模拟图像，首先需要进行数字化处理，由于当时处于基础性研究阶段，还存在很多困难。该时期，在物理学领域，自动解析了加速器内粒子轨迹的照片。

20世纪60年代后半期，数字图像处理开始应用于一般化场景和三维物体。该时期的研究工作以美国麻省理工学院人工智能研究所为中心展开。理解电视摄像机输入简单积木画面的“积木世界”问题，成为早期人工智能领域中的一个具有代表性的研究课题。随后该领域出现了图像分析、计算机视觉、物体识别、场景分析、机器人处理等研究课题。这一时代的二维模拟识别研究以文字识别为中心，是一项庞大的研究工程。日本在1968年采用邮政编码制度而研制的国内文字识别装置，成为加快文字识别研究进展的一大主要因素。其中产生的很多算法，例如细线化、临界值处理、形状特征提取等，成为日后图像处理基本算法的重要组成部分，并被广泛使用。1968年，出现了最早的有关图像处理的国际研讨会论文集。

3. 20世纪70年代是数字图像处理的发展期

20世纪70年代初期，数字图像处理开始加速发展，出现了医学领域的计算机断层摄像术（Computed Tomography，CT）和地球观测卫星。这些从成像阶段开始就进行了复杂的数字图像处理，数据量庞大。CT是将多张投影图像重构成截面图像的仪器，其数理基础拉东变换（Radon transform）于1917年由拉东提出，50年后随着计算机及其相关技术的进步，开始了实用化应用。CT不仅对医学产生了革命性影响，也对整个图像处理技术产生了很大的促进作用，同时开辟了获取立体三维数字图像的途径。大约在1987年，出现了利用多幅CT图像在计算机内进行人体三维虚拟重建的技术，可以自由移动三维图像的视角，从任意方位观察人体，帮助进行诊断和治疗。

地球观测卫星以一定周期在地球上空轨道运行，将地球表面发出的反射能量通过不同光谱波段的传感器进行检测，将检测数据连续传送回地面，还原成详尽的地球表面图像之后，对全世界公开，并开发了提取其信息的各种算法。此后，又形成了将海洋观测卫星、气象观测卫星等的图像进行合成的遥感图像处理，并广泛应用于地质、植被、气象、农林水产业、海洋、城市规划等领域。

CT图像和遥感图像，在应用层面都具有极其重要的意义，为了对其进行处理，开发出了非常多的算法。例如对于CT图像，首先开发出了图像重构算法，通过空间频率处理以及灰度等级处理来改善画质，还开发出了各种图像测量算法。在此基础上，进一步开发出了表示人体三维构造的立体三维图像处理的算法。关于遥感图像，出现了图像几何变换、倾斜校正、彩色合成、分类、结构处理、领域分割等处理算法。随着技术的发展，CT图像和遥感图像的精度也在不断提高，现在CT的分辨力可以达到0.5mm以下，卫星观察地球表面的分辨力达到了1m以下。

在其他领域，为了实现检测自动化、节省劳动力和提高产品质量，规模生产（产业）应用开始进入实用化阶段。例如，图像处理技术在集成电路的设计和检测方面实现了大规模应用。随着研究的不断投入，推进了其实用化进程。然而，从产业应用的整体来看，实用化的成功例子比较有限。与此同时，以物体识别和场景解析为目的的应用，开启了对一般三维场景进行识别、理解的人工智能领域的研究。但是，物体识别、场景解析的问题比预想的要难，即使到现在实用化的应用例子也很少。

与前述文字识别紧密相关的图样、地图、教材等的办公自动化处理，也成为图像处理的一个重要领域。例如，传真通信和复印机就使用了二值图像的压缩、编码、几何变换、校正等诸多算法。日本在1974年开始了地图数据库的开发工作，目前这些技术积累被广泛应用于地理信息系统（Geographical Information System，GIS）和汽车导航等领域。

在医学领域，除了前述的CT以外，首先是实现了血细胞分类装置的商业化，并开始试制细胞诊疗装置，这些作为早期模拟图像识别的实用化装置引起了广泛关注。另外，还进行了根据胸部X射线照片来诊断肺尘埃沉着病、心脏病、结核、癌症的计算机诊断研究。同时，超声波图像、X射线图像、血管荧光摄影图像、放射性同位素（Radio Isotope，RI）图像等的辅助诊断也成了研究对象。在这些研究中，开发出了差分滤波、距离变换、细线化、轮廓检测、区域生成等灰度图像处理的相关算法，成为之后图像处理的算法基础。

硬件方面，在20世纪70年代中有了几项重要的发展。例如，帧存储器的出现及普及，为图像处理带来了便利。另外，数字信号处理器（Digital Signal Processor，DSP）的发展，开创了包括快速傅里叶变换（Fast Fourier Transform，FFT）在内的高级处理的新途径。随着电荷耦合器件（Charge Coupled Device，CCD）图像输入装置的开发与进步，出现了利用激光测量距离的测距仪。而在计算机技术方面，20世纪70年代前半期美国Intel公司的微软处理器i4004和i8008相继登场，并与随后出现的微软计算机（Altair 1975年，Apple Ⅱ和PET 1977年，PC800 11979年）相连接。1973年开发出了被称为第一个工作站的美国Xerox公司的Alto。1976年大型超级计算机Cray-1的问世，扩大了处理器规模和能力的选择范围，对开发各种规模的图像处理系统做出了贡献。

软件方面，并行处理、二值图像处理等基础性算法逐步提出。在这些基础理论中，图像变换（如离散傅里叶变换、离散正交变换等）、数字图形几何学以及以此为基础的诸多方法形成了体系，并且开发出了一些具有通用性的图像处理程序包。

总之，该时期图像处理的价值和发展前景被广泛认知，各个应用领域认识到了其用途，纷纷开始了基础性研究，到了后半期就进入了全面铺开的时代。尤其是基础方法、处理程序框架、算法等软件和方法论的研究，进入了快速发展时期。实际上，现在被实用化的领域或继续研究中的许多问题基本上在这一时代已经被解决了。支撑其发展的基础性方法，大多起始于20世纪六七十年代。

4. 20世纪八九十年代是图像处理技术的普及和高度发展期

20世纪70年代广泛展开的图像处理，到了20世纪80年代进一步快速普及，前一时期的图像处理的几个应用领域进入到实用化、大众化阶段。工作站、内存以及CCD输入装置的组合，形成了当时在性价比上更为优秀的专用系统，使多样化的图像处理系统实现了商业化，很多通用软件工具被开发出来了，许多用户的技术人员也能够开发各种问题的处理算法。

20世纪80年代，图像处理硬件的核心是搭载有专用图像处理设备的工作站。

进入20世纪90年代，迅速在全球普及的互联网对图像处理产生了不小的影响。而且，20世纪90年代，由于个人计算机性能的飞跃性提升及其应用的普及，获得了前所未有的强大信息处理能力和多种多样的图像获取手段，在人们所能到达的任何地方都可以获得与以前超级计算机相同的图像处理环境。由于大量图像要通过网络高速传输，促使图像编码、压缩等研究工作活跃起来，且联合图像专家组（Joint Photographic Experts Group，JPEG）、动态图像专家组（Motion Picture Experts Group，MPEG）等图像压缩方式制定了世界统一标准。现今，在家中通过互联网就可以自由访问各种Web地址，下载自己想要的图像。例如，美国NASA的Web主页上公开了由人造卫星拍摄到的各种行星图像，任何人均可通过互联网自由访问，并且当发射火箭时可以实时观看到动画。

20世纪90年代后半期，随着高性能廉价的数字照相机和图像扫描仪的普及，数字图像的处理也得到了进一步普及。当今，广泛普及的计算机环境，使声音、文字、图像、视频都可以自由转换成为数字数据，进入了多媒体处理时代。

20世纪90年代的另外一个重要事件就是出现了虚拟现实（Virtual Reality，VR），其设计理念和实质内容从20世纪90年代初开始得到了世界承认。虚拟现实的目的不只是将“在那里记录的事物让世界看到和理解”，而是以“记录、表现事物，体验世界”为目的，概念性地改变了图像信息的利用方法。

在一些领域，随着基础性理论的建立，逐步形成了体系，并得到确认。例如，包含三维数字图像形式的数字几何学、单目和双目生成图像、立体光度测定法等在内，人们根据三维空间中的物体（或场景）和将它们以二维平面形式记录的二维图像间的关系，从形状以及灰度分布这两个方面进行了理论性阐述，并相继提出了以此为基础的可行图像解析方法。与此同时，还明确了记录三维空间物体运动图像时间系列（视频图像）的性质以及视频图像处理的基本方法。另外，随着对象变得复杂，强调“利用与对象相关知识”的重要性，即提倡采用知识型计算机视觉，并开展了对象相关知识的利用方法和管理方法等研究和试验。另外，在这一时期还尝试开展了图像处理方法自身知识库化的工作，开发出了各种方式的图像处理专业系统。针对人工智能的解析空间探索、最佳化、模型化、学习机能等诸多问题，出现了作为新概念、新方法的分数维、混沌、神经网络、遗传算法等技术工具。同时，图像处理以感性信息为新的视点，开始了感性信息处理的研究工作。

在应用领域，医用图像处理在20世纪80年代初期不再使用X射线，而改用CT的核磁共振成像（Magnetic Resonance Imaging，MRI）实现了实用化。从20世纪80年代末至20世纪90年代超高速X射线CT、螺旋形CT相继登场。以数字射线照片的实用化为代表的各种进步，推动了医用图像整体向数字化迈进，促进了医用图像整体的一元化管理、远程医疗等的研究和普及。这些是将图像的传输、记录、压缩、还原等广义的图像处理综合起来的系统化技术。特别是以螺旋形CT为基础，在计算机内再构成患者的三维图像的“虚拟人体”的应用，使外科手术的演示和虚拟化内视镜变为可能。在这方面，1995—1998年日本和美国分别以人体全身X射线CT以及MRI图像为基础实现了可视化人体工程。20世纪90年代，针对X射线图像计算机诊断，在胸部、胃以及乳房X射线图像摄影法等方面分别投入大量精力展开研究，其中一部分在20世纪90年代末期达到了实用化水平，1998年美国公布了第一台用于医用X射线照片计算机诊断的商用装置。

在产业方面，其实用化应用范围，得到了广泛拓展，并开始产生效果。不仅检查产品外观尺寸、擦伤、表面形状，还应用于X射线图像等的非破坏性检查、机器人视觉判断、组装自动化、农产品和水产品加工、等级分类自动化、在原子反应堆等恶劣环境下进行作业等各个领域。

在遥感领域，20世纪80年代多国相继发射了各种地球观测卫星，用户可以利用的卫星图像种类和数量有了一个飞跃性增长。此外，由于计算机技术等的进步，廉价系统也可以进行数据解析，用户的视野飞速扩展。20世纪90年代前半期，搭载装备主动式微波传感器的合成孔径雷达（Synthetic Aperture Radar，SAR）的卫星相继发射升空，很多人投入到SAR数据的处理、解析等技术的研究中。其中，利用两组天线观测到的微波相位信息进行地高测量和地球形变测量的研究有了很大进展。1999年高分辨力商业卫星IKONOS-1发射升空，卫星遥感分辨力进入到1m的时代。

文件与教材处理、传真通信的普及、计算机手写输入的图形处理、设计图的自动读取、文件的自动输入等，在不断的需求中也逐步发展起来。通信方面，在图像高压缩比的智能编码、环境监测、个人识别、人与人以及人与机的非语言通信等众多领域中得到了广泛应用。

另外，面部图像的处理也特别活跃。

在视频图像处理方面，作为计算机视觉的应用，将视觉系统实际搭载在汽车上进行了室外路面自动行驶试验，之后用于智能交通系统（Intelligent Transportation System，ITS）。

出现了视频图像的自动编辑技术，达到了一般用户也能操作的程度。虽然这里的主要技术是图像的压缩编码和译码，但特征提取和生成等也是其关键技术。提出了智能编码的概念，视频图像的解析、识别和通信也开始了快速发展。

20世纪90年代后半期，开始关注于构筑将现实世界、现实图像和计算机图形学（Computer Graphics，CG）与虚拟图像自由结合的复合现实。在这里，CG、图像识别作为其中的主要技术发挥着重要作用。其中隐含着一个很大的可能性，即能够实时体验与三维虚拟空间的互动，而真正的应用则从现在开始。此外，在这些动向中，“计算机是媒体”的认识也被确定下来，而其中“图像媒体”的定位、利用方法以及多媒体处理中的图像媒体作用等，将会成为今后图像处理中的关键词。

三维CAD中各种软件模块的出现，使在制造业、建筑业、城市规划中应用CAD成为家常便饭。此外，在利用各种媒体对数字图像进行普及的过程中，为了防止图像的非法复制、不正当使用，20世纪90年代产生了处理图像著作权及其保护的重要课题，开展了大量的电子水印技术等方面的研究工作。

5. 21世纪是机器视觉技术大展宏图的世纪

图像处理技术的发展基石是计算机和通信的环境，在网络环境不断发展的同时，随着以大容量图像处理为前提的高速信号处理、大容量数据记录、数据传送、移动计算、可穿戴计算等技术的发展，以及包括普适计算在内的技术进一步推进，将给图像处理环境带来更大的变革。

在成像技术方面，从CT的实用化、MRI和超声波图像的新发展可以看到与人体相关的成像技术的发展前景。扫描仪、数字照相机、数字摄像机（摄像头）、数字电视、带有数字照相机的手机等，都可以方便地获得图像数据，也就是说图像数据的获取方法已经大众化。

在软件方面，处理系统的智能化水平越来越高。在图像识别与认知（计算机视觉）、生成（成像，CG）以及传送与存储之间，或虚拟环境和现实世界及其记录图像之间，各种融合正在逐步形成。作为具体实例，例如机器宠物和人型机器人已经出现，医学应用方面的计算机辅助诊断（Computer Aided Diagnosis，CAD）以及计算机辅助外科（Computer Aided Surgery，CAS）已经实用化。作为对物品的智能化识别、定位、跟踪和监控的重要手段，图像处理同时也是物联网技术的重要组成部分。

20世纪80至90年代，随着个人计算机和互联网的普及，人们的生产和生活方式发生了很大的变化。21世纪，能够影响人类生存方式的事件，将是各类机器人的推广和普及，机器视觉作为机器人的“眼睛”，在新的时代必将发挥举足轻重的作用。

三、机器人视觉系统的应用

机器视觉的应用领域及应用实例见表9-1。

表9-1　机器视觉的应用领域及应用实例

应用领域	应用实例
医学	基于X射线图像、超声波图像、显微镜图像、核磁共振（MRI）图像、CT图像、红外图像、人体器官三维图像等的病情诊断和治疗，病人监测与看护
遥感	利用卫星图像进行地球资源调查、地形测量、地图绘制、天气预报，以及农业、渔业、环境污染调查、城市规划等

（续）

应用领域	应用实例
宇宙探测	海量宇宙图像的压缩、传输、恢复与处理
军事	运动目标跟踪，精确定位与制导，警戒系统，自动火控，反伪装，无人机侦查监控
公安、交通	人脸识别，指纹识别，车流量监测，车辆违规判断及车牌照识别，车辆尺寸检测，汽车自动导航
工业	电路板检测，计算机辅助设计（CAD），计算机辅助制造（Computer Aided anufacturing，CAM），产品质量在线检测，装配机器人视觉检测，搬运机器人视觉导航，生产过程控制
农业、林业、生物	果蔬采摘，果蔬分级，农田导航，作物生长监测及 3D 建模，病虫害检测，森林火灾检测，微生物检测，动物行为分析
邮电、通信、网络	邮件自动分拣，图像数据的压缩、传输与恢复，电视电话，视频聊天，手机图像的无线网络传输与分析
体育	人体动作测量，球类轨迹跟踪测量
影视、娱乐	3D 电影，虚拟现实，广告设计，电影特技设计，网络游戏
办公	文字识别，文本扫描输入，手写输入，指纹密码
服务	看护机器人，清洁机器人

第二节　机器人视觉系统构成和一般工作过程

一、机器人视觉系统构成

机器视觉技术通过处理器分析图像，并根据分析得出结论。现今机器视觉有两种典型应用。机器视觉系统一方面可以探测部件，由光学器件精确地观察目标并由处理器对部件的合格与否做出有效的决定；另一方面，机器视觉系统也可以用来创造部件，即运用复杂光学器件和软件相结合直接指导制造过程。典型的机器视觉系统一般包括如下部分：光源，镜头，摄像头，图像处理单元（或图像捕获卡），图像处理软件，监视器，通信 / 输入输出单元等。

从机器视觉系统的运行环境来看，可以分为 PC-BASED 系统和嵌入式系统。PC-BASED 系统利用了其开放性，高度的编程灵活性和良好的 Windows 界面，同时系统总体成本较低。一个完善的系统内应含高性能图像捕获卡，可以接多个摄像镜头，配套软件方面，有多个层次，如 Windows 2000/XP/NT 环境下 C/C++ 编程用 DLL，可视化控件 ActiveX 提供 VB 和 VC++ 下的图形化编程环境，甚至 Windows 下的面向对象的机器视觉组态软件，用户可用它快速开发复杂高级的应用。在嵌入式系统中，视觉的作用更像一个智能化的传感器，图像处理单元独立于系统，通过串行总线和 I/O 与 PLC 交换数据。系统硬件一般利用高速专用 ASIC 或嵌入式计算机进行图像处理，系统软件固化在图像处理器中，通过操作面板对显示在监视器中的菜单进行配置，或在个人计算机上开发软件然后下载。嵌入式系统体现了可靠性高、集成化、小型化、高速化、低成本的特点。

典型的 PC-BASED 的机器视觉系统组成如图 9-1 所示。

1）相机与镜头这部分属于成像器件，通常的视觉系统都由一套或者多套这样的成像系统组成。按照不同标准可分为标准分辨率数字相机和模拟相机等。要根据不同的实际应用场合选不同的相机和高分辨率相机，诸如线扫描 CCD 和面阵 CCD，单色相机和彩色相机。如果有多路相机，可能由图像采集卡切换来获取图像数据，也可能由同步控制同时获取多相机通道的数据。根据应用的需要，相机可能是输出标准的单色视频（RS-170/CCIR）、复合信号（Y/C）、RGB 信号，也可能是非标准的逐行扫描信号、线扫描信号、高分辨率信号等。

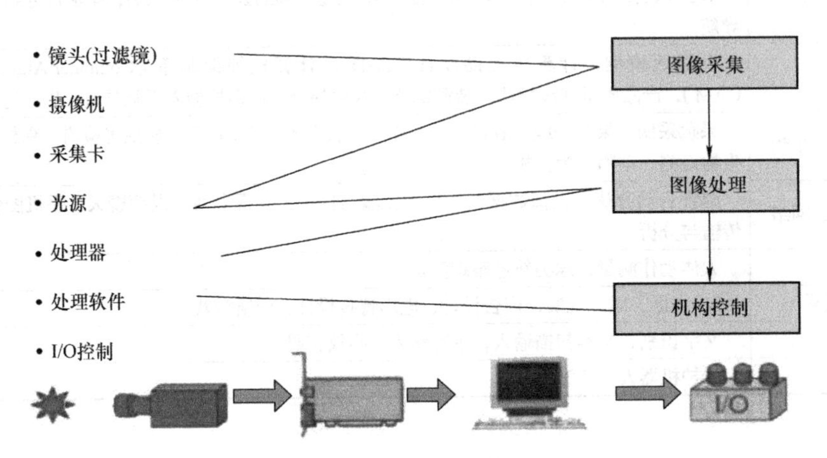

图9-1　机器视觉系统组成

镜头选择应注意焦距、目标高度、影像高度、放大倍数、影像至目标的距离、畸变等。

2）光源作为辅助成像器件，对成像质量的好坏往往能起到至关重要的作用，各种形状的 LED 灯、高频荧光灯、光纤卤素灯等都容易得到。照明是影响机器视觉系统输入的重要因素，它直接影响输入数据的质量和应用效果。由于没有通用的机器视觉照明设备，因此针对每个特定的应用实例，要选择相应的照明装置，以达到最佳效果。光源可分为可见光和不可见光。常用的几种可见光源是白炽灯、荧光灯、水银灯和钠光灯。光源系统按其照射方法可分为背向照明、前向照明、结构光和频闪光照明等。其中，背向照明是被测物放在光源和摄像机之间，它的优点是能获得高对比度的图像。前向照明是光源和摄像机位于被测物的同侧，这种方式便于安装。结构光照明是将光栅或线光源等投射到被测物上，根据它们产生的畸变，解调出被测物的三维信息。频闪光照明是将高频率的光脉冲照射到物体上，可获得瞬间高强度照明，但摄像机拍摄要求与光源同步。

3）传感器通常以光电开关、接近开关等形式出现，用以判断被测对象的位置和状态，告知图像传感器进行正确的采集。

4）图像采集卡通常以插入卡的形式安装在 PC 中，图像采集卡的主要工作是把相机输出的图像输送给计算机主机。它将来自相机的模拟或数字信号转换成一定格式的图像数据流，同时它可以控制相机的一些参数，比如触发信号、曝光 / 积分时间、快门速度等。图像采集卡通常有不同的硬件结构以针对不同类型的相机，同时也有不同的总线形式，比如 PCI、PCI64、Compact PCI、PCI04、ISA 等。图像采集卡直接决定了摄像头的接口：黑白、彩色、模拟、数字等。比较典型的是 PCI 或 AGP 兼容的捕获卡，可以将图像迅速地传送到计算机存储器进行处理。有些采集卡有内置的多路开关。例如，可以连接 8 个不同的摄像机，然后告诉采集卡采用哪一个相机抓拍到的信息。有些采集卡有内置的数字输入以触发采集卡进行捕捉，当采集卡抓拍图像时数字输出口就触发闸门。

5）PC 平台是 PC-BASED 视觉系统的核心，在这里完成图像数据的处理和绝大部分的控制逻辑，对于检测类型的应用，通常都需要较高频率的 CPU，这样可以减少处理的时间。同时，为了减少工业现场电磁、振动、灰尘、温度等的干扰，必须选择工业级的计算机。

6）视觉处理软件（机器视觉软件）用来完成输入的图像数据的处理，然后通过一定的运算得出结果，这个输出的结果可能是 PASS/FAIL 信号、坐标位置、字符串等。常见的机器视觉软件以 C/C++ 图像库、ActiveX 控件、图形式编程环境等形式出现，可以是专用功能的（比如仅仅用于 LCD 检测、BGA 检测、模板对准等），也可以是通用目的的（包括定位、测量、条码 / 字符识别、斑点检测等）。

7）I/O 控制单元（包含运动控制、电平转化单元等）一旦视觉软件完成图像分析（除非仅用于监控），紧接着需要和外部单元进行通信以完成对生产过程的控制。简单的控制可以直接利用部分图像采集卡自带的 I/O，相对复杂的逻辑 / 运动控制则必须依靠附加可编程逻辑控制单元 / 运动控制卡来实现必要的动作。

上述的 7 个部分是一个基于 PC 式的视觉系统的基本组成，在实际的应用中针对不同的场合可能会有不同的增加或裁减。

二、机器视觉系统的一般工作过程

一个完整的机器视觉系统的主要工作过程如下：

1）工件定位传感器探测到物体已经运动至接近摄像系统的视野中心，向图像采集单元发送触发脉冲。

2）图像采集单元按照事先设定的程序和延时，分别向摄像机和照明系统发出触发脉冲。

3）摄像机停止目前的扫描，重新开始新的一帧扫描，或者摄像机在触发脉冲来到之前处于等待状态，触发脉冲到来后启动一帧扫描。

4）摄像机开始新的一帧扫描之前打开电子快门，曝光时间可以事先设定。

5）另一个触发脉冲打开灯光照明，灯光的开启时间应该与摄像机的曝光时间匹配。

6）摄像机曝光后，正式开始一帧图像的扫描和输出。

7）图像采集单元接收模拟视频信号通过 A/D 将其数字化，或者是直接接收摄像机数字化后的数字视频数据。

8）图像采集单元将数字图像存放在处理器或计算机的内存中。

9）处理器对图像进行处理、分析、识别，获得测量结果或逻辑控制值。

10）处理结果控制生产流水线的动作、进行定位、纠正运动的误差等。

从上述的工作流程可以看出，机器视觉系统是一种相对复杂的系统。大多监控对象都是运动物体，系统与运动物体的匹配和协调动作尤为重要，因此给系统各部分的动作时间和处理速度带来了严格的要求。在某些应用领域，例如机器人、飞行物体制导等，对整个系统或者系统的一部分的重量、体积和功耗都会有严格的要求。尽管机器视觉应用各异，归纳一下，都包括以下几个过程。

① 图像采集：光学系统采集图像，图像转换成数字格式并传入计算机存储器。

② 图像处理：处理器运用不同的算法来提高对检测有重要影响的图像像素。

③ 特征提取：处理器识别并量化图像的关键特征，例如位置、数量、面积等。然后这些数据传送到控制程序。

④ 判决和控制：处理器的控制程序根据接收到的数据做出结论。例如：位置是否合乎规格，或者执行机构如何移动去拾取某个部件。

图 9-2 所示为工程应用上的典型机器视觉系统。在流水线上，零件经过输送带到达触发器时，摄像单元立即打开照明，拍摄零件图像；随即图像数据被传递到处理器，处理器根据像素分布和亮度、颜色等信息，进行运算来抽取目标的特征：面积、长度、数量、位置等；再根据预设的判据来输出结果：尺寸、角度、偏移量、个数、合格 / 不合格、有 / 无等；通过现场总线与 PLC 通信，指挥执行机构（诸如气泵）弹出不合格产品。

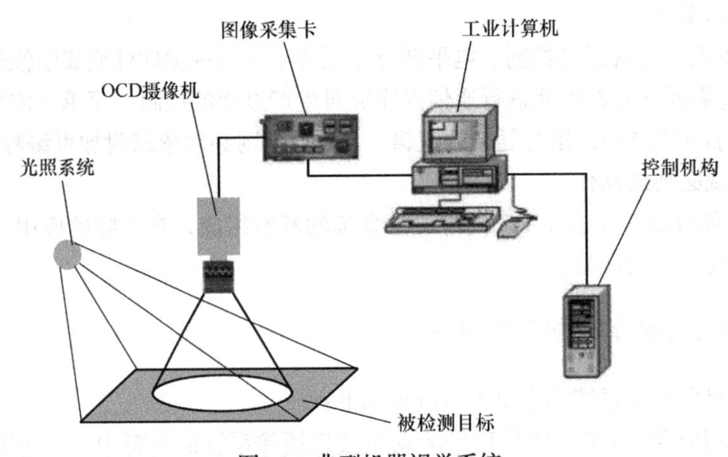

图9-2　典型机器视觉系统

三、机器人视觉系统的特点

机器人视觉系统的特点如下：

1）可实现非接触测量。对观测者与被观测者的脆弱部件都不会产生任何损伤，从而提高系统的可靠性。在一些不适合人工操作的危险工作环境或人工视觉难以满足要求的场合，常用机器视觉来替代人工视觉。

2）具有较宽的光谱响应范围。例如使用人眼看不见的红外测量，扩展了人眼的视觉范围。

3）连续好。机器视觉能够长时间稳定工作，使人们免除疲劳之苦。人类难以长时间对同一对象进行观察，而机器视觉则可以长时间地做测量、分析和识别任务。

4）成本较低，效率很高。随着计算机处理器价格的急剧下降，机器视觉系统的性价比也变得越来越高。而且，机器视觉系统的操作和维护费用非常低。在大批量工业生产过程中，用人工视觉检查产品质量效率低且精度不高，用机器视觉检测方法可以大大提高生产率和生产的自动化程度。

5）机器视觉易于实现信息集成，是实现计算机集成制造的基础技术。正是由于机器视觉系统可以快速获取大量信息，而且易于自动处理，也易于同设计信息以及加工控制信息集成。因此，在现代自动化生产过程中，人们将机器视觉系统广泛地用于工况监视、成品检验和质量控制等领域。

6）精度高。人眼在连续目测产品时，能发现的最小瑕疵为 0.3mm，而机器视觉的检测精度可达到 0.025mm。

7）灵活性好。机器视觉系统能够进行各种不同的测量。当应用对象发生变化以后，只需软件做相应的变化或者升级以适应新的需求即可。

机器视觉系统比光学或机器传感器有更好的可适应性。它们使自动机器具有了多样性、灵活性和可重组性。当需要改变生产过程时，对机器视觉来说“工具更换”仅仅是软件的变换而不是更换昂贵的硬件。当生产线重组后，机器视觉系统往往可以重复使用。

第三节　机器人视觉系统关键技术

一、机器人视觉系统图像处理技术概述

1. 数字图像处理的基本概念

1）图：物体透射或反射光的分布，是客观存在的。

2）像：人的视觉系统对图在大脑中形成的印象或认识，是人的感觉。

3）图像：图和像的有机结合，既反映物体的客观存在，又体现人的心理因素；是客观对象的一种可视表示，它包含了被描述对象的有关信息。

4）数字图像：物体的一个数字表示，是以数字格式存放的图像，它是目前社会生活中最常见的一种信息媒体，它传递着物理世界事物状态的信息，是人类获取外界信息的主要途径。

5）数字图像处理：将图像转化为数字信号并利用计算机对其进行处理的过程，以提高图像的实用性，从而达到人们所要求的期望结果。

2. 数字图像处理发展概述

20 世纪 20 年代，图像处理技术首次应用于改善伦敦到纽约之间的海底电缆传送图片的质量。

1964 年，美国喷射推进实验室（JPT）进行了太空快速探测工作，当时用计算机来处理测距器 7 号发回的月球照片，以校正飞船上电视摄像机中各种不同形式的固有的图像畸变，这些技术是图像处增强和复原的基础。

20 世纪 70 年代中期，随着离散数学理论的创立和完善，数字图像处理技术得到了迅猛的发展，理论和方法不断完善。

20 世纪 90 年代，随着个人计算机进入家庭，硬件价格不断下降，数字世界逐渐进入人们的生活。

3. 数字图像处理的步骤和方法

（1）数字图像处理基本步骤

1）图像信息的获取：采用图像扫描仪等将图像数字化。

2）图像信息的存储：对获取的数字图像、处理过程中的图像信息以及处理结果存储在计算机等数字系统中。

3）图像信息的处理：即数字图像处理，它是指用数字计算机或数字系统对数字图像进行的各种处理。

4）图像信息的传输：要解决的主要问题是传输信道和数据量的矛盾问题，一方面要改善传输信道，提高传输速率；另一方面要对传输的图像信息进行压缩编码，以减少描述图像信息的数据量。

5）图像信息的输出和显示：用可视的方法进行输出和显示。

（2）数字图像处理的内容和方法

1）图像数字化：将非数字形式的图像信号通过数字化设备转换成数字图像，包括采样和量化。

2）图像变换：对图像信息进行变换以便于在频域对图像进行更有效的处理。

3）图像增强：增强图像中的有用信息，削弱干扰和噪声，提高图像的清晰度，突出图像中所感兴趣的部分。

4）图像恢复（复原）：对退化的图像进行处理，使处理后的图像尽可能地接近原始（清晰）图像。

5）图像压缩编码：对待处理图像进行压缩编码以减少描述图像的数据量。

6）图像分割：根据选定的特征将图像划分成若干个有意义的部分，这些选定的特征包括图像的边缘、区域等。

7）图像分析与描述：主要是对已经分割的或正在分割的图像各部分的属性及各部分之间的关系进行分析表述。

8）图像识别分类：根据从图像中提取的各目标物的特征，与目标物固有的特征进行匹配、识别，以做出对各目标物类属的判别。

二、机器人视觉系统模式识别技术概述

1. 模式识别的基本概念

把通过对具体的个别事物进行观测所得到的具有时间和空间分布的信息称为模式，而把模式所属的类别或同一类中模式的总体称为模式类（或简称为类），也有人将模式类称为模式。

模式识别（Pattern Recognition）是指对表征事物或现象的各种形式的（数值的、文字的和逻辑关系的）信息进行处理和分析，以对事物或现象进行描述、辨认、分类和解释的过程，是信息科学和人工智能的重要组成部分。模式识别又常称为模式分类。

2. 模式识别的发展概述

1929 年 G.Tauschek 发明阅读机，能够阅读 0 ~ 9 的数字。

20 世纪 30 年代 Fisher 提出统计分类理论，奠定了统计模式识别的基础。

20 世纪 50 年代 Noam Chemsky 提出形式语言理论；傅京苏提出句法结构模式识别。

20 世纪 60 年代 L.A.Zadeh 提出了模糊集理论，模糊模式识别方法得以发展和应用。

20 世纪 80 年代以 Hopfield 网、BP 网为代表的神经网络模型导致人工神经元网络复活，并在模式识别得到较广泛的应用。

20 世纪 90 年代小样本学习理论，支持向量机也受到了很大的重视。

3. 模式识别系统的组成环节和方法

（1）模式识别系统的主要环节（图 9-3）

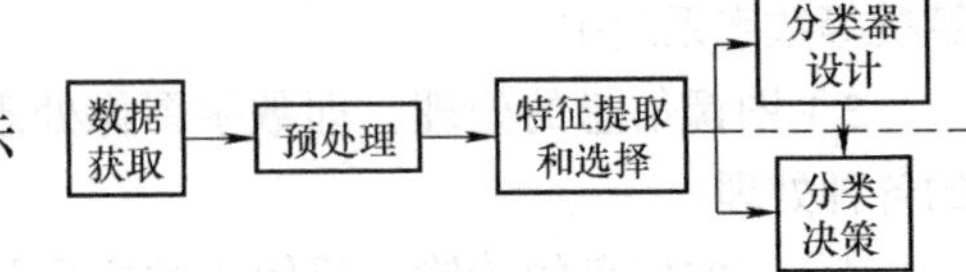

图9-3　模式识别系统

1）数据获取：用计算机可以运算的符号来表示所研究的对象。

① 二维图像：文字、指纹、地图、照片等。

② 一维波形：脑电图、心电图、季节震动波形等。

③ 物理参量和逻辑值：体温、化验数据、参量正常与否的描述。

2）预处理：去噪声，提取有用信息，并对输入测量仪器或其他因素所造成的退化现象进

行复原。

3）特征提取和选择：对原始数据进行变换，得到最能反映分类本质的特征。

① 测量空间：原始数据组成的空间。

② 特征空间：分类识别赖以进行的空间。

③ 模式表示：维数较高的测量空间 > 维数较低的特征空间。

4）分类决策：在特征空间中用模式识别方法把被识别对象归为某一类别。

基本做法：在样本训练集基础上确定某个判决规则，使得按这种规则对被识别对象进行分类所造成的错误识别率最小或引起的损失最小。

（2）模式识别系统的主要方法

1）统计模式识别：

① 理论基础：概率论、数理统计。

② 主要方法：线性、非线性分类、贝叶斯决策、聚类分析。

③ 主要优点：

a. 比较成熟。

b. 能考虑干扰噪声等影响。

c. 识别模式基元能力强。

④ 主要缺点：

a. 对结构复杂的模式抽取特征困难。

b. 不能反映模式的结构特征，难以描述模式的性质。

c. 难以从整体角度考虑识别问题。

2）句法模式识别：

① 理论基础：形式语言、自动机技术。

② 主要方法：自动机技术、CYK 剖析算法、Early 算法、转移图法。

③ 主要优点：

a. 识别方便，可以从简单的基元开始，由简至繁。

b. 能反映模式的结构特征，能描述模式的性质。

c. 对图像畸变的抗干扰能力较强。

④ 主要缺点：当存在干扰及噪声时，抽取特征基元困难，且易失误。

3）模糊模式识别：

① 理论基础：模糊数学。

② 主要方法：模糊统计法、二元对比排序法、推理法、模糊集运算规则、模糊矩阵。

③ 主要优点：由于隶属度函数作为样本与模板间相似程度的度量，故往往能反映整体的与主体的特征，从而允许样本有相当程度的干扰与畸变。

④ 主要缺点：准确合理的隶属度函数往往难以建立，故限制了它的应用。

4）人工神经网络法：

① 理论基础：神经生理学、心理学。

② 主要方法：BP 模型、HOP 模型、高阶网。

③ 主要优点：可处理一些环境信息十分复杂、背景知识不清楚、推理规则不明确的问题。允许样本有较大的缺损、畸变。

④ 主要缺点：模型在不断丰富与完善中，目前能识别的模式类还不够多。

5）人工智能方法：

① 理论基础：演绎逻辑、布尔代数。

② 主要方法：产生式推理、语义网推理、框架推理。

③ 主要优点：已建立了关于知识表示及组织，目标搜索及匹配的完整体系。对需要众多规则的推理达到识别目标确认的问题，有很好的效果。

④ 主要缺点：当样本有缺损、背景不清晰、规则不明确甚至有歧义时，效果不好。

三、工业网络通信技术

1. 常见现场总线及通信协议

现场总线是近年来迅速发展起来的一种工业数据总线，被誉为自动化领域的计算机局域网。现场总线作为工业数据通信网络的基础，沟通了生产过程现场级设备之间及其与更高控制管理层之间的联系，主要解决工业现场的智能化仪器仪表、控制器、执行机构等现场设备间的数字通信以及这些现场控制设备和高级控制系统之间的信息传递问题，是以智能传感器、控制计算机、数据通信为主要内容的组合技术。世界上存在着四十余种现场总线，典型的有基金会现场总线、PROFIBUS 现场总线、CAN 现场总线、Lon Works 现场总线、DeviteNet 现场总线、WorldFIP 现场总线、HART 现场总线、Interbus 现场总线、SwiftNET 现场总线。

（1）基金会现场总线（图 9-4） 这是以美国 Fisher-Rousemount 公司为首的联合了横河、ABB、西门子、英维斯等 80 家公司制定的 ISP 协议和以 Honeywell 公司为首的联合欧洲等地 150 余家公司制定的 WorldFIP 协议于 1994 年 9 月合并的。该总线在过程自动化领域得到了广泛的应用，具有良好的发展前景。基金会现场总线采用国际标准化组织（ISO）的开放化系统互联（OSI）的简化模型（1、2、7 层），即物理层、数据链路层、应用层，另外增加了用户层。基金会现场总线分低速 H1 和高速 H2 两种通信速率。前者传输速率为 31.25Kbit/s，通信距离可达 1900m，可支持总线供电和本质安全防爆环境。后者传输速率为 1Mbit/s 和 2.5Mbit/s，通信距离为 750m 和 500m，支持双绞线、光缆和无线发射，协议符号 IEC1158-2 标准。基金会现场总线的物理媒介的传输信号采用曼彻斯特编码。

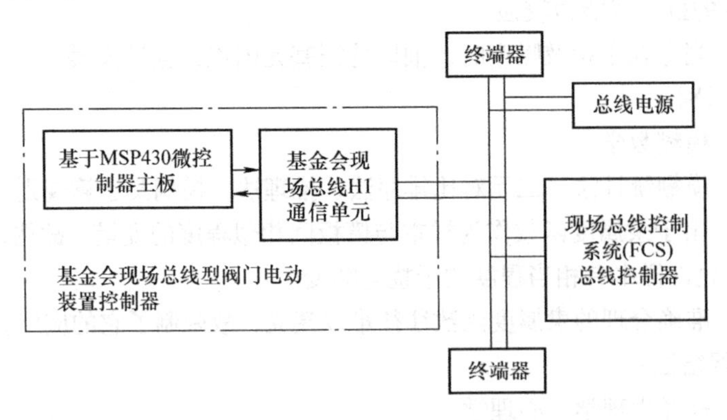

图9-4　基金会现场总线配置

（2）CAN 现场总线（图 9-5） 它最早由德国 BOSCH 公司推出，广泛用于离散控制领域，其总线规范已被国际标准化组织制定为国际标准，得到了 Intel、Motorola、NEC 等公司的支持。

CAN 协议分为两层：物理层和数据链路层。CAN 的信号传输采用短帧结构，传输时间短，具有自动关闭功能，具有较强的抗干扰能力。CAN 支持多主工作方式，并采用了非破坏性总线仲裁技术，通过设置优先级来避免冲突，通信距离最远可达 10km（5Kbit/s），通信速率最高可达 1Mbit/s（40m），网络节点数实际可达 110 个。目前已有多家公司开发了符合 CAN 协议的通信芯片。

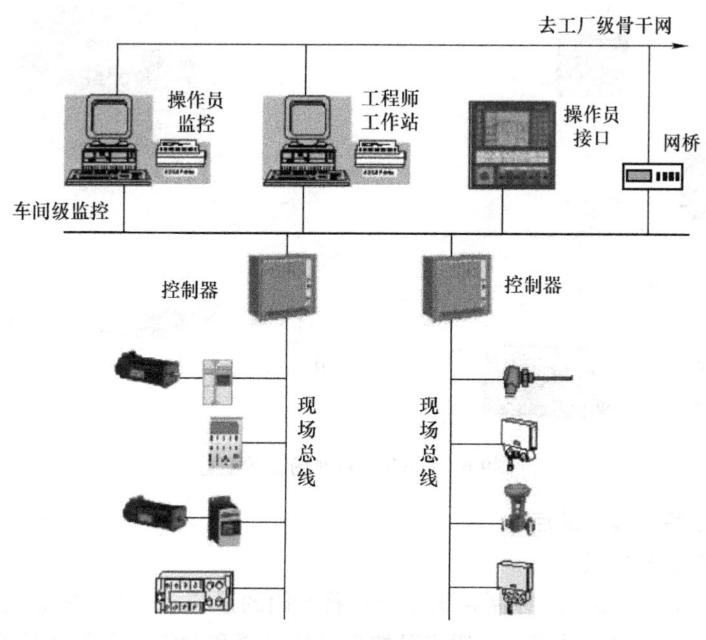

图9-5　CAN现场总线配置

（3）Lonworks 现场总线　它由美国 Echelon 公司推出，并由 Motorola、Toshiba 公司共同倡导。它采用 ISO/OSI 模型的全部 7 层通信协议，采用面向对象的设计方法，通过网络变量把网络通信设计简化为参数设置。它支持双绞线、同轴电缆、光缆和红外线等多种通信介质，通信速率从 300bit/s 至 1.5Mit/s 不等，直接通信距离可达 2700m(78Kbit/s)，被誉为通用控制网络。LonWorks 技术采用的 LonTalk 协议被封装到 Neuron（神经元）的芯片中，并得以实现。采用 LonWorks 技术和神经元芯片的产品，被广泛应用在楼宇自动化、家庭自动化、保安系统、办公设备、交通运输、工业过程控制等行业。

（4）DeviceNet 现场总线（图 9-6）　DeviceNet 是一种低成本的通信连接也是一种简单的网络解决方案，有着开放的网络标准。DeviceNet 具有的直接互联性不仅改善了设备间的通信而且提供了相当重要的设备级阵地功能。DebiceNet 基于 CAN 技术，传输速率为 125～500Kbit/s，每个网络的最大节点为 64 个，其通信模式为：生产者 / 客户（Producer/Consumer），采用多信道广播信息发送方式。位于 DeviceNet，网络上的设备可以自由连接或断开，不影响网络上的其他设备，而且其设备的安装布线成本也较低。DeviceNet 现场总线的组织结构是开放式设备网络供应商协会（Open Device Net Vendor Association，ODVA）。

（5）PROFIBUS 现场总线　PROFIBUS 是德国标准（DIN 19245）和欧洲标准（EN 50170）的现场总线标准。由 PROFIBUS-DP、PROFIBUS-FMS、PROFIBUS-PA 系列组成。DP 用于分散外设间高速数据传输，适用于加工自动化领域。FMS 适用于纺织、楼宇自动化、可编程序控制器、低压开关等。PA 用于过程自动化的总线类型，服从 IEC1158-2 标准。PROFIBUS 支持主 - 从系统、纯主站系统、多主多从混合系统等几种传输方式。PROFIBUS 的传输速率为 9.6Kbit/s ~ 12Mbit/s，最大传输距离在 9.6Kbit/s 下为 1200m，在 12Mbit/s 下为 200m，可采用中继器延长至 10km，传输介质为双绞线或者光缆，最多可挂接 127 个站点。

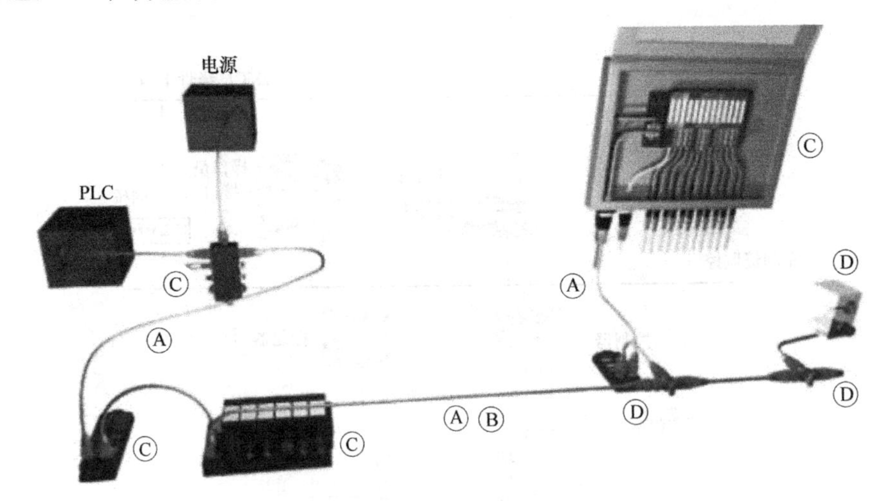

图9-6　DeviceNet现场总线配置

2. 现场总线的特点及优缺点

（1）现场总线主要特点

1）系统的开放性。传统的控制系统是个自我封闭的系统，一般只能通过工作站的串口或并口对外通信。在现场总线技术中，用户可按自己的需要和对象，将来自不同供应商的产品组成大小随意的系统。

2）可操作性与可靠性。现场总线在选用相同的通信协议情况下，只要选择合适的总线网卡、插口与适配器即可实现互连设备间、系统间的信息传输与沟通，大大减少接线与查线的工作量，有效提高控制的可靠性。

3）现场设备的智能化与功能自治性。传统数控机床的信号传递是模拟信号的单向传递，信号在传递过程中产生的误差较大，系统难以迅速判断故障而带故障运行。而现场总线中采用双向数字通信，将传感测量、补偿计算、工程量处理与控制等功能分散到现场设备中完成，可随时诊断设备的运行状态。

4）对现场环境的适应性。现场总线是作为适应现场环境工作而设计的，可支持双绞线、同轴电缆、光缆、射频、红外线及电力线等，具有较强的抗干扰能力，能采用两线制实现送电与通信，并可满足安全及防爆要求等。

（2）现场总线优缺点

1）优点：

① 节省硬件数量与投资。由于分散在现场的智能设备能直接执行多种传感、测量、控制、报警和计算功能，因而可减少变送器的数量，不再需要单独的调节器、计算单元等，也不再需要集散控制系统的信号调理、转换、隔离等功能单元及其复杂接线，还可以用工控计算机作为操作站，从而节省了一大笔硬件投资，并可减少控制室的占地面积。

② 节省安装费用。现场总线系统的接线十分简单，一对双绞线或一条电缆上通常可挂接多

个设备，因而电缆、端子、槽盒、桥架的用量大大减少，连线设计与接头校对的工作量也大大减少。当需要增加现场控制设备时，无须增设新的电缆，可就近连接在原有的电缆上，既节省了投资，又减少了设计、安装的工作量。据有关典型试验工程的测算资料表明，可节约安装费用 60% 以上。

③ 节省维护开销。现场控制设备具有自诊断与简单故障处理的能力，并通过数字通信将相关的诊断维护信息送往控制室，用户可以查询所有设备的运行，诊断维护信息，以便早期分析故障原因并快速排除，缩短了维护停工时间，同时由于系统结构简化、连线简单而减少了维护工作量。

④ 用户具有高度的系统集成主动权。用户可以自由选择不同厂商所提供的设备来集成系统，避免因选择了某一品牌的产品而限制了使用设备的选择范围，不会为系统集成中不兼容的协议、接口而一筹莫展，使系统集成过程中的主动权牢牢掌握在用户手中。

⑤ 提高了系统的准确性与可靠性。现场设备的智能化、数字化，与模拟信号相比，从根本上提高了测量与控制的精确度，减少了传送误差。简化的系统结构，设备与连线减少，现场设备内部功能加强，减少了信号的往返传输，提高了系统的工作可靠性。

此外，由于它的设备标准化，功能模块化，因而还具有设计简单、易于重构等优点。

2）缺点：网络通信中数据包的传输延迟，通信系统的瞬时错误和数据包丢失，发送与到达次序的不一致等都会破坏传统控制系统原本具有的确定性，使得控制系统的分析与综合变得更复杂，使控制系统的性能受到负面影响。

3. 现场总线控制系统的组成

（1）现场总线控制系统　它的软件是系统的重要组成部分，控制系统的软件有组态软件、维护软件、仿真软件、设备软件和监控软件等。首先选择开发组态软件、控制操作人机接口软件。通过组态软件，完成功能块之间的连接，选定功能块参数，进行网络组态。在网络运行过程中对系统实时采集数据，进行数据处理、计算，优化控制及逻辑控制报警、监视、显示、报表等。

（2）现场总线的测量系统　其特点为多变量高性能的测量，使测量仪表具有计算能力等更多功能，由于采用数字信号，具有高分辨率，准确性高，抗干扰、抗畸变能力强，同时还具有仪表设备的状态信息，可以对处理过程进行调整。

（3）设备管理系统　可以提供设备自身及过程的诊断信息、管理信息、设备运行状态信息（包括智能仪表）、厂商提供的设备制造信息。例如 Fisher-Rosemoune 公司，推出应用管理系统（AMS），它安装在主计算机内，由它完成管理功能，可以构成一个现场设备的综合管理系统信息库，在此基础上实现设备的可靠性分析以及预测性维护，将被动的管理模式改变为可预测性的管理维护模式。AMS 软件是以现场服务器为平台的 T 形结构，在现场服务器上支撑模块化，功能丰富的应用软件为用户提供一个图形化界面。

（4）总线系统计算机服务模式　以客户机 / 服务器模式是较为流行的网络计算机服务模式。服务器表示数据源（提供者），应用客户机则表示数据使用者，它从数据源获取数据，并进一步进行处理。客户机运行在个人计算机或工作站上。服务器运行在小型机或大型机上，它使用双方的智能、资源、数据来完成任务。

（5）数据库　它能有组织地、动态地存储大量有关数据与应用程序，实现数据的充分共享、交叉访问，具有高度独立性。工业设备在运行过程中参数连续变化，数据量大，操作与控制的实时性要求很高。因此就形成了一个可以互访操作的分布关系及实时性的数据库系统，市面上成熟的供选用的如关系数据库中的 Oracle、Sybas、Informix、SQL Server；实时数据库中的 Infoplus、PI、ONSPEC 等。

（6）网络系统的硬件与软件　网络系统硬件有系统管理主机、服务器、网关、协议变换器、集线器、用户计算机等及底层智能化仪表。网络系统软件有网络操作软件（如 NetWarc、LAN Mangger、Vines）和服务器操作软件（如 Linux、OS/2、Windows NT、应用软件数据库、通信协议、网络管理协议等）。

四、机器人视觉系统成像技术

1. 光源概述

（1）光源的作用　选择正确的照明是机器视觉系统应用成功与否的关键，光源直接影响到图像的质量，进而影响到系统的性能。

光源的作用，就是获得对比鲜明的图像，具体来说：

① 将感兴趣部分和其他部分的灰度值差异加大。

② 尽量消隐不感兴趣部分。

③ 提高信噪比，利于图像处理。

④ 减少因材质、照射角度对成像的影响。

适当的照明设计，能使图像中的目标信息与背景信息得到最佳分离，以降低图像处理算法的难度，提高系统的可靠性和综合性能：好的设计能够改善整个系统的分辨率，简化软件的运算，它直接关系到整个系统的成败。不合适的照明设计，则会引起很多问题，例如花点和过度曝光会隐藏很多重要信息，阴影会引起边缘的误检，而信噪比的降低以及不均匀的照明会导致图像处理阈值选择困难。对于每种不同的检测对象，必须采用不同的照明方式才能突出被检测对象的特征，有时可能需要采取几种方式的结合，而最佳的照明方法和光源的选择往往需要大量的试验才能找到。照明设计除了要求有很强的综合知识外，还需要有一定的创造性。

光源设计，不仅需要调整光源本身的参数，而且需要考虑应用场合的环境因素和被测物的光学属性。

通常，光源系统设计可控制的参数有：

① 向（Dirction）：主要有直射（Directed）和散射（Diffuse）两种方式，主要取决于光源类型和放置位置。

② 光谱（Spectrum）：即光的颜色，主要取决于光源类型和光源或镜头的滤光片性能。光源的光谱用色温进行度量。色温是指当某一种光源的光谱分布与某温度下的完全辐射体（黑体）的光谱分布相同时完全辐射体的温度。

③ 极性（Polarization）：即光波的极性，镜面反射光有极性，而漫反射光没有极性。

④ 强度（Intensity）：光强不够会降低图像的对比度，而光强过大则功耗大，并且需做散热处理。

⑤ 均匀性（Uniformity）：机器视觉系统的基本要求，随距离和角度变化，光强会衰减。

（2）光源的分类　光源可分为自然光源与人工光源。

1）自然光源。自然光源即是太阳光源。它不仅是室外摄像常用的主要光源，也是室内摄像的重要光源。自然光源是变化的光源，不同的季节、日期、时辰其光源的强度和照射角度都不相同。因此，自然光源对图片的感光、造型以及影调和色彩还原随时起着变化。根据光的照射情况，自然光源又可分为直射光和漫射光。

直射光是太阳直接照射到物体上的光线，它的强度很高。当侧射或逆射时，物体的受光面十分明亮，在背光面有深暗的阴影和明显的投影，这种光线有利于表现物体的空间感、立体感和增强造型效果。另外，影纹的阶调差距也大，但只要感光和显影适当，仍然可以获得影像清晰、层次丰富、反差恰当的图片。因此，直射光是自然光源摄影的理想光源。

漫射光也叫散射光，是太阳透过大气、云雾射来的散漫光线。其强度低，没有明朗的射线，物体上缺少明暗反差，没有投影。常用来拍摄标本、模型等。

2）人工光源。人工光源即是灯光光源。人工光源大多在自然光照度很低和夜晚摄像时使用，或在强烈的阳光下补充阴暗部分的感光。人工光源的最大优点是可以随意控制光源的强度，根据创作目的任意调节光比，调节光的性质和光源的位置。人工光源的种类繁多，发光强度不等，色温不同。根据发光原理的不同，人工光源的分类见表 9-2。

表 9-2　人工光源的分类

热辐射光源	白炽灯、卤钨灯
气体放电光源	荧光灯、钠灯、氢灯、氩灯、金属卤化物灯、空心阴极灯、汞灯、高压汞灯、超高压汞灯
固体放电光源	发光二极管、空心阴极灯
激光器	气体激光器、固体激光器、半导体激光器、染料激光器

（3）如何选择光源　判断机器视觉的照明的优劣，首先必须了解什么是光源需要做到的。光源应该不仅仅是使检测部件能够被摄像头“看见”。有时候，一个完整的机器视觉系统无法支持工作，但是仅仅优化一下光源就可以使系统正常工作。选择光源时，应该考虑如下系统特性。

1）亮度。当选择两种光源的时候，最佳的选择是选择更亮的那个。当光源不够亮时，可能有三种不好的情况会出现。第一，相机的信噪比不够；由于光源的亮度不够，图像的对比度必然不够，在图像上出现噪声的可能性也随即增大。第二，光源的亮度不够，必然要加大光圈，从而减小了景深。第三，当光源的亮度不够时，自然光等随机光对系统的影响会最大。

2）鲁棒性。测试好光源的方法是看光源是否对部件的位置敏感度最小。当光源放置在摄像头视野的不同区域或不同角度时，结果图像应该不会随之变化。方向性很强的光源，增大了对高亮区域的镜面反射发生的可能性，这不利于后面的特征提取。在很多情况下，好的光源需要在实际工作中与其在实验室中有相同的效果。好的光源需要能够使用户需要寻找的特征非常明显，除了使摄像头能够拍摄到部件外，好的光源应该能够产生最大的对比度、有足够的亮度且对部件的位置变化不敏感。光源选择好了，剩下来的工作就容易多了。机器视觉应用关心的是反射光（除非使用背光）。物体表面的几何形状、光泽及颜色决定了光在物体表面如何反射。机器视觉应用的光源控制的诀窍归结到一点就是如何控制光源反射。如果能够控制好光源的反射，那么获得的图像就可以控制了。因此，在机器视觉应用中，当光源入射到给定物体表面的时候，明白光源最重要的方面就是要控制好光源及其反映。

3）光源可预测。当光源入射到物体表面的时候，光源的反映是可以预测的。光源可能被吸收或被反射。光可能被完全吸收（黑色金属材料，表面难以照亮）或者被部分吸收（造成了颜色的变化及亮度的不同）。不被吸收的光就会被反射，入射光的角度等于反射光的角度，这个科学的定律大大简化了机器视觉光源，因为理想的想定的效果可以通过控制光源而实现。

4）物体表面。如果光源按照可预测的方式传播，那么又是什么原因使机器视觉的光源设计如此的棘手呢？使机器视觉照明复杂化的是物体表面的变化造成的。如果所有物体表面是相同的，在解决实际应用的时候就没有必要采用不同的光源技术了。但由于物体表面的不同，因此需要观察视野中的物体表面，并分析光源入射的反映。

5）反射。如果反射光可以控制，则图像就可以控制了。这点再怎么强调也不为过。因此在涉及机器视觉应用的光源设计时，最重要的原则就是控制好哪里的光源反射到透镜及反射的程度。机器视觉的光源设计就是对反射的研究。在视觉应用中，当观测一个物体以决定需要什么样的光源的时候，首先需要问自己这样的问题："我如何才能让物体显现？""我如何才能应用光源使必需的光反射到镜头中以获得物体外表？"

影响反射效果的因素有：光源的位置，物体的表面纹理、表面形状，以及光源的均匀性。

6）光源的位置。既然光源按照入射角反射，因此光源的位置对获取高对比度的图像很重要。光源的目标是要达到使感兴趣的特征与其周围的背景对光源的反射不同。预测光源如何在物体表面反射就可以决定出光源的位置。

7）表面纹理。物体表面可能高度反射（镜面反射）或者高度漫反射。决定物体是镜面反射还是漫反射的主要因素是物体表面的光滑度。一个漫反射的表面，如一张不光滑的纸张，有着复杂的表面角度，用显微镜观看的时候显得很明亮，这是由于物体表面角度的变化而造成了光源照射到物体表面而被分散开了。而一张光滑的纸张有光滑的表面减小了物体表面的角度。光源照射到光源的表面并按照入射角反射。

8）表面形状。一个球形表面反射光源的方式与平面物体不尽相同。物体表面的形状越复杂，其表面的光源变化也随之而复杂。对应一个抛光的镜面表面，光源需要在不同的角度照射。从不同角度照射可以减小光影。

9）光源均匀性。不均匀的光会造成不均匀的反射。均匀性关系到三个方面。第一，对于视野，在摄像头视野范围部分应该是均匀的。简单地说，图像中暗的区域就是缺少反射光，而亮点就是此处反射太强了。第二，不均匀的光会使视野范围内部分区域的光比其他区域多，从而造成物体表面反射不均匀（假设物体表面的对光的反射是相同的）。第三，均匀的光会补偿物体表面的角度变化，即使物体表面的几何形状不同，光源在各部分的反射也是均匀的。

10）光源技术的应用。光源技术是设计光源的几何及位置以使图像有对比度。光源会使那些感兴趣的并需要机器视觉分析的区域更加突出。通过选择光源技术，应该关心物体是如何被照明及光源是如何反射及散射的。

2. 灰度照明技术

灰度照明技术拍摄图像时，最重要之处是如何鲜明地获得被测物与背景的明暗差异。目前，在图像处理领域最常用的方法是图像二值化处理。

（1）图像二值化处理　图像二值化（lmage Binarization）处理就是将图像上的像素点的灰度值设置为 0 或 255，

也就是将整个图像呈现出明显的黑白效果的过程。

将 256 个亮度等级的灰度图像通过适当的阈值选取而获得仍然可以反映图像整体和局部特征的二值化图像。在数字图像处理中，二值化图像占有非常重要的地位。首先，图像的二值化有利于图像的进一步处理，使图像变得简单，而且数据量减小，能凸显出感兴趣的目标的轮廓。其次，要进行图像的二值化处理与分析，首先要把灰度图像二值化，得到二值化图像。

所有灰度大于或等于阈值的像素被判定为属于特定物体，其灰度值表示为 255，否则这些像素点被排除在物体区域以外，灰度值为 0，表示背景或者例外的物体区域。

（2）灰度照明的直射照明与漫射照明　灰度照明可根据接收的光的类型分为直射照明和漫射照明。

1）直射照明：反射光直接进入镜头，如图 9-7a 所示。

2）漫射照明：反射光不直接进入镜头，多次反射后进入镜头，如图 9-7b 所示。

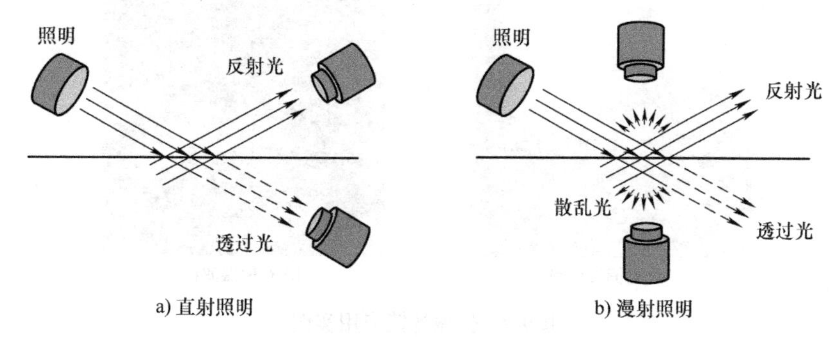

a) 直射照明　　b) 漫射照明

图9-7　灰度照明方法

3. 偏光技术

光是一种电磁波，属于横波（振动方向与传播方向垂直）。诸如日光、月光、荧光灯及钨丝灯发出的光都叫自然光。这些光都是大量原子、分子发光的总和。虽然某一个原子或分子在某一瞬间发出的电磁波振动方向一致，但各个原子和分子发出的振动方向也不同，这种变化频率极快，因此，自然光是各个原子或分子发光的总和，可认为其电磁波的振动在各个方向上的概率相等。

自然光在穿过某些物质，经过反射、折射、吸收后，电磁波的振动被限制在一个方向上，其他方向振动的电磁波被大大削弱或消除。这种在某个确定方向上振动的光称为偏振光。偏振光的振动方向与光波传播方向所构成的平面称为振动面。

在机器视觉系统检测的应用中，在检测产品时，经常会遇到由于薄膜或胶带可能产生炫光，而影响检测的精确度的问题。为了避免这类问题可在检测装置上安装偏振滤镜，便可消除有光泽表面的常规反射，可以保持多种检验的稳定性。如图 9-8 所示，偏振滤镜检测原

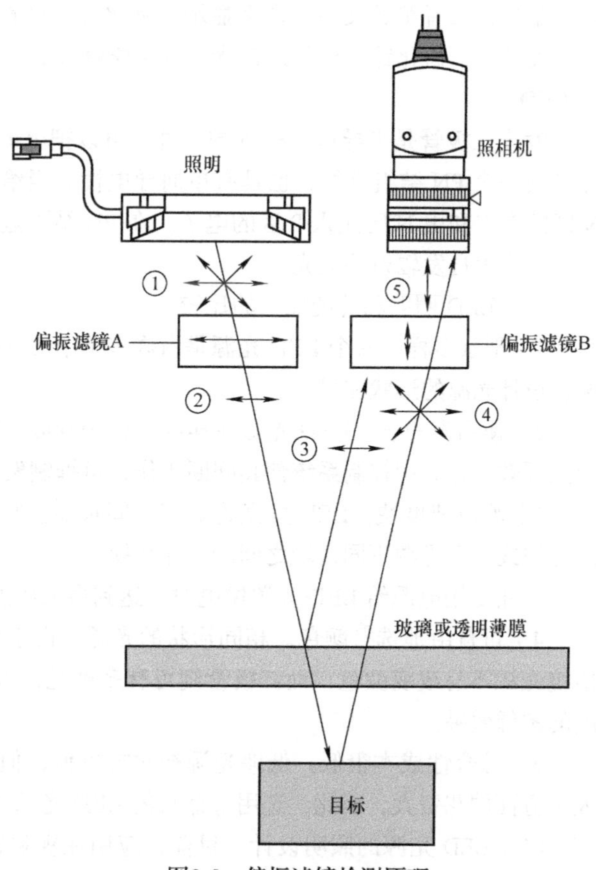

图9-8　偏振滤镜检测原理

理：视觉光源发出的光线①经过“偏振滤镜 A”成为光线②；玻璃表面像镜面一样反射部分光线②，成为“镜面”反射光③；其余的光线②被目标表面反射，成为光线④；光线④穿过玻璃表面时发生散射；光线④可以穿过“偏振滤镜 B”成为光线⑤，并进入相机；不过形成光泽的光线③被“偏振滤镜 B”拦截并消除。

偏振滤镜应用实例如图 9-9 所示。

a) 无偏振滤镜

b) 有偏振滤镜

图9-9　偏振滤镜应用实例

4. 发光二极管技术

发光二极管简称为 LED。由含镓（Ga）、砷（As）、磷（P）、氮（N）等的化合物制成。

当电子与空穴复合时能辐射出可见光，因而可以用来制成发光二极管。在电路及仪器中作为指示灯，或者组成文字或数字显示。砷化镓二极管发红光，磷化镓二极管发绿光，碳化硅二极管发黄光，氮化镓二极管发蓝光。因化学性质又分为有机发光二极管 OLED 和无机发光二极管 LED。

发光二极管是半导体二极管的一种，可以把电能转化成光能。发光二极管与普通二极管一样是由一个 PN 结组成的，也具有单向导电性。当给发光二极管加上正向电压后，从 P 区注入 N 区的空穴和由 N 区注入 P 区的电子，在 PN 结附近数微米内分别与 N 区的电子和 P 区的空穴复合，产生自发辐射的荧光。

（1）LED 照明和传统照明的比较

1）形状多样。一个 LED 光源是由许多单个 LED 发光管组合而成的，更容易针对用户的情况，设计光源的形状和尺寸。

2）使用寿命长。LED 光源在连续工作 10000 ~ 30000h 后，亮度会衰减，但远比其他形式的光源效果好。用控制系统使其间断工作，可抑制发光管发热，寿命将延长一倍。

3）响应速度快。LED 发光管响应时间很短。响应时间的真正意义是能按要求保证多个光源之间或一个光源不同区域之间的工作切换。

采用专用电源给 LED 光源供电时，达到最大照度的时间小于 10ms。

4）可自由地选择颜色。相同形状的光源，由于颜色的不同得到的图像也会有很大的差别。传统光源不易改变颜色，而二极管则可有多种光，可以利用光源颜色的技术特性得到最佳对比度的图像效果。

5）综合性成本很低。低廉光源初次投资低，但更换频繁，耽误生产进度，在器件更换和人工方面的花费大，因此，选用寿命长的 LED 光源从长远看是很经济的。

（2）LED 光源的照明设计　目前，应用在视觉领域的 LED 光源可分为两大类：一类正面照明，一类背面照明。正面照明用于检测物体表面特征，背面照明用于检测物体轮廓或透明物体的纯净度。

LED 正面光源按照光源结构分为环形灯、条形灯、同轴灯和方形灯。

LED 背面光源的作用就是让透光和不透光的部分区分开来：透光的地方呈白色，不透光的地方呈黑色，这样取得一个黑白对比的图片。选择光源时，一方面是选型，一般要求均匀性好；另一方面是看穿透力，如果需要穿透力强的话就可以选红外光源，因为其波长长，穿透力强。

五、机器人视觉核心算法

1. 图片预处理

由于噪声、光照等外界环境或设备本身的原因，通常所获取的原始数字图像质量不是非常高，因此在对图像进行边缘检测、图像分割等操作之前，一般都需要对原始数字图像进行增强处理。图像增强主要有两个方面的应用：一方面是改善图像的视觉效果；另一方面是提高边缘检测或图像分割的质量，突出图像的特征，便于计算机更有效地对图像进行识别和分析。

图像增强（Image enhancement）是数字图像处理技术中最基本的内容之一，也是图像预处理的方法之一。图像预处理是相对于图像识别、图像理解而言的一种前期处理。图像预处理的主要目的是消除图像中无关的信息，恢复有用的真实信息，增强有关信息的可检测性和最大限度地简化数据，从而改进特征抽取、图像分割、匹配和识别的可靠性。预处理过程一般有数字化、几何变换、归一化、平滑、复原和增强等步骤。

根据图像增强处理所在的空间不同，可分为基于空间域的增强方法和基于频率域的增强方法两类。“空间域”是指图像平面自身，这类方法是以对图像的像素直接处理为基础的。“频率域”处理技术是以修改图像的傅立叶变换为基础的。空间域处理方法是在图像像素组成的二维空间里直接对每一像素的灰度值进行处理，它可以是在一幅图像内的像素点之间的运算处理，也可以是数幅图像间的相应像素点之间的运算处理。频率域处理方法是在图像的变换域对图像进行间接处理。

具有代表性的空间域的图像增强处理方法有均值滤波和中值滤波，它们可用于去除或减弱噪声。

一般来说，基于频率域的图像增强处理，图像的边缘和噪声对应傅立叶变换中的高频部分，因此低通滤波能够平滑图像，去除噪声；图像灰度发生聚变的部分与频谱的高频分量对应，因此采用高频滤波器衰减或抑制低频分量，能够对图像进行锐化处理。

2. 阈值分割原理及方法

阈值分割法是一种基于区域的图像分割技术，原理是把图像像素点分为若干类。图像阈值分割法是一种传统的最常用的图像分割方法，因其实现简单、计算量小、性能较稳定而成为图像分割中最基本和应用最广泛的分割技术。它特别适用于目标和背景占据不同灰度级范围的图像。它不仅可以极大地压缩数据量，而且也大大简化了分析和处理步骤，因此在很多情况下，是进行图像分析、特征提取与模式识别之前的必要的图像预处理过程。图像阈值化的目的是要按照灰度级，对像素集合进行一个划分，得到的每个子集形成一个与现实景物相对应的区域，各个区域内部具有一致的属性，而相邻区域不具有这种一致属性。这样的划分可以通过从灰度级出发选取一个或多个阈值来实现。

（1）阈值分割基本思想

1）确定一个合适的阈值（阈值选定得好坏是此方法成败的关键）。

2）将大于或等于阈值的像素作为物体或背景，生成一个二值图像。

（2）分割中阈值的选取依据

1）仅依赖像素灰度的阈值选取一个全局阈值。

2）依赖像素灰度和其周围邻域的局部性质选取一个局部阈值。

3）除依赖像素灰度和其周围邻域的局部性质外，还与坐标位置有关——动态阈值。

（3）依赖像素灰度的阈值选取

1）极小点阈值。通过寻找直方图的极小点确定分割阈值，在确定极小点过程中可能需要对直方图进行平滑处理。

2）最优阈值。通常，图像中目标和背景的灰度值有部分交错，在分割时总希望减少分割误差。为此，需要研究最优阈值问题。通过背景和目标的灰度概率分布函数可以在一定条件下确定最佳阈值。

（4）阈值分割法的特点

1）适用于物体与背景有较强对比的情况，重要的是背景或物体的灰度比较单一。

2）这种方法总可以得到封闭且连通区域的边界。

3. 模板匹配算法

（1）模板匹配算法基本概念　模板匹配是数字图像处理的重要组成部分之一。把不同传感器或同一传感器在不同时间、不同成像条件下对同一景物获取的两幅或多幅图像在空间上对准，或根据已知模式到另一幅图中寻找相应模式的处理方法就叫作模板匹配。

模板匹配算法的基本思想是：在一幅大图中查找是否存在已知的模板图像，通过相关搜索策略在大图中找到与模板图像相似的子图像，并确定其位置，如图 9-10 所示。

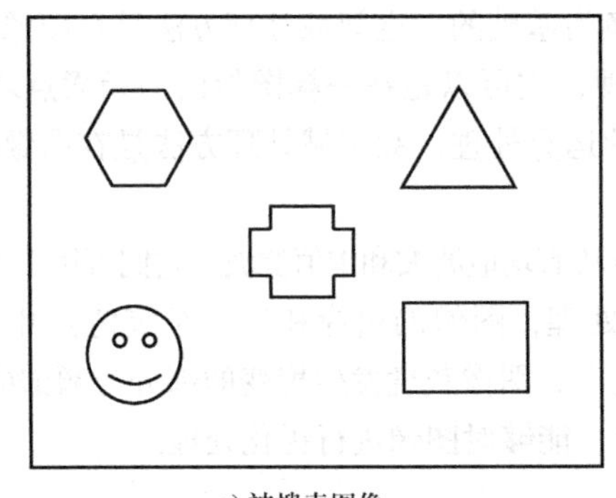

a) 被搜索图像

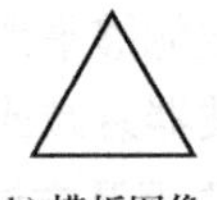

b) 模板图像

图9-10　模板匹配

在图 9-8 中，模板通过某种搜索算法在被搜索图像中寻找是否有三角形模板的图像。

模板匹配过程大致可分为以下几步：

1）图像的取样与量化：通过采样设备获取到图像，经过图像处理装置将计算机中的图像数据以数组的方式存储。

2）图像分割：分割图像是按照颜色、亮度或纹理来进行判段是否一致。

3）图像分析：分析被分割的图像是否可修改或合并。

4）形状描述：将图像编为相应的码。

5）物体描述：简单分类。

（2）模板匹配算法的分类　模板匹配算法可分为基于灰度值的模板匹配算法、刚性模板匹配算法和可变形模板匹配算法。

1）基于灰度的模板匹配算法。利用原始图像和模板图像中的所有灰度值的精度区分不同的对象，对所有灰度值进行计算，产生大量的冗余信息，在计算时具有一定的复杂度。基于灰度的模板匹配算法主要特点是原始图像与模板图像之间点的像素值具有一定的关系。模板与图像像素值能否成功匹配的关键在于图像是否受到外界的影响（光照、旋转），如果未受到干扰，那么匹配成功，否则匹配失败。通过以上的分析可知基于灰度的模板匹配算法对外部的一些影响因素有较差的适应性，一般情况下，基于灰度的模板匹配算法只能适用于模板图像与搜索图像之间具有相同的外界条件。

2）基于刚性的模板匹配算法。它也称为带旋转与缩放的模板，当物体在尺寸和位置上发生变化时也能找到模板在图像中的位置，甚至在目标物体本身存在较大干扰的情况下也能够找到目标物体的位置。

3）基于可变形的模板匹配算法。在实际应用中，有很多图像会受许多外界因素的影响，如图形中的噪声、物体的形状变化、物体部分被遮掩等情况，这样就需要能够找到一个抗干扰能力强、能够随物体变形而改变形状的模板，把具有上述这些特点的模板称为可变形模板。

（3）模板匹配基本流程　模板匹配的流程主要分为五个部分：①输入搜索图像和模板图像；②对搜索图像和模板图像进行预处理操作；③搜索图像和模板图像中有用信息的提取；④通过某种搜索策略进行匹配；⑤将匹配的结果输出。前面已经介绍过不同的模板匹配算法之间对图像处理的方式也不同，虽然有一些细小的差别，但它们的基本匹配过程是相同的。模板匹配基本流程如图 9-11 所示。

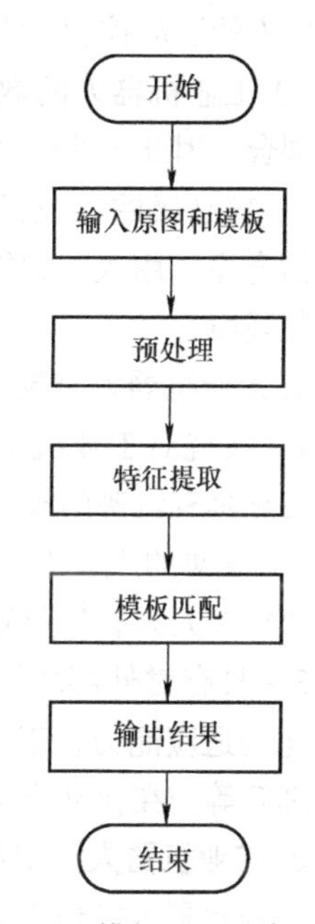

图9-11　模板匹配基本流程

（4）模板匹配算法的要素　在同一场景不同的条件下通过摄影器材采样所得到的图像也会有一些差异，引起这些差异的主要原因是图像信息受到其他因素的影响，如目标物体在成像过程时采像的角度发生了变化、目标物体的形状在移动过程发生改变和不同光线影响下图像的颜色发生变化等，这些都会影响图像的匹配结果。模板匹配算法都是由以下的四个要素组合而成的。

1）特征空间。它由参与匹配的原始图像和模板图像的特征构成。如何选择一个好的特征方法来提高模板的匹配性能、降低搜索空间和减小噪声等因素，是通过特征空间来进行处理的。常用的特征方法有全局特征、局部特征以及两者的结合。

2）相似性度量。它是用来衡量待匹配图像与模板图像特征之间是否相似的工具，一般情况下这个工具被定义成函数的形式在计算机程序中表示出来。经典的相似性度量通常会包括三方面的内容：相关函数、距离和互信息等。根据所用的匹配算法不同，对结果图像进行处理分析，找到匹配位置。

3）搜索空间。它被称为一个集合，集合中包含了一系列可以使图像配准变换的指令操作。其中几何变换是搜索空间的主要因素。图像的几何形变一般会被分为三类：全局的、局部的和位移形式。

4）搜索策略。它的作用体现在某种搜索算法上，采用一个合适的搜索方法在搜索空间中寻找能够使模板和搜索图像相似的策略。常用的搜索策略包括有穷尽搜索、分层搜索、模拟退火算法、方向加速法、动态规划法、遗传算法和神经网络等。

第四节　智能机器人故障诊断

一、智能控制系统概述与故障处理

1. 工业机器人智能控制系统概述

工业机器人的控制技术是在传统机械系统的控制技术的基础上发展起来的，因此两者之间并无根本的不同，但工业机器人控制系统也有许多特殊之处。其特点如下：

1）工业机器人有若干个关节，典型工业机器人有五个或六个关节，每个关节由一个伺服系统控制，多个关节的运动要求各个伺服系统协同工作。

2）工业机器人的工作任务是要求操作机的手部进行空间点位运动或连续轨迹运动，对工业机器人的运动控制，需要进行复杂的坐标变换运算以及矩阵函数的逆运算。

3）工业机器人的数学模型是一个多变量、非线性和变参数的复杂模型，各变量之间还存在着耦合，因此工业机器人的控制中经常使用前馈、补偿、解耦和自适应等复杂控制技术。

4）较高级的工业机器人要求对环境条件、控制指令进行测定和分析，采用计算机建立庞大的信息库，用人工智能的方法进行控制、决策、管理和操作，按照给定的要求，自动选择最佳控制规律。

2. 工业机器人控制系统的基本要求

1）实现对工业机器人的位置、速度、加速度等控制功能，对于连续轨迹运动的工业机器人还必须具有轨迹的规划与控制功能。

2）方便的人机交互功能，方便操作人员采用直接指令代码对工业机器人进行作用指示，使工业机器人具有作业知识的记忆、修正和工作程序的跳转功能。

3）具有对外部环境（包括作业条件）的检测和感觉功能。为使工业机器人具有对外部状态变化的适应能力，工业机器人应能对诸如视觉、力觉、触觉等有关信息进行测量、识别、判断、理解等。在自动化生产线中，工业机器人应具有与其他设备交换信息、协调工作的能力。

3. 工业机器人控制系统的分类

工业机器人控制系统可以从不同角度分类，如控制运动的方式不同，可分为关节控制、笛卡儿空间运动控制和自适应控制；按轨迹控制方式的不同，可分为点位控制和连续轨迹控制；按速度控制方式的不同，可分为速度控制、加速度控制和力控制。

程序控制系统：给每个自由度施加一定规律的控制作用，机器人就可实现要求的空间轨迹。

自适应控制系统：当外界条件变化时，为保证所要求的品质或为了随着经验的积累而自行改善控制品质，其过程是基于操作机的状态和伺服误差的观察，再调整非线性模型的参数，一直到误差消失为止。这种系统的结构和参数能随时间和条件自动改变。

人工智能系统：事先无法编制运动程序，而是要求在运动过程中根据所获得的周围状态信息，实时确定控制作用。

智能机器人控制系统由主控模块、传感器采集模块、无线通信模块、电源模块、运动控制模块、嵌入式操作系统软件组成。主控模块是机器人的大脑，负责处理传感器采集的数据，发送数据到远程控制平台，接收远程端的控制指令，最终发给运动控制模块执行；传感器采集模块包括气体、温度、图像、红外等传感器采集的数据；运动控制模块是智能机器人的运动执行部分，负责接收主控模块发送的指令，由直流电动机驱动完成行进和转弯；电源模块是智能机器人的能量来源，提供主控模块和运动控制模块所需的能量；无线通信模块负责接收主控模块传输的数据到远程端，同时又接收远程端给主控模块的指令。远程控制平台负责发出控制指令，并显示采集的数据和图像。嵌入式操作系统移植进控制芯片中，对多任务进行实时调度，实现主控模块与远程平台的人机交互。智能机器人控制系统总体框架如图 9-12 所示。

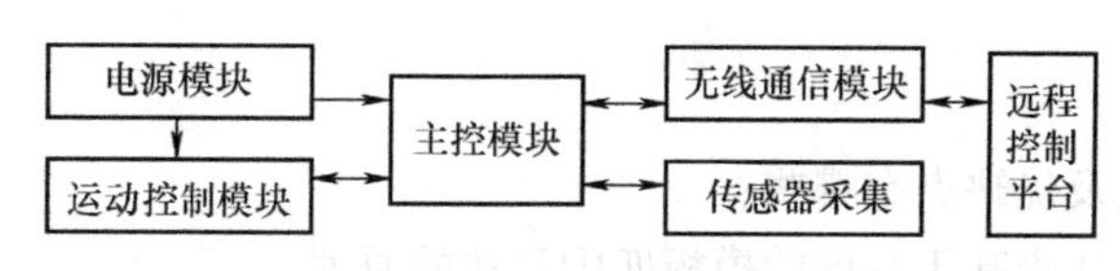

图9-12　智能机器人控制系统总体框架

二、智能机器人故障判断与配件更换

智能机器人出现故障后要进行判断，一般分为硬件故障和软件故障，硬件故障又分为系统故障和执行机构故障。系统故障和执行机构故障的原因与解决方法见表 9-3。软件故障对不同的系统查阅对应软件系统的故障。

表 9-3　系统故障和执行机构故障的原因与解决方法

故障现象	故障原因	故障解决方法
系统不工作	主机与控制柜未联机	检查联机及电缆是否连接牢固
	系统处于报警状态	检查各感应位置及感应开关是否损坏
	急停按钮被按下	恢复急停控制按钮
执行机构不工作	元器件、气阀损坏或气压不够	更换元器件或气阀，增加气路压力
	控制线路接触不良或断开	检查发生故障的线路
	感应开关松动	检查感应开关

机器人配件损坏后，应使用正确的工具更换不同的末端执行器或外围设备，使机器人恢复正常。这些末端执行器和外围设备包含点焊焊枪、抓手、真空工具、气马达和电动机等。

练　习　题

一、判断题

1. 智能机器是指这样一种系统，它能模拟人类的功能，能感知外部世界并有效地替代人解决问题。（　　）

2. 典型的机器视觉系统一般包括如下部分：光源，镜头，摄像头，图像处理单元（或图像捕获卡），图像处理软件，监视器，通信 / 输入输出单元等。（　　）

二、选择题

1. 使用机器视觉系统有（　　）个主要原因。

A. 三　　B. 四　　C. 五　　D. 六

2. 现场总线控制系统的组成不包括（　　）。

A 现场总线控制系统

B. 现场总线的测量系统

C. 设备管理系统

D. 外部传感器

三、简答题

1. 现场总线的特点及优缺点有哪些?

2. 简述模板匹配算法中基于灰度的模板匹配算法的原理。

3. 常见现场总线及通信协议有哪些?

参考文献

[1] 汤嘉荣，倪元相 . 工业机器人电气与机械维修 [M]. 西安：西北工业大学出版社，2016.

[2] 许志才，胡昌军 . 工业机器人编程与操作 [M]. 西安：西北工业大学出版社，2016.

[3] 马法尧，王相平 . 生产运作管理 [M].3 版 . 重庆：重庆大学出版社，2015.